국가기술 자격시험 · 공무원 · 임용고사 시험대비

알기 쉬운
기계공작법

이상민 | 정태성
이영주 | 이춘규 공저

Introduce | 머리말

    기계공작법은 기계공학의 기초를 이루는 중요한 학문으로서 대학교 및 전문대학에서 전공 필수 교과이고 기사, 산업기사, 기능사, 기능장, 기술사 등의 국가기술자격시험과 특히 편입 및 공무원 시험, 임용고사 시험에 필수적인 기계계열의 중요한 과목이다.

    본 교재는 저자가 산업체에서의 실무 경험과 다년간의 강의 경험을 바탕으로 집필하였다. 또한 새로운 국가기술자격시험의 유형에 맞추어 집필하였으며, 대학생이나 기사 및 공무원 시험, 임용고사를 준비하는 수강생들이 반드시 알아야 할 중요한 내용을 엄선하여 정리하였으므로 각종 시험에 도움이 될 것이라 생각한다. 그리고 기사, 산업기사, 기능사, 기능장, 기술사 필기시험에 효과적으로 공부할 수 있으며, 향후 계속적으로 본 서의 수정 보완에 미력을 다할 것이다.

본 교재의 특징은

1) 소성가공, 수기가공, 절삭 이론, 선반, 밀링 머신, 연삭기, 기타 범용 공작기계, 정밀 입자가공, 특수 가공, 정밀측정, 치공구, CNC 가공, 목형과 주조, 용접, 열처리, 안전관리로 구성되었다.

2) 국가기술자격 출제기준안에 의하여 체계적인 단원분류 및 요약정리를 하여, 학습자 스스로가 단기간에 완성할 수 있도록 하였다.

3) 각 단원마다 주관식인 익힘문제와 객관식인 연습문제를 엄선하여 수록하고, 자세한 해설을 넣어 학습자가 쉽게 이해하고 문제해결을 할 수 있도록 하였다.

4) 다년간의 과년도 기출문제를 넣어 학습한 내용을 확인하고 스스로 평가할 수 있도록 만전을 다하였다.

끝으로 본 교재가 나오기까지 협조하여 주신 기전연구사 사장님과 편집부 여러분과 폴리텍대학 교수님과 인력개발원 여러 교수님께 깊은 감사를 드립니다.

저 자

E-mail : lsm8287@hanmail.net

Contents | 차례

제 1 장 소성가공 ·· 11

1. 소성가공 / 11
2. 소성가공의 종류 / 13
3. 단조 / 14
4. 압연(rolling) / 18
5. 인발(drawing) / 19
6. 압출(extrusion) / 22
7. 전조 / 23
8. 제관법(pipe making) / 24
9. 프레스 가공 분류 / 25
10. 성형가공 / 33
■ 익힘문제 / 39
■ 예상문제 / 41

제 2 장 수기가공 ·· 45

1. 금긋기 작업 및 공구 / 45
2. 절단 작업 / 46
3. 줄 작업 / 46
4. 정 작업(chipping) / 48
5. 스크레이퍼 작업(scraping) / 49
6. 리머 작업 / 50
7. 탭·다이스 작업 / 51
8. 조립 작업 / 54
■ 익힘문제 / 55
■ 예상문제 / 57

제 3 장 절삭 이론 ·· 61

1. 절삭가공의 원리 / 61
2. 기계가공의 종류 / 61
3. 공작기계의 종류 / 63
4. 절삭 이론 / 65
5. 칩의 생성 / 67
6. 구성인선(built-up edge) / 69
7. 공구인선의 수명과 파손 / 70
8. 절삭온도 측정법 / 72
9. 절삭유와 윤활제 / 72
10. 절삭공구 재료 / 74
■ 익힘문제 / 77
■ 예상문제 / 79

제 4 장 선반 ·· 83

1. 선반가공 / 83
2. 선반의 부속장치 / 88
3. 바이트의 종류와 형상 / 92
4. 선반작업 / 94
5. 선반의 가공시간 / 96
6. 가공의 표면거칠기(粗度) / 97
- 익힘문제 / 98
- 예상문제 / 100

제 5 장 밀링 머신 ·· 105

1. 밀링 가공 / 105
2. 밀링 머신의 구조 / 106
3. 밀링 머신의 종류 / 107
4. 밀링 머신의 부속장치 / 108
5. 밀링 머신의 크기 표시 / 110
6. 밀링 머신의 공구 / 110
7. 분할작업 / 114
- 익힘문제 / 119
- 예상문제 / 121

제 6 장 연삭기 ·· 125

1. 연삭가공 / 125
2. 연삭기의 종류 / 126
3. 연삭기의 크기 표시법 / 127
4. 연삭기의 구조 / 128
5. 연삭숫돌(grinding wheel) / 128
6. 연삭작업의 일반사항 / 132
- 익힘문제 / 136
- 예상문제 / 138

제 7 장 기타 범용 공작기계 ·· 142

1. 드릴링 머신(drilling machine) / 142
2. 보링 머신(boring machine) / 147
3. 셰이퍼(shaper) / 149
4. 슬로터(slotter) / 151
5. 플레이너(planer) / 152
6. 기어 가공 / 154

7. 브로칭 머신(broaching machine) / 157
■ 익힘문제 / 160   ■ 예상문제 / 162

제8장 정밀 입자가공 ········· 166

1. 래핑(lapping) / 166
2. 호닝 / 168
3. 슈퍼 피니싱(super finishing) / 170
4. 배럴(berrel) 가공 / 171
5. 숏 피닝(shot-peening) / 172
6. 버니싱(burnishing) / 173
7. 롤러(roller) 가공 / 174
8. 폴리싱과 버핑 / 174
9. 샌드 블라스팅(sand blasting) / 175
10. NC 성형연삭기 / 175
11. 지그 그라인딩 가공 / 175
■ 익힘문제 / 176   ■ 예상문제 / 178

제9장 특수 가공 ········· 182

1. 전해가공(electrolytic machine) / 182
2. 전해연마(electrolytic polishint) / 183
3. 전해연삭(electrolytic chemical grinding : ECG) / 184
4. 전주(電鑄)가공 / 185
5. 레이저 가공 / 186
6. 초음파가공(ultra-sonic machining) / 186
7. 방전가공(electric discharge maching : EDM) / 187
8. 와이어 컷 방전가공(wire cut electric discharge machining) / 189
9. 전자 빔 가공 / 190

10. 고속 액체 제트 가공법 / 190
■ 익힘문제 / 191					■ 예상문제 / 193

제10장 정밀측정 ·· 198

1. 정밀측정의 기초 / 198			2. 길이의 측정 / 201
3. 한계 게이지(limit gauge) / 209		4. 각도 측정 / 211
5. 형상 및 위치 정도의 측정 / 214		6. 표면거칠기 측정 / 216
7. 윤곽 측정 / 217				8. 나사 측정과 기어 측정 / 218
■ 익힘문제 / 221				■ 예상문제 / 223

제11장 치공구 ··· 227

1. 치공구의 개념 / 227			2. 치공구의 분류 / 232
■ 익힘문제 / 239				■ 예상문제 / 241

제12장 CNC 가공 ·· 245

1. CNC 선반 / 245				2. 머시닝센터 / 265
■ 익힘문제 / 288				■ 예상문제 / 290

제13장 목형과 주조 ·· 295

1. 목형 / 296					2. 주형 / 303
■ 익힘문제 / 320				■ 예상문제 / 322

제14장 용접 ··· 328

1. 용접의 개요 / 328				2. 아크 용접법 / 334
3. 가스 용접과 절단 / 341			4. 저항 용접과 기타 용접 / 346
■ 익힘문제 / 352				■ 예상문제 / 354

제15장 열처리 · 360

    1. 강의 열처리 / 360   2. 강의 표면경화 / 366

    ■ 익힘문제 / 370   ■ 예상문제 / 372

제16장 안전관리 · 379

    1. 일반적인 안전사항 / 379   2. 수공구류의 안전수칙 / 381

    ■ 익힘문제 / 390   ■ 예상문제 / 392

부록 과년도 기출문제 · 397

제 1 장

소성가공

1. 소성가공

금속은 힘을 가하여 판재, 봉재, 관재 등 여러 가지 모양으로 가공할 수 있는데, 이와 같이 변형되는 성질을 소성(Plasticity)이라고 하고, 이 성질을 이용한 변형을 소성변형(Plastic deformation)이라 한다. 소성변형을 이용한 가공을 소성가공(Plastic working)이라 한다.

- 탄성변형(Elastic Deformation) - 일시적변형 : 외력이 작을 때는 외력을 제거하면 원래의 상태로 되돌아가는 성질
- 소성변형(Plastic Deformation) - 영구변형 : 외력이 커져서 변형이 커지면, 외력을 제거해도 원래의 모양으로 되돌아가지 않고 영구변형이 생기는 것을 말한다.
- 강의 응력 - 변형률 곡선(Creep Curve)

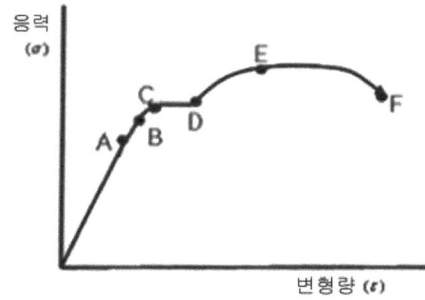

A : 비례한도
B : 탄성한도
C : 상 항복점
D : 하 항복점
E : 최대 응력점
F : 파단점

1) 소성가공의 장점
① 보통 주물에 비하여 성형되는 치수가 정확하다.
② 금속 결정 조직을 개량하여 강한 성질을 얻게 한다.
③ 재료의 사용량을 경제적으로 할 수 있다.
④ 다량 생산으로 균일한 제품을 얻을 수 있다.
⑤ 수리가 쉽다.

2) 가공경화(work hardening)
재료를 가공하는 도중에 힘이나 외력에 의해서 재료가 원래의 재료보다 단단해지는 성질을 말한다.

3) 재결정(recrystallization)
변형된 금속의 결정 입자를 적당한 온도로 가열하면 변형된 결정입자가 파괴되어 미세한 다각형 모양의 결정입자로 변화한다. 이것을 재결정이라고 하며, 이 때의 온도를 재결정 온도라고 한다.

4) 냉간가공과 열간가공
(1) 가공법의 분류
① 냉간가공(cold working) : 재결정 온도 이하에서 행하는 가공법
② 열간가공(hot working) : 재결정 온도 이상에서 행하는 가공법
※ 열간가공과 냉간가공을 구별하는 온도는 재결정 온도이다.

(2) 냉간가공에 따른 기계적 성질의 변화
① 냉간가공도가 증가할수록 연신율, 단면 수축률은 감소하고
② 경도, 인장 강도, 내력 등은 증가한다.
③ 전기전도율은 냉간가공이 증가함에 따라 낮아진다.

(3) 냉간가공의 특징
① 정밀한 치수가공이나 성질의 균일성을 필요로 할 때 사용
② 결정입자의 미세화, 표면의 미려하고 제품의 치수가 정확할 때 사용
③ 인장강도, 경도, 항복강도, 피로강도, 전기저항이 증가
④ 연신율, 단면 수축률이 감소하고 재료의 표면이 산화가 안 된다.

⑤ 가공면이 아름답다.
⑥ 정밀한 가공을 쉽게 할 수 있다.
⑦ 기계적 성질을 개선시킬 수 있다.

(4) 열간가공의 특징
① 동력이 적게 들어 경제적이다.
② 대량생산이 가능하다.
③ 대형제품 생산에 유리하다.
④ 작은 동력으로 큰 변형을 줄 수 있다.
⑤ 재료의 균일화가 이루어진다.

2 소성가공의 종류

① 압연가공(Rolling) : 재료를 열간 냉간가공하기 위해 회전하는 Roller 사이에 금속재료를 통과시켜 성형하는 방법으로 판재, 봉재, 관. 형재, 레일 등을 만들 수 있다.
② 압출가공(Exbrusion) : 상온 또는 가열된 금속을 실린더 모양을 한 Container에 넣고 한쪽에 있는 Ram에 압력을 가해 밀어낸다. 이것은 Die를 통하여 재료가 소성가공되어 봉, 관, 형재 등을 제작한다.
③ 인발가공(Drawing) : Die의 구멍을 통하여 금속재료를 축 방향으로 당기어 바깥지름을 감소시키면서 일정한 단면을 가진 소재로 가공하는 방법으로, 5mm 이하 지름의 선의 인발을 말한다.
④ pressing(프레스) : 판재를 punch와 die사이에서 압축 성형하는 방법으로 전단, 굽힘, 압축, deep drowing으로 분류한다.
⑤ 단조가공(Forging) : ingot의 소재를 고온 즉, 보통 열간가공 온도에서 적당한 단조기계로 소성가공하여 조직을 미세화시키고 균일상태로 하면서 성형하는 방법이다.
⑥ 전조가공(Roll forning) : 전조공구를 이용하여 나사, 기어 등을 성형하는 가공 방법이다.
⑤ 판금가공(sheet metal working) : 판재를 이용하여 목적하는 형상으로 변형 가공하는 방법
⑥ 제관가공(pipe making) : 관을 만드는 가공법이다.

3 단조

단조는 소재를 고온으로 가열하여 앤빌(anvil) 위에 놓고 공구 해머(hammer)로 타격을 가하거나, 2개의 형(die) 사이에 소재를 넣고 압력을 가하거나 타격을 가하여 성형함과 동시에 재료의 기계적 성질을 개선하여 필요한 형상의 제품을 만드는 것으로 전자를 자유단조, 후자를 형단조라 한다. 이 단조품은 주물에 비하여 조직이나 기계적 성질의 신뢰성이 높아 기계 주요부품에 활용하나, 제품이 비교적 비싸고 너무 복잡한 모양이나 큰 것은 만들기가 어렵다.

1) 단조의 종류

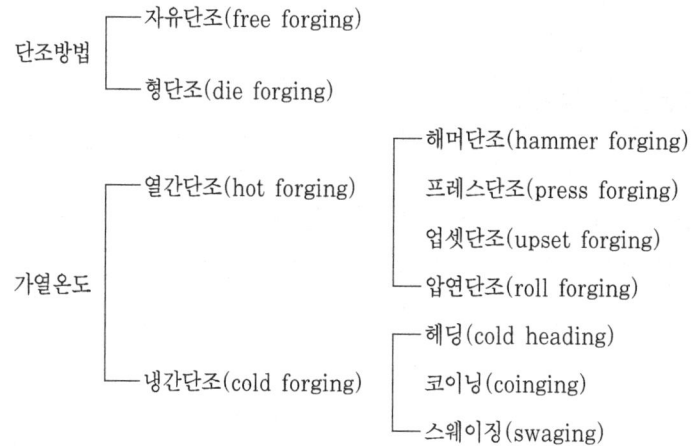

2) 단조온도

(1) 최고단조온도

단조를 개시하는데 적합한 온도로 너무 높으면 단조는 쉬우나 과열로 소손되며 산화가 심하므로, 용융 시작온도에 100℃ 이내로 접근하지 않도록 해야 한다.

(2) 단조완료온도

가공작업이 완료되어도 재결정 온도 이상에 있으면 결정입자가 다시 조대화(粗大化)되므로 재결정 온도 근처에서 하는 것이 좋다.

재료 가열시 주의사항은 다음과 같다.

① 균일하게 가열할 것
② 갑자기 고온으로 가열하지 말 것

③ 오래 가열하지 말 것

3) 단조용 재료
① 단련강(wrought steel)
② 탄소강(carbon steel)
③ 특수강(special steel)
④ 구리합금(Cu-alloy) : 황동(brass), 청동(brouce)
⑤ 경합금(light alloy)

4) 단조용 기계
(1) 단조해머

단조해머의 용량은 낙하부분의 총중량을 (kg) 또는 (ton)으로 표시한다. 해머용량의 낙하 중량(W)는 램중량(Wr), 피스톤헤드(Wh), 피스톤로드(Wo), 상부단조형의 중량(Wd) 등의 전체 중량으로 표시한다. 즉,

$$W = Wr + Wn + Wo + Wd$$

$$드롭해머의\ 중량 = 낙하전중량 \times \frac{1}{0.75} = \frac{Wr + Wn + Wc}{0.75}$$

로 표시한다.

또한, 해머가 자유낙하할 때의 낙하거리 H, 중량의 가속도 g, 해머의 타격속도를 V라 하면

$$V = \sqrt{2gH}$$

해머의 순간적인 운동에너지 $E = \frac{W}{2g} V^2 = WH$

(2) 유압프레스의 용량

유압프레스의 용량(Q)는 캠에 연결한 피스톤에 작용하는 전체 압력을 (ton)으로 표시

$$Q = \frac{P_h A}{1000}$$

P_h : 단위면적에 작용하는 유압
A : 램의 유효전체단면적

단조할 최대 단조물 치수에 대한 유압프레스의 용량(Q)은

$$Q = \frac{A \cdot \sigma e}{\eta}$$

A : 단조물의 유효단면적
σe : 단조재료의 변형저항
η : 프레스효율(0.7~0.8)

5) 단조용 해머의 종류
(1) 단조용 해머
① 에어 해머(air hammer)
② 증기 해머(steam hammer)
③ 기력 해머(power hammer)
　㉮ 스프링 해머(spring hammer)
　㉯ 크랭크 해머(crank hammer)
　㉰ 벨트 해머(belt hammer)

(2) 드롭해머
① 목판 드롭해머(board drop hammer)
② 바 드롭해머(bar drop hammer)
③ 로프 드롭해머(rope drop hammer)
④ 크랭크 드롭해머(crank drop hammer)
⑤ 증기 드롭해머(steam drop hammer)
⑥ 압축공기 드롭해머(compressed air drop hammer)

(3) 특수 해머
① 스웨이징 해머(swaging hammer)
② 리벳 해머(rivet hammer)
③ 용접 해머(welding hammer)
④ 피어싱 해머(piercing hammer)

6) 단조작업

(1) 자유단조(free forging)
① 절단(cutting off) : 재료를 절단하는 방법
② 늘리기(drawing) : 재료를 축과 직각 방향으로 압축하며 가늘고 길게 하는 방법
③ 굽히기(bending) : 재료를 둥글게 구부릴 때 또는 각(角)으로 구부리는 작업
④ 업셋팅(up-setting) : 재료를 축방향으로 압축하여 길이를 짧게 하고 단면을 크게 하는 작업
⑤ 단짓기(setting down) : 어느 선을 경계로 하여 한 쪽만 압력을 가하여 가늘게 하는 작업
⑥ 구멍뚫기(punching) : 구멍을 뚫거나 넓히는 작업
⑦ 단접(welding) : 재료를 적당한 온도로 가열하여 두 표면을 서로 맞대고 때려 붙이는 작업

(2) 형단조(die forging)
가열된 소재를 금형에 의해 성형하는 단조법으로 정밀도가 높고, 다량생산에 적합하며 가격이 싼 것이 장점이다.

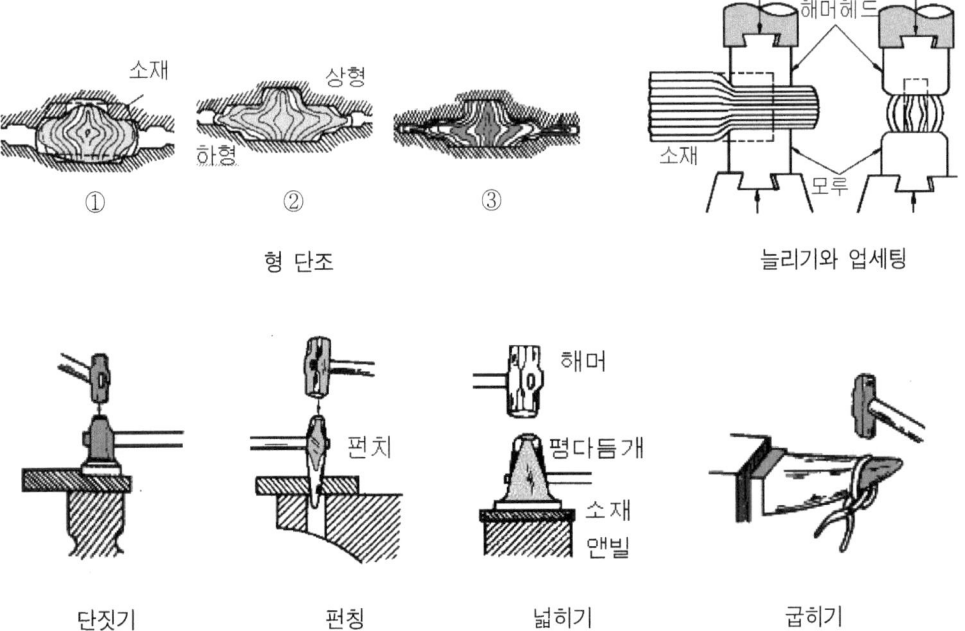

4 압연(rolling)

회전하는 2개의 롤러(roller) 사이에 소재를 통과시킴으로서 소성변형에 의하여 단면적을 감소시키고 길이를 늘리는 작업을 압연(rolling)이라 한다. 압연가공은 강괴(ingot)의 분괴 작업이나, 판재, 선재, 형재를 가공할 때 주로 이용되며, 재료를 압착하여 조직을 미세화시키고 균일하게 하여 기계적 성질을 개선시킨다.

1) 압연의 분류
(1) 온도에 의한 분류
① 열간압연(hot rolling) : 재결정 온도 이상에서 가공하는 방법으로 분괴, 빌렛 등의 재료로 형제, 선재 등을 압연한다.
② 냉간압연(cold rolling) : 재결정 온도 이하에서 가공하는 방법으로 완성제품의 압연에 쓰인다.

(2) 압연제품에 의한 분류
① 분괴압연(blooming) : 강괴(ingot)에서 제품의 중간재를 만드는 압연이며, 중간재료 블룸(bloom), 빌렛(billet), 슬랩(slab), 시트 바(sheet bar) 등이 있다.
② 판재압연(plate rolling) : 중간재료를 사용하여 박판이나 후판을 제조하는 압연이다.
③ 형재압연(angle rolling) : 중간재료 봉강, 형장, 산형강, I 형강, 레일 등을 제조하는 압연으로 압연 롤러에는 홈이 있다.

2) 압연의 원리
(1) 압하율

압연의 변형 정도를 나타낼 때는 압연 통과 전후의 두께 차이로 표현한다. 이를 압하량이라 하고, 이것을 압연 통과 전의 두께로 나눈 것을 백분율로서 나타낸 것을 압하율이라고 한다.

압연하기 전의 원재료의 두께를 H_0, 압연 후의 재료의 두께를 H_1이라 하면

$$압하량 = H_0 - H_1$$

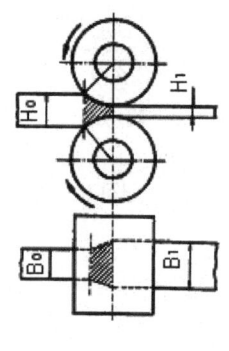

압연 가공

1회 가공도의 압하율(%)은

$$압하율 = \frac{H_0 - H_1}{H_0}$$

압연 통과 전의 폭을 B_0, 압연 통과 후의 폭을 B_1라 하면

$$폭의 증가량 = B_1 - B_0 ≒ 0.35(H_0 - H_1)$$

로 정의하며, 압하율이 커질수록 필요한 공정 수가 줄어들어 능률적이지만, 너무 크면 재료가 상하기 쉽다. 또한 열간압연에서는 냉간압연보다 압하율을 크게 취할 수 있다.

(2) 접촉각(contact angle)

압연시 롤이 판재를 누르는 힘을 P, 롤과 판재의 마찰력은 μP, 롤과 판재의 접촉각을 θ라 하면 P의 분력은 $P \sin\theta$와 μP의 분력 $\mu P \sin\theta$가 서로 반대이므로 μP의 분력이 P의 분력보다 크면 압력이 가능하고 작으면 압연이 되지 않는다.

즉,

$$\mu P \sin\theta \geqq P \sin\theta$$
$$\therefore \mu \geqq \tan\theta$$

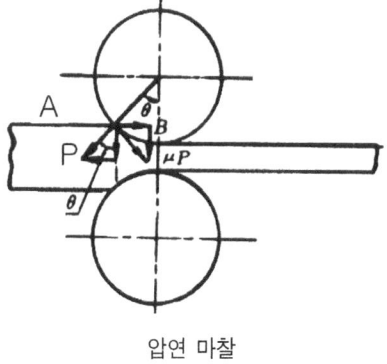

압연 마찰

의 관계가 성립된다.

그러므로 접촉각 θ가 작거나 마찰계수 μ가 커지면 압연이 가능하다.

5 인발(drawing)

인발가공(drawing)은 다이 구멍에 재료를 통과시키고 잡아 당겨 다이 구멍의 형상과 같은 단면의 봉재, 선재, 관재 등을 만드는 가공법이다. 1회 통과시 단면 감소율은 소재의 재질에 따라 10~40% 정도로 하고 너무 크면 경도가 급속히 증가하여 여리게 되어 절단될 우려가 있다. 반면 너무 작으면 인발 횟수가 많아 작업 능률이 저하된다.

1) 인발가공의 종류

① 봉재인발(bar drawing) : 봉재 및 단면재를 인발하는 것으로 다이의 종류에 따라 원형, 각형 기타 형상이 있다.

② 관재인발(tube drawing)

봉재의 외경을 가공할 때는 다이만을 사용하여 만들지만, 파이프의 내경을 만들 때에는 파이프가 다이를 통과하는 동안 파이프 내면에 소정 치수의 심봉(mandrel)을 삽입하여 파이프를 만든다. 다이나 심봉의 형상에 의해서 원형 파이프나 각재 파이프 등을 제작한다.

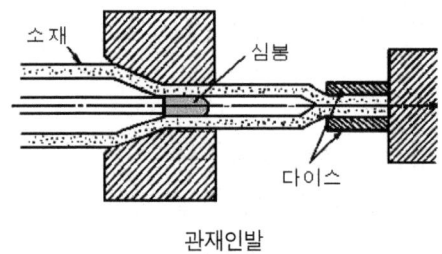

관재인발

③ 선재인발(wire drawing) : 직경 5mm의 가는 봉인발을 심선 또는 선재인발이라고 한다.

④ 특수인발(special drawing) : 롤러 다이에 의한 방법으로 동일 평면 내에서 4개의 롤을 설치하고 그 패스가 소요단면을 이루며 소재로는 원형단면의 봉재, 또는 관재를 사용한다.

2) 다이의 구조와 명칭

다이 모양에 따라 구멍형(hole die), 롤형 다이(roll die)가 있다. 롤형 다이는 마찰저항이 적어서 단면 감소율을 크게 할 수 있으나, 정밀 가공이 어려우므로 일반적으로 구멍형 다이를 많이 활용하고 있다.

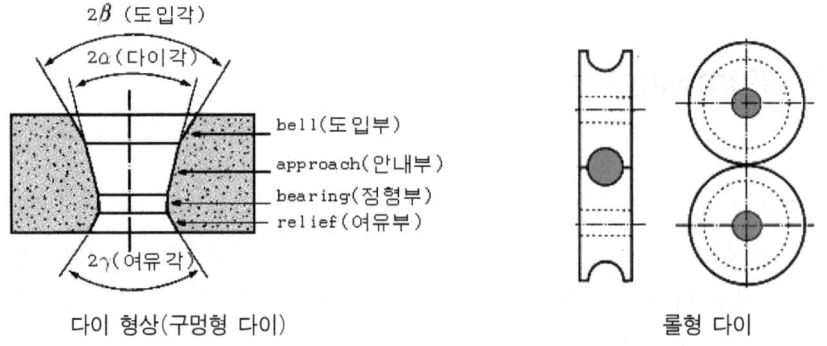

다이 형상(구멍형 다이)   롤형 다이

3) 다이 재료
① 강철합금 다이(steeland alloy steel die)
② 칠드주철 다이(chilled cast iron die)
③ 경질합금 다이(hard metal die)
④ 다이아몬드 다이(diamond die)

4) 윤활법
마찰력 감소, 다이의 마모감소, 냉각효과를 주기 위해 석회, 그리스, 비누, 흑연 등의 윤활재를 사용하여 경질 금속은 Pb, Zn 등을 도금하여 사용한다.

5) 단면수축율과 인발력
(1) 단면수축율

$$수축율 = \frac{A_0 - A_1}{A_0} \times 100(\%)$$

A_0 : 인발전의 단면적
A_1 : 인발후의 단면적

(2) 인발력

$$인발력(P) = \frac{P\pi(d^2 - d_1^2)}{4}$$

P : 인발력
d : 인발전 직경
d_1 : 인발후 직경

인발력은 다음 3개의 부분으로 나눈다.
① 봉재의 직경을 작게 하기 위한 힘
② 다이스 내부면에서 마찰력에 대한 힘
③ 다이스의 입구와 출구의 내부의 마찰힘

6) 인발용 기계
① 단식 신선기(single wire drawing machine)
② 연속식 신선기(continuous wire drawing machine)

6 압출(extrusion)

압출가공(extrusion)이란 금속 재료를 다이가 있는 컨테이너(container)속에 넣고, 램(ram)으로 강한 압력을 가해 다이로 소재를 내보내어 봉재, 단면재, 관재 등을 가공하는 방법이며, 단면의 모양이 압연으로서는 어려운 봉재에 주로 적용하고, 소재의 재료에는 황동, 구리, 알루미늄, 마그네슘, 아연, 납, 주석 등에 적합하다.

(1) 압출가공의 종류

① 직접압출(direct extrusion)

제품이 램의 진행방향과 같은 방향으로 압출되는 형식으로 전방 압출이라고도 한다. 원기둥형의 빌릿을 가열하여 컨테이너에 넣고 압판으로 밀어내며, 빌릿은 주조한 것보다 주조 후 단조를 한 것이 좋은 제품을 얻는다. 압출기는 1000~8000t 정도의 기계 프레스나 액압 프레스를 사용하고, 압출재의 길이에 제한을 받지 않으므로 많이 이용된다.

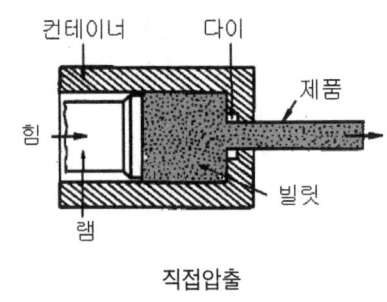

직접압출

② 간접압출(indirect extrusion)

램의 진행 방향과 반대 방향으로 소재가 압출된다. 직접압출에 비해 소비동력이 적고 경질재료에 사용된다.

③ 충격압출(impact extrusion)

순간적으로 압출이 완료되는 것으로, 사용되는 재료에는 Pb, Zn, Sn, Al, Cu 등 순금속 및 일부 합금 등이 사용된다.

제품으로는 치약, 튜브, 화장품, 약품 등의 용기제작에 이용

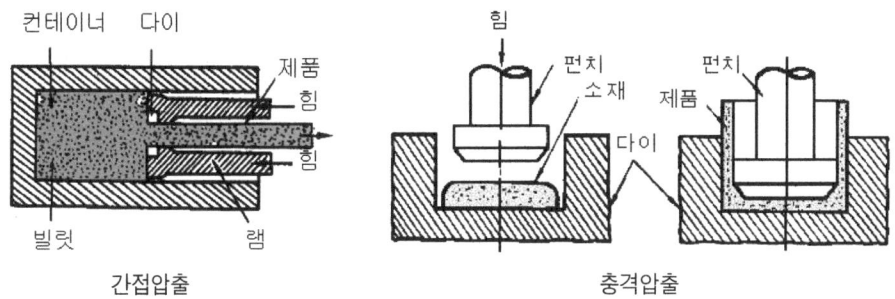

간접압출　　　　　　　충격압출

(2) 윤활재
① 냉간압출 : 인산염 피복을 시키고 이것에 에멀젼 수용액을 사용한다.
② 열간압출 : 등유 또는 실린더유에 흑연을 혼합하여 사용한다.
③ Pb, Sn, Zn : 윤활재를 사용하지 않는다.

7 전조

전조(rolling)는 다이(die) 또는 공구(roller)를 사용하여 소재를 넣고 회전이나 직선운동을 시켜 국부적으로 압력을 가해 공구와 같은 형상으로 변형하여 제품을 만드는 가공법이다. 선반에서 널링(knurling)하는 것도 전조 가공이라 할 수 있으며, 주로 나사, 기어, 볼, 스플라인 축, 링 등을 만들고 정밀한 제품을 대량생산할 수 있으며, 기계적 성질도 개선된다.
전조의 종류는 다음과 같다.
① 나사 전조(thread rolling)
  전조 다이(thread rolling die) 사이에 소재를 넣고, 가압한 상태에서 이동 다이를 왕복 운동하여 소재의 표면에 산과 골이 반대인 나사를 만드는 것으로 주로 작은 나사류의 대량생산에 사용한다. 전조 나사는 절삭 나사에 비하여 인장 강도나 피로 한도가 크고, 나사산도 아름답다.
② 볼 전조(ball rolling)
  2개의 다이가 서로 교차되어 회전하는 볼 사이로 전조 압력을 가하면서 소재를 이송시켜 연속적으로 강구(steel ball)를 성형하는 방법으로, 환봉이나 선재를 800~1000℃ 정도의 온도로 가열하여 전조한다.

③ 기어 전조(gear rolling)

소재의 표면에 기어 치형 하나 하나를 별도로 접촉하여 압축 성형하는 가공법으로 전조기어는 결정입이 고우며, 질이 치밀하고 강도가 크고, 보통 모듈 2.5 이하의 것이면 평기어, 헬리컬기어, 베벨기어 등을 냉간 전조로 간단히 만든다. 래크형 다이, 피니언형 다이, 호브형 전조 방식에 의해 기어를 다량 생산한다.

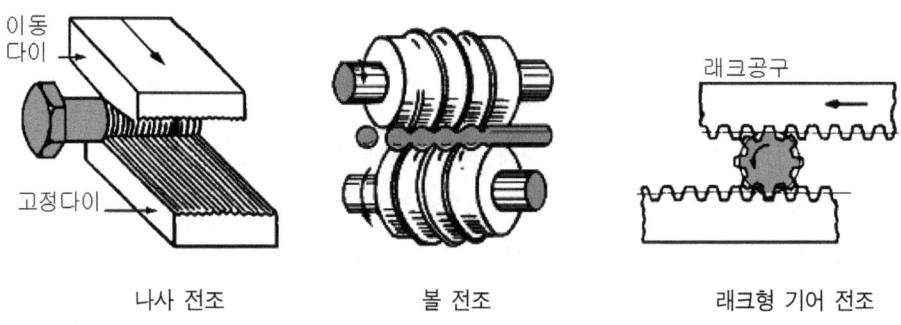

나사 전조 볼 전조 래크형 기어 전조

8 제관법(pipe making)

이음 부분을 접하여 제관하는 방법에는 단접법과 용접법으로 분류하고, 용접법은 가스용접과 전기용접 등으로 제작한다.

(1) 제관법의 종류

① 이음매 있는 관(seamed pipe)
   ㉮ 맞대기 단접관(butt weld process)
   ㉯ 겹치기 단접관(lap weld process)
   ㉰ 전기저항 용접관(resistance weld process)

② 심리스 파이프(seamless pipe) : 이음매가 없는 파이프
   ㉮ 맨네스맨 압연 천공법(mannesmann process) : 회전식 압연기의 원리를 이용
   ㉯ 압출법(extrusion) : 점차적으로 적은 치수를 가진 다이를 통과시켜 외경을 축소
   ㉰ 에르하르트 천공법(ehrhardt process) : 외관을 축소시키는 방법
   ㉱ 스티펠법(stiefel process) : 지름을 확대하는 방법
   ㉲ 커핑법(cupping process)

(2) 제관법의 공정
① 천공제관법의 공정
㉠ 파이프치수 40~110mm 정도의 것
천공압연기 → 플로그압연기 → 마관기 → 재가열로 → 정경압연기
㉡ 파이프치수 90~400mm 정도의 것
제1천공기 → 제2천공기 → 재가열로 → 플러그압연기 → 마관기 → 정경압연기
② 심 파이프 용접법의 공정
슬리팅(slitting) → 성형(forming) → 용접(welding) → 정경(sizing) → 절단(cutting)

9 프레스 가공 분류

프레스 가공이란 프레스라는 기계를 사용해서 판재를 여러 가지 형태로 변형 가공하는 작업으로서, 냉간가공을 주로 하는 소성가공이다.

① 전단가공(shearing)

판재를 전단기(shearing machine)나 프레스에 넣고 금형을 사용하여 재료의 파단강도 이상의 외력(外力)을 가해 재료의 일부 또는 전주(全周)를 전단하여 필요한 형상 또는 다음 공정을 위한 소재를 얻는 가공법이다.

(예) 전단, 절단, 분단, 블랭킹, 피어싱, 슬리팅 노칭, 트리밍, 셰이빙, 정밀 블랭킹, 마무리 블랭킹, 루버링, 하프블랭킹

② 굽힘가공(bending)

프레스금형, 프레스 브레이크 또는 롤(roll)기 등을 사용하여 판재, 봉재, 관재 등에 필요한 굽힘 변형을 주는 작업이며, 보통 가공 재료를 굽힐 때에 중립면을 기준으로 굽힘선이 직선으로 굽힘가공과 판두께의 변화는 주지 않고 굽힘변형을 주는 경우를 말하고 굽혀진 안쪽은 압축을 받고 바깥쪽은 인장을 받는다.

(예) V 굽힘, U 굽힘, L 굽힘, Z 굽힘, 복합굽힘, 복동굽힘, 캠식굽힘, 프레스브레이크굽힘, 롤굽힘, 헤밍

③ 성형가공(forming)

판두께의 변화를 의식적으로 행하지 않고 필요한 형상과 치수로 변화시키는 여러 가지 가공법이다.

(예) 반구형드로잉, 장출가공, 인장프레스가공, 벌징가공, 플랜징, 비딩, 버링, 컬링, 엠보싱
④ 드로잉 가공(drawing)
   펀치로 재료 또는 반 완성품을 형에 밀어 넣어 이음매가 없는 중공 용기를 주름살이나 균열이 생기지 않게 만드는 가공법으로 일명 교축가공이라고도 한다.
   (예) 원통드로잉, 각통드로잉, 원추드로잉, 재드로잉, 역드로잉, 네킹, 이형대물드로잉
⑤ 압축가공(compression)
   금형을 사용하여 소재에 강한 압력을 가하여 두께, 폭, 직경 등을 변화시켜 필요한 형상 및 치수를 얻는 가공법이다.
   (예) 냉간압출, 충격압출, 헤딩, 압인, 사이징, 스웨징, 냉간단조, 업셋팅
⑥ 기타 특수가공
   하이드로포빙, 폭발성형, 스피닝 등과 같이 일반적인 가공법으로 가공하지 않는 프레스 가공의 종류를 말한다.
   (예) 하이드로포밍, 고속해머, 폭발성형, 액중 방전성형, 전자성형, 스피닝

1) 전단 가공(剪斷加工) 그룹

전단가공은 재료에 전단응력이 발생하게 힘을 가하여 재료의 필요없는 부분을 전단하여 제품으로 가공하는 것을 말한다.
① 전단(剪斷, shearing)
   각종 전단기를 이용하여 재료를 직선 또는 곡선으로 전단하는 가공을 말하며, 소재의 표면과 직각인 전단면을 가진 것을 일반적으로 전단가공이라 한다.
② 절단(切斷, cutting)
   펀치(punch)와 다이(die)를 절삭날로 한 금형을 사용하여 스크랩(scrap)을 발생시키지 않고 절단하는 가공을 말하며, 절단선은 직선이든 곡선이든 관계 없다. 특징은 절단된 판의 전후의 버(burr)의 방향이 반대로 된다.
③ 분단(分斷, partting)
   1회의 스탭 가공으로 2개 또는 그 이상 개수의 부품을 만들기 위한 가공으로 여러 개의 프레스제품을 스크랩을 발생시키면서 2개 이상의 제품으로 가공한다. 특징은 버 방향이 같은 방향으로 된다.
④ 블랭킹(blanking)
   블랭킹 가공은 프레스작업 중에서도 가장 기본적인 것이며, 또 가장 많이 사용되는 가공법이다. 판금에서 제품(블랭크)을 타발하는 작업이며, 일반적으로 대상의 판금재료에서 일정한 간

격을 두고 차례차례 타발이 된다. 일반적으로 타발가공에 있어서는 타발된 것이 제품이며, 나머지 부분은 스크랩이 된다.

⑤ 피어싱(piercing)

이것은 블랭킹과는 반대로 타발된 쪽이 스크랩이며 나머지 쪽이 제품이다. 즉, 필요한 치수형상의 구멍을 재료에 내는 작업이다. 이 경우에는 펀치 쪽을 소요의 치수로 한다.

⑥ 슬리팅(slitting)

둥근 칼날을 한 슬리팅 롤러를 회전시켜 넓은 폭의 코일 판재 등을 일정한 폭의 코일재로 잘라내는 가공을 말한다. 또한 금형을 사용해서 재료의 일부에 절단선을 내는 것도 슬리팅이라고 한다.

⑦ 노칭(notching)

스트립판, 블랭크재, 또는 용기의 가장자리에 여러 가지 형상으로 따내기를 하는 가공을 말한다.

⑧ 트리밍(trimming)

드로잉이나 성형가공을 하여 불규칙한 형상이 된 제품의 가장자리 및 플랜지 등의 윤곽을 전단하는 가공을 말한다.

⑨ 셰이빙(shaving)

전단가공된 제품을 정확한 치수로 다듬질하거나 전단면을 깨끗하게 가공하기 위하여 시행하는 미소량의 전단(또는 깎아내는)가공을 셰이빙 가공이라 한다.

⑩ 정밀 블랭킹(fine blanking)

펀치의 바로 바깥쪽의 누름면에 삼각형의 돌기(bead)를 가진 강력한 누름판을 설치하고 이것에 의하여 전단면에 높은 압축응력을 발생시킴으로써 고운 전단면을 얻도록 함과 동시에, 블랭킹할 때의 쿠션(스프링의 힘)에 의해 펀치의 반대쪽은 제품을 강하게 눌러 휨과 거스러미가 없는 제품을 얻기 위한 가공을 말한다.

⑪ 마무리 블랭킹(finish blanking)

펀치(punch)와 다이(die)의 클리어런스를 극히 적게 함과 동시에 다이의 모서리에 작은 R을 줌으로써 파단면이 없는 매끄럽고 치수정도가 높은 전단면을 얻을 수 있는 블랭킹 가공을 말한다.

⑫ 루버링 가공(louvering)

펀치와 다이에서 한 쪽만 전단이 되고 다른 쪽은 굽힘과 드로잉의 혼합작용으로 바늘창 모양으로 가공되는 것을 말한다. 자동차, 식품 저장고의 통풍구 또는 방열창에 이용한다.

⑬ 일평면 커팅 가공(dinking)

펀치의 절삭날은 보통 20° 이하의 예각을 지녔고 다이 쪽은 날모양을 갖지 않았으며, 반대로 다이는 절삭날을 지녔고 펀치는 날모양을 갖지 않은 금형으로, 경질고무, 종이, 가죽, 연질금속의 박판에 블랭킹 또는 피어싱 가공을 하는 것을 일평면 커팅 가공이라 한다.

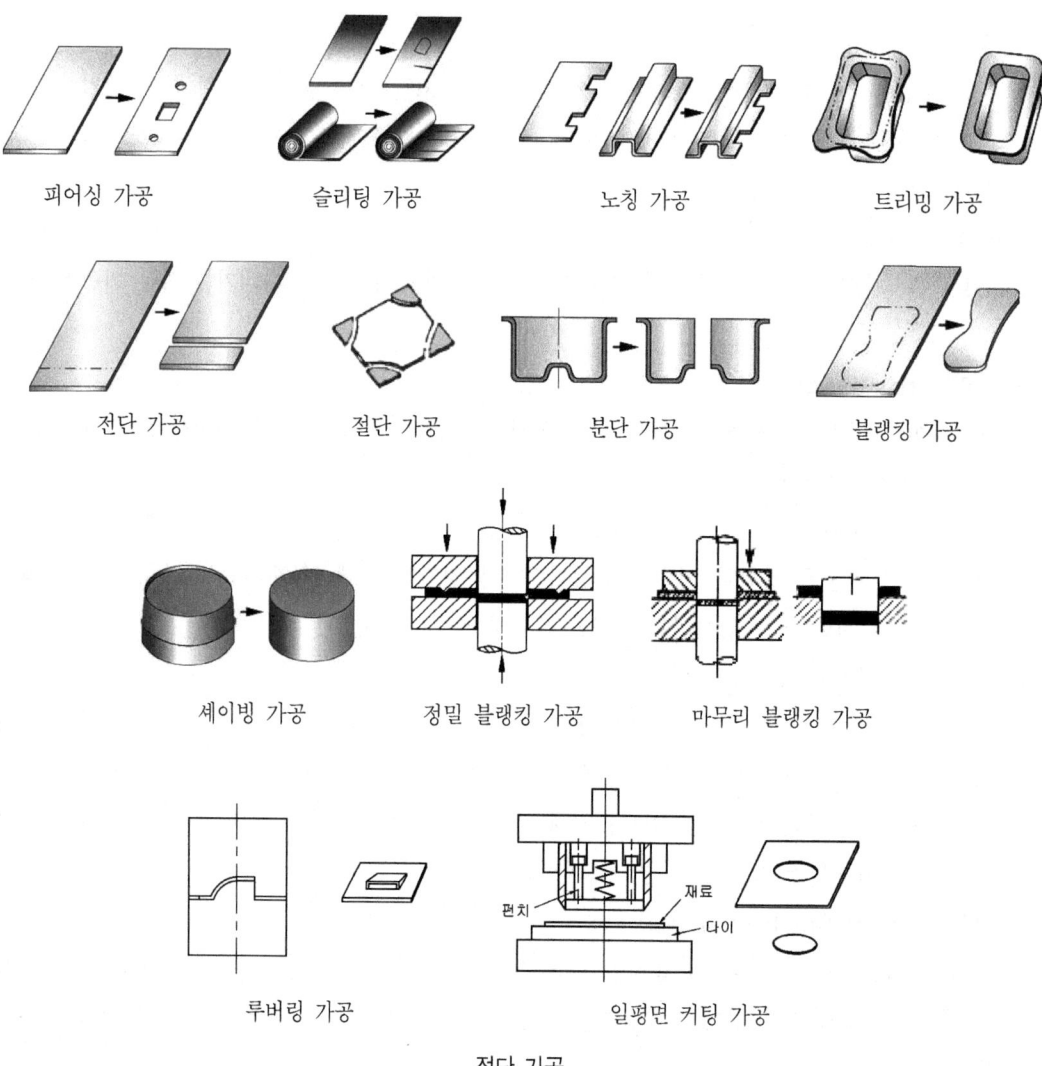

전단 가공

2) 굽힘 성형 가공 그룹

재료에 힘을 가하여 굽힘응력을 발생시켜 판·막대·관 등의 재료를 여러 가지 모양으로 굽히거나 성형하는 가공하는 것을 말한다.

① 굽힘가공(bending)

평평한 판이나 소재를 그 중립면에 있는 굽힘축 주위로 움직임으로써 재료에 굽힘변형을 주는 가공을 말하며, 특히 가공에 있어서 굽혀진 안쪽은 압축을 받고 바깥쪽은 인장을 받는다.

② 성형가공(forming)

판두께의 감소를 의식적으로 행하지 않고 금속 재료의 모양을 여러 가지로 변형시키는 가공을 말한다.

③ 버링 가공(burring)

미리 뚫려 있는 구멍에 그 안지름보다 큰 지름의 펀치를 이용하여 구멍의 가장자리를 판면과 직각으로 하여 구멍 둘레에 테를 만드는 가공을 말한다.

④ 비딩 가공(beading)

용기 또는 판재에 폭이 좁은 선모양의 비드(bead)를 만드는 가공을 말한다.

⑤ 컬링 가공(curling)

판, 원통 또는 원통용기의 끝부분에 원형단면의 테두리를 만드는 가공을 말한다. 이 가공은 제품의 강도를 높여주고, 끝부분의 예리함을 없애 제품에 안정성을 주기 위해 행해지는 가공이다.

⑥ 시밍 가공(seaming)

여러 겹으로 구부려 두 장의 판을 연결시키는 가공을 말한다.

한 번 구부려 결합시키는 것을 싱글 시밍(single seaming)이라 하고, 두 번 구부려 결합시키는 것을 더블 시밍(double seaming)이라 한다.

⑦ 네킹 가공(necking)

원통 또는 원통용기 끝 부근의 지름을 감소시키는 가공을 말하며, 이를 목조르기 가공이라고 한다.

⑧ 엠보싱 가공(embossing)

금속판에 이론적으로는 두께의 변화를 일으키지 않고 상하 반대로 여러 가지 모양의 요철을 만드는 가공을 말한다.

⑨ 플랜지 가공(flanging)

용기 또는 관 모양의 부품 끝부분에 금형으로 가장자리를 만드는 가공을 말하며, 원통의 바깥쪽으로 플랜지를 만드는 가공을 신장 플랜지가공 또는 외향 플랜지(outward Rangea) 가공이라 하고, 원통의 안쪽으로 플랜지를 만드는 가공을 수축 플랜지 가공 또는 내향 플랜지(inward Hange) 가공이라 한다.

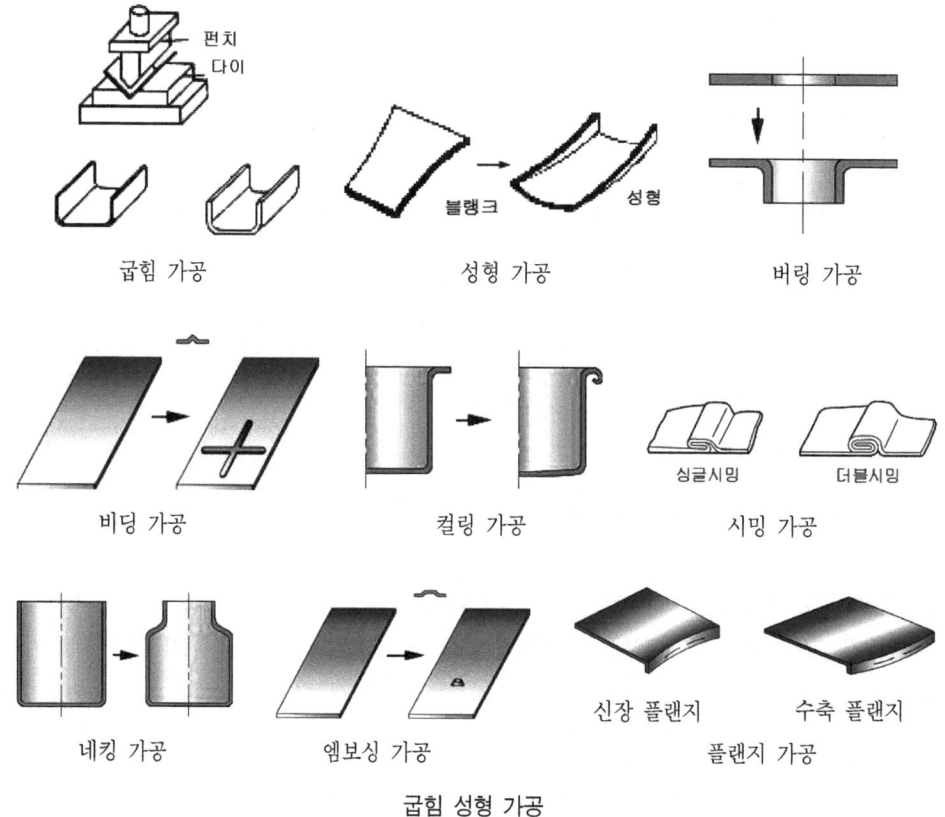

굽힘 성형 가공

3) 드로잉 가공 그룹
금속판 또는 소성이 큰 판재를 사용하여 컵모양 또는 바닥이 있는 중공 용기를 만드는 가공이다.
① 드로잉 가공(drawing)
  평평한 판재를 펀치에 의하여 다이 속으로 이동시켜 이음매 없는 중공 용기를 만드는 가공을 말한다.
② 재 드로잉 가공(redrawing)
  드로잉 가공된 제품을 다시 작은 지름으로 조이는 가공을 말한다.
③ 역 드로잉 가공(reverse drawing)
  드로잉 가공된 제품의 외측이 내측으로 되도록 뒤집어서 작은 지름으로 조이는 가공을 말한다.
④ 아이어닝 가공(ironing)
  가공 용기의 바깥 지름보다 조금 작은 안지름을 가진 다이 속에 펀치로 가공품을 밀어넣어서 밑바닥이 달린 원통용기의 벽 두께를 얇고 고르게 하여 원통도를 향상시키고 그 표면을 매끄

럽게 하는 가공을 말하며, 즉 전단가공의 셰이빙 가공과 같이 드로잉 제품의 정도를 높이는 가공이다.

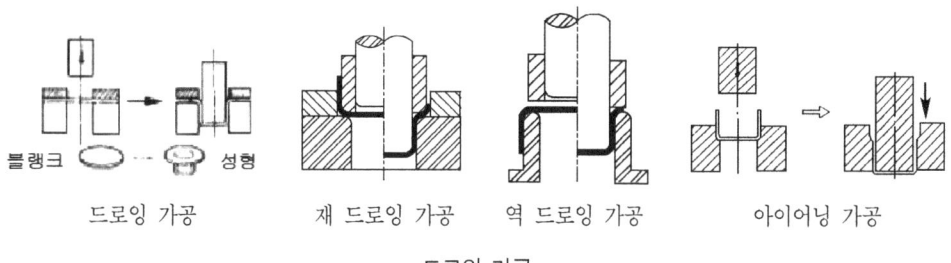

드로잉 가공

4) 압축가공 그룹

금형을 사용하여 가소성 재료에 큰 힘을 가하여 재료 내에 높은 압축응력을 발생시켜 그것에 의한 소형변형을 이용하는 성형가공을 말한다.

① 전방 압출가공(forward extrusion)
　다이 속에 놓여진 금속재에 펀치로 강한 압력을 가하여 다이의 개구부로부터 펀치의 진행 방향으로 재료를 유출시켜 제품을 만드는 가공을 말한다.

② 후방 압출가공(backward extrusion)
　다이 속에 놓여진 가소성 재료에 펀치로 힘을 가할 때 펀치와 다이의 틈새로부터 펀치의 진행방향과 반대방향으로 제품을 유출시켜 제품의 형상으로 만드는 압출가공을 말한다.

③ 복합 압출가공
　전방과 후방 압출가공을 한 공정에 동시로 행하는 압축가공을 말한다.

④ 충격 압출가공(impact extrusion)
　벽 두께가 매우 얇은(지름의 1/20~1/50) 압출가공으로서, 충격 압출가공은 일반적으로 후방 압출가공을 말하고 가공재료는 납(Pb), 주석(Sn), 알루미늄(Al) 및 아연(Zn) 등의 연질 금속에 한하여 가공이 가능하다.

⑤ 업세팅 가공(upsetting)
　재료를 길이 방향으로 압축하며 길이를 감소시킴으로써 길이 방향과 직각방향으로 재료를 유통시켜서 큰 단면(길이 방향과 직각인)을 만드는 가공을 말한다.

⑥ 헤딩 가공(heading)
　환봉 재료의 끝을 업세팅하여 리벳, 볼트 등과 같은 부품의 머리를 만드는 가공을 말하며 일종의 업세팅 가공이다.

⑦ 압인가공(coining)

금속판이나 블랭크의 전 표면을 규제하는 밀폐형에서 그 표면을 압축하여 형과 똑같은 모양의 요철을 만드는 압축가공을 압인 또는 코이닝 가공이라 한다.

⑧ 사이징 가공(sizing)

금형에 의하여 가공 부품의 전체 또는 일부에 강한 압력을 가하여 그것에 의해 재료의 흐름을 일으켜 가공품 치수정도를 향상시키는 압축가공을 말하며, 압축가공한 제품의 정도를 향상시키는 용도로 사용한다.

⑨ 스웨이징 가공(swaging)

압축소성변형을 금속재료 일부에 줌으로써 금형의 윤곽(모양)대로 유통시키는 가공이다. 가공력을 받지 않는 부분은 변형되지 않고 원형대로 남으며, 유동은 가해진 압력방향에 대해서 어떤 특정한 각도의 방향으로 흐르는 것이 일반적이다.

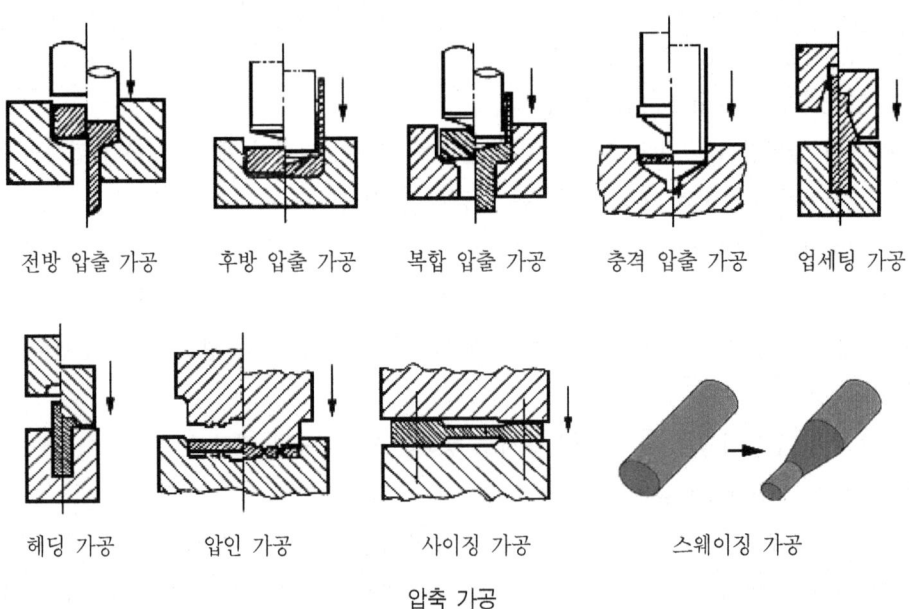

압축 가공

5) 그밖의 가공 및 특수가공법

① 벌징 가공(bulging)

통 모양의 용기, 관 등의 측벽을 내부로부터 압력을 가해서 배를 부르게 하는 가공을 말한다. 내부로부터 압력을 가하는 수단으로는 방사상으로 분할된 펀치 유체, 준 유체 및 고무와 같은 탄성체 등이 사용된다.

② 스트레치 드로 포밍 가공(stretch draw forming)

프레스 또는 금형의 양쪽에 설치된 스트레치 장치에 의해 강판을 항복점 이상으로 늘리고 그 상태에서 드로잉 또는 성형가공을 행하는 것을 말한다.

③ 하이드로포밍 가공(hydroforming)

펀치만 금형을 사용하고 다이는 유압(액압)으로 지지된 고무막을 사용하여 제품을 가공하는 것을 말하며, 성형이 어려운 모양을 가공할 수 있는 것이 특징이다.

④ 허프 가공(HERF forming)

여러 가지 허프 장치를 사용하여 초고속으로 행하는 가공을 허프 가공(High Energy Rate Forming)이라 한다.

초고속으로 가공하면 재료의 성형성이 좋게 되며 종래의 방법으로 할 수 없던 가공을 할 수 있는 장점이 있다.

10 성형가공

(1) 압축 성형 금형(Compression mold)

압축 성형 가공방법은 열경화성 플라스틱의 분말상 재료를 금형의 캐비티에 넣고, 위로부터 누를 수 있는 형을 닫은 다음, 가열 가압하면 용융상태에 수지 유동성에 의해 캐비티의 구석까지 충전된다. 이를 냉각 후 형을 열고 성형품을 꺼낸다.

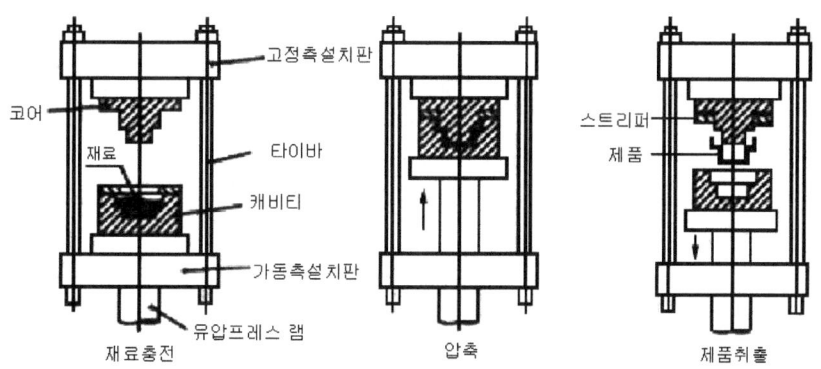

압축 성형원리(압입형 금형의 예)

(2) 이송 성형 금형(Transfer mold)

트랜스퍼 성형이라고도 하며, 열경화성 플라스틱의 품질과 성형능률 향상을 위한 성형방법으로 압축 성형 방법과 다른 것은 수지재료를 캐비티에 넣은 상태에서 가열 가압하는 것이 아니고, 별도로 마련된 실린더에서 수지를 용융시켜 플런저나 유압실린더의 작용압력에 의해 밀폐된 금형 내에 유로를 통하여 압입 성형가공된다.

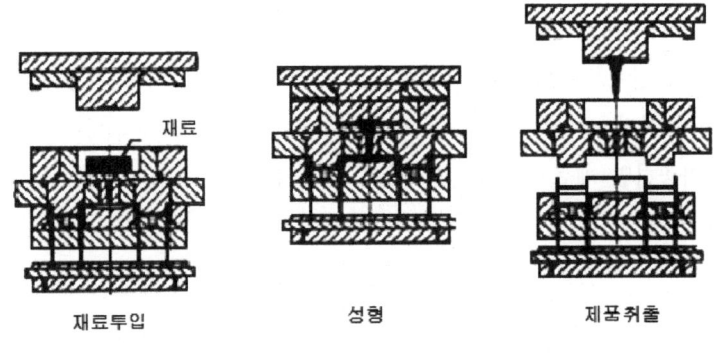

이송 성형의 원리

(3) 압출 성형 금형(Extrusion mold)

압출 성형 금형은 열가소성 플라스틱을 가열 실린더에서 가열하여 가소화시켜 스크류에 의하여 소요 형상을 한 단면(다이스(Dies))으로 연속적으로 압출시키며 냉각시켜 성형가공한다.

(예) T 모양, I 모양, L 모양, ㄷ 모양, 파이프 모양 등 일정한 단면 형상으로 응용범위는 좁으나 성형은 연속적이며, 능률적이다.

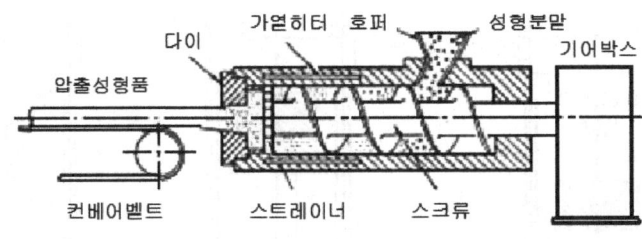

압출 성형법의 원리

(4) 취입 성형 금형(Blow mold)

블로 성형 금형이라고도 하며, 사출성형 방법에 따라 파라손을 성형한 다음 블로 금형으로 둘러싸서 성형하는 방법, 즉 먼저 네크금형을 닫고 이어서 코어와 캐비티 금형을 형합하고 수지를 사출

해서 파라손을 성형한 다음 파라손을 블로 금형에 옮겨 공기를 불어 넣으면서 가열하므로 용융화 되는 재료가 팽창되면서 성형가공된다.

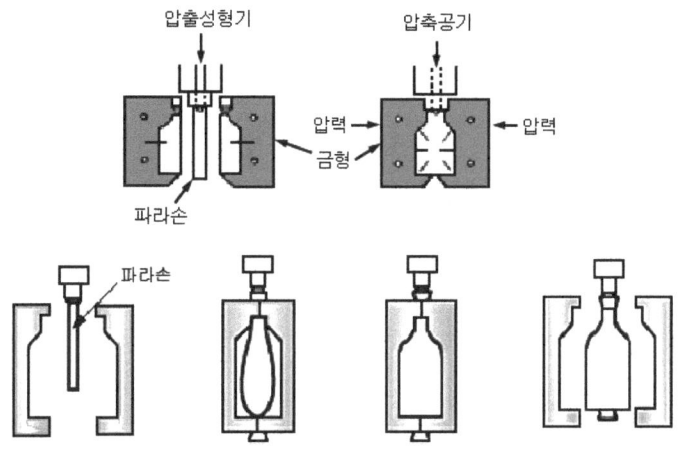

취입 성형 금형의 원리

(5) 진공 성형 금형(Vacuum mold)

열가소성 플라스틱 시트(Sheet) 또는 필름을 오목형, 볼록형의 한쪽에만 공기압을 이용하여 성형하는 방법, 즉 시트나 필름을 금형 형상 위에 밀착시키고 가열하면서 형상하부에 있는 흡입구멍으로부터 공기를 흡입시키면 시트나 필름은 금형 형상 모양으로 흡입 밀착되어 성형된다.

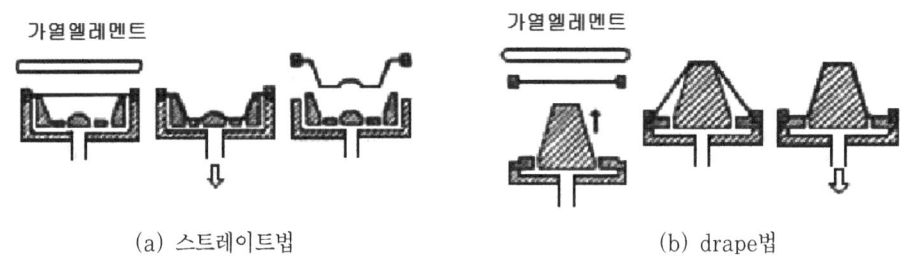

(a) 스트레이트법   (b) drape법

진공 성형의 원리

(6) 사출 성형 금형(Injection mold)

열가소성 플라스틱의 성질(경화시키기 위해 용융상태로 가열하였다가 냉각시키더라도 그 구조상 물리적 변화만 생긴다)을 이용하여 실린더 안에서 가열된 재료가 녹게 되면 플런저가 그 용해된 재료를 노즐을 통하여 고압으로 압입하면 용융수지는 스프루, 러너, 게이트를 지나서 캐비티부에 충전되고, 냉각된 금형에 의해서 냉각 고화되므로 성형이 된다.
 사출 플런저가 후퇴하고 금형이 파팅 라인을 따라 열리면 성형품이 금형으로부터 떨어지도록 이젝터 기구를 작동시킨다.

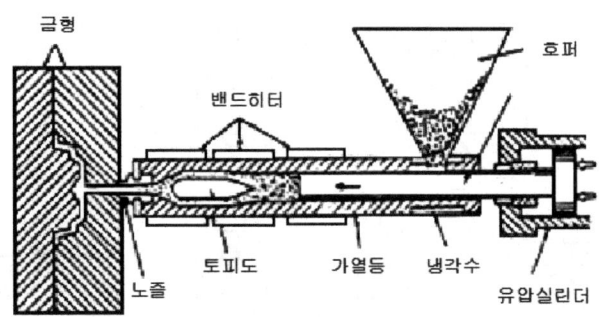

플런저식 사출 성형의 원리

(7) 적층 성형 금형
 적층 성형법은 종이나 천 등에 액체 상태의 수지를 스며들게 하여, 시트(sheet)와 수지를 층상으로 함침시켜 가열 및 가압으로 경화시켜서 한 장의 판상성형품을 만드는 것이다.
 이때에 어느 정도의 압력을 필요로 하는가에 따라 고압적층과 저압적층으로 분류된다.

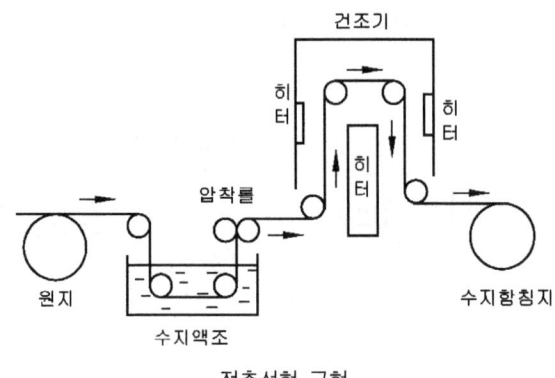

적층성형 금형

(8) 캘린더 성형 금형
 캘린더 성형법이란 혼련롤 또는 압축기에서 나온 성형재료를 주철제 롤을 평행하게 설치하여 조립한 캘린더 사이를 가압시키면서 통과함으로써 두께가 일정한 매우 얇은 시트(sheet) 제품이라든가, 필름을 연속적으로 고속도로 성형하는 방법이다.

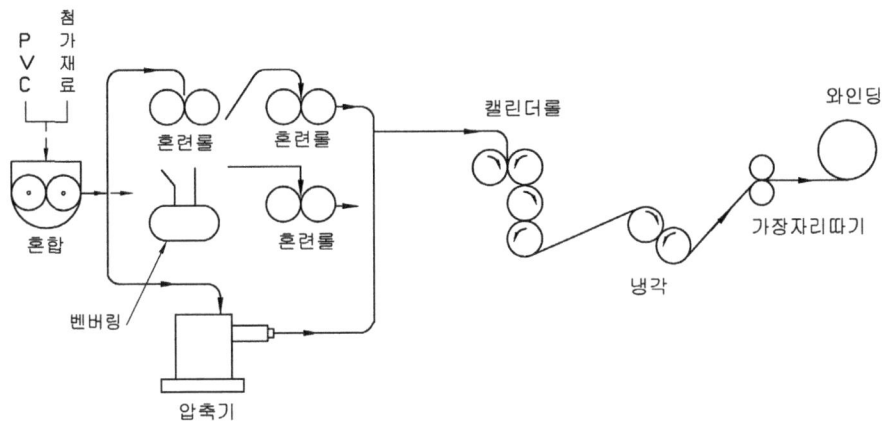

캘린더 성형 금형

(9) 가스 사출성형

가스 사출성형 방법은 사출 성형기 문제점 가운데 두께 부에 생기는 기포나 유동단말에 생기는 싱크마크 방지를 위해 적극적으로 살 내부에 불활성 가스를 노즐에서 혹은 금형 외부에서 보압 중에 주입하는 방법이다. 자동차 외장, 텔레비전 하우징의 성형에 적용되며, 조건 재현성과 웰드 라인, 흐림 도장 후의 광택 불량 등의 문제점과 가스채널 예상의 어려움을 가지고 있으며 CAE에 기대하는 바가 크다.

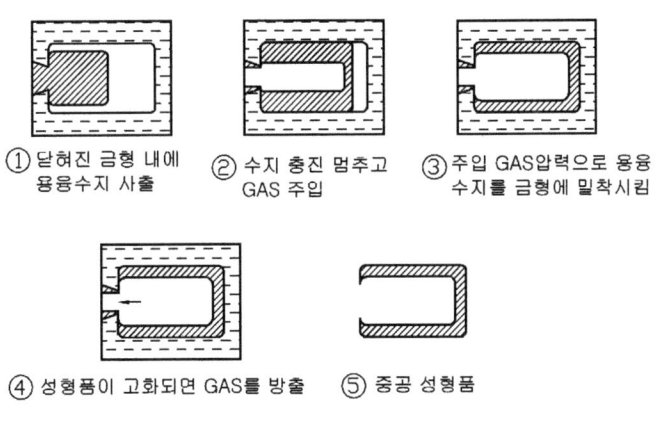

가스 주입 사출성형 원리

(10) 인서트 몰드 시스템(Insert-Mold System)

복잡한 3차원 가공에서 질감이나 감촉까지도 재현할 수 있는 최신 기술로서, 금형 사이에 인쇄된 필름을 넣고, 거기에 수지를 흘려 넣어 성형과 동시에 전사하는 획기적인 시스템으로 복잡한 형상의 수지제품에 선명한 인쇄가 가능하다.

특징은 성형과 전사를 동시진행함으로써 시간 및 비용 절감, 깨끗한 작업 환경으로 환경오염 등의 걱정 해소, 표현하고자 하는 의도로 제작이 가능(광택, 무광택 등 다양한 표현 가능), 평면에서 벗어난 입체(3차원 곡면)면에서의 높은 품질의 전사가 가능, 대량 생산시 시간 및 비용 절감 효과가 있으며 용도로는 휴대폰의 LCD Window, 카메라 Window, MP3 Case, 화장품 Case, 기타 휴대용 제품에 사용된다.

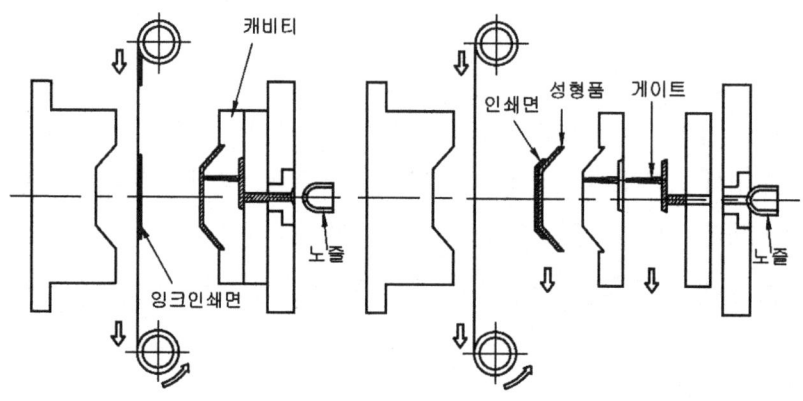

인서트 몰드 시스템의 구조

익힘문제

문제1 소성가공의 장점을 설명하여라.

해설
① 보통 주물에 비하여 성형된 치수가 정확하다.
② 금속의 결정 조직을 개량하여 강한 성질을 얻게 된다.
③ 대량 생산으로 균일한 제품을 얻을 수 있다.
④ 재료의 사용량을 경제적으로 할 수 있다.
⑤ 수리가 용이하다.

문제2 열간가공과 냉간가공의 특징을 설명하여라.

해설 열간가공의 특징
① 동력 소모가 적으며, 작은 동력으로 커다란 변형을 줄 수 있다.
② 가공으로 파괴되었던 결정립이 다시 생성되어 재질의 균일화가 이루어진다.
③ 가공도를 크게 할 수 있으므로 거친 가공에 적합하다
④ 표면이 가열되기 때문에 산화되기 쉬워 정밀 가공은 곤란하다.

냉간가공의 특징
① 정확한 치수로 가공할 수 있어 마무리 가공에 이용된다.
② 가공면이 깨끗하고 아름다운 면을 얻을 수 있다.
③ 어느 정도 기계적 성질을 개선시킬 수 있다.
④ 가공 경화로 강도가 증가하고 연신율이 감소한다.
⑤ 가공 방향으로 섬유 조직이 되어 판재 등은 방향에 따라 강도가 달라진다.

문제3 단조 작업의 특징을 나열하여라.

해설
① 재료 내부의 기포나 불순물이 제거된다.
② 거친 결정 입자가 파괴되어 미세하고 치밀하고도 강인하게 된다.
③ 한 방향으로 가공하면 섬유상 조직이 된다.

문제4 전조 작업의 특징을 열거하여라.

해설
① 소재의 섬유가 절단되지 않으므로 강도가 크다.
② 국부적으로 가압되므로 비교적 작은 가공력으로 가공할 수 있다.
③ chip이 발생하지 않으므로 재료가 경제적이다.

④ 소재가 소성변형으로 가공 경화된다.
⑤ 가공 시간이 매우 짧아 대량생산에 적합하다.
⑥ 조직이 치밀하여 기계적 성질이 향상된다.

문제5 전조가공에서 나사를 전조하는 방법을 나열하여라.

해설
① 평형 나사 전조기에 의한 방법
② 둥근형 나사 전조기에 의한 방법
③ 차동식 나사 전조기에 의한 방법
④ 위성 기어 장치 나사 전조기에 의한 방법

문제6 굽힘 가공할 때 스프링 백이 발생하는 것에 대하여 설명하여라.

해설 힘을 가하여 굽힘 가공한 다음 가한 힘을 제거하면 판은 탄성 때문에 탄성 변형 부분이 약간 처음 상태로 되돌아간다. 이를 스프링 백(spring back)이라 하고 굽힘 가공에서는 미리 이 양을 예측하여야 하며, 스프링 백의 양은 다음과 같이 변한다.
① 탄성한도가 높거나 경도가 높은 소재일수록 커진다.
② 같은 소재에서 구부림 반지름이 같을 때에는 두께가 얇을수록 커진다.
③ 같은 두께의 소재에서는 구부림 반지름이 클수록 크다.
④ 같은 두께의 소재에서는 구부림 각도가 작을수록 크다.

문제7 코이닝과 엠보싱을 비교 설명하여라.

해설 압인 가공(coining)은 주화, 메달, 장식품 등의 표면에 여러 가지 모양이나 문자 등을 찍어내는 가공법이며, 엠보싱 가공(embossing)은 기계 부품의 장식과 보강을 목적으로 냉간 가공으로 파형 또는 홈을 만드는 가공법이다. 코이닝과의 차이는 소재의 두께를 변화시키지 않고 요철을 만들며, 그 요철은 앞면과 뒷면이 서로 반대가 된다.

문제8 인발 가공하는 방법을 설명하여라.

해설 다이 구멍에 재료를 통과시키고 잡아당겨 다이 구멍의 형상과 같은 단면의 봉재, 선재, 관재 등을 만드는 가공법이다.

문제9 프레스 가공법의 종류를 나열하여라.

해설 전단가공(shearing work), 굽힘가공(bending work), 딥 드로잉(deep drawing), 엠보싱(embossing), 압인가공(coining work) 등

예상문제

1. 다음은 소성가공의 냉간가공에 대한 특징을 설명한 것이다. 잘못 설명된 것은?
   - ㉮ 가공면이 매끄럽고 곱다.
   - ㉯ 연신율이 작아진다.
   - ㉰ 가공도가 크다.
   - ㉱ 기계적 성질이 좋다.

2. 강의 단조온도가 낮을 때 일어나는 현상 중 틀린 것은?
   - ㉮ 가공 경화된다.
   - ㉯ 균열이 생긴다.
   - ㉰ 내부응력이 생긴다.
   - ㉱ 재료의 변형 저항이 적다.

   해설 강의 단조온도가 200~300℃ 부근이 되면 청열취성이 되며 균열이 생기기 쉽다.

3. 연강의 단조온도는?
   - ㉮ 600~700(℃)
   - ㉯ 500~600(℃)
   - ㉰ 700~800(℃)
   - ㉱ 800~1100(℃)

   해설 니켈강, 크롬강은 850~1200℃, 스테인리스강은 900~1300℃, 구리는 700~800℃이다.

4. 단조용 재료의 가열온도는 무엇으로 쉽게 측정하는가?
   - ㉮ 가열된 재료에 온도계를 대고 측정한다.
   - ㉯ 가열된 색을 보고 측정한다.
   - ㉰ 연소된 열량으로 측정한다.
   - ㉱ 가열시간으로 측정한다.

5. 다음 중 금속판에 이론적으로는 두께의 변화를 일으키지 않고 상하 반대로 여러 가지 모양의 요철을 만드는 가공은?
   - ㉮ 네킹 가공
   - ㉯ 압인가공
   - ㉰ 엠보싱 가공
   - ㉱ 스웨이징 가공

6. 냉간가공에 의하여 경도 및 강도가 증가하는 것을 무엇이라 하는가?
   - ㉮ 표면경화
   - ㉯ 시효경화
   - ㉰ 가공경화
   - ㉱ 탄성경화

7. 강을 가열했을 때 어느 색이 된 경우가 가장 높은 온도인가?
   - ㉮ 휘백색
   - ㉯ 담적색
   - ㉰ 황색
   - ㉱ 암갈색

   해설 강을 가열했을 때 색의 변화를 보면 다음과 같다.
   암갈색(500℃) → 암적색(550~600℃) → 담적색(850℃) → 황적색(900℃) → 황색(1000℃) → 백색(1200℃) → 휘백색(1300℃)

해답 1.㉰ 2.㉱ 3.㉱ 4.㉯ 5.㉰ 6.㉰ 7.㉮

8. 단조형의 빼내기 구배는 몇 도로 하는 것이 좋은가?
   ㉮ 10~15°
   ㉯ 3~7°
   ㉰ 20~25°
   ㉱ 20° 내외

9. 인발가공에 있어서 다이 각도는 일반적으로 몇 도가 가장 적당한가?
   ㉮ 10~18°
   ㉯ 18~25°
   ㉰ 30~35°
   ㉱ 25~30°

10. 재료길이의 일부를 늘리기 위하여 그 부분에 오목부를 만들어 경계를 붙이는 작업은?
    ㉮ 오무리기
    ㉯ 업셋팅
    ㉰ 늘리기
    ㉱ 단짓기

11. 소재의 두께를 변화시키지 않고 상하형이 서로 대응하는 다이 사이에 넣고 성형하는 것은?
    ㉮ 벌징
    ㉯ 키링
    ㉰ 엠보싱
    ㉱ 코이닝

12. 두께 3mm, 0.1%C의 연강에 지름 20mm의 구멍으로 펀칭할 때 전단력은 얼마인가?(단, 판의 전단저항은 25kg/mm²이다.)
    ㉮ 3240kg
    ㉯ 1470kg
    ㉰ 2750kg
    ㉱ 4710kg

    해설 $P = t\,l\,\tau$
    $= 3 \times \pi \times 20 \times 25$
    $= 4710$ kg

13. 편평한 판재로 원통이나 원뿔형의 용기를 만드는 가공법은?
    ㉮ 드로잉
    ㉯ 비딩
    ㉰ 펀칭
    ㉱ 엠보싱

14. 딥 드로잉한 제품의 대부분 또는 지느러미 부분을 제거하는 것은?
    ㉮ 노칭(notching)
    ㉯ 블랭킹(blanking)
    ㉰ 셰이빙(shaving)
    ㉱ 트리밍(trimming)

    해설
    • blanking : 필요한 형상의 제품을 펀칭하여 뽑아내는 작업
    • notching : 재료의 일부를 끓어내는 작업
    • shaving : 제품의 절단면을 매끈하게 다듬는 작업
    • trimming : 지느러미 부분을 절단하는 방법

15. 압연롤과 압연재 사이의 마찰계수를 u, 롤러 반지름 방향의 압력을 Pr이라고 할 때 롤러가 재료를 끌어당기기 위하여는 다음 관계가 성립하는가?
    ㉮ $u \geq \tan a$
    ㉯ $u \leq \tan a$
    ㉰ $u \leq Pr \sin a$
    ㉱ $u \geq Pr \sin a$

16. 다이캐스팅 제품생산에 사용되는 재료로 가장 적합한 것은?
    ㉮ Al
    ㉯ Cu
    ㉰ Cr
    ㉱ Fe

해답 8.㉯ 9.㉮ 10.㉱ 11.㉰ 12.㉱ 13.㉮ 14.㉱ 15.㉮ 16.㉮

17. 다음 중 금속을 완전히 용해시키지 않고 가열 소결시켜 각종 금속 제품을 제작하는 데 사용되는 금형은 어느 것인가?
    ㉮ 업세팅 금형 ㉯ 분말성형 금형
    ㉰ 단조 금형   ㉱ 다이캐스팅 금형

18. 컨테이너를 사용한 소성가공법은?
    ㉮ 전조법   ㉯ 제관법
    ㉰ 압출가공법 ㉱ 인발가공법
    해설 압출가공은 소재를 콘테이너 속에 넣고 램으로 압력을 가해 다이구멍으로 소재를 밀어 넣어 제품을 만드는 가공법이다.

19. 다음 중 소재를 축방향으로 압축하여 길이를 짧게 하는 작업의 명칭은 어느 것인가?
    ㉮ 단짓기(setting down)
    ㉯ 업셋팅(upsetting)
    ㉰ 넓히기(spreading)
    ㉱ 늘리기(drawing down)
    해설
    - 늘리기 : 재료를 길이 방향으로 길게 늘리는 작업
    - 넓히기 : 재료를 얇고 넓게 늘리는 작업
    - 단짓기 : 재료의 일부분을 얇게 늘려 두께의 차를 두는 작업

20. 가열재를 축방향으로 타력, 가압하여 높이를 줄이고 단면적을 넓히는 작업을 무엇이라고 하는가?
    ㉮ 자르기 ㉯ 늘리기
    ㉰ 단짓기 ㉱ 업셋팅

21. 다음 중 금속의 전연성을 이용하는 가공법이 아닌것은?
    ㉮ 주조 ㉯ 단조
    ㉰ 압연 ㉱ 압출
    해설
    - 전연성을 이용하는 가공법 - 단조, 압출, 압연, 인발, 전조, 프레스 가공
    - 융해성을 이용하는 가공법 - 주조, 다이캐스팅

22. 재료에 외력을 가하면 단단해지는 성질은 무엇인가?
    ㉮ 가공경화 ㉯ 시효경화
    ㉰ 표면경화 ㉱ 탄성경화

23. 소성가공에서 냉간가공과 열간가공을 구분하는 조건은?
    ㉮ 담금질온도 ㉯ 단조온도
    ㉰ 변태점온도 ㉱ 재결정온도

24. 냉간가공을 하면 기계적 성질 중 어느 것이 감소하는가?
    ㉮ 경도   ㉯ 연율
    ㉰ 탄성한계 ㉱ 항복점
    해설 냉간가공을 하면 경화현상 때문에 경도, 항복점, 인장강도는 증가하나 연율과 단면 수축률은 감소된다.

25. 냉간가공에 의하여 경도 및 강도가 증가되는 현상은?
    ㉮ 가공경화 ㉯ 시효경화
    ㉰ 표면경화 ㉱ 탄성경화

해답 17.㉯ 18.㉰ 19.㉯ 20.㉱ 21.㉮ 22.㉮ 23.㉱ 24.㉯ 25.㉮

26. 타일, 도자기, 전기 절연용 애자 등을 성형하는 금형은?
    ㉮ 분말야금 금형   ㉯ 다이캐스팅
    ㉰ 요업 금형   ㉱ 플라스틱 금형

27. 다음 중 미리 뚫려 있는 구멍에 그 안지름보다 큰 지름의 펀치를 이용하여 구멍의 가장 자리를 판면과 직각으로 하여 구멍 둘레에 테를 만드는 가공은?
    ㉮ 비딩 가공   ㉯ 버링 가공
    ㉰ 시밍 가공   ㉱ 컬링 가공

28. Hook의 법칙에 의해 탄성한계 내에서 하중을 제거하면 신연(伸延)은 원상복귀된다. 이 성질을 무엇이라 하는가?
    ㉮ 신연율   ㉯ 탄성
    ㉰ 응력   ㉱ 영율

29. 단조온도가 높으면 나쁜 현상이 일어난다. 관계없는 것은?
    ㉮ 산화가 심하며 재료가 변질된다.
    ㉯ 환원이 심하여 재료가 변질한다.
    ㉰ 열처리 효과가 감소한다.
    ㉱ 재료 입자가 조대화하고 균열되기 쉽다.

30. 단조용 강재의 구비조건이 아닌 것은?
    ㉮ 강괴의 내부에 편석이 있어도 무방하다.
    ㉯ 강괴의 조직이 미세한 것일수록 좋다.
    ㉰ C와 S의 양이 적어야 가단성이 좋다.
    ㉱ 취성이 좋은 강재를 선택하는 것이 좋다.

31. 단조 작업에서 해머의 무게가 12(kg), 해머의 타격속도가 20(cm/sec), 해머의 효율이 0.9일 때 해머의 순간적인 운동에너지(E)는 얼마인가?(단, g는 $9.0(m/sec^2)$이다.)
    ㉮ 약 230(kg/m)   ㉯ 약 220(kg/m)
    ㉰ 약 240(kg/m)   ㉱ 약 250(kg/m)

    해설 $E = \dfrac{W}{2g} V^2 \eta$
    $= \dfrac{12}{2 \times 9.0} \times 20^2 \times 0.9$
    $= 239.9 (kg/m)$

32. 전조가공으로 만들 수 없는 것은?
    ㉮ 나사   ㉯ 볼
    ㉰ 다이   ㉱ 너트

33. 단조작업에서 자유낙하할 때 낙하거리를 h(cm), 중력의 가속도를 g, 해머의 타격속도를 V라 할 때 타격속도를 구하는 식은?
    ㉮ $V = \sqrt{gh}$ ㉯ $V = \dfrac{gh}{2}$
    ㉰ $V = \sqrt{2gh}$ ㉱ $V = \dfrac{h}{2g}$

34. 단조비를 옳게 설명한 것은?
    ㉮ 단조 전후의 연신율의 비
    ㉯ 단조 전후의 인장강도의 비
    ㉰ 단조 전후의 항복강도의 비
    ㉱ 단조 전후의 단면적의 비

제 2 장

수기가공

1. 금긋기 작업 및 공구

부품을 가공하기에 앞서, 치수나 모양에 의한 기준선을 긋거나 구멍을 뚫을 위치에 표시를 하는 등의 작업을 금긋기(marking off, laying out)라 한다. 이는 절삭가공 전반에 걸쳐 행해지는 준비작업이다.

① 금긋기용 정반

　주철제 정반과 석정반이 있으며, 주철제 정반은 표면의 정도를 유지하기 위해서 녹이나 상처가 나지 않도록 주의하여야 하며 보관시 기름을 발라야 한다. 화강암으로 만든 석정반은 온도 변화에 영향을 받지 않으며, 마모가 심하지 않아 일반적으로 많이 사용된다.

② 금긋기용 바늘

　금긋기 바늘의 끝은 담금질을 하거나 초경합금을 붙여서 사용하며, 공작물 면과 바늘 각도가 60°가 되게 하여 금을 긋도록 하며, 바늘 끝이 스케일에 닿지 않도록 한다.

③ 서피스 게이지

　공작물의 중심을 잡거나 정반 위에서 공작물을 이동시켜 평행선을 긋거나 평행면의 검사용 등으로 사용된다.

④ 펀치

　선이나 원의 중심 등을 확실하게 표시하기 위한 펀치 마크에 사용된다.

⑤ 금긋기 공구에는 이외에도 컴퍼스와 편퍼스, 브이 블록, 직각자, 스트레이트 에지, 추, 디바이더 등이 있다.

46 | 기계공작법

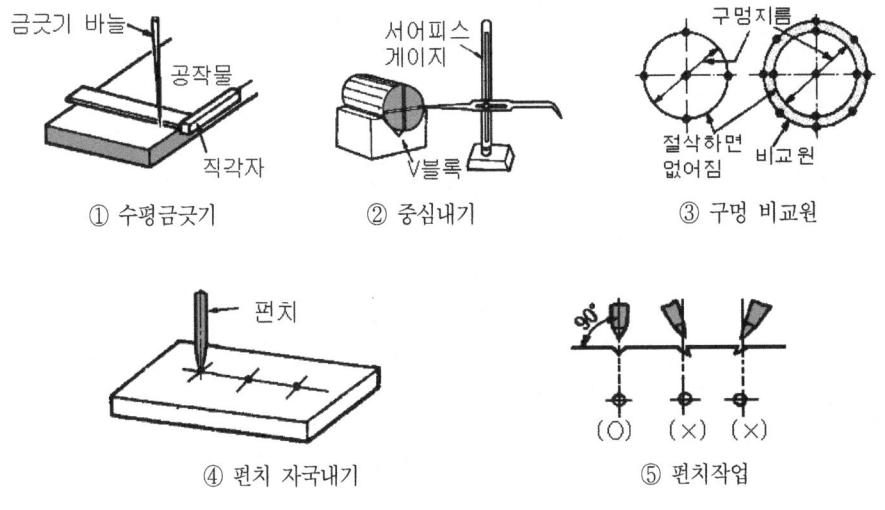

금긋기 및 펀치작업

2 절단 작업

① 톱날 재질

  탄소 공구강(SK 3)이나 합금 공구강(SKS) 7종, 고속도강을 사용하며, 특수 열처리하여 쓴다.

② 톱날의 잇수와 공작물 관계

  톱날의 잇수는 25.4mm(1 inch) 내의 산수(잇수)로 나타낸다.

③ 쇠톱의 절단 작업은 밀 때에는 힘을 주고, 당길 때에는 몸의 상체를 일으키는 기분으로 톱날에 힘을 주지 않는다. 또한 절단이 끝날 무렵에는 톱날에 힘을 빼고 가볍게 절삭한다.

3 줄 작업

줄을 사용하여 공작물의 평면이나 곡면을 부품의 모양으로 다듬질하는 작업을 줄 작업(filing)이라 한다. 줄은 표면에 많은 절삭날이 있으며 탄소 공구강(STC 3~5종)이나 합금 공구강(STS)으로 만들며, 줄의 크기 표시는 자루 부분을 제외한 몸 전체의 길이로 표시한다.

① 줄날의 종류에 따라
  ㉮ 홑줄날 : 구리, 알루미늄 등 유연한 재료나 얇은 판의 가장자리 다듬질에 쓰인다.
  ㉯ 겹줄날 : 강, 주철 등의 보통 다듬질에 쓰인다.
  ㉰ 라스프날 : 목재, 비금속 또는 연한 금속의 거친 깎기에 쓰인다.
  ㉱ 곡선날 : 알루미늄, 납 등의 절삭에 쓰이며 절삭력도 크다.
② 눈의 거칠기에 따라
  황목, 중목, 세목, 유목으로 구분된다.
③ 단면 형상에 따라
  평줄, 직평줄, 각평줄, 반원줄, 원형줄, 사각줄, 삼각줄, 톱줄 등
④ 줄 작업 방법
  ㉮ 직진법 : 줄을 길이방향과 평행으로 미는 방법으로, 주로 좁은 면의 다듬질에 적합하고 일반적으로 많이 이용한다.
  ㉯ 사진법 : 줄을 길이방향과 좌측 또는 우측으로 동시에 움직여 작업하는 방법으로 절삭능률이 좋아서 거친 다듬질에 적합하다.
  ㉰ 병진법(횡진법) : 줄을 공작물과 직각방향을 대고 전, 후로 움직여 작업하는 방법으로 좁은 면의 최종다듬질에 적합하다.
  ㉱ 줄의 사용 순서는 황목 → 중목 → 세목 → 유목의 순서로 작업한다.

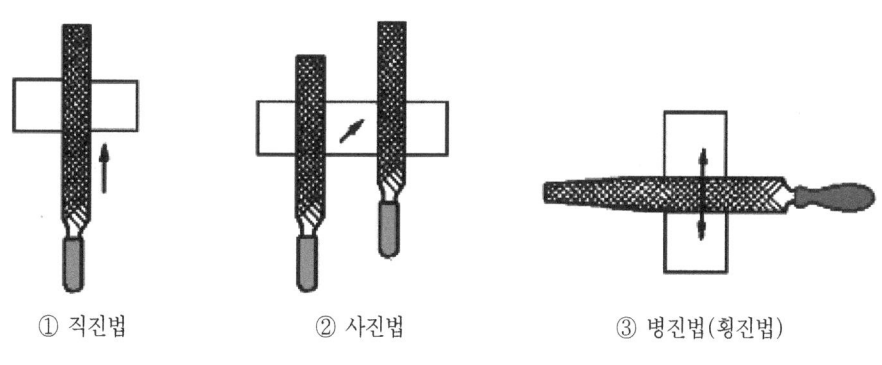

① 직진법   ② 사진법   ③ 병진법(횡진법)

줄 작업 방법

⑤ 줄 작업시 고려사항은 다음과 같다.
  ㉮ 줄질은 줄눈 전체를 사용하고 자주 와이어 브러시로 털어준다.
  ㉯ 새 줄은 처음에는 연질재료, 차차로 경질재료에 사용한다.
  ㉰ 주물 등의 다듬질 때는 표면의 흑피를 벗기고 줄질한다.

㉴ 눈메움의 방지를 위하여 줄에 먼저 백묵을 칠한다.
㉵ 줄질한 면에는 손을 대서는 안 된다.

4 정 작업(chipping)

정 작업에 필요한 공구는 바이스와 해머, 정이 있어야 하며, 바이스에 공작물을 물리고 공작물 표면에 정(chisel)을 대고 해머로 타격을 가하여 공작물을 깎아내는 작업을 정 작업이라 한다.

공작기계나 줄로 깎아내기 힘든 곳을 깎거나, 주조품이나 단조품의 플래시 부분을 따내는 치핑작업(chipping) 등 여러 가지 경우가 있으나, 주로 다른 작업의 보조적인 작업으로 행해진다. 정의 종류는 작업 용도에 따라 평정, 캡정, 홈정 등 여러 가지가 있으며, 탄소 함유량이 0.8~1.2%의 공구강으로 만들어 날 끝은 충격에 견디도록 담금질을 한 후 뜨임을 하여 사용한다.

정 작업

① 바이스

공작물을 고정하는 공구로 정 작업, 톱 작업, 줄 작업 등에 이용되며 크기는 조(jaw)의 폭으로 표시한다. 수평바이스는 강력한 힘으로 고정하는 일반형이고, 수직바이스는 조가 수평으로 벌어지지 않으며 단조 작업 등에 쓰인다.

② 정(chisel)

일감을 절단하거나 깎는데 사용되며, 재질은 탄소강이 쓰이고 평정, 홈정 등이 있다. 정의 날 끝각은 경질 재료는 50~70°, 연질 재료는 30° 정도 주어진다.

③ 해머

정 작업용으로는 공구강 또는 주강 제품이 쓰이며, 작업 종류에 따라 구리, 고무, 나무, PVC 해머 등이 있다. 크기는 해머의 중량으로 표시한다.

5 스크레이퍼 작업(scraping)

- 기계 가공한 면을 다시 정밀하게 가공하는 작업을 스크레이핑이라고 하며, 이때 사용하는 공구를 스크레이퍼라 한다.
- 스크레이퍼의 재질은 SKH2(고속도강)로 만들며, 초경합금으로 만들기도 한다.
- 줄 작업면 또는 기계 가공면을 더욱 정밀하게 다듬질하는 작업으로 공작 기계의 베드, 슬라이딩 부위, 정밀 측정용 주철제 정반 등의 최종 마무리 작업으로 평면, 곡면 다듬질이 있다.

(1) 스크레이퍼의 종류
① 스크레이퍼는 초경 팁 붙이, 고속도강, 합금 공구강 등으로 만들어 사용한다.
② 평 스크레이퍼, 훅 스크레이퍼, 곡면 스크레이퍼, 삼각 스크레이퍼

(2) 스크레이퍼 공구
① 광명단 : 산화납을 기름으로 혼합한 것으로 스크레이핑 작업할 부분을 판별하는 약품으로 적색을 띠고 있다.
② 스트레이트 에지 : 직선틀이라고도 하며, 평면 검사에 기준이 되는 것으로 주철로 제작한다.
③ 기름 숫돌 : 스크레이퍼의 날끝을 연삭할 때 기름으로 씻으면서 날을 세우는데 쓰인다.

(3) 스크레이퍼의 날끝 각도
거친 절삭용은 70~90°, 다듬질용은 90~120°가 적당하며 기울기 각은 30° 정도로 작업한다.

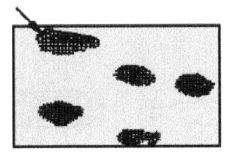
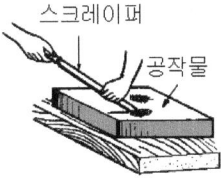

스크레이퍼 작업

6. 리머 작업

(1) 리머 작업(reaming)
① 드릴로 뚫은 구멍은 보통 진원도 및 내면의 다듬질 정도가 양호하지 못하므로, 리머를 사용하여 구멍의 내면을 매끈하고 정확하게 가공하는 작업을 리머 작업 또는 리밍이라고 한다.
② 리머의 여유는 0.2~0.3mm 정도가 주로 사용되며, 리머 재질은 고속도강으로 만든다.

(2) 리머의 종류
① 사용 방법에 따라
　㉮ 핸드 리머 : 수동 핸들에 고정하여 사용하며 가공 정밀도가 좋다.
　㉯ 기계 리머 : 공작 기계에 고정하여 사용하며 가공 정밀도가 낮다.
② 구조에 따라
　㉮ 단체 리머 : 날과 자루가 한 모체로 되어 있다.
　㉯ 셸 리머 : 날과 자루가 별개로 되어 있어 날의 파손시 날만 교체할 수 있게 되어 있다.
　㉰ 조절 리머 : 날을 조정할 수 있는 리머로 지름을 변화시킬 수 있다.
③ 용도에 따라
　㉮ 브리지 리머 : 엇갈린 리벳 구멍의 수정에 주로 쓰이며 휴대용 드릴에 장착하여 사용된다.
　㉯ 테이퍼 핀 리머 : 1/50 테이퍼의 테이퍼 핀 구멍에 쓰이며 수동 및 기계용이 있다.
　㉰ 파이프 리머 : 1/16 테이퍼로 되어 있고 파이프의 안지름 가공에 사용된다.
　㉱ 팽창 리머 : 조절 리머보다 조절 범위가 적으며(25mm에 대해 0.12mm 정도) 정밀도가 높은 리머이다.
　㉲ 센터 리머 : 센터 구멍의 수정 또는 다듬질에 사용된다.

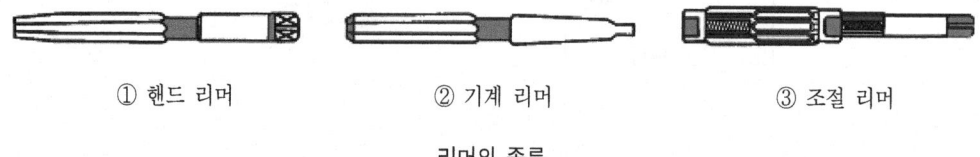

① 핸드 리머　　② 기계 리머　　③ 조절 리머

리머의 종류

④ 리머의 절삭 조건
　㉮ 드릴링에 비해 절삭 속도는 늦게(2/3~3/4배 정도), 이송 속도는 빠르게(2~3배) 한다.
　㉯ 리머의 날은 짝수(4~16개)로 되어 있고, 날의 수가 많으면 가공면은 좋으나 저항의 증가

로 수명을 단축시킨다.
- ㉰ 채터링(떨림)을 방지하기 위해 절삭날의 수는 홀수날로 하거나 부등 간격으로 배치한다.
- ㉱ 리머를 뺄 때 역회전시켜서는 안 된다.
- ㉲ 절삭유는 유동성이 좋은 절삭유를 충분히 공급하며 가공한다.
- ㉳ 표준 다듬질 여유는 10mm에 대하여 0.05mm로 하지만, 일반적으로 기계 리머는 0.3 mm, 핸드 리머는 0.05~0.08mm를 준다.
- ㉴ 떨림을 최소화하기 위하여 비틀림 날을 사용한다.

(3) 리머 작업방법

리머작업은 완성치수보다 0.4mm 정도 작게 드릴로 뚫고 리머 작업하며, 가능한 다듬질 여유를 적게 하고, 낮은 절삭속도로 이송을 크게 하면 좋은 가공면을 얻을 수 있다. 다듬질 여유는 보통 구멍 지름 10mm에 대하여 0.05 mm정도로 한다.

7 탭·다이스 작업

1) 탭 및 다이스 작업

① 탭핑(tapping) : 드릴로 구멍을 먼저 뚫고 탭(tap)과 탭 핸들을 이용해서 암나사를 내는 작업
② 다이스 작업(dies working) : 환봉이나 관 외경에 다이스(dies)와 다이스 핸들을 사용하여 수나사를 내는 작업

손다듬질 탭에는 1번, 2번, 3번 탭 3개가 1개조로 되어 있으며, 1번 탭(황삭)으로 최초의 나사를 내고, 2번 탭(중간 탭)으로 중간 다듬질을 하며, 3번(다듬질) 탭으로 필요한 치수대로 최종 다듬 절삭을 한다.

(1) 탭의 각부 명칭

① 나사부 : 절삭이 이루어지는 부분
- ㉮ 모따기부 : 나사부 선단에 테이퍼진 부분으로 테이퍼부라고도 한다. 1번, 2번, 3번 탭이 각각 그 길이를 다르게 한다.
- ㉯ 절삭부 : 직선 자루와 핸들에 고정하는 사각부로 되어 있다.

② 자루부 : 직선 자루와 핸들에 고정하는 사각부로 되어 있다.

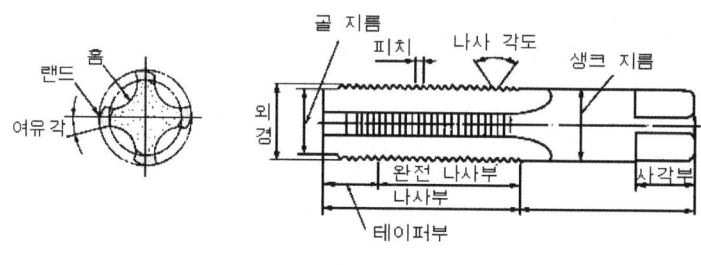

탭의 각부 명칭

(2) 탭의 종류

① 핸드탭 : 탭 핸들에 탭 자루의 사각부를 이용하여 고정시켜 작업한다.

㉮ 등경 핸드탭 : 3개 1조로 되어 있다. 나사부의 골지름, 유효지름, 바깥지름(호칭 지름)이 1번~3번 모두 동일하다. 관통된 구멍은 1번 탭만으로도 완성면 치수의 나사를 얻을 수 있다.

구분	가공률	모따기부
1번 탭(Taper Tap)	55%	7산~12산
2번 탭(Plug Tap)	25%	3산~5산
3번 탭(Bottom Tap)	20%	1산~3산

㉯ 증경 핸드탭 : 보통 3개 1조로 되어 있으며, 나사부의 골지름, 유효지름, 바깥지름이 1번, 2번, 3번 탭의 순서로 지름이 증가한다. 점성이 많은 재료 및 관통되지 않은 구멍 가공에 용이하다. 1번 탭(거친 절삭), 2번 탭(중간 다듬질), 3번 탭(다듬질)이라 한다.

핸드탭의 테이퍼부

② 머신탭 : 선반, 드릴링머신에 장치하여 나사를 내는데 쓰인다. 이는 1개의 탭으로 나사를 다듬하기 때문에 핸드탭보다 나사부와 섕크부가 길다. 공작 기계에 고정하여 주로 너트 제작에 사용되며, 깊게 파여져 있다.

2) 탭핑 작업

① 탭핑은 적당한 탭의 선택 및 윤활제의 선정, 작업자의 숙련이 필요하다.
② 핸드 탭핑시 구멍과 탭의 수직 상태를 유지하여 탭의 파손을 방지한다.
③ 탭 드릴 직경 = D − P로 구한다.(D : 호칭경, P : 피치)
④ 탭의 파손 원인
　㈎ 드릴 직경이 너무 작거나 한 쪽으로 기울어져 가공될 때
　㈏ 탭이 경사지게 들어간 경우
　㈐ 탭의 지름에 적합한 핸들을 사용하지 않는 경우
　㈑ 너무 무리하게 힘을 가하거나 빨리 절삭할 경우
　㈒ 막힌 구멍의 밑바닥에 탭의 선단이 닿았을 경우
⑤ 탭작업할 때 고려사항
　㈎ 공작물을 수평으로 고정한다.
　㈏ 탭구멍은 나사의 골 지름보다 다소 크게 뚫는 것이 좋다.
　㈐ 탭핸들은 양손으로 잡고 수평을 유지하며 작업한다.
　㈑ 2/3 회전할 때마다 조금씩 되돌려 칩을 배출시킨다.
　㈒ 절삭유를 충분히 사용한다.

3) 다이스 작업

다이스는 수나사를 만드는 공구로서 내면은 나사로 되어 있고, 칩이 빠져나올 수 있는 홈이 있다. 다이스 앞면에 2~2.5산, 뒷면에 1~1.5산 정도가 모따기되어 있고 앞면을 공작물에 접촉을 시켜서 작업을 한다.

외경의 모양에 따라 둥근 다이스와 스퀘어 다이스가 있으며, 기능에 따라 조절식 다이스(분할 다이스)와 고정식 다이스로 분류한다. 그 외에 솔리드(solid) 다이스, 날붙이 다이스(inserted chaser dies) 등이 있다.

 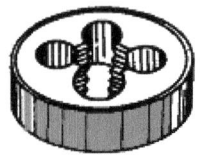 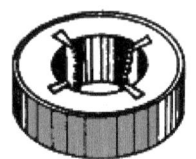

① 분할 다이스　　② 단체 다이스　　③ 날붙이 다이스

다이스의 형상과 종류

8 조립 작업

제작된 부품들을 해당 위치에 서로 짜맞추는 작업을 조립(erecting 또는 fitting)이라 하고, 조립 작업에는 다음과 같은 사전 준비가 필요하다.

① 조립도와 설명서에 따라 기계의 구조, 작동방법, 정밀도 등을 이해한다.
② 부분조립을 검토하여 전체 조립순서를 검토한다.
③ 부품에 대해서는 모양, 재질, 수량 등을 검토한다.
④ 조립용품, 지그, 고정 공구, 작업 용구, 소모품 등을 준비한다.

조립 작업은 부분조립과 본조립이 있다. 부분조립에서는 전체를 몇 개의 주요 부분으로 나누어, 각 부분마다 조립하여 나가며, 최종적으로 다듬질검사를 철저히 하여야 한다. 부분조립이 끝나면 다음 순서로 본조립을 한다.

① 베드를 수평으로 설치한다.
② 본체나 기둥을 베드에 올려놓고 고정한다.
③ 본체나 기둥에 붙일 부분 조립품을 순서에 따라 붙인다.
④ 테이블과 지주 등을 설치한다.
⑤ 각 부분을 붙일 때마다 수평, 수직, 평형, 직각 등을 테스트 바, 직각자, 다이얼게이지, 수준기 등으로 점검한다.
⑥ 조립이 완료되면 전반적으로 정밀도검사, 운전검사, 진동검사 등을 하고 검사성적을 작성한다.

익힘문제

문제1 탭의 파손 원인를 쓰시오.

해설
① 드릴 직경이 너무 작거나 한 쪽으로 기울어져 가공될 때
② 탭이 경사지게 들어간 경우
③ 탭의 지름에 적합한 핸들을 사용하지 않는 경우
④ 너무 무리하게 힘을 가하거나 빨리 절삭할 경우
⑤ 막힌 구멍의 밑바닥에 탭의 선단이 닿았을 경우

문제2 금긋기용으로 사용하는 공구를 쓰시오.

해설 금긋기용 바늘, 서피스 게이지, 하이트 게이지, 콤파스, 정반, 펀치, 브이 블록, 직각자, 스트레이트 에지, 추, 디바이더 등이 있다.

문제3 줄 작업시 고려사항을 쓰시오.

해설
① 줄질은 줄눈 전체를 사용하고 자주 와이어 브러시로 털어준다.
② 새 줄은 처음에는 연질재료, 차차로 경질재료에 사용한다.
③ 주물 등의 다듬질 때는 표면의 흑피를 벗기고 줄질한다.
④ 눈메꿈의 방지를 위하여 줄에 먼저 백묵을 칠한다.
⑤ 줄질한 면에는 손을 대서는 안 된다.

문제4 M10×1.5의 탭을 가공하려고 한다. 몇 ∅드릴로 드릴링하여야 하는가?

해설 $d = D - p = 10 - 1.5 = 8.5mm$

문제5 암나사를 가공할 때에 사용하는 공구와 수나사를 가공할 때 사용하는 공구는?

해설
- 암나사 : 탭핑(tapping) - 드릴로 구멍을 먼저 뚫고 탭(tap)과 탭 핸들을 이용해서 암나사를 내는 작업
- 수나사 : 다이스작업(dies working) - 환봉이나 관 외경에 다이스(dies)와 다이스 핸들을 사용하여 수나사를 내는 작업

문제6 탭작업할 때 고려사항을 쓰시오.

해설
① 공작물을 수평으로 고정한다.
② 탭구멍은 나사의 골 지름보다 다소 크게 뚫는 것이 좋다.
③ 탭핸들은 양손으로 잡고 수평을 유지하며 작업한다.
④ 2/3 회전할 때마다 조금씩 되돌려 칩을 배출시킨다.
⑤ 절삭유를 충분히 사용한다.

문제7 스크레이퍼 작업(scraping)에 대하여 쓰시오.

해설
① 기계 가공한 면을 다시 정밀하게 가공하는 작업을 스크레이핑이라고 하며, 이때 사용하는 공구를 스크레이퍼라 한다.
② 스크레이퍼의 재질은 SKH2(고속도강)로 만들며, 초경합금으로 만들기도 한다.
③ 줄 작업면 또는 기계 가공면을 더욱 정밀하게 다듬질하는 작업으로 공작 기계의 베드, 슬라이딩 부위, 정밀 측정용 주철제 정반 등의 최종 마무리 작업으로 평면, 곡면 다듬질이 있다.

문제8 리머 작업(reaming)에 대하여 쓰시오.

해설
① 리머 작업은 드릴로 뚫은 구멍은 보통 진원도 및 내면의 다듬질 정도가 양호하지 못하므로, 리머를 사용하여 구멍의 내면을 매끈하고 정확하게 가공하는 작업을 리머 작업 또는 리밍이라고 한다.
② 리머의 여유는 0.2~0.3mm 정도가 주로 사용되며, 리머 재질은 고속도강으로 만든다.
③ 리머 작업은 완성치수보다 0.4mm 정도 작게 드릴로 뚫고 리머 작업하며, 가능한 다듬질 여유를 적게 하고, 낮은 절삭속도로 이송을 크게 하면 좋은 가공면을 얻을 수 있다. 다듬질 여유는 보통 구멍 지름 10mm에 대하여 0.05mm 정도로 한다.

문제9 줄 작업 종류를 쓰시오.

해설
① 직진법 : 줄을 길이방향과 평행으로 미는 방법으로, 주로 좁은 면의 다듬질에 적합하고 일반적으로 많이 이용한다.
② 사진법 : 줄을 길이방향과 좌측 또는 우측으로 동시에 움직여 작업하는 방법으로, 절삭능률이 좋아서 거친다듬질에 적합하다.
③ 병진법(횡진법) : 줄을 공작물과 직각방향을 대고 전, 후로 움직여 작업하는 방법으로 좁은 면의 최종다듬질에 적합하다.

예상문제

1. 리머 작업시 가장 적합한 작업 조건은?
   ㉮ 드릴 작업보다 고속에서 작업하고 피드(Feed)를 작게 한다.
   ㉯ 드릴 작업보다 고속에서 작업하고 피드(Feed)를 크게 한다.
   ㉰ 드릴 작업보다 저속으로 하고 피드(Feed)를 크게 한다.
   ㉱ 드릴 작업과 비슷한 절삭속도로 하고 피드(Feed)를 크게 한다.

2. 리밍(reaming)할 때 떨림을 없애기 위한 방법은?
   ㉮ 드릴의 절삭속도와 같게 한다.
   ㉯ 절삭속도를 고속으로 한다.
   ㉰ 날의 간격을 같게 한다.
   ㉱ 날의 간격을 같지 않게 한다.

3. 금형가공 중 탭 작업을 하기 전 가공할 구멍의 직경(mm)을 구하는 식이 맞는 것은?(단, d : 탭구멍직경(mm), D : 나사외경(mm), P : 나사피치(mm), N : 1인치당 나사산수이다.)
   ㉮ $d = D - P$
   ㉯ $d = \dfrac{D-P}{N}$
   ㉰ $d = D \times P \times N$
   ㉱ $d = D - PN$

4. 서피스 게이지의 용도가 아닌 것은?
   ㉮ 금긋기
   ㉯ 중심 구하기
   ㉰ 치수 옮기기
   ㉱ 각도 구하기

   해설 서피스 게이지는 공작물의 중심을 잡거나 정반 위에서 공작물을 이동시켜 평행선을 긋거나 평행면을 검사할 때 사용된다.

5. 알루미늄 등과 같은 경금속 절삭용으로 가장 알맞은 줄은?
   ㉮ 홀줄날
   ㉯ 2줄날
   ㉰ 3줄날
   ㉱ 곡선날

6. 강 및 강철제로 되어 있으며 직선 금긋기 및 평면 검사에 사용되는 것은?
   ㉮ 바이스
   ㉯ 해머
   ㉰ 스트레이트 에지
   ㉱ 스크라이버

7. 수기 가공에서 제품의 평면만큼 정밀하게 다듬질할 때 사용되는 것이 아닌 것은?
   ㉮ 광명단
   ㉯ 정반
   ㉰ 스크레이퍼
   ㉱ 서피스 게이지

해답 1.㉰ 2.㉱ 3.㉮ 4.㉱ 5.㉮ 6.㉰ 7.㉱

8. 손 톱(hand hacksaw)을 사용할 때 준수 사항이 아닌 것은?
   ㉮ 톱을 밀면서 가공할 수 있도록 톱날의 방향을 택하여 프레임에 고정한다.
   ㉯ 밀어 가공하고 누르면서 돌아온다.
   ㉰ 작업 조건에 맞는 피치의 톱날을 선택해야 한다.
   ㉱ 톱날이 단일 평면상에 있도록 고정한다.

   해설 쇠톱의 절단 작업은 밀 때에도 힘을 주고, 당길 때에는 몸의 상체를 일으키는 기분으로 톱날에 힘을 주지 않는다. 또한, 절단이 끝날 무렵에는 톱날에 힘을 빼고 가볍게 절삭한다.

9. 줄을 사용할 때의 준수 사항이 아닌 것은?
   ㉮ 가공면을 손으로 문지르면 부상을 입게 되므로 주의를 요한다.
   ㉯ 절삭 작용력은 줄을 당길 때에만 쓴다.
   ㉰ 줄눈에 박힌 칩은 와이어 브러시로 털어낸다.
   ㉱ 원통면을 가공할 때는 원통의 회전 방향과 반대 방향으로 절삭 작용력을 가한다.

10. 탭(tap) 작업에서 1번탭의 가공율은 얼마인가?
    ㉮ 20%   ㉯ 25%
    ㉰ 45%   ㉱ 55%

    해설 핸드 탭의 가공율은 1번탭 55%, 2번탭 25%, 3번탭 20%이다.

11. 줄(file)의 재질은 일반적으로 어떤 재료를 사용하는가?
    ㉮ 고속도강   ㉯ 합금강
    ㉰ 경강   ㉱ 탄소 공구강

12. 다음 중 평면의 줄 작업 방법이 아닌 것은?
    ㉮ 후진법   ㉯ 직진법
    ㉰ 횡진법   ㉱ 사진법

    해설 평면의 줄 작업 방법에는 직진법, 사진법, 횡진법이 있는데, 직진법은 짧은 면이나 정밀 다듬질에, 사진법은 거친 다듬질에, 횡진법은 강재의 흑피 제거시에 사용되는 방법이다.

13. 금긋기 작업에 필요한 공구가 아닌 것은?
    ㉮ 평정   ㉯ 스크라이버
    ㉰ 컴퍼스   ㉱ 센터 펀치

14. 수기 가공시 사용하는 각 공구 중 그 용도의 설명이 틀린 것은?
    ㉮ 스크레이퍼 : 줄질 작업 후 더욱 정밀한 평면 또는 곡면으로 다듬질할 때 사용한다.
    ㉯ 나사식 재크 : 가공물을 고정할 때 및 높이를 조정할 때 사용한다.
    ㉰ 서피스 게이지 : 공작물에 평행선을 긋거나 선반 작업시 기중용으로 사용한다.
    ㉱ 클램프 : 드릴로 뚫은 구멍은 정밀도가 높지 못하므로 구멍을 더 정밀하게 가공하는 공구이다.

해답 8.㉯ 9.㉯ 10.㉱ 11.㉱ 12.㉮ 13.㉮ 14.㉱

15. 줄은 눈의 거칠기에 따라 황목, 중목, 세목, 유목으로 구분된다. 각각은 줄 눈금에 따라 구분하는데, 줄 눈금의 크기를 표시하는 법으로 적당한 것은?
    ㉮ 1inch에 대한 눈금 수
    ㉯ 1mm에 대한 눈금 수
    ㉰ 1cm에 대한 눈금 수
    ㉱ 줄의 길이에 따라

16. 다음 중 금긋기 작업에 관계없는 것은?
    ㉮ 서피스 게이지   ㉯ V 블록
    ㉰ 정반   ㉱ 스크레이퍼

17. 금형제품에 금긋기를 할 때 필요없는 것은?
    ㉮ 브이 블록(V-Block)
    ㉯ 앵글 플레이트(Angle plate)
    ㉰ 하이트 게이지(Height gage)
    ㉱ 스크레이퍼(Scraper)

18. 줄의 사용 순서로 알맞은 것은?
    ㉮ 황목 → 중목 → 세목 → 유목
    ㉯ 황목 → 중목 → 유목 → 세목
    ㉰ 황목 → 세목 → 유목 → 중목
    ㉱ 황목 → 유목 → 중목 → 세목

    해설 줄의 사용 순서는 황목 → 중목 → 세목 → 유목의 순서로 작업한다.

19. 핸드 탭(hand tap)은 보통 몇 개가 1조로 형성되는가?
    ㉮ 2개   ㉯ 3개
    ㉰ 4개   ㉱ 5개

20. 줄 눈금의 크기표시가 맞는 것은?
    ㉮ 줄의 길이에 관계없다.
    ㉯ 1mm에 대한 눈금수
    ㉰ 1cm에 대한 눈금수
    ㉱ 1인치에 대한 눈금수

    해설 줄눈의 크기는 길이 1인치에 대한 눈의 수로 나타낸다. 100mm의 줄에서 황목은 36, 중목 45, 세목 70, 유목 110의 눈수로 되어 있다.

21. 줄 작업에 대한 설명 중 틀린 것은?
    ㉮ 줄 작업시 팔만 사용하지 말고 몸 전체를 이용한다.
    ㉯ 일감 절삭 후 돌아올 때 줄이 일감면에 닿지 않도록 100mm 정도 띄운다.
    ㉰ 시선은 일감을 주시한다.
    ㉱ 절삭이 끝나면 팔의 힘을 빼고 처음 위치로 오게 한다.

22. 다음 중 뚫은 구멍을 진원도 및 내면의 다듬질 정도가 양호하도록 내면을 매끈하고 정밀하게 가공하는 작업은?
    ㉮ 금긋기 작업   ㉯ 탭 작업
    ㉰ 드릴 작업   ㉱ 리머 작업

23. 평면을 정확한 면으로 다듬질하는 공구를 무엇이라 하는가?
    ㉮ 정   ㉯ 쇠톱
    ㉰ 스크레이퍼   ㉱ 스크라이버

해답 15.㉮ 16.㉱ 17.㉱ 18.㉮ 19.㉯ 20.㉱ 21.㉯ 22.㉱ 23.㉰

24. 다음의 용구 중 스크레이핑 작업에 필요없는 것은?
   ㉮ 정(chisel)   ㉯ 광명단
   ㉰ 스크레이퍼   ㉱ 정반

25. 손 다듬질 작업 순서가 바르게 나열된 것은?
   ㉮ 정작업 → 줄작업 → 금긋기 작업 → 스크레이핑 작업
   ㉯ 정작업 → 금긋기 작업 → 스크레이핑 작업 → 줄작업
   ㉰ 금긋기 작업 → 줄작업 → 정작업 → 스크레이핑 작업
   ㉱ 금긋기 작업 → 정작업 → 줄작업 → 스크레이핑 작업

26. 리머의 특징 중 옳지 않은 것은?
   ㉮ 절삭날은 홀수보다 짝수가 유리하다.
   ㉯ 절삭날의 수는 많은 것이 좋다.
   ㉰ 떨림을 방지하기 위하여 부등 간격으로 한다.
   ㉱ 자루의 테이퍼는 모스 테이퍼이다.

27. 리머 가공에 떨림을 없애기 위하여 리머 제작 시 가장 고려해야 할 일은?
   ㉮ 여유각   ㉯ 날의 수
   ㉰ 윗면 경사삭   ㉱ 날의 간격
   해설 채터링(떨림)을 방지하기 위해 절삭날의 수는 홀수로 하고 부등 간격으로 배치한다.

28. 다음 중 가장 정밀한 탭으로 나사부의 홈이 많고, 절삭 공구 제작에 사용되는 것은?
   ㉮ 마스터 탭   ㉯ 건 탭
   ㉰ 밴드 탭   ㉱ 스파이럴 탭

29. 다음 중 탭이 부러지는 원인으로 가장 관계가 먼 것은?
   ㉮ 과도한 힘을 주어 탭을 구멍에 넣을 때
   ㉯ 소재보다 경도가 높을 때
   ㉰ 탭이 구멍 바닥에 부딪혔을 때
   ㉱ 탭 구멍이 너무 작을 때
   해설 탭 작업시 탭이 부러지는 이유
   • 구멍이 너무 작거나 구부러진 경우
   • 탭이 경사지게 들어간 경우
   • 탭의 지름에 적합한 핸들을 사용하지 않는 경우
   • 너무 무리하게 힘을 가하거나 빨리 절삭할 경우
   • 막힌 구멍의 밑바닥에 탭의 선단이 닿았을 경우

30. 탭(Tap) 작업 시 탭의 파손 원인이 아닌 것은?
   ㉮ 구멍이 너무 작거나 구부러진 경우
   ㉯ 막힌 구멍의 밑바닥에 탭의 선단이 닿았을 경우
   ㉰ 탭의 날이 예리하여 절삭 저항이 커진 경우
   ㉱ 탭의 지름에 적합한 핸들을 사용하지 않을 경우

해답 24.㉮ 25.㉮ 26.㉯ 27.㉱ 28.㉰ 29.㉯ 30.㉰

제 3 장

절삭 이론

1 절삭가공의 원리

공작물보다 경도가 높은 공구(tool)를 사용하여 칩(chip)을 깎아내어 소정의 모양과 치수로 맞추어 제품을 만드는 작업을 절삭가공이라 한다.

2 기계가공의 종류

절삭가공에는 공구의 모양, 공구와 공작물과의 상대적인 운동에 따라 여러 종류로 분류할 수 있다.
① 선반 가공(turning)
  공작물의 회전운동과 바이트의 직선 운동으로 원통형의 제품을 주로 가공하는 일이며, 이 공작기계를 선반(lathe)이라 한다.
② 밀링 가공
  원주에 절삭 날이 있는 밀링커터(milling cutter)를 회전하여, 공작물을 수평 운동하여 평면이나 홈, 기어, 캠, 헬리컬 등을 가공하는 것으로 밀링에 쓰이는 공작기계를 밀링 머신(milling machine)이라 한다.

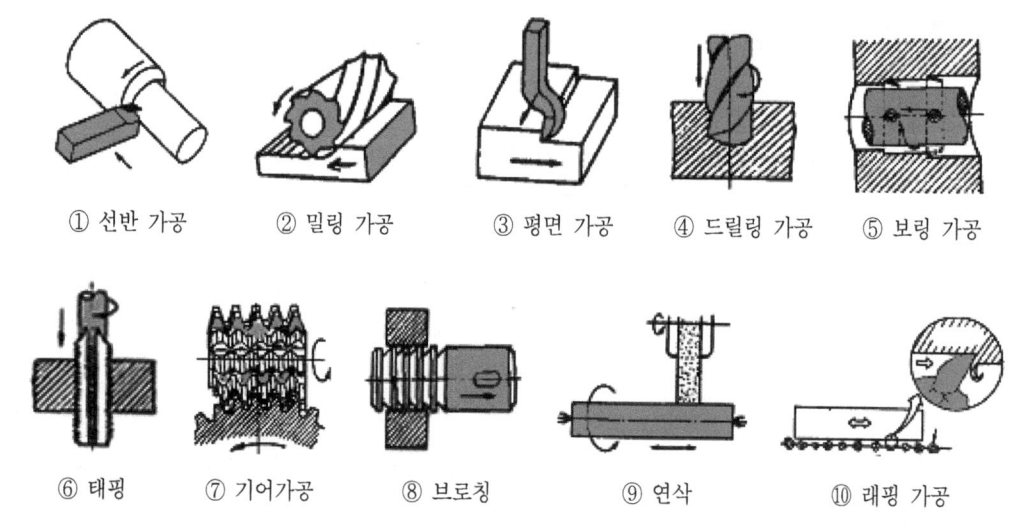

① 선반 가공　② 밀링 가공　③ 평면 가공　④ 드릴링 가공　⑤ 보링 가공
⑥ 태핑　⑦ 기어가공　⑧ 브로칭　⑨ 연삭　⑩ 래핑 가공

절삭가공의 종류

③ 평면가공

바이트를 이용하여 직선 왕복 운동하여 작은 제품의 평면을 주로 가공하는 셰이퍼(shaper)와 슬로터(slotter)가 있고, 또한, 큰 공작물인 경우 공작물이 왕복 운동하여 평면을 가공하는 플레이너(planer)가 있다.

④ 드릴링 가공

드릴을 회전운동과 직선 운동으로 공작물의 구멍을 뚫는 것으로 드릴링 머신(dilling machine)을 이용한다.

⑤ 보링 가공

드릴링 가공한 구멍 또는 주조에서 뚫린 구멍의 내면을 바이트를 고정한 보링 바(boring bar)를 회전하여 직선운동으로 가공하거나 다듬질하는 방법으로, 이 가공에는 보링 머신(boring machine)을 이용한다.

⑥ 태핑

드릴링 가공한 구멍에 탭(tap) 공구를 이용하여 암나사를 내는 작업으로 주로 수기 가공으로 작업하나, 공작기계를 이용할 경우 태핑 머신(tapping machine)이라 한다.

⑦ 기어가공

호빙 머신(hobbing machine)을 사용하며, 호브(hob) 공구를 회전시켜 기어를 가공하는 방법으로 기어 소재와 호브를 서로 대응하여 회전 및 이송하여 치형을 가공하는 방법이다.

⑧ 브로칭

브로칭 머신(broaching machine)에서 브로치 공구를 사용하여 한 번 통과시켜 구멍의 내면을 깎는 가공을 브로칭(broaching)이라 하며, 각형 구멍, 키 홈, 스플라인의 구멍 등을 다듬질 하는데 사용한다.

⑨ 연삭

입자로 만든 숫돌바퀴(grinding wheel)를 고속회전하고 이송운동을 주어 공작물의 표면을 조금씩 깎아내는 가공법을 연삭가공이라 하며, 이에 사용하는 공작기계를 연삭기(grinding machine)라 한다.

연삭 방법에 따라 평면연삭, 원통연삭, 내면연삭이 등이 있고, 숫돌 모양과 공작물의 이송 및 연삭방식에 따라 호닝(honing), 슈퍼피니싱(superfinishing) 등 여러 가지 방법이 있다.

⑩ 입자가공

숫돌입자(Al_2O_3, SiC, Cr_2O_3, Fe_2O_3 등)을 이용하여 공작물 표면에서 상대운동을 주어 매우 적은 양을 깎아 정밀한 다듬질을 하는 가공법이다.

가공법에는 래핑(lapping)과 액체 호닝(liquid honing) 등이 있으며, 래핑작업은 랩이라는 공구와 공작물 사이에 래핑유와 숫돌입자를 혼합한 입자를 넣고 상대운동을 하여 공작물의 표면을 정밀하게 다듬질하는 가공법이며, 액체 호닝은 숫돌입자를 가공액에 혼합하여 공작물 표면에 내뿜어서 매끈한 다듬질면을 얻는 가공법이다.

3 공작기계의 종류

1) 공작기계의 구비조건
① 제품의 공작 정밀도가 좋을 것
② 절삭 가공능률이 우수할 것
③ 융통성이 풍부할 것
④ 조작이 용이하고, 안전성이 높을 것
⑤ 동력 손실이 적고, 기계 강성이 높을 것

2) 공작기계의 기본운동

(1) 절삭운동(cutting motion)

절삭공구와 공작물이 접촉하여 칩을 내는 운동으로 회전운동(선반, 드릴링, 밀링머신, 연삭기, 호빙머신)과 직선운동(플레이너, 셰이퍼, 슬로터)이 있으며, 또한, 절삭 공구는 일정 위치에 두고 공작물을 운동시키는 절삭운동(선반, 플레이너)과 공작물을 고정하고 공구를 운동시키는 절삭운동(셰이퍼, 드릴링, 밀링머신)이 있다.

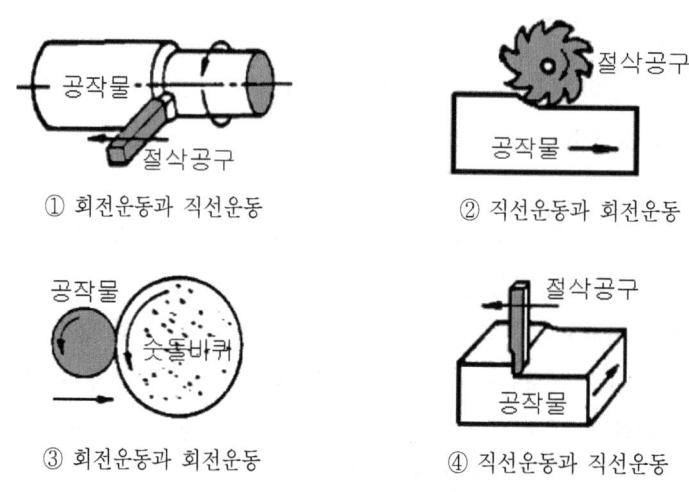

공작기계의 기본 절삭운동

(2) 이송운동(feed motion)

절삭공구 또는 공작물을 절삭방향으로 이송(feed)하는 운동으로서 절삭 위치를 알맞게 조절하기 위한 목적으로 진행되는 운동이다.

(3) 위치조정운동(position motion)
① 기계의 운동 중심과 공작물의 중심 또는 가공 면의 상대 위치 조정
② 공구와 공작물간의 거리 조정
③ 절삭 깊이와 이송 위치 조정

드릴링 기본운동

3) 공작기계의 분류
① 범용공작기계 또는 일반공작기계
② 특수목적 공자기계
③ 전용공작기계
④ 만능공작기계

4 절삭 이론

(1) 절삭저항
공작물을 절삭할 때 절삭공구는 큰 저항을 받는다. 이 저항을 절삭저항이라 한다.
① 가공물의 재질 : 단단한 재질일수록 절삭저항은 증가한다.
② 공구날끝의 모양 및 공구각 : 경사각이(약 30℃까지) 커질수록 감소한다.
③ 절삭면적(이송×깊이) : 절삭면적이 커질수록 절삭저항이 증가한다.
④ 절삭속도 : 절삭속도가 클수록 절삭저항은 감소한다.
⑤ 절삭제 : 절삭유를 사용하면 절삭저항은 감소한다.

(2) 절삭저항의 3분력
절삭저항은 서로 직각인 3개의 분력으로 작용하는데, 그 크기는 대략 F1 : F2 : F3=(10) : (1~2) : (2~4)로 추측할 수 있으며, 주분력이 가장 크고, 다음에 배분력, 이송분력이 가장 작게 나타난다.

① 주분력(principle cutting force)
  절삭방향에 평행한 분력으로 보통 절삭저항이라 한다. 일반적으로 절삭면적이 크면 증가하고, 절삭속도가 빨라지면 감소한다.
② 이송분력(횡분력)(feed force)
  절삭공구의 이송방향과 반대쪽으로 작용하는 분력이며, 바이트가 마모하거나 파손할 때 현저하게 증가한다.

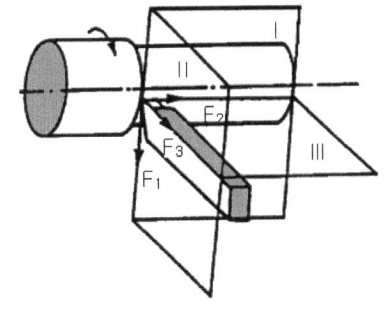

절삭저항의 3분력

③ 배분력(radial force)

절삭깊이의 반대방향의 분력이며, 날끝이 무디면 증가하고 채터링(chattering)이 생긴다.

※ chattering이란 공작물과 바이트 인선과의 사이에 진동에 의해서 생기는 무늬의 고저와 소리를 말한다.

(3) 절삭동력

절삭에 필요한 소요동력은 절삭저항의 크기로 계산하며 주로 주분력에 의해 결정한다. 선반을 예를 들면 절삭동력 N은 다음과 같다.

$$N = \frac{P \times V}{75 \times 60 \times \eta} \text{ (ps)}, \quad N = \frac{P \times V}{102 \times 60 \times \eta} \text{ (kW)}$$

- P : 절삭저항의 주분력(kgf)
- V : 절삭속도(m/min)
- η : 기계효율 = (유효 절삭동력 × 이송에 소비되는 동력)/전소비 동력

(4) 절삭속도(cutting speed)

절삭속도는 공구와 가공물 관계의 운동속도로서 가공물이 단위시간당 공구인 선을 지나는 원주거리를 말하며, 가공물의 표면거칠기, 공구수명, 절삭능률 등에 영양을 주는 인자이다.

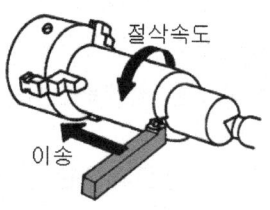

선반작업의 예

$$V = \frac{\pi DN}{1000} \text{ (m/min)}, \quad N = \frac{1000V}{\pi D} \text{ (rpm)}$$

- V : 절삭속도(m/min)
- D : 공작물의 지름(mm)
- N : 공작물의 회전수(rpm)

(5) 이송속도(feed speed)

이송량은 선반이나 드릴링작업일 경우, 가공물 1회전당 공구가 축 방향으로 이동하는 거리(mm/rev)를 말하며, 밀링의 경우는 커터의 1날당의 테이블의 이동하는 이동거리(mm/tooth) 또는 분당 이동거리(mm/min), 평삭이나 형삭은 절삭공구 또는 가공물의 1왕복에 대한 이동거리(mm/stroke)를 말한다.

5 칩의 생성

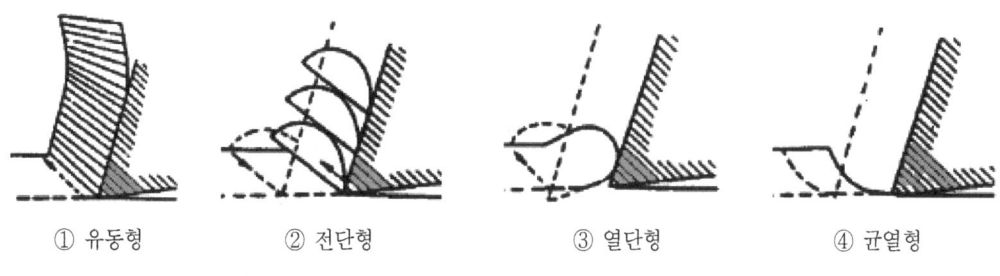

① 유동형　② 전단형　③ 열단형　④ 균열형

칩의 기본형

(1) 유동형 칩(flow type chip)

재료 내의 소성변형이 연속적으로 일어나 균일한 두께의 절삭 칩이 연속적으로 흘러나오는 형식이다.

① 발생 원인
  ㉮ 연신율 크고 소성변형이 잘되는 재료
  ㉯ 바이트 상면 경사각이 클 때
  ㉰ 절삭속도가 큰 경우
  ㉱ 절삭 깊이가 적을 때
  ㉲ 윤활성이 좋은 절삭유 사용하는 경우

② 영향
  ㉮ 절삭작업이 원활
  ㉯ 절삭저항이 일정, 정밀작업이 좋다.

(2) 전단형 칩(shear type chip)

절삭공구에 의해서 밀려난 상방향의 재료가 어떠한 한 면에 대하여 전단을 일으켜 칩은 연결되어 나오지만, 세로방향으로 절삭 눈이 생기는 형식이다.

① 발생 원인
  ㉮ 가공재료가 비교적 연하면서 취약한 재료
  ㉯ 바이트 인선의 경사각이 적은 경우
  ㉰ 절삭속도가 적게 했을 때
  ㉱ 절삭 깊이가 크고, 절삭각이 클 때

② 영향
- ㉮ 절삭칩이 불일정
- ㉯ 절삭저항이 불일정
- ㉰ 진동이 일으킴
- ㉱ 원활한 작업 곤란

(3) 열단형 칩(뜯기형)(tear type chip)
잡아뜯는 것 같이 가공되는 것으로 비교적 점성이 있는 재료의 절삭에 있어서 생겨 나오는 것으로 칩이 인선의 경사면에 쌓이는 형식이다.

① 발생 원인
- ㉮ 바이트의 상면 경사각이 작을 때
- ㉯ 점성이 큰 재료
- ㉰ 절삭 깊이가 클 때

② 영향
- ㉮ 경작 흔적이 생기게 되며, 정밀작업이 부적합
- ㉯ 잔유 내부응력이 크며 변형이 생김

절삭조건과 칩의 형태

칩의 유형	가공물의 재질	공구 경사각	절삭속도	절삭깊이
유동형	소성변형과 연신율이 크다.	크다	크다	작다
전단형	↓	↓	↓	↓
열단형				
균열형	굳고 취성이 크다.	작다	작다	크다

(4) 균열형 칩(crack type chip)
순간적으로 균열이 일어나 칩이 단숨에 공작물에서 분리되는 형식이다.

① 발생 원인
- ㉮ 메진(취성)이 있는 재료
- ㉯ 경사각이 현저하게 적은 경우
- ㉰ 절삭속도가 매우 느린 경우

㉓ 절삭 깊이를 크게 할 때
② 영향 : 절삭면이 좋지 않다.

6 구성인선(built-up edge)

(1) 구성인선

보통 연강, 스테인리스강 및 알루미늄과 같은 연한 재료를 절삭할 때 절삭공구의 끝에 공작물의 미분이 압착 또는 용착되어 날 끝을 싸버려 날 끝의 일부와 같은 상태로 절삭을 하는 수가 있다. 날 끝에 쌓인 것을 구성인선이라 한다. 이 구성인선 때문에 절삭된 가공면이 군데군데 흔적이 나타나고 진동을 일으켜 가공면을 나쁘게 만든다.

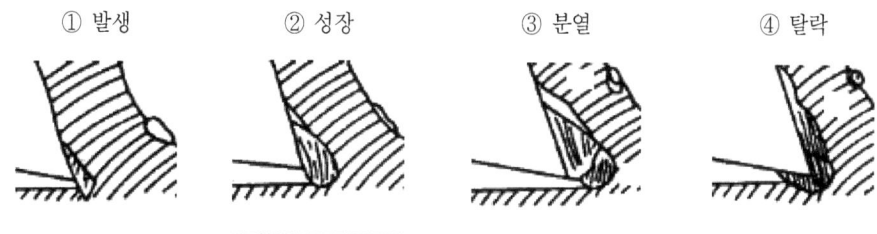

구성인선의 발생과정

구성인선의 발생과정은 $\frac{1}{10} \sim \frac{1}{200}$ (sec)시간에 발생 → 성장 → 분열 → 탈락의 주기로 반복하여 작업이 진행된다.

(2) 구성인선의 발생원인
① 날끝의 온도가 상승하여 응착온도가 되었기 때문에
② 날끝의 경사각이 30° 이하로 작을 때
③ 절삭속도가 10~50m/min으로 작을 때
④ 절삭깊이가 클 때
⑤ 이송량이 적을 때
⑥ 경사면의 거칠기가 좋지 않을 때
⑦ 절삭류가 적합지 않을 때

(3) 구성인선의 영향
① 가공표면이 거칠어 제품의 정도가 저하된다.
② 구성날끝이 탈락할 때 날끝도 끝이 떨어져 치핑(chipping)현상으로 공구 수명이 단축된다.
③ 정밀 공작을 하는데 좋지 않다.
④ 절삭 깊이가 깊어 동력 손실을 가져온다.
⑤ 표면 변질층이 깊어진다.

(4) 구성인선의 방지법
① 절삭 깊이를 적게 할 것
② 경사각을 크게 할 것
③ 공구의 인선을 예리하게 할 것
④ 절삭속도를 크게 할 것
⑤ 윤활을 적당히 할 것

(5) 칩 브레이커(chip breaker)
절삭 가공할 때에 칩이 연속적으로 흘러나와서 공작물에 휘말려 작업의 방해와 가공물의 표면에 손상을 줄 수 있다. 이것을 방지하기 위하여 인위적으로 칩을 짧게 끊어지도록 바이트에 칩 브레이커를 만든다. 칩 브레이커는 여러 가지 형식이 있지만 평행형, 각도형, 홈달림형, 역각도형 등의 종류가 있다.

7 공구인선의 수명과 파손

(1) 공구의 수명(tool life)
① 공구의 수명 판정방법
    ㉮ 표면에 광택 또는 반점이 있는 무늬가 생길 때
    ㉯ 절삭공구인선의 마모가 일정량에 달했을 때
    ㉰ 가공된 완성치수의 변화가 일정량에 달했을 때
    ㉱ 주분력에 비해 배분력 또는 이송분력이 급격히 증가할 때
    ㉲ 칩의 색깔 및 어떤 현상의 변화로 불꽃이 발생할 때

② 공구의 수명식

테일러(Taylor)는 공구의 수명과 절삭속도의 관계를 다음과 같이 나타냈다.

$$V T^n = C$$

  V : 절삭속도(m/min)
  T : 공구수명(min)
  C : 공구수명 상수
  n : 공구와 가공물에 의한 지수, 보통 n=1/10~1/5

(2) 공구인선의 파손

① 크레이터 마모(crater wear)

절삭공구의 경사면에 칩이 슬라이드(side)할 때 마찰력에 의하여 오목하게 파진 모양의 형태이다. 크레이터의 깊이가 0.05~0.1mm에 달하였을 때 공구수명이 다 되었다고 한다. 크레이터 마모는 주로 유동형 칩일 경우 발생한다.

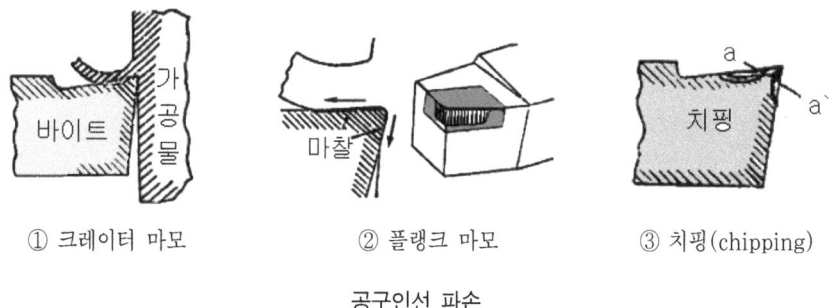

① 크레이터 마모 ② 플랭크 마모 ③ 치핑(chipping)

공구인선 파손

② 플랭크 마모(flank wear)

절삭공구의 여유면과 절삭면과의 마찰에 의해서 절삭면에 평행하게 마모되는 형태이며, 주철와 같이 분말상 칩이 생길 때 주로 발생한다. flank wear의 폭이 0.7mm 정도 되었을 때 공구의 수명이 다 되었다고 한다.

③ 치핑(chipping)

공구인선의 일부가 파괴되어 탈락하는 것으로 단속절삭, 공작기계의 진동, 절삭시 급냉 등으로 공구인선에 crack이 생기고 선단의 일부가 결손되는 현상이다.

8 절삭온도 측정법

① 칩의 빛깔에 의한 방법
② 복사 온도계에 의한 방법
③ Catori-meter에 의한 방법
④ thermo-color에 의한 방법
⑤ 공구와 공작물을 열전대로 하는 방법
⑥ 공구 속에 열전대를 넣는 방법

절삭온도 실험식

$$\theta T^m = C$$

θ : 절삭온도(℃)
C : 상수
n : 지수
T : 재절삭까지의 실제 절삭시간(min)
m=1/25~1/10 정도이며 C=약 800 정도이다.

9 절삭유와 윤활제

1) 절삭유

(1) 절삭유의 작용

① 냉각작용 : 절삭공구와 공작물의 온도상승을 방지한다.
② 윤활작용 : 공구 날과 칩 사이의 마찰저항을 감소한다.
③ 방청 및 세척작용 : 공작물을 산화방지하고 미분 및 칩을 제거한다.

(2) 절삭유의 사용 목적

① 절삭저항이 감소하고 공구의 수명을 연장한다.
② 다듬질면의 마찰을 적게 하므로 다듬질 면을 좋게 한다.
③ 공작물의 열팽창 방지로 가공물의 치수 정밀도를 높게 한다.
④ 칩의 흐름이 좋아지기 때문에 절삭가공을 쉽게 한다.

⑤ 공구인선을 냉각시켜 온도상승에 따른 경도 저하를 막는다.

(3) 절삭유의 구비조건
① 냉각성, 방청성, 방식성이 우수하여야 한다.
② 감마성, 윤활성이 좋아야 한다.
③ 유동성이 좋고, 적하가 쉬워야 한다.
④ 인화점, 발화점이 높아야 한다.
⑤ 인체에 무해하며, 변질되지 말아야 한다.
⑥ 기계 도장에 영향이 없어야 한다.

(4) 절삭유의 분류
① 수용성 절삭유(soluble oil)
   알카리성 수용액이나 광물유를 화학적으로 처리하여 물에 용해한 유화제 등으로 다량의 물을 포함하기 때문에 냉각효과가 크고 고속 절삭 연삭용 등에 적합하다.
   ㉮ 에멀션(emulsion) : 광물유에 비눗물을 가하여 유화한 것으로 냉각작용도 비교적 좋고 윤활성도 있고 값이 저렴하므로 일반적으로 사용하며, 사용배율은 10~30배이다.
   ㉯ 솔루블(soluble) : 에멀션형보다 광물성유가 적은 것으로 물에 희석하면 투명 또는 반투명이 되며, 사용배율은 50배 정도이다.
   ㉰ 솔루션(solusion) : 무기염류를 주성분으로 물에 희석하면 투명한 수용액이며, 사용배율은 50~100배이다.
② 불수용성
   광물유, 동·식물유로서 윤활작용이 크고 저속 정밀작업에 적합하다.
   ㉮ 광물유 : 경유, 머신유, 스핀들유, 석유 및 기타 광유 또는 혼합유로서 윤활작용은 좋으나 냉각작용은 비교적 약하다. 주로 경(輕)절삭에 사용한다.
   ㉯ 동·식물유 : 돈유(lard oil), 올리브유(oliv oil), 종자유(seed oil), 피마자유, 콩기름, 기타 고래기름 등으로 윤활작용이 강력하나 냉각작용은 그다지 좋은 편은 아니다. 주로 다듬질가공에 사용한다.

2) 윤활제
기계의 접촉부분에 적당량의 윤활제를 공급하여 마찰저항을 줄이고 슬라이딩을 원활하게 하여 기계적인 마모를 감소시키는 것을 윤활이라 한다. 윤활제는 윤활작용, 냉각작용, 밀폐작용, 청정작용을 목적으로 사용한다.

(1) 갖추어야 할 조건
① 사용상태에서 충분한 점도가 있어야 한다.
② 한계 윤활상태에서 견딜 수 있는 유성이 있어야 한다.
③ 산화나 열에 대하여 안정성이 높아야 한다.
④ 화학적으로 불활성이며, 균질하여야 한다.

(2) 윤활제의 종류
① 액체윤활제 : 고온에서의 변질이나 내부식성이 우수한 광물성유와 점도및 유동성이 우수한 동물성유가 있다.
② 고체윤활제 : 흑연, 활성, 운모 등이 있으며, 그리스(grease)는 반 고체윤활제에 해당한다.
③ 특수윤활제 : 인, 유황, 염소 등의 극압제를 첨가한 극압윤활유와 응고점이 -35~50℃인 부동성 기계유, 내한성이나 내열성이 우수한 실리콘유 등이 있다.

10 절삭공구 재료

(1) 절삭공구 재료의 구비 조건
① 피 절삭재보다는 경도와 인성이 클 것
② 고온에서 경도가 감소되지 않을 것
③ 내마모성이 클 것
④ 절삭저항을 받으므로 강도가 클 것
⑤ 형상을 만들기 용이하고 가격이 쌀 것

(2) 공구재료의 종류
① 탄소 공구강(carbon tool steel, SKC)
 탄소가 0.6~1.5% 함유한 범위가 탄소강이며, 절삭공구로는 탄소량 0.9~1.3%의 탄소강을 담금질(760~850℃)한 후 뜨임(150~200℃) 열처리하여 사용한다.
 최근에는 총형공구나 특수 목적용으로만 사용하고 고속 절삭용으로 사용되지 않는다.

② 합금 공구강(alloy tool steel, SKS)

탄소량이 0.8~1.5%에 소량의 Cr, W, Ni, Co, V 등의 특수원소를 1종 또는 2종 이상 첨가한 강으로 탄소강보다 절삭 성능이 좋고, 내마멸성과 고온 경도가 높아 저속 절삭용 및 총형 절삭공구용으로 주로 사용한다.

③ 고속도강(high speed steel, SKH)

대표적인 것은 W(18%)+Cr(4%)+V(1%)으로 18-4-1 표준 고속도강이며, 우수한 절삭 성능을 얻기 위해 코발트를 첨가한 특수 고속도강 등도 있다.

합금 공구강보다 높은 온도에서 절삭 성능이 있으며, 600℃까지 경도를 유지하고 내열성과 내마모성이 커서 고속절삭이 가능하며 드릴, 밀링커터, 바이트 등으로 사용한다.

④ 주조 경질 합금(cast alloyed hard metal)

대표적인 것으로 스텔라이트(stellite)가 있으며, 이 합금은 주조에 의하여 만들어지는 Co(40~55%)+Cr(25~35%)+W(12~30%)+C(1.5~3%)합금으로 내마모성이 크므로 고속 절삭 공구로서 특수 용도에 사용된다. 그러나 단단한 만큼 메짐이 있고, 값이 비싸다. 연강 자루에 전기 용접이나 경납 땜을 하여 사용한다.

⑤ 소결 초경합금(sintered carbide steel)

텅스텐 광석(순도1~0.5μ)에 탄소분말을 첨가한 탄화텅스텐을 수소전기로 1400~1500℃의 고온에서 코발트나 니켈분말과 혼합하여 프레스로 가압 성형하여 소결한 것이다. 독일(1926년)에서 절삭공구로 비디아(widia), 미국 카보로이(carboloy), 일본 탕가로이(tungaloy), 영국 미디아(midia) 등의 상품으로 알려져 있다.

⑥ 피복 초경합금(coated carbide steel)

피복 초경합금은 초경합금의 모재 위에 내마모성이 우수한 물질(TiC, TiN, TiCN, Al_2O_3)을 5~10μm 얇게 피복한 것으로, 고온에서 증착되기 때문에 접착력이 아주 강하여 강, 주강, 주철, 비철 금속절삭에 많이 사용된다.

⑦ 세라믹(ceramic)

세라믹은 89~99%의 산화알루미늄(Al_2O_3)분말에 규소(Si) 및 마그네슘(Mg) 등의 산화물이나 그밖의 다른 산화물의 첨가물을 넣고 소결한 것으로 경도가 높고 내마멸성이 좋으며, 초경합금보다 더욱 높은 속도로 절삭할 수 있으나 경질합금보다 인성이 적고 취성이 있어 충격 및 진동에 약하다.

⑧ 서멧(cermets)

서멧은 ceramics와 금속(metal)의 소결 복합체로 Al_2O_3 분말 70%에 TiC 또는 TiN 분말을 30% 정도 혼합하여 수소 분위기에서 소결하여 제작한다.

서멧은 고속절삭부터 저속절삭까지 속도 범위가 넓고 크레이터 마모, 플랭크 마모가 적어 공구 수명이 길다. 또한 구성인선이 거의 없고 높은 가공정도를 유지하며 내충격성이 우수하다 (TiN).

⑨ 다이아몬드(diamond)

다이아몬드 팁 공구는 경도가 높고 내마멸성이 크며, 절삭속도가 높아 능률적이나 고경도에는 항상 취성이 수반되므로 다이아몬드 공구의 끝이 파손되지 않도록 주의하여 사용하여야 한다.

익힘문제

문제1 공작기계의 구비조건에 대하여 설명하시오.

해설
① 제품의 공작 정밀도가 좋을 것
② 절삭 가공능률이 우수할 것
③ 융통성이 풍부할 것
④ 조작이 용이하고, 안전성이 높을 것
⑤ 동력 손실이 적고, 기계 강성이 높을 것

문제2 공작기계에서 가공물을 절삭할 때 발생하는 절삭저항 3분력은?

해설 절삭저항은 서로 직각인 3개의 분력으로 작용하는데, 그 크기는 대략 F1:F2:F3=(10):(1~2):(2~4)로 추측할 수 있으며, 주분력이 가장 크고, 다음에 배분력, 이송분력이 가장 작게 나타난다.
① 주분력(principle cutting force) : 절삭방향에 평행한 분력으로 보통 절삭저항이라 한다. 일반적으로 절삭면적이 크면 증가하고, 절삭속도가 빨라지면 감소한다.
② 이송분력(횡분력)(feed force) : 절삭공구의 이송방향과 반대쪽으로 작용하는 분력이며, 바이트가 마모하거나 파손할 때 현저하게 증가한다.
③ 배분력(radial force) : 절삭깊이의 반대방향의 분력이며, 날끝이 무디면 증가하고 채터링(chattering)이 생긴다.

문제3 가공물과 절삭공구에 나쁜 영향을 주는 구성인선 방지 대책은?

해설
① 절삭 깊이를 적게 할 것
② 경사각을 크게 할 것
③ 공구의 인선을 예리하게 할 것
④ 절삭속도를 크게 할 것
⑤ 윤활을 적당히 할 것

문제4 유동형 칩의 발생원인과 영향에 대하여 간단히 설명하시오.

해설 재료 내의 소성변형이 연속적으로 일어나 균일한 두께의 절삭 칩이 연속적으로 흘러나오는 형식이다.
① 발생 원인
㉮ 연신율 크고 소성변형이 잘되는 재료
㉯ 바이트 상면 경사각이 클 때
㉰ 절삭속도가 큰 경우
㉱ 절삭 깊이가 적을 때

㉺ 윤활성이 좋은 절삭유 사용하는 경우
② 영 향
㉮ 절삭작업이 원활   ㉯ 절삭저항이 일정, 정밀작업이 좋다

문제5 절삭을 계속하여 일정시간이 경과하면 절삭공구를 사용하지 못하게 되는데 이러한 현상을 공구 수명이라 한다. 일반적으로 공구수명을 판정하는 방법을 쓰시오.

해설
① 표면에 광택 또는 반점이 있는 무늬가 생길 때
② 절삭공구인선의 마모가 일정량에 달했을 때
③ 가공된 완성치수의 변화가 일정량에 달했을 때
④ 주분력에 비해 배분력 또는 이송분력이 급격히 증가할 때
⑤ 칩의 색깔 및 어떤 현상의 변화로 불꽃이 발생할 때

문제6 공작기계에서 가공물을 절삭할 때 발생하는 절삭열을 냉각시키기 위하여 사용하는 절삭유의 작용을 쓰시오.

해설
① 냉각작용 : 절삭공구와 공작물의 온도상승을 방지한다.
② 윤활작용 : 공구 날과 칩 사이의 마찰저항을 감소한다.
③ 방청 및 세척작용 : 공작물을 산화방지하고 미분 및 칩을 제거한다.

문제7 가공물을 절삭할 때 사용하는 공구재료의 구비조건을 쓰시오.

해설
① 피 절삭재보다는 경도와 인성이 클 것
② 고온에서 경도가 감소되지 않을 것
③ 내마모성이 클 것
④ 절삭저항을 받으므로 강도가 클 것
⑤ 형상을 만들기 용이하고 가격이 쌀 것

문제8 가공물과 절삭공구에 나쁜 영향을 주는 구성인선 발생원인은?

해설
① 날끝의 온도가 상승하여 응착온도가 되었기 때문에
② 날끝의 경사각이 30°이하로 작을 때
③ 절삭속도가 10~50m/min으로 작을 때
④ 절삭깊이가 클 때
⑤ 이송량이 적을 때
⑥ 경사면의 거칠기가 좋지 않을 때
⑦ 절삭류가 적합지 않을 때

예상문제

1. 바이트 재질 중 세라믹(ceramics)의 주성분은?
   - ㉮ 탄화규소(SiC)
   - ㉯ 초경합금(W, Ti, Ta 등)
   - ㉰ 산화알루미늄(Al_2O_3)
   - ㉱ 텅스텐(W)

2. 다음 중 절삭공구에 발생하는 구성인선의 발생과정이 바른 것은?
   - ㉮ 발생 - 성장 - 취대 - 탈락 - 분열
   - ㉯ 발생 - 성장 - 취대 - 분열 - 탈락
   - ㉰ 발생 - 취대 - 성장 - 분열 - 탈락
   - ㉱ 발생 - 성장 - 분열 - 취대 - 탈락

3. 지름 4mm의 드릴로 절삭속도를 80m/min로 하려면 드릴링머신의 주축 회전수는 몇인가?
   - ㉮ 6300rpm
   - ㉯ 5300rpm
   - ㉰ 5000rpm
   - ㉱ 6000rpm

   해설 $V = \pi dn/1000$
   $n = 1000V/\pi d$
   $= \dfrac{1000 \times 80}{3.14 \times 4}$
   $= 6369 \, rpm$

4. 구성인선(built-up-edge)를 감소시키는 가장 좋은 방법은?
   - ㉮ 공구의 윗면 경사각을 작게 하고 초경합금 공구를 사용하여 저속으로 절삭하며 힘의 두께를 증가시킨다.
   - ㉯ 공구의 윗면 경사각을 크게 하고 연질 재료로 절삭 속도를 느리게 하며 절삭유를 사용하도록 한다.
   - ㉰ 공구의 윗면 경사각을 크게 하고 초경합금 공구를 사용하여 고속으로 절삭하며 칩의 두께를 얇게 한다.
   - ㉱ 공구의 측면 경사각을 크게 하고 윤활제를 사용하며 경질재료에서만 발생되는 현상이므로 연질재료를 사용하도록 한다.

5. 다음 중 구성인선의 크기를 좌우하는 인자가 아닌 것은?
   - ㉮ 절삭속도
   - ㉯ 공구의 전면 여유각
   - ㉰ 절삭깊이
   - ㉱ 공구의 상면 경사각

   해설 구성인선의 크기를 좌우하는 인자는,
   ① 공구의 상면 경사각
   ② 공구의 날끝
   ③ 절삭깊이
   ④ 절삭속도
   ⑤ 냉각수 사용 유무

해답 1.㉰ 2.㉯ 3.㉮ 4.㉰ 5.㉯

6. 절삭저항은 3분력으로 나눌 수 있다. 해당되지 않은 것은?
   ㉮ 횡분력   ㉯ 주분력
   ㉰ 배분력   ㉱ 종분력

7. 다음 중 절삭저항이 가장 작은 칩의 형태는?
   ㉮ 유동형   ㉯ 전단형
   ㉰ 균열형   ㉱ 열단형

8. 주철을 절삭할 때의 일반적인 칩의 형태는?
   ㉮ 유동형   ㉯ 균열형
   ㉰ 경착형   ㉱ 전단형

   해설 전단형은 연한 재료의 저속절삭이나 가공재가 비교적 취성이 클 때, 바이트의 경사각이 작을 때 생긴다.

9. 연한 재질의 공작물을 고속 절삭할 때의 생기는 칩의 형태는?
   ㉮ 열단형   ㉯ 균열형
   ㉰ 유동형   ㉱ 전단형

10. 절삭제의 사용목적 중 틀린 것은?
    ㉮ 공구의 냉각을 돕는다.
    ㉯ 공작물의 냉각을 돕는다.
    ㉰ 가공표면의 방청을 돕는다.
    ㉱ 공구와 칩의 친화력을 돕는다.

    해설 절삭재의 사용목적
    ① 냉각작용   ② 마찰을 감소
    ③ 칩의 제거   ④ 방청작용

11. 바이트날 끝에 고온, 고압때문에 조금씩 응착하여 단단해진 것을 무엇이라 하는가?
    ㉮ 채터링
    ㉯ 구성인선
    ㉰ 치핑
    ㉱ 플랭크

12. 공구의 수명을 판정하는 방법 중 틀린 것은?
    ㉮ 완성가공된 치수의 변화가 일정량에 달했을 때
    ㉯ 가공물의 온도가 일정온도에 달했을 때
    ㉰ 절삭가공 직후 가공표면에 광택이 나는 색조 또는 반점이 생긴다.
    ㉱ 공구날의 마모가 일정량에 달했을 때

13. 다음 중 절삭 속도와 관계없는 것은?
    ㉮ 바이트의 수명
    ㉯ 작업능률
    ㉰ 칩의 크기
    ㉱ 다듬질면의 정밀도

14. 절삭 공구할 때 아무런 영향을 미치지 않는 것은?
    ㉮ 가공물의 재질
    ㉯ 절삭방향
    ㉰ 공구의 날끝 강도
    ㉱ 절삭속도

해답 6.㉱ 7.㉮ 8.㉱ 9.㉰ 10.㉱ 11.㉯ 12.㉯ 13.㉰ 14.㉮

15. 절삭공구재료를 가장 많이 쓰이고 있는 재료는?
    ㉮ 스텔라이트(Stellite)
    ㉯ 고속도강(HSS)
    ㉰ 초경합금(WC)
    ㉱ 고탄소강(high earbon steel)

16. 절삭 공구에 구성인선(built-up)이 생기는 원인은?
    ㉮ 공구의 날끝이 마찰열에 의해 녹아 버린다.
    ㉯ 절삭 공구 날 끝에 공작물의 칩이 부착되어 생긴다.
    ㉰ 날끝이 마모되면서 생긴다.
    ㉱ 공구의 날끝이 절삭 저항력에 의해 문드러지면서 생긴다.

17. 다음 중 절삭공구 인선의 일부가 미세하게 탈락되는 현상을 무엇이라고 하는가?
    ㉮ 입자 탈락
    ㉯ 크레이터 마모
    ㉰ 플랭크 마모
    ㉱ 치핑

18. 공구의 수명을 정하는 것은?
    ㉮ 절삭력의 급격한 증가
    ㉯ 공구 측면의 마멸폭
    ㉰ 날의 미소파괴
    ㉱ 공구 윗면의 크레이터

19. 호칭 지름 10mm, 피치 1.5mm인 미터 보통 나사를 가공하기 위한 드릴의 지름은?
    ㉮ 7.5mm   ㉯ 8.0mm
    ㉰ 8.5mm   ㉱ 9mm
    해설 10-1.5 = 8.5

20. 다음 중 점성이 큰 가공물을 경사각이 적은 절삭공구로 가공할 때, 절삭깊이가 클 때 발생하기 쉬운 칩의 형태는 어느 것인가?
    ㉮ 경작형 칩   ㉯ 전단형 칩
    ㉰ 유동형 칩   ㉱ 균열형 칩

21. 세라믹 바이트의 주성분은?
    ㉮ 니켈   ㉯ 텅스텐
    ㉰ 크롬   ㉱ 산화알루미늄

22. 주철 재료를 선삭할 때 절삭제는?
    ㉮ 광물성기름   ㉯ 피마자기름
    ㉰ 동물성기름   ㉱ 점성이 큰 것

23. built-up edge를 감소시키기 위해서 다음 중 어느 작업방법이 맞는가?
    ㉮ 공구의 윗면 경사각을 작게 하고 Chip의 두께를 증가시킨다.
    ㉯ 공구의 윗면 경사각을 크게 하고 절삭속도를 느리게 한다.
    ㉰ 공구의 윗면 경사각을 크게 하고 절삭속도를 증가시켜서 chip의 두께를 얇게 절삭한다.
    ㉱ 공구의 윗면 경사각을 작게 하고 측면 경사각을 크게 한다.

해답 15.㉯ 16.㉰ 17.㉱ 18.㉯ 19.㉰ 20.㉮ 21.㉱ 22.㉱ 23.㉰

24. 납이 많이 함유된 청동이나 칩 두께를 두껍게 가공할 때 나타나는 칩의 형태는?
    ㉮ 유동형　　㉯ 전단형
    ㉰ 균열형　　㉱ 열단형

25. 열단형 칩은 어느 경우에 나타나는가?
    ㉮ 연삭을 고속 절삭할 때
    ㉯ 공구 윗면에 칩 브레이커를 둘 때
    ㉰ 취성재 또는 절삭 이송이 클 때
    ㉱ 황동 윗면, 경사각이 큰 고속도강으로 강을 절삭할 때

26. 다음 금속 중 구성인선이 발생하지 않는 것은?
    ㉮ 알루미늄
    ㉯ 스테인리스강
    ㉰ 주철
    ㉱ 연강

27. 칩브레이커(chipbreaker)는 어느 목적으로 이용되는가?
    ㉮ 공구윗면의 마멸을 감소시키고 공구의 수명을 길게 하기 위하여
    ㉯ 강을 선삭할 때 바이트 윗면에 연속칩을 자르기 위해 만든 홈
    ㉰ 주철을 절삭하는 셰이퍼 공구 윗면에 붙여 칩을 짧게 끊기 위하여
    ㉱ 취성금속을 밀링 가공할 때 커터 윗면에 파서칩을 유도하기 위하여

28. 금속절삭시 다음의 칩형태 중에서 공구가 받는 절삭저항은 거의 일정하게 유지되며, 따라서 진동이 적게 일어나게 되어 가장 양호한 가공표면을 얻을 수 있는 칩의 형태는?
    ㉮ 균열형(crack type) 칩
    ㉯ 뜯기형(tear type) 칩
    ㉰ 전단형(shear type) 칩
    ㉱ 유동형(flow type) 칩

29. 절삭가공 중에 발생되는 칩(chip)의 형태에 영향을 주는 인자 중 가장 관계 없는 것은?
    ㉮ 가공물의 재질　　㉯ 절삭방향
    ㉰ 공구날의 형상　　㉱ 절삭속도

30. 다음 중 절삭유의 사용 목적을 설명한 것이다. 틀린 것은?
    ㉮ 공구와 칩의 친화력을 돕는다.
    ㉯ 공구의 냉각을 돕는다.
    ㉰ 공작물의 냉각을 돕는다.
    ㉱ 가공표면의 방청작용을 돕는다.

31. 치핑(chipping)에 대한 설명 중 맞는 것은?
    ㉮ 절삭저항이 증가하여 절삭날이 마모되는 현상
    ㉯ 칩이 연속적으로 흐르는 현상
    ㉰ 칩과 공구의 마찰에 의해 공작물에 열이 발생되는 현상
    ㉱ 절삭날의 강도가 절삭저항에 견딜 수 없어 절삭날 끝이 떨어지는 현상

해답　24.㉰　25.㉱　26.㉰　27.㉯　28.㉱　29.㉯　30.㉮　31.㉱

제 4 장

선 반

1 선반가공

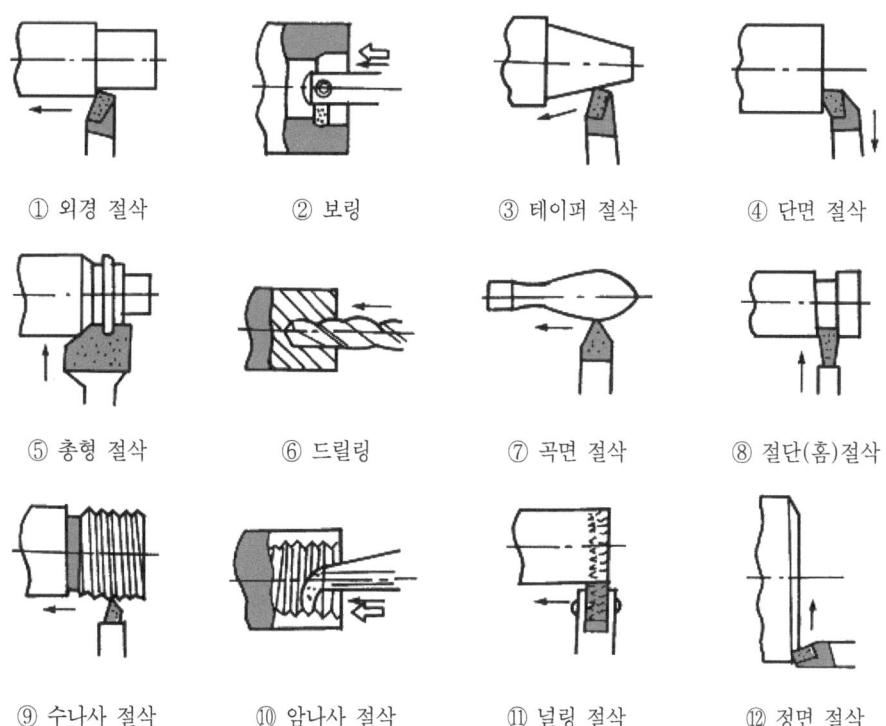

① 외경 절삭　② 보링　③ 테이퍼 절삭　④ 단면 절삭
⑤ 총형 절삭　⑥ 드릴링　⑦ 곡면 절삭　⑧ 절단(홈)절삭
⑨ 수나사 절삭　⑩ 암나사 절삭　⑪ 널링 절삭　⑫ 정면 절삭

선반의 가공 분야

선반이란 공작물을 주축에 고정하여 회전하고 있는 동안 바이트에 이송을 주어 외경, 단면, 홈 및 절단, 테이퍼, 드릴링, 보링, 암나사, 수나사, 정면 절삭, 곡면 절삭, 총형 절삭, 널링 작업 등의 가공을 하는 공작기계이다.

1) 선반작업의 종류
다음과 같은 가공을 할 수 있다.
① 외경 절삭(turning)
② 내경 절삭(boring)
③ 테이퍼 절삭(taper turning)
④ 단면 절삭(facing)
⑤ 총형 절삭(formed cutting)
⑥ 구멍뚫기(drilling)
⑦ 모방 절삭(copying)
⑧ 절단(cutting)
⑨ 나사 절삭(threading)
⑩ 리밍(reaming)
⑪ 널링(knurling)
⑫ 편심작업
⑬ 센터작업

2) 선반의 주요부

(1) 주축대(head stock)

공작물을 지지하면서 회전을 주는 주축과 이것을 지지하는 베어링 및 주축에 회전을 주는 구동기구로 되어 있다. 주축의 구동방식은 단차식과 기어식이 있으며 기어식이 많이 쓰인다.
① 구성 : 주축 구동(단차식, 기어식, 무단 변속기 방식이 있다), 속도 변환 장치, 이송 원동장치로 되어 있다.
② 주축 : 면판, 돌림판, 척 등을 부착시키며, 중공으로 되어 있어 긴 공작물을 가공할 수 있다.
　※ 주축을 中空軸으로 하는 이유
　　무게 감소, 강성 유지, 긴 일감 가공 편리, 센터를 쉽게 분리.

(2) 심압대(tail stock)

심압대는 우측 베드상에 있으며, 작업 내용에 따라 좌우로 움직일수록 되어 있다.
① 축에 정지센터를 끼워 긴 공작물을 고정하거나 센터 대신 드릴·리머 등을 고정.
② 조정나사의 조정으로 심압대를 편위시켜 테이퍼를 절삭을 한다.
③ 심압축을 움직일 수 있다.
④ 구멍뚫기 작업시는 드릴이나 리머를 설치한다.
⑤ 심압대축은 모스 테이퍼(morse taper)로 되어 있다.

※ 심압대의 구비조건
- 베드상의 어떤 위치라도 고정시킬 수 있을 것.
- 심압대의 스핀들은 축 방향으로 이동하여 적당 위치 어느 곳이나 고정 가능.
- 조정나사에 의하여 축선과 편위시켜 테이퍼 절삭을 할 수 있어야 한다.

(3) 왕복대(carriage)

왕복대의 베드 윗면에서 주축대와 심압대 사이를 슬라이드 운동하는 부분으로 에이프런(apron), 새들(saddle), 복식 공구대(compound tool rest)로 구성되어 있다.

① 새들(saddle) : H자로 되어 있으며, 베드면과 미끄럼 접촉을 한다.
② 에이프런(apron) : 자동장치, 나사 절삭장치 등이 내장되어 있으며, 왕복대의 전면에 있음.
③ 하프 너트(half nut) : 나사절삭시 리드 스크루와 맞물리는 분할된 너트(스플릿 너트).
④ 복식 공구대 : 임의의 각도로 회전하면서 테이퍼 절삭을 할 수 있다.

(4) 베드(bed)

주축대, 왕복대, 심압대 등을 지지하며 절삭력에 의해 비틀림이나 굽힘을 받는다. 베드는 표면이 평평한 영국식과 산형(山形)인 미국식이 있다.

베드(bed)의 구비 조건은 다음과 같다.
① 내마모성이 클 것.
② 강성 및 방진성이 있을 것.
③ 가공 정밀도가 높고 직진도가 좋을 것.

3) 선반의 크기 표시

선반의 종류에 따라 다소 다르나 베드상의 스윙, 양 센터사이의 최대 길이로 표시, 왕복대상의 스윙

① 스윙(Swing) : 베드상의 스윙 및 왕복대상의 스윙을 말한다. 즉, 물릴 수 있는 공작물의 최대직경 - 스윙은 센터와 베드면과의 거리의 2배이다.
② 양 센터간의 최대거리 : 라이브 센터(live center)와 데드 센터(dead center)간의 거리로서 공작물의 길이를 말한다.

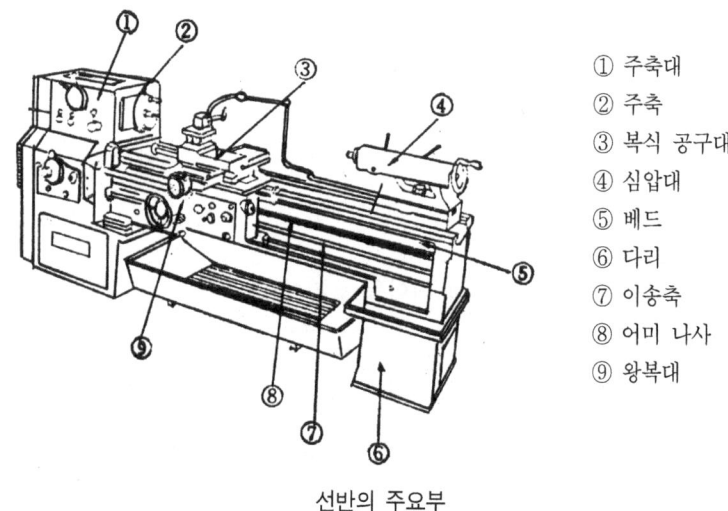

① 주축대
② 주축
③ 복식 공구대
④ 심압대
⑤ 베드
⑥ 다리
⑦ 이송축
⑧ 어미 나사
⑨ 왕복대

선반의 주요부

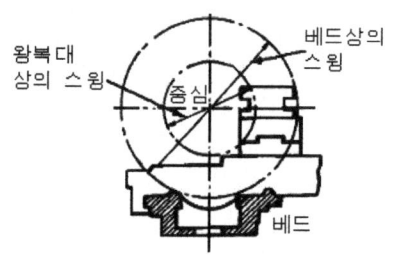
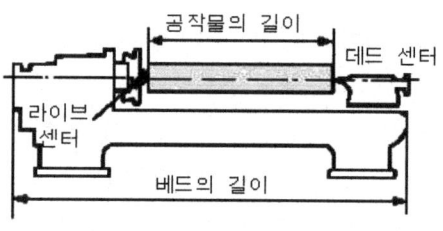

4) 선반의 종류

① 보통 선반(Engine lathe)

가장 일반적으로 베드, 주축대, 왕복대, 심압대, 공구대, 이송기구 등으로 구성되어 있으며, 주축의 스윙 폭을 크게 하기 위하여 주축 밑부분의 베드만 잘라내었다.

② 탁상 선반(Bench lathe)

탁상 위에 설치하여 사용하도록 되어 있는 소형의 보통 선반으로, 구조가 간단하고 이용 범위가 넓으며, 시계·계기류 등의 소형물에 쓰임.

③ 정면 선반(Face lathe)

외경은 크고 길이가 짧은 가공물의 정면을 깎는다. 그리고 면판이 크며, 공구대가 주축에 직각으로 광범위하게 움직이는 선반으로 보통 공구대가 2개이고 리드 스크루가 없다.

④ 수직 선반(Vertical lathe)
주축이 수직으로 되어 있으며, 대형이나 중량물에 사용된다. 공작물은 수평면에서 회전하는 테이블 위에 장치한다.

⑤ 터릿 선반(Turret lathe)
보통 선반의 심압대 대신 여러 개의 공구를 방사선으로 설치하여 공정순서대로 공구를 차례로 사용할 수 있도록 되어 있는 선반이다.

⑥ 공구 선반(Tool room lathe)
주로 절삭공구 또는 공구의 가공에 사용되는 정밀도가 높은 선반으로 테이퍼깎기 장치, 릴리빙 장치가 부속되어 있다.(커터류, 호브, 드릴, 탭 등 제작)

⑦ 자동 선반(Automatic lathe)
공작물의 고정과 제거까지를 자동으로 하며, 이는 터릿 선반을 개량한 것으로 대량생산에 적합하다.(캠이나 유압 이용)

⑧ 모방 선반(Copying lathe)
제품과 동일한 모양의 형판에 의해 공구대가 자동으로 이동하며, 형판과 같은 윤곽으로 절삭하는 선반으로 형판 대신 모형이나 실물을 이용할 때도 있다.

⑨ 특수 선반
 ㉮ 차축 선반(Axle lathe)
  철도 차량의 차축을 절삭하는 전용 선반.
 ㉯ 차륜 선반(Wheel lathe)
  철도 차량 차륜의 바깥둘레를 절삭하는 선반이다.
 ㉰ 크랭크축 선반(Crank shaft lathe)
  크랭크축의 저널부분과 크랭크 핀을 가공하는 선반으로, 베드 양쪽에 크랭크 핀을 편심시켜 고정하는 주축대가 있다.
 ㉱ NC선반(Numerical control lathe)
  정보의 명령에 따라 절삭공구와 새들의 운동을 제어하도록 만든 선반으로 자기테이프 등, 수치와 부호를 이용하여 프로그래밍으로 제어하여 깎는 선반.

2 선반의 부속장치

(1) 척(chuck)

척(chuck)의 종류와 특징에는 일감을 고정할 때 사용, 고정 방법에는 조(jaw)에 의한 기계적인 방법과 전기적인 방법 있다.

척의 크기는 단동, 연동, 복동식은 척의 바깥지름이며, 콜릿척, 벨척, 드릴척은 물릴 수 있는 최대 지름이다.

① 단동 척(independent chuck)
  ㉮ 강력 조임에 사용하며 조가 4개 있어 4번 척이라고도 한다.(불규칙 재료)
  ㉯ 원, 사각, 팔각 조임시에 용이하며, 편심가공시 편리하며 가장 많이 사용한다.
  ㉰ 조가 각자 움직이며 중심 잡는데 시간이 걸린다.
  ㉱ 몸체는 주강, 조는 열처리한 경화강을 사용한다.
② 연동 척(universal chuck : 만능 척)
  ㉮ 조가 3개이며 3번 척, 스크롤(scroll) 척이라 하며, 조 3개가 동시에 움직인다
  ㉯ 조임이 약하며, 원, 3각, 6각봉 가공에 사용(규칙).
③ 마그네틱 척(magnetic chuck : 전자 척, 자기 척)
  ㉮ 직류 전기를 이용한 자화면이다.
  ㉯ 필수 부속장치(탈자기 장치)가 필요하다.
  ㉰ 강력 절삭이 곤란하며, 사용전력이 200~400W이다.
  ㉱ 얇은 판을 절삭시 이용하는 척.
④ 공기 척과 유압 척(air chuck or hydraulic chuck)
  ㉮ 가공물의 고정 및 해체를 압축공기나 유압을 이용하는 척
  ㉯ 조는 소프트 조(soft jaw)와 하드 조(hard jaw)가 있으며, 소프트 조는 가공하여 사용.
  ㉰ 조의 개폐가 신속하며, 10mm정도 불균일한 가공물을 대량 생산시 이용.
  ※ 공기 척 특징
    - 조의 개폐가 빠르고 작업능률이 우수하고, 운전중에 작동 가능하다.
    - 작동이 간편하고, 힘의 과부족이 없이 일정한 압력으로 고정한다.
⑤ 콜릿 척(collet chuck)
  ㉮ 터릿 선반이나 자동 선반에 사용된다.
  ㉯ 중심이 정확하고 원형재, 봉재 작업이 가능하다.

㈐ 직경이 작은 일감에 사용하며, 다량생산에 가능하다.
⑥ 복동 척(combination)
  ㉮ 단동 척과 연동 척의 기능을 겸비한 척.
  ㉯ 척에 설치된 레버에 의하여 4개의 조를 연동 척과 같이 동시에 가동시킬 수도 있고, 단동 척과 같이 1개씩 독립된 기능으로도 사용.(단동 척과 연동 척의 장점을 결합)
⑦ 벨 척
  원통 주변의 6~8개의 볼트를 설치하여 공작물의 중심을 잡고 고정
⑧ 드릴 척(drill chuck)
  드릴 척의 자루부를 심압대 각종 드릴 머신에 꽂아 사용.

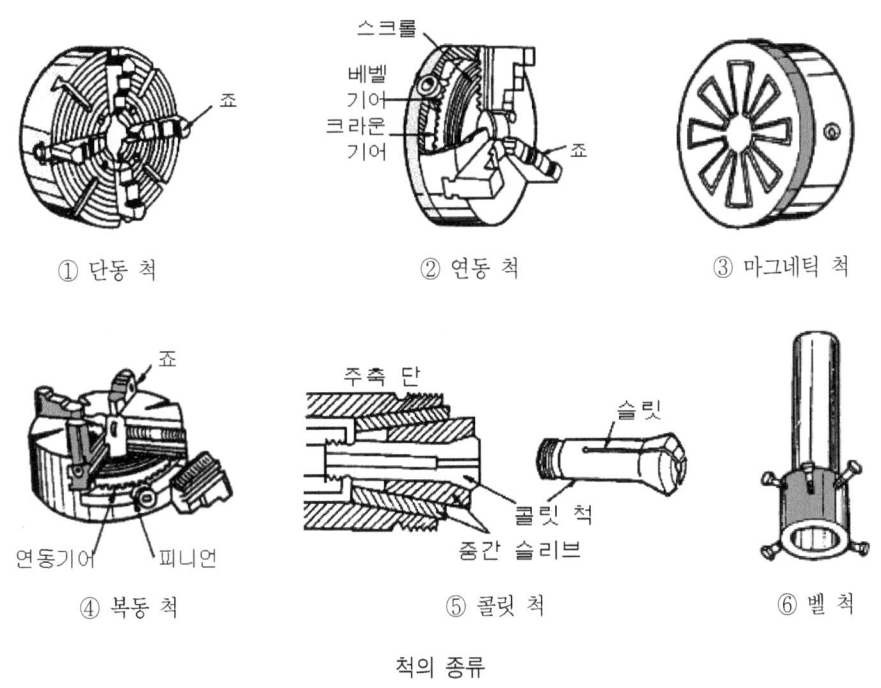

척의 종류

(2) 면판(face plate)
원판에 크기가 다른 여러 가지 홈, 또는 구멍이 뚫려있는 원판으로 주축 끝에 고정한다.

(3) 앵글 플레이트(angle plate)
면판과 같이 불규칙적인 가공물을 고정할 때 사용한다.

  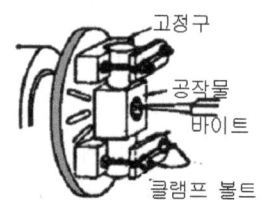

면판 및 면판 작업

(4) 방진구(work rest)

공작물의 길이가 지름의 20배 이상으로 길 때 공작물의 휨을 방지하기 위하여 지지할 경우 사용한다.

① 고정식 방진구
  ㉮ jaw가 3개이며 베드에 고정 사용
  ㉯ 고속 중 절삭에는 롤러 방진구가 있고 이외는 공작물 접촉부에 부쉬나 동판을 부착 사용한다.

② 이동식 방진구
  ㉮ jaw가 2개이며 새들 위에 고정 사용
  ㉯ 탄성이 큰 공작물에서 바이트의 절삭력으로 굽히는 것을 방지하기 위해 방진구가 필요하다.

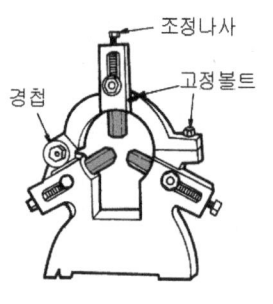 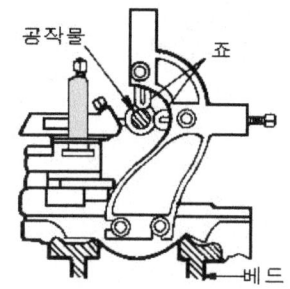

고정식 방진구   이동식 방진구

(5) 센터(center)

센터는 주축에 끼우는 회전센터(live center), 심압축에 고정하는 정지센터(dead center)가 있으며 센터의 선단각은 보통 60°이고, 중절삭의 경우 75°와 90°이고, 자루부분은 모스테이퍼(morse taper)로 되어 있다. 양질의 탄소강, 고속도강, 특수 공구강 등으로 제작.

(6) 돌림판(drivinf plate)

센터작업을 할 때 주축의 회전을 공작물에 전달하기 위하여 주축의 앞끝에 고정한다.

(7) 돌리개(lathe dog or carry dog)

센터작업을 할 때 공작물에 고정해서 회전판의 회전이 공작물에 전달되도록 연결시켜 주는 역할을 한다.

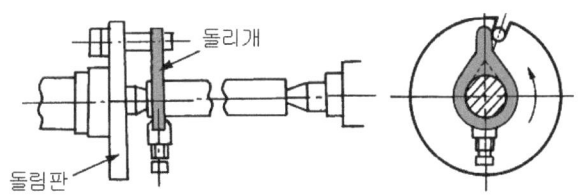

돌림판과 돌리개 작업

(8) 심봉(mandrel)

치차와 폴리와 같이 중앙에 있을 경우 구멍을 기준으로 동심의 외면을 가공할 때 축봉에 소재를 끼워서 이것을 양센터로 지지하여 정확한 가공을 할 수 있다.

심봉의 종류는 다음과 같다.

① 솔리드 맨드릴 : 0.0006정도의 taper 연마강 봉에 절삭저항에 견딜 수 있도록 충분히 밀착 사용.

② 갱 맨드릴 : 여러 장 겹쳐서 가공하며 DISK맨드릴이라고도 함.

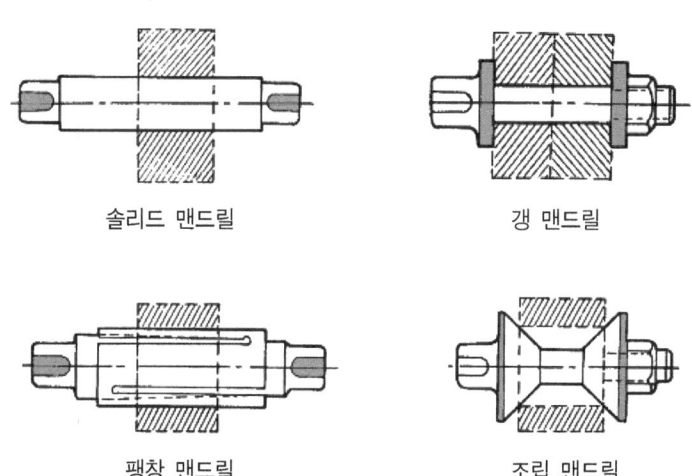

솔리드 맨드릴   갱 맨드릴

팽창 맨드릴   조립 맨드릴

③ 팽창 맨드릴 : 슬릿을 갖는 중공축에 맨드릴을 삽입하여 지름의 증가로 사용.
④ 조립 맨드릴 : 두 개의 원추로 조립하며, 공작물 구멍 크기의 범위가 넓다.

3 바이트의 종류와 형상

1) 바이트의 종류
선반용 바이트는 외면 절삭용과 내면 절삭용으로 나누며, 그 형상과 사용방법은 그림과 같다.

(1) 공구 재질에 의한 분류
① 탄소강 바이트　　　　　② 합금공구강 바이트
③ 고속도강 바이트　　　　④ 초경 바이트
⑤ 세라믹 바이트　　　　　⑥ 다이아몬드 바이트

(2) 구조 및 형상에 의한 분류
① 솔리드 바이트　　　　　② 용접 바이트
③ 팁 바이트　　　　　　　④ 클램프 바이트
⑤ 홀더 바이트　　　　　　⑥ 버튼 바이트
⑦ 곧은 날 바이트　　　　　⑧ 굽힘 바이트
⑨ 한쪽 날 바이트　　　　　⑩ 서큘러 바이트
⑪ 경사 절삭 날 바이트　　　⑫ 회전 바이트

(3) 용도에 의한 분류
① 오른쪽 황삭 바이트　　　② 오른쪽 편인 바이트
③ 총형 바이트　　　　　　④ 왼쪽 황삭 바이트
⑤ 검 바이트　　　　　　　⑥ 스프링 바이트
⑦ 우각 황삭 바이트　　　　⑧ 절단 바이트
⑨ 수나사 바이트　　　　　⑩ 총형 바이트
⑪ 원형 완성 바이트　　　　⑫ 굽은 오른쪽 바이트
⑬ 굽은 환선 바이트　　　　⑭ 홈 절삭 바이트
⑮ 보링 바이트　　　　　　⑯ 암나사 바이트

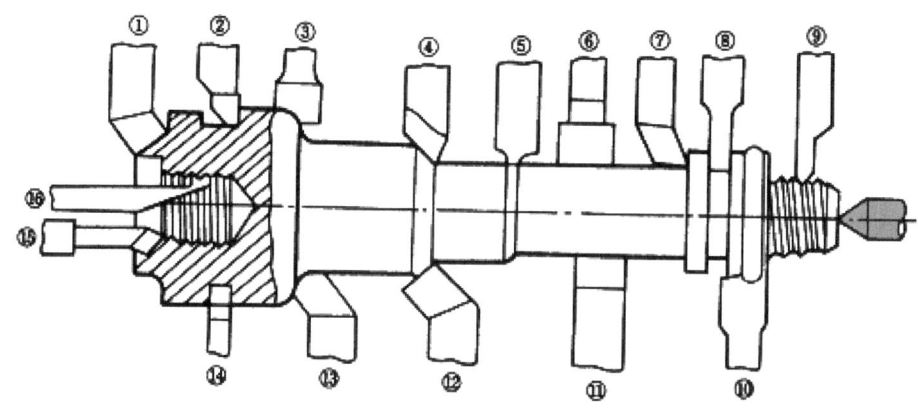

바이트의 용도별 종류

2) 바이트의 각부 명칭과 각도

(1) 바이트의 주요부

① 주절인(principle edge) : 실제 절삭하는 절인부분
② 측면절인(back edge) : 주절인(주절인)에 연결되는 절인부분
③ 경사면(rake surface) : 칩이 절삭될 때 접촉되면서 제거되는 면
④ 여유면(clearance surface) : 절삭된 가공물에 인접된 바이트면

(2) 바이트의 각부 명칭과 각도

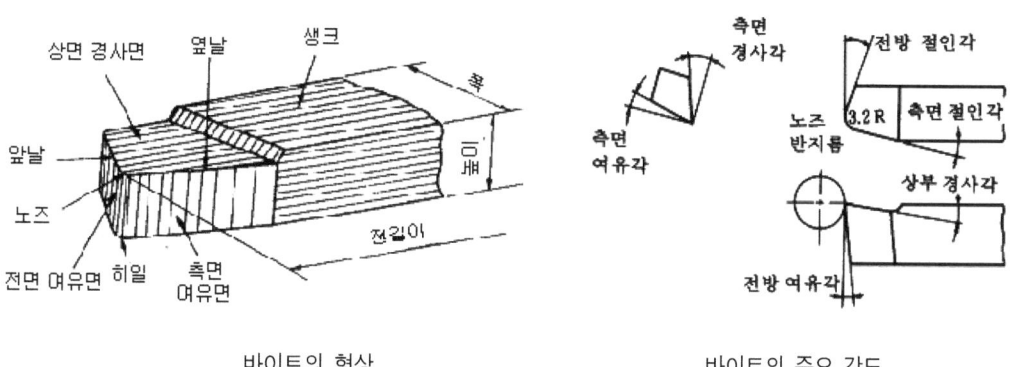

바이트의 형상   바이트의 주요 각도

4 선반작업

(1) 테이퍼(taper) 작업

① 총형 바이트에 의한 방법

테이퍼 길이가 아주 짧을 때 사용하는 방법으로 10mm 내외가 적합하다.

② 복식 공구대에 의한 방법

선반의 양센터 중심선에 대하여 복식 공구대를 데이터 값의 1/2을 회전시켜 절삭하는 방법으로, 테이퍼 길이는 복식 공구대 이동 범위 내에 들어야 한다. 대략 100mm 이내가 적합하다.

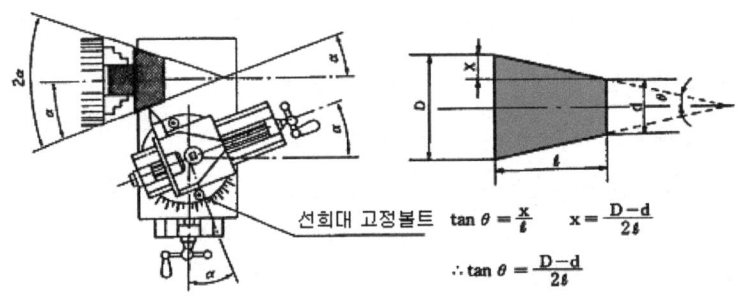

복식 공구대 회전 방법

③ 테이퍼 절삭 장치에 의한 방법

선반의 후면에 테이퍼 절삭 장치를 설치하여 복식 공구대와 연결하여 바이트가 테이퍼 절삭 장치의 슬라이더에 따라 비스듬히 움직이면서 테이퍼 절삭 작업을 한다.

④ 심압대를 편위시키는 방법

그림과 같이 주축대 센터와 심압대 센터를 일치시키지 않고 심압대 센터를 편위시켜 테이퍼 절삭을 하는 방법이다.

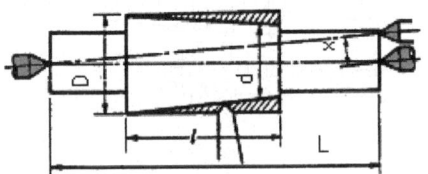

$$X = \frac{(D-d) \times L}{2l} \text{ (mm)}$$

- D : 공작물의 큰지름
- d : 공작물의 작은지름
- l : 테이퍼의 길이
- L : 공작물의 길이
- X : 심압대의 편위량

⑤ 가로이송대와 세로이송대 핸들을 이용하는 방법

테이퍼를 적당히 거친절삭으로 끝맺음할 때 양손으로 핸들을 동시에 움직여 절삭하는 방법이다.

(2) 나사절삭 작업

나사절삭의 원리는 아래 그림과 같이 주축과 리드 스크루를 기어로 연결시켜 주축에 회전을 주면 리드 스크루도 회전한다. 리드 스크루에 설치된 바이트의 이송은 주축과 리드 스크루에 연결시킬 기어의 잇수에 따라 달라진다.

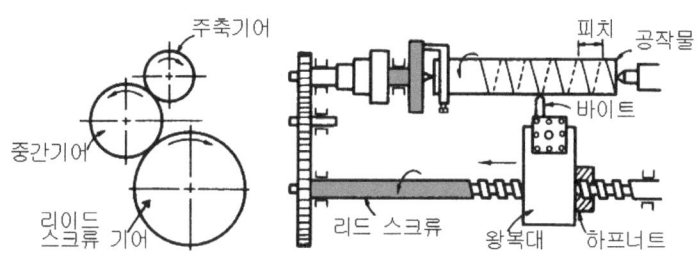

나사절삭의 원리

즉, 회전수가 같으면 리드 스크루의 피치와 같은 나사산이 깎이고, 공작물의 회전이 1/2 느리면 2배의 피치를 가지는 나사산이 2배 빠르면 1/2배의 피치를 가지는 나사산이 깎인다. 이 관계를 정리하면

$$\frac{x}{P} = \frac{가공물의\ 나사산피치}{리드\ 스크류의\ 피치} = \frac{주축대에\ 걸린\ 기어의\ 잇수}{리드\ 스크류에\ 걸린\ 기어의\ 잇수}$$

$$= \frac{A}{B} = \frac{A \times C}{B \times C}$$

$\frac{A}{B}$: 단식걸기

$\frac{A \times C}{B \times C}$: 복식걸기

x : 가공물의 나사산의 피치
P : 리드 스크류의 피치
A : 주축대에 걸린 기어 잇수
B : 리드 스크류에 걸린 기어의 잇수

선반에 부속되어 있는 변환기어는 다음과 같은 것이 있다.
① 영국식 선반: 잇수 20~120개 사이에 5개씩 증가되고 127개의 기어가 1개 있다.
② 미국식 선반: 잇수 20~64개가 되는 사이에 잇수 4개가 증가되고 72, 80, 127개의 것이 1개씩 있다.

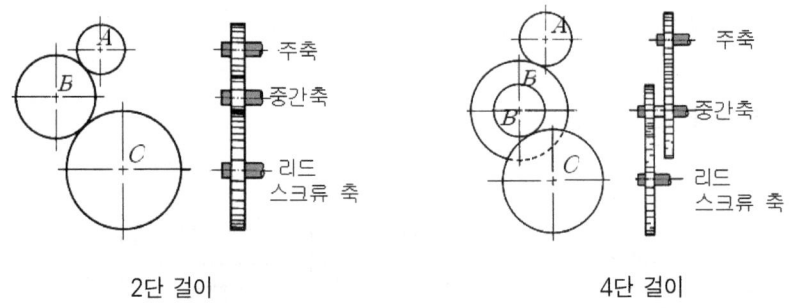

2단 걸이　　　　　　　　　　　　4단 걸이

예제 리드 스크루가 6산/in의 선반으로 피치 6mm의 나사를 깎으려 할 때 변환기어를 계산하면?

풀이 $\dfrac{x}{P} = \dfrac{\frac{6}{25.4}}{6} = \dfrac{6 \times 6}{25.4} = \dfrac{180}{127} = \dfrac{120}{127} \times \dfrac{60}{40}$

∴ A = 120, B = 127, C = 60, D = 40 이다.

예제 리드 스크루가 6mm의 선반으로 피치 2mm의 나사를 절삭할 때의 변환기어는?

풀이 $\dfrac{x}{P} = \dfrac{2}{6} = \dfrac{1}{2} = \dfrac{1 \times 30}{3 \times 30} = \dfrac{30}{90}$

∴ A = 30, B = 90

5 선반의 가공시간

선반작업에서 공구준비시간, 공작물 준비 및 교체시간, 기타 여유시간을 제외한 순수한 가공시간 T는 다음과 같다. 여기서, 공작물 길이 l(mm), 공작물 지름 d(mm), 절삭속도 v(m/min), 회전수 n(rpm), 이송 f(mm/rev), 가공횟수 i이다.

$$n = \frac{1000v}{\pi d} \text{ 일 때}$$

$$T = \frac{l}{n \cdot f} i \text{ (min)}$$

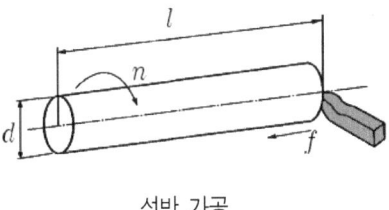

선반 가공

6 가공의 표면거칠기(粗度)

노즈 반경은 공구 수명 및 표면 조도에 크게 영향을 주므로 이송의 2~3배로 하는 것이 양호하다.

$$H = \frac{S^2}{8r} \text{ (mm)}$$

H : 최대 높이
S : 이송
r : 노즈 반경

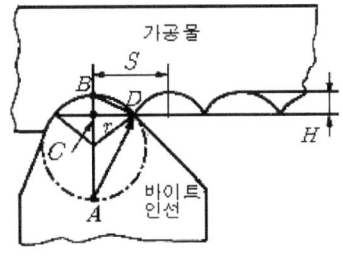

노즈 반경에 의한 가공면의
표면 거칠기(H)

절삭깊이 (mm)	노즈 반경	
	강, 황동	주철, 비금속
3	0.6	0.8
4~9	0.8	1.6
10~19	1.6	2.4
20~30	2.4	3.2

익힘문제

문제1 한쪽 지름은 크고, 한쪽의 지름은 작은 테이퍼를 가공하는 방법은?

해설
① 총형 바이트에 의한 방법
② 복식 공구대에 의한 방법
③ 테이퍼 절삭 장치에 의한 방법
④ 심압대를 편위시키는 방법
⑤ 가로이송대와 세로이송대 핸들을 이용하는 방법

문제2 선반에서 공작물을 가공하는 시간을 산출하는 식을 쓰시오.

해설 선반작업에서 공구준비시간, 공작물 준비 및 교체시간, 기타여유시간을 제외한 순수한 가공시간 T는 다음과 같다.

$$T = \frac{l}{n \cdot f} i \, [\min]$$

여기서, $n = \frac{1000v}{\pi d}$, 공작물 길이 l(mm), 공작물 지름 d(mm), 절삭속도 v(m/min), 회전수 n(rpm), 이송 f(mm/rev), 가공횟수 i이다.

문제3 가공면의 이론적인 표면 거칠기의 값을 산출하는 공식을 쓰시오.

해설
$$H = \frac{S^2}{8r} \, [mm]$$

여기서 H : 최대 높이, S : 이송, r : 노우즈 반경

문제4 선반을 구성하는 4대 주요 구성 부분을 쓰시오.

해설
① 주축대(Head stock) : 공작물을 지지하면서 회전을 주는 주축과 이것을 지지하는 베어링 및 주축에 회전을 주는 구동기구로 되어 있다. 주축의 구동방식은 단차식과 기어식이 있으며 기어식이 많이 쓰인다.
② 심압대(Tail stock) : 심압대는 우측 베드상에 있으며 작업 내용에 따라 좌우로 움직일 수 있도록 되어 있다.
③ 왕복대(Carriage) : 왕복대의 베드 윗면에서 주축대와 심압대 사이를 슬라이드 운동하는 부분으로 에이프런(apron), 새들(saddle), 복식공구대(compound tool rest)로 구성되어 있다.

④ 베드(Bed) : 주축대, 왕복대, 심압대 등을 지지하며 절삭력에 의해 비틀림이나 굽힘을 받는다. 베드는 표면이 평평한 영국식과 산형(山形)인 미국식이 있다.

문제5 선반의 주축을 중공(中空)으로 하는 이유를 쓰시오.

해설
① 굽힘과 비틀림 응력에 강하다.
② 긴 가공물 고정이 편리하다.
③ 중량이 감소하여 베어링에 하중을 줄여 준다.
④ 센터를 쉽게 분리할 수 있다.

문제6 보통선반의 크기를 표시하는 방법을 쓰시오.

해설 선반의 종류에 따라 다소 다르나 베드상의 스윙, 양 센터사이의 최대 길이로 표시, 왕복대상의 스윙
① 스윙(Swing) : 베드상의 스윙 및 왕복대 상의 스윙을 말한다. 즉, 물릴 수 있는 공작물의 최대직경 - 스윙은 센터와 베드면과의 거리의 2배이다.
② 양 센터간의 최대거리 : 라이브 센터(live center)와 데드 센터(dead center)간의 거리로서, 공작물의 길이를 말한다.

문제7 선반의 부속장치 중 방진구에 대하여 쓰시오.

해설 공작물의 길이가 지름의 20배 이상으로 길 때 공작물의 휨을 방지하기 위하여 지지할 경우 사용한다.
① 고정식 방진구
  ⓐ jaw가 3개이며 베드에 고정 사용
  ⓑ 고속중 절삭에는 롤러 방진구가 있고, 이외는 공작물 접촉부에 부시나 동판을 부착 사용한다.
② 이동식 방진구
  ⓐ jaw가 2개이며 새들 위에 고정 사용
  ⓑ 탄성이 큰 공작물에서 바이트의 절삭력으로 굽히는 것을 방지하기 위해 방진구가 필요하다.

문제8 베드(bed)의 구비 조건을 쓰시오.

해설
① 내마모성이 클 것.
② 강성 및 방진성이 있을 것.
③ 가공 정밀도가 높고 직진도가 좋을 것.

문제9 콜릿 척(collet chuck)에 대하여 쓰시오.

해설
① 터릿 선반이나 자동 선반에 사용된다.
② 중심이 정확하고 원형재, 봉재 작업이 가능하다.
③ 직경이 작은 일감에 사용하며, 다량생산에 가능하다.

예상문제

1. 선반에서 가공물을 절삭할 때 공구 경사각이 크고 절삭깊이가 얕고 절삭속도가 빠르면 어떻게 되는가?
   - ㉮ 절삭 동력이 증가하고 공구의 마멸이 심하나, 면이 깨끗하다.
   - ㉯ 절삭력은 감소하고 칩이 코일모양으로 나타나며 빌트 업 에지의 발생이 적고 다듬질 정도가 양호하다.
   - ㉰ 빌트 업 에지의 발생이 심하고 다듬질이 불량하다.
   - ㉱ 공구날끝의 온도 상승이 감소되며 수명이 길다.

   해설 공구의 윗면 경사각이 크고, 절삭 깊이가 얕고, 절삭속도가 빠르면 빌트 업 에지의 발생, 방지 조건이 되므로 가공 표면이 곱게 된다.

2. 맨드릴(mandrel)을 사용하는 목적은?
   - ㉮ 구멍때문에 센터를 사용하기가 곤란하여
   - ㉯ 작업을 쉽게 하기 위해서
   - ㉰ 구멍과 외면이 동심원이 되게 하기 위하여
   - ㉱ 척에 물리기가 복잡해서

3. 선반 베드의 표면경화 열처리방법은?
   - ㉮ 고주파열처리
   - ㉯ 질화법
   - ㉰ 화염경화법
   - ㉱ 염욕열처리

4. 고정 방진구는 선반의 어디에 설치하여야 하는가?
   - ㉮ 새들
   - ㉯ 주축대
   - ㉰ 베드
   - ㉱ 심압대

5. 구성인선을 감소시키는 다음 방법 중 옳은 것은?
   - ㉮ 절삭속도를 고속으로 한다.
   - ㉯ 절삭 깊이를 깊게 한다.
   - ㉰ 윗면 경사각을 작게 한다.
   - ㉱ 마찰 저항이 큰 공구를 사용한다.

   해설 구성인선을 감소시키는 방법
   ① 절삭 깊이를 얕게 할 것
   ② 윗면 경사각을 크게 할 것
   ③ 절삭속도를 크게 할 것
   ④ 날끝을 예리하게 할 것
   ⑤ 절삭액 사용

6. 여러 개의 절삭공구를 한 번에 설치하고 차례로 공작물을 가공하는 선반은?
   - ㉮ 다인선반
   - ㉯ 터릿 선반
   - ㉰ 생산형선반
   - ㉱ 수직선반

7. 다음 중 지름이 작은 가공물이나, 각봉재를 가공할 때 편리하여, 터릿 선반이나, 자동선반에서 주로 사용하는 척은?
   - ㉮ 복동 척
   - ㉯ 유압 척
   - ㉰ 콜릿 척
   - ㉱ 연동 척

해답 1.㉯ 2.㉰ 3.㉰ 4.㉰ 5.㉮ 6.㉯ 7.㉰

8. 절삭속도 140m/min, 절삭깊이 6mm, 이송 0.25mm/rev로 75mm 지름의 원형 단면봉을 선삭한다. 300mm의 길이만큼 선삭하는데 필요한 가공시간은?
   ㉮ 약 2분 ㉯ 약 6분
   ㉰ 약 4분 ㉱ 약 8분

   해설 $N = \dfrac{1000V}{\pi D} = \dfrac{1000 \times 140}{3.14 \times 75}$
   $= 594.4 \text{rpm}$
   $300 \div (594.4 \times 0.25) =$ 약 2분

9. 다음 중 선반기계에서 작업자를 기준으로 오른쪽 베드 위에 위치하며, 테이퍼 구멍에 공구를 끼워 가공물의 지지, 드릴 가공, 리머 가공, 센터 드릴가공을 주로 하는 부분의 명칭은?
   ㉮ 심압대 ㉯ 왕복대
   ㉰ 주축대 ㉱ 이송기구

10. 길이 350mm, 지름 50mm인 둥근 봉을 절삭속도 100m/min로 1회 절삭하려 할 때 절삭 시간은 몇 min인가?(단, 이송속도는 0.1mm/rev이고 기타 시간은 무시한다.)
    ㉮ 4.5 ㉯ 3.5
    ㉰ 5.0 ㉱ 5.5

    해설 길이 350mm를 이송속도 0.1mm/rev로 가공하면 350÷0.1=3500회전시켜야 한다. 지름 50mm를 3500회전시켰을 때의 거리는
    50×3.14×3500÷1000=549.5(m)
    따라서,
    절삭소요시간(min)=절삭한 길이(m)÷절삭속도(m/min)=549.5÷100≒5.5min

11. 선반의 크기를 표시하는 것이 아닌 것은?
    ㉮ 베드의 길이
    ㉯ 베드상의 스윙
    ㉰ 양센터사이의 최대거리
    ㉱ 베드의 폭

12. 다음 중 선반에서 할 수 없는 작업은?
    ㉮ 리밍   ㉯ 총형깎기
    ㉰ 보링   ㉱ 기어깎기

13. 선반의 주요부는 어떻게 구성되어 있는가?
    ㉮ 주축대, 왕복대, 심압대, 베드
    ㉯ 회전기어, 주축다리, 심압대, 모터
    ㉰ 척, 맨드릴, 면판, 바이트
    ㉱ 베드의 안내면, 이송장치, 주축대, 체싱다이얼

14. 다음 중 스크롤 척(scroll chuck)은 어느 것인가?
    ㉮ 단동 척   ㉯ 연동 척
    ㉰ 양용 척   ㉱ 마그네틱 척

15. 선반에서 변환기어의 비율이 2:1인 경우 일감과 리드 스크루의 피치는?
    ㉮ 1:3   ㉯ 1:2
    ㉰ 1:1   ㉱ 2:1

해답 8.㉮ 9.㉮ 10.㉱ 11.㉱ 12.㉱ 13.㉮ 14.㉯ 15.㉯

16. 척으로 고정할 수 없는 큰 공작물이나 불규칙한 공작물을 고정할 때 사용하는 기구는?
    ㉮ 면판   ㉯ 방진구
    ㉰ 심봉   ㉱ 돌리개

17. 길이 400mm, 지름 100mm인 둥근봉을 절삭 속도 100m/min로 1회 절삭할 때 걸리는 시간을 계산하여라.(단, 이송 속도는 0.2mm/rev로 한다.)
    ㉮ 3.0min   ㉯ 6.3min
    ㉰ 5.8min   ㉱ 10min

    해설 $T = \dfrac{L}{ns} \times i = \dfrac{400}{318.3 \times 0.2} \times 1회 = 6.3$
    $n = \dfrac{1000 \times V}{\pi d} = \dfrac{1000 \times 100}{\pi \times 100} = 318.3 \text{rpm}$

18. 선반의 회전센터의 재질은?
    ㉮ 연강   ㉯ 고속도강
    ㉰ 세라믹   ㉱ 초경합금

    해설 회전센터(live center)는 스핀들 쪽에 있는 것을 말하며, 편심되어 있을 때는 다시 깎아 사용하므로 바이트로 깎을 수 있는 연강을 사용한다.

19. 선반 주축이 중공(中空)으로 되어 있는 이유는?
    ㉮ 마찰저항을 적게 하기 위해서
    ㉯ 선반의 중량을 가볍게 하기 위해서
    ㉰ 가볍게 회전시키기 위해서
    ㉱ 긴 재료를 연속적으로 가공하기 위해서

20. 구성인선(built up edge)의 나쁜 점이 아닌 것은?
    ㉮ 다듬질면이 거칠어 제품의 정도가 저하된다.
    ㉯ 절삭 깊이가 깊어 동력 손실을 가져온다.
    ㉰ 치핑(chipping) 현상으로 공구의 수명이 짧다.
    ㉱ 표면의 변질층이 얇아진다.

21. 선반 센터에 사용되는 테이퍼는?
    ㉮ 모스 테이퍼(morse taper)
    ㉯ 내셔날 테이퍼(national taper)
    ㉰ 자노 테이퍼(Jarno taper)
    ㉱ 브라운 샤프 테이퍼(Brown & Sharp taper)

22. 척(Chuck)으로 고정할 수 없는 큰 공작물이나 불규칙한 공작물을 고정할 때 사용하는 기구는?
    ㉮ 면판   ㉯ 심봉
    ㉰ 돌리개 ㉱ 방진구

23. 선반에서 가늘고 긴 공작물을 고정할 때 사용하는 척으로 가장 적합한 것은?
    ㉮ 마그네틱 척
    ㉯ 연동 척
    ㉰ 콜릿 척
    ㉱ 유압 척

해답 16.㉮ 17.㉯ 18.㉮ 19.㉱ 20.㉱ 21.㉮ 22.㉮ 23.㉰

24. 다음 선반 바이트의 형상 중에서 절삭되는 칩이 접촉하는 면으로 주절인과 부절인이 연 결된 바이트의 윗면을 의미하는 것은?
㉮ 날끝 ㉯ 인선
㉰ 경사면 ㉱ 여유면

25. 직경 30mm의 환봉을 30m/min의 절삭 속도로 절삭할 때 회전수는?
㉮ 318rpm ㉯ 338rpm
㉰ 358rpm ㉱ 348rpm

해설 회전수 $N = \dfrac{1000V}{\pi D} = \dfrac{1000 \times 30}{3.14 \times 30}$
$= 318.30$

26. 선반의 주축용 재료로서 적합한 재료는?
㉮ 스테인리스강 ㉯ 고탄소강
㉰ Ni-Cr 강 ㉱ W-Mo 강

27. 다음 중 공작기계의 3대 특성이 아닌 것은?
㉮ 절삭속도가 높아야 한다.
㉯ 가공능률이 우수해야 한다.
㉰ 제품의 공작 정밀도 우수
㉱ 제품의 호환성 풍부

28. 선반에서 테이퍼량이 작고 길이가 긴 공작물을 깎을 때 좋은 방법은?
㉮ 총형 바이트에 의한 방법
㉯ 복식 공구대를 회전시키는 방법
㉰ 심압대 축을 편위시키는 방법
㉱ 왕복대와 공구대를 동시에 작동시키는 방법

29. 지름이 50mm인 연강봉을 선반에서 절삭할 때 주축의 회전수 100rpm이라면 절삭속도는 얼마인가?
㉮ 14.7m/min ㉯ 15.7m/min
㉰ 17.7m/min ㉱ 16.7m/min

해설 절삭속도
$V = \dfrac{\pi D n}{1000} = \dfrac{3.14 \times 50 \times 100}{1000}$
$= 15.7 \text{m/min}$

30. 그림과 같이 데이터를 가공할 때 심압대의 편위량은?

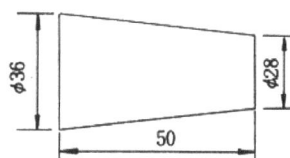

㉮ 5mm ㉯ 6mm
㉰ 4mm ㉱ 3mm

해설 $x = \dfrac{D-d}{2} = \dfrac{36-28}{2} = 4\text{mm}$

31. 그림과 같이 복식공구대에 의해서 데이터를 가공하려고 할 때 공구대의 선회각도는?

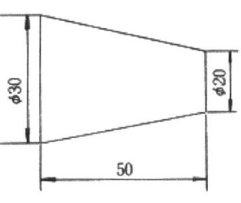

㉮ 12° ㉯ 15°
㉰ 32° ㉱ 22°

해답 24.㉰ 25.㉮ 26.㉰ 27.㉱ 28.㉰ 29.㉯ 30.㉰ 31.㉮

해설 $\tan\theta = \dfrac{D-d}{2L} = \dfrac{30-20}{2\times 50}$
$= \dfrac{1}{10} = 0.1$
0.1을 삼각함수표에서 찾으면 약 12°

32. 절삭온도에 관하여 틀린 것은 어느 것인가?
    ㉮ 절삭온도는 칩의 두께를 크게 하면 상승한다.
    ㉯ 절삭온도는 절삭속도의 증대에 따라 상승하며 절삭속도의 제곱에 비례한다.
    ㉰ 절삭저항이 높은 재료는 절삭온도가 높다.
    ㉱ 절삭온도는 공구의 수명에 큰 영향을 끼친다.

33. 터릿선반과 자동선반에서 많이 사용하는 척은?
    ㉮ 연동 척
    ㉯ 단동 척
    ㉰ 콜릿 척
    ㉱ 마그네틱 척

34. 다음 중 끝단에 테이퍼 구멍에 공구를 끼워 가공물의 지지, 드릴가공, 리머 가공, 센터 드릴가공을 주로 하는 선반의 구성부분은?
    ㉮ 베드   ㉯ 주축대
    ㉰ 왕복대   ㉱ 심압대

35. 다음 중 선반에서 가늘고 긴 가공물을 절삭할 때 절삭력과 자중에 의하여 진동이 발생하여 정밀도가 높은 제품을 가공할 수 없기 때문에 사용하는 부속품은?
    ㉮ 방진구   ㉯ 돌림판
    ㉰ 돌리개   ㉱ 면판

36. 다음 선반 가공 중 가공물 원주면에 사각형, 다이아몬드형, 평형 등의 요철을 내는 가공이며, 미끄러짐을 방지하기 위한 손잡이에 주로 사용하는 가공방법은?
    ㉮ 원통가공   ㉯ 내경절삭
    ㉰ 테이퍼절삭   ㉱ 널링가공

37. 단동 척의 설명 중 맞는 것은?
    ㉮ 단동 척은 테이퍼 가공이 용이하다.
    ㉯ 연동식이므로 편심가공이 용이하다.
    ㉰ 단동 척은 복잡한 가공물에 용이하다.
    ㉱ 단동 척은 공작물을 쉽게 물릴 수 있다.

38. 가공물 지름이 맨드릴 지름보다 클 때 사용하는 맨드릴은?
    ㉮ 갱맨드릴   ㉯ 조립맨드릴
    ㉰ 단체맨드릴   ㉱ 팽창맨드릴

39. 다음 칩의 형태 중 가공표면에 가장 좋은 결과를 주는 것은?
    ㉮ 유동형   ㉯ 전단형
    ㉰ 열단형   ㉱ 균열형

해답 32.㉯ 33.㉰ 34.㉱ 35.㉮ 36.㉱ 37.㉰ 38.㉱ 39.㉮

제 5 장

밀링 머신

1. 밀링 가공

밀링 머신은 많은 날을 가진 밀링 커터(milling cutter)를 회전시켜 테이블 위에 고정한 공작물을 이송하여 주로 평면가공을 하는 공작기계이다. 여기에 부속장치를 사용하면 평면, 곡면, 불규칙한 면, 드릴의 홈, 기어의 치형 등을 절삭할 수 있다.

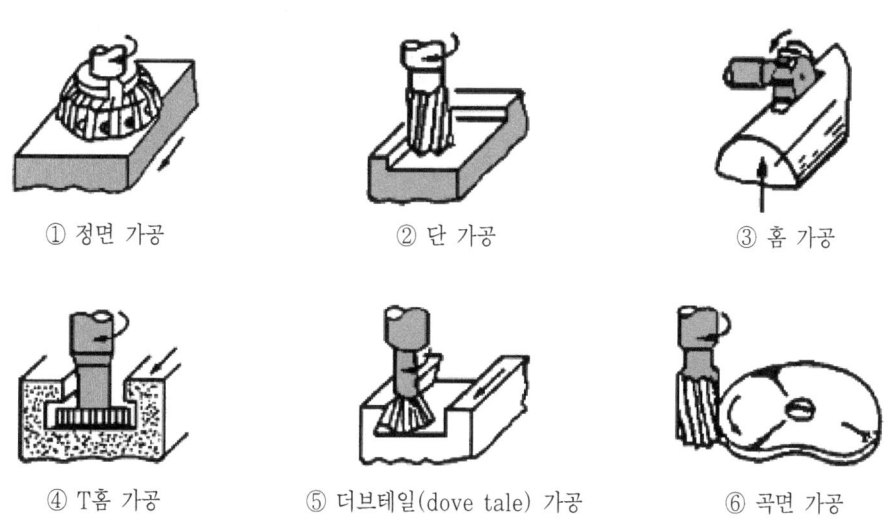

① 정면 가공　② 단 가공　③ 홈 가공
④ T홈 가공　⑤ 더브테일(dove tale) 가공　⑥ 곡면 가공

수직 밀링 머신 작업 종류

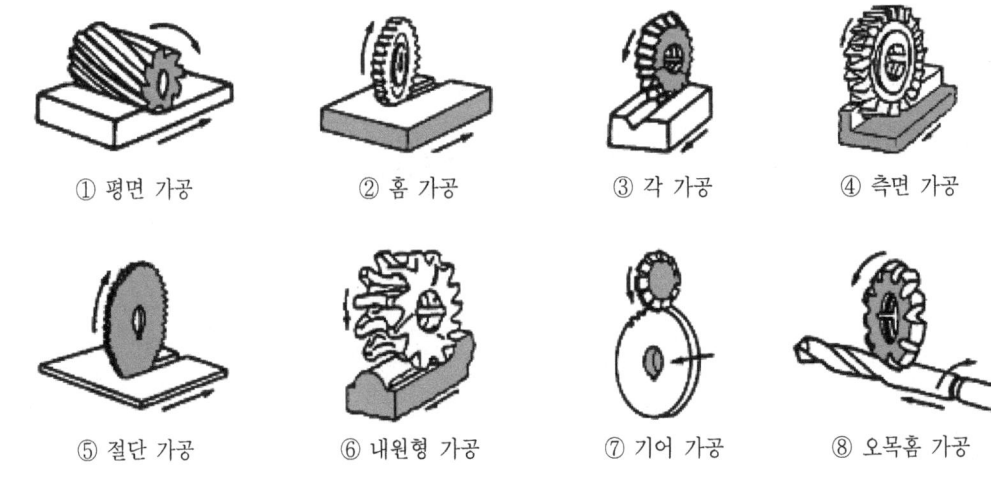

① 평면 가공　② 홈 가공　③ 각 가공　④ 측면 가공
⑤ 절단 가공　⑥ 내원형 가공　⑦ 기어 가공　⑧ 오목홈 가공

수평 밀링 머신 작업 종류

2 밀링 머신의 구조

① 아버(arbor)
주축단에 고정할 수 있도록 각종 테이퍼를 갖고 있는 환봉재로 아버 칼라(arbor collar)에 의해 커터의 위치를 조정하여 고정하고 회전시킨다.

② 어댑터와 콜렛(adapter and collet)
자루가 있는 밀링 커터를 고정할 때 사용한다.

③ 칼럼(calumn)
밀링 머신의 본체로서 앞면은 미끄럼면으로 되어 있으며, 아래는 베이스를 포함하고 있다.

④ 오버암(over arm)
칼럼의 상부에 설치되어 있는 것으로 플레인 밀링 커터용 아버를 아버 서포터(브레이스)가 지지하고 있다.

⑤ 니(knee)
니는 칼럼에 연결되어 있으며, 위에는 테이블을 지지하고 있다.

⑥ 새들(saddle)
새들은 테이블을 지지하며, 니이의 상부 미끄럼면 위에 얹혀 있어 그 위를 앞뒤 방향으로 미끄럼 이동하는 것으로서 윤활장치와 테이블의 어미나사 구동기구로 이루어져 있다.

⑦ 테이블(table)

공작물을 직접 고정하는 부분이며, 새들 상부의 안내면에 장치되어 수평면을 좌우로 이동한다.

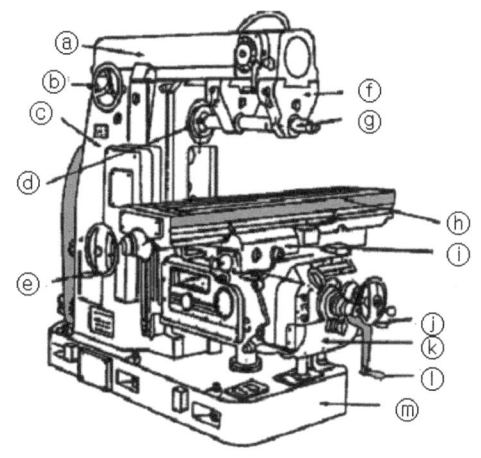

ⓐ 오버 암
ⓑ 오버 암 이송핸들
ⓒ 칼럼
ⓓ 주축(스핀들)
ⓔ 테이블 이송핸들
ⓕ 아버 지지대
ⓖ 아버
ⓗ 테이블
ⓘ 새들
ⓙ 새들 이송핸들
ⓚ 에이프런
ⓛ 상하 이송핸들
ⓜ 베이스

수평 밀링 머신의 각부 명칭

3 밀링 머신의 종류

① 니형 밀링 머신(knee type milling machine)
  ㉮ 수평형 밀링 머신(horizontal milling machine) : 스핀들을 칼럼(column) 상부에 수평 방향으로 장치하고 회전하며, 니는 상하로 이동하고, 새들은 전후방향, 테이블은 새들 위에서 좌우로 이송하므로 테이블은 칼럼의 앞면을 전후, 좌우, 상하 세 방향으로 이동하게 된다.
  ㉯ 수직형 밀링 머신(vertical milling machine) : 스핀들이 수직 방향으로 장치되며, 정면 커터(face cutter)와 엔드밀(end mill) 등을 이용하여 평면 가공, 홈 가공, 측면 가공 등에 적합한 기계이다.
  ㉰ 만능형 밀링 머신(universal type milling machine) : 수평 밀링 머신과 거의 같으나 다른 점은 새들 위에 선회대가 있고, 그 위에서 테이블이 수평 선회하는 점이 다르다.

② 생산형 밀링 머신(production type milling machine)
③ 플레이너형 밀링 머신(planner type milling machine)
④ 형조각기(prefiling milling die sinker)
⑤ 나사 밀링 머신(thread milling machine)
⑥ 모방 밀링 머신(copying milling machine)

① 수평 밀링 머신　　② 수직 밀링 머신　　③ 만능 밀링 머신

니형 밀링 머신 종류

4 밀링 머신의 부속장치

① 밀링 바이스(milling vise)
　밀링 바이스에는 수평, 회전, 만능, 유압 바이스가 있으며 테이블 위에 있는 T홈에 블록과 클램핑 볼트를 이용하여 고정하고 공작물을 물리는데 사용한다.

① 수평 바이스　　　　　　② 회전 바이스

밀링 바이스 종류

② 회전테이블(rotary table or circular table)
  밀링 머신의 테이블에 올려놓고 주로 원형 공작물을 가공할 때 이용한다.
③ 분할대(index head or dividing head)
  밀링 머신의 테이블에 설치하고 공작물을 분할대의 스핀들과 심압대 센터 사이에 지지하거나 스핀들에 장치한 척에 공작물을 고정하고, 필요한 각도나 등분으로 분할할 때 사용한다. 또한, 변환기어로 테이블과 연결하여 비틀림 홈, 스파이럴 기어 등을 가공할 수 있다.

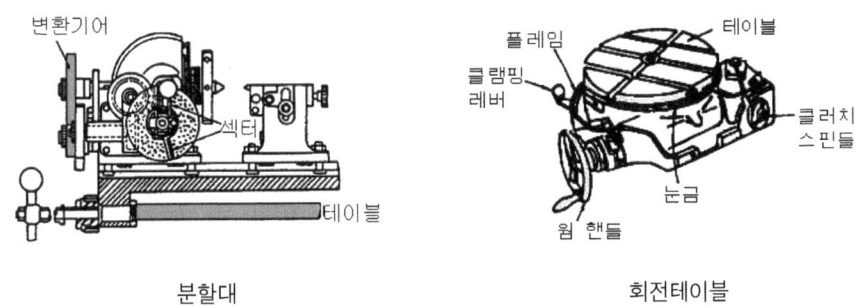

분할대   회전테이블

④ 수직축 장치(vertical attachment)
  수평식 밀링 머신의 컬럼(colum)상의 주축부에 고정하고 주축에서 기어로 회전이 전달된다. 수직축은 컬럼면과 평행한 면 내에서 임의의 각도로 경사시킬 수 있다.
⑤ 슬로팅 장치(slotting attachment)
  평 밀링 머신이나 만능 밀링 머신의 컬럼에 설치하여 사용한다. 주축 회전운동을 직선 왕복운동으로 변환시켜 슬로터작업을 할 수 있도록 한 장치이며, 공작물 안지름에 키홈, 스플라인(spline), 세레이션(serrattion) 등을 가공한다.

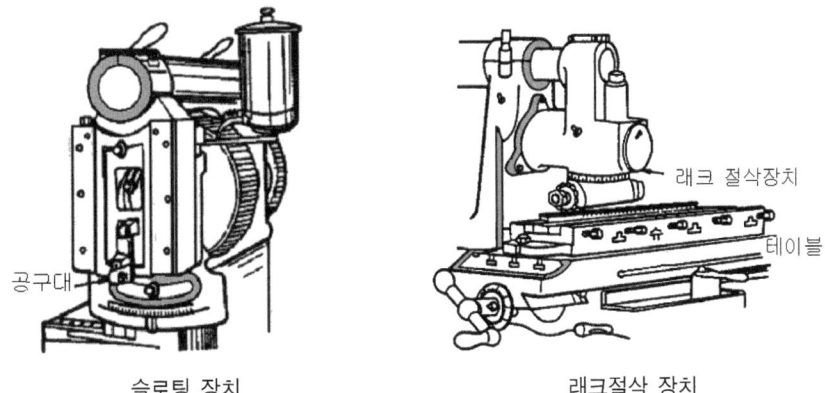

슬로팅 장치   래크절삭 장치

⑥ 래크 절삭장치(rack cutting attachment)

만능 밀링 머신의 칼럼에 고정되고, 밀링 머신의 주축에 의하여 회전이 전달되어 래크기어(rack gear)를 절삭할 때 사용한다.

⑦ 만능 밀링 장치(universal milling attachment)

니형 밀링 머신의 컬럼면에 고정하여 수평 및 수직면 내에서 임의의 각도로 스핀들을 고정시키는 장치이다.

5 밀링 머신의 크기 표시

① 수평 밀링 머신, 만능 밀링 머신

테이블의 크기 테이블의 이동거리(전후×좌우×상하) 스핀들 중심선부터 테이블면까지의 최대거리

② 수직 밀링 머신

테이블의 크기, 테이블의 이동거리(전후×좌우×상하) 스핀들 끝부터 테이블 윗면까지의 최대거리, 스핀들 헤드의 이동거리

6 밀링 머신의 공구

(1) 밀링 커터(milling cutter)

① 플레인 커터(plain cutter) : 원통둘레의 절삭날이 있어 평면절삭에 사용한다.
② 측면 커터(side milling cutter) : 플레인 커터와 같이 원둘레에 날이 있고 양 측면에도 날이 있어 홈 및 단면가공에 사용된다.
③ 메탈소(metal saw) : 폭이 좁고 바깥둘레가 커터로 되어 있어서 주로 절단작업에 사용한다.
④ 엔드밀(end mill) : 원둘레와 단면에 날을 가지고 있어 키홈이나 좁은 평면을 가공할 때 사용한다.
⑤ T홈 커터(T-slot cutter) : 공작기계의 테이블에 있는 T형 홈을 깎는데 사용한다.
⑥ 정면 커터(face cutter) : 원통단면에 날을 가지고 있어 넓은 평면을 깎을 때 사용

⑦ 각 커터(angular cutter) : 원주에 임의의 각을 가지고 있어 45°, 60°, 70° 등 각을 가지는 홈을 파거나 각을 가지는 단면가공에 쓰인다.
⑧ 총형 커터(formed cutter) : 특별한 형상을 가진 면을 깎을 때 쓰는 커터로 콘벡스 커터, 기어 커터 등이 있다.

밀링 머신의 공구

(2) 밀링 커터의 절삭 방향
① 상향절삭(up cutting)
   밀링 커터의 회전방향과 반대방향으로 공작물에 이송을 주는 것
② 하향절삭(down cutting)
   밀링 커터의 회전방향과 같은 방향으로 공작물에 이송을 주는 것

밀링 절삭방법

상향절삭과 하항절삭의 비교

	상향절삭(올려깎기)	하향절삭(내려깎기)
장점	① 칩이 날을 방해하지 않는다. ② 백래쉬 제거장치가 필요 없다. ③ 절삭동력이 적게 소모	① 공작물 고정이 간단하다. ② 커터의 마모가 적다 ③ 동력소모가 적다. ④ 가공면이 깨끗하다.
단점	① 공작물을 견고히 고정해야 한다. ② 커터의 수명이 짧다. ③ 동력 낭비가 많다. ④ 가공면이 거칠다.	① 칩이 커터와 공작물 사이에 끼어 절삭을 방해한다. ② 백래시(back lash) 제거장치가 필요하다.

(3) 절삭조건

절삭조건을 결정하는 요소는 ① 절삭 깊이, ② 날 하나에 대한 이송, ③ 절삭 속도 등 3가지가 있다.

① 절삭 속도(cutting speed)

절삭 속도는 가공면의 다듬질 정도, 공구의 수명 등에 관계 되므로 다음과 같이 해야 한다. 구하는 식은 다음과 같다.

$$V = \frac{\pi DN}{1000} \text{ (m/min)}, \quad N = \frac{1000V}{\pi D} \text{ (rpm)}$$

V : 절삭 속도(m/min)
D : 밀링 커터의 직경(mm)
N : 커터의 회전수(rpm)

절삭 속도를 결정할 때는 다음과 같은 원칙을 고려한다.

㉮ 공구의 수명을 연장하기 위해서는 약간 절삭 속도를 낮게 한다.
㉯ 공작물의 강도, 경도 등의 기계적 성질을 고려한다.
㉰ 황삭 가공할 때에는 저속으로 이송을 크게 하고, 다듬질 가공할 때에는 고속으로 이송을 느리게 한다.
㉱ 밀링 커터의 마멸과 손상이 클 경우는 절삭 속도를 느리게 한다.

② 이송 속도(feed)

밀링 가공에서 테이블의 이송 속도는 밀링커터의 날 1개마다의 이송을 기준으로 하여 다음과 같이 구할 수 있다.

$$F = f_c \times z \times n \text{ (mm/min)}$$

  F : 테이블의 이송 속도(mm/min)
  f_c : 커터의 날 1개마다 이송(mm/날)
  z : 커터의 날수
  n : 커터의 회전수(rpm)

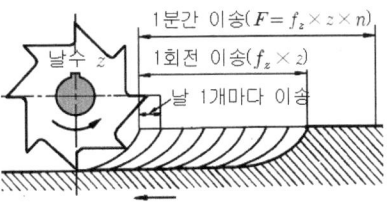

밀링에서 이송 속도

예제 밀링 커터 지름 150mm, 커터 날 수 10개, 한 날당 이송 0.3mm, 절삭속도 50m/min 일 때 테이블 이송 속도는 얼마인가?

풀이 $F = f_c \times z \times n = 0.3 \times 10 \times \dfrac{1000 \times 50}{3.14 \times 150}$

   $= 318.5 ≒ 319 \text{ mm/min}$

③ 절삭 깊이

절삭 깊이는 일반적으로 5mm 이하로 하고, 그 이상일 때는 깊이를 나누어 절삭한다. 또한, 다듬 절삭일 때에는 절삭 깊이를 너무 작게 하면 날끝의 마멸이 커지므로 0.3~0.5mm 정도로 하는 것이 좋다.

절삭 깊이가 커지면 절삭 속도를 낮게 하고, 절삭 깊이를 작게 하면 절삭 속도를 높여 가공하는 것이 일반적이다.

④ 절삭 동력

절삭 폭 b mm, 절삭 깊이 t mm, 매 분당 이송 f mm/min이라고 하면 매 분당 절삭되는 칩량 Q는

$$Q = \dfrac{b \times t \times f}{1000} \text{ (cm}^3\text{/min)}$$

밀링 가공할 때 발생하는 3분력 즉, 주분력 P_1, 축방향 분력 P_2, 커터 반경방향 분력 P_3라 하고, 절삭속도 V_C(mm/min), 이송속도 V_f(mm/min)라 하면, 절삭 동력 N_C와 이송동력 N_f는

$$N_C = \dfrac{P_1 \cdot V_C}{60 \times 75} \text{ (ps)}, \quad N_f = \dfrac{P_2 \cdot V_f}{60 \times 75 \times 1000} \text{ (ps)}$$

여기서, 주축의 구동효율 η_c, 이송효율 η_f라 하면 절삭동력 N은

$$N = \frac{N_c}{\eta_c} + \frac{N_f}{\eta_f} \text{ (ps)}$$

7 분할작업

(1) 분할대(Index head, dividing head)
공작물의 원주와 직선을 어떤 간격으로 분할하는데 쓰이는 장치를 분할대라 한다.

분할대 주축에 40매의 웜기어가 붙어 있고, 이 웜기어에는 웜이 맞물려 있으며 웜축은 크랭크에 의해 회전된다. 따라서 크랭크를 1회전시키면 주축은 1/40 회전하게 된다.

(2) 분할판
크랭크 축에는 회전수를 정해주기 위해 원판 위에 여러 개의 작은 구멍이 뚫려 있는 분할판을 고정하도록 되어 있다.

① 브라운 샤프형(Brown & Sharp Type)
② 신시내티형(Cincinnati Type)
③ 밀워키형(Milwaukee Type) : 회전비가 5 : 1로 거의 사용치 않음.

분할판의 구멍수

종류	분할판	구멍의 수
브라운 샤프형	No. 1	15, 16, 17, 18, 19, 20
	No. 2	21, 23, 27, 29, 31, 33
	No. 3	37, 38, 41, 43, 47, 49
신시내티형	앞면	24, 25, 28, 30, 34, 37, 38, 39, 41, 42, 43
	뒷면	46, 47, 49, 51, 53, 54, 57, 58, 59, 62, 66
밀워키형	앞면	100, 96, 92, 84, 72, 66, 60
	뒷면	98, 88, 78, 76, 68, 58, 54

(3) 분할방법

① 직접분할법(direct indexing)

직접분할판을 이용하여 분할하는 방법으로, 분할판에는 24등분 구멍이 있어 24를 정수로 나눌 수 있는 수(2, 4, 6, 8, 10, 24)만큼 분할된다.

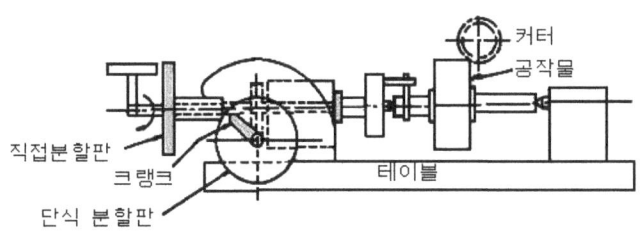

직접분할 기구

예제 원둘레를 12등분하라.

풀이 24 ÷ 12 = 2이므로 직접분할판을 2구멍씩 회전시켜 분할하면 된다.

② 단식분할법(simple indexing)

직접분할법으로 분할할 수 없을 때 사용하는 방법으로, 분할 크랭크가 1회전하면 스핀들은 1/40회전하므로 공작물은 N등분 하려면 분할 크랭크의 회전수 N은

$$n = \frac{40}{N} = \frac{h}{H}$$

n : 분할핸들의 회전수
N : 분할하려는 수
H : 원판의 구멍수
h : 핸들을 돌리는 구멍수

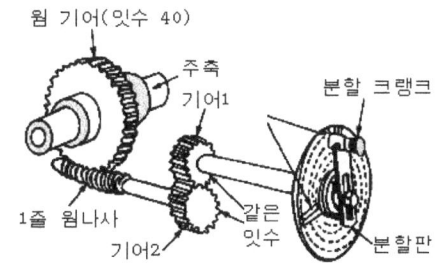

단식분할 기구

예제 브라운 샤프형 분할대를 이용하여 원주를 13등분하라.

풀이 $n = \frac{40}{N} = \frac{h}{H} = \frac{40}{13} = 3\frac{1}{13} = 3\frac{3}{39}$

즉, 분할판 39구멍열을 3회전시킨 다음 3구멍씩 더 돌리면 된다.

예제 원주를 38등분하라.

풀이 $n = \dfrac{40}{N} = \dfrac{40}{38} = \dfrac{20}{19} = 1\dfrac{1}{19}$

즉, 분할판 19구멍열을 이용하여 1회전 시키고 1구멍씩 더 돌리면 된다.

③ 차동분할법(differential indexing)

단식분할법으로 분할할 수 없는 수를 분할할 때 쓰이는 것으로, 변환기어로 분할판을 차동시켜 분할하는 방법이다. 변환기어는 24(2개), 28, 32, 40, 44, 48, 56, 64, 72, 86, 100의 12개가 있다.

분할요령

㉮ 분할수 N에 가장 가까운 수로 단식분할 되는 수 N′를 가정하여 선정한다.
㉯ 가정분할수 N′를 단식분할 하기 위한 계산을 한다.

$$n = \dfrac{40}{N'} = \dfrac{h}{H}$$

㉰ 변환기어비 i를 구하고 차동변화기어 잇수를 결정한다.

$$i = 40\dfrac{N' - N}{N_1} = \dfrac{2a}{2d} = \dfrac{2a \times 2c}{2b \times 2d}$$

여기서 i 값이 +일 때는 분할수보다 가정 분할 수가 클 때로서 분할핸들과 분할판이 같은 방향으로 돌아가도록 한다. i 값이 -일 때는 분할수보다 가정 분할수가 작을 때로서 분할핸들과 분할판의 회전이 반대로 돌아가도록 한다.

예제 241등분으로 분할하라.

풀이 가정 분할수 N′ = 240으로 하면 $n = \dfrac{40}{N'} = \dfrac{40}{240} = \dfrac{4}{24}$

분할판의 구멍수 24구멍열을 4구멍씩 돌리면 된다.

$i = 740\dfrac{N' - N}{N_1} = 40 \times \dfrac{240 - 241}{240} = \dfrac{-40}{240} = \dfrac{1}{6}$

$= -\dfrac{1}{2} \times \dfrac{1}{3} = -\dfrac{24}{48} \times \dfrac{20}{60} = \dfrac{2a}{2b} \times \dfrac{2c}{2d}$

i < 0이므로 중간기어는 필요없다.

④ 각도분할(angular indexing)

분할 크랭크가 1회전하면 스핀들은 360°/40 = 9° 회전한다. 분할각을 도(度)로 표시할 때는

$$t = \frac{D°}{9}$$

D° : 분할각도

예제 37°20′을 각도 분할하라.

풀이 37°20′ = 2240′

$$t = \frac{D°}{9} = \frac{2240}{540} = 4\frac{8}{54}$$

즉, 54구멍열을 4바퀴 돌리고 8구멍 더 돌리면 된다.

⑤ 비틀림 홈 절삭

헬리컬기어, 드릴의 홈 등을 절삭할 때 공작물을 회전시키면서 길이방향으로 이송을 하여야 하므로 테이블 이송을 시켜주는 리드 스크루의 회전을 주축에 전달하도록 기어를 연결하여 준다.

테이블의 비틀림 각도를 θ라 하면 테이블도 θ만큼 회전시켜야 하므로

$$\tan\theta = \frac{\pi D}{L}$$

$$(기어의\ 비)\ r = \frac{Z\,w}{Z\,f} = \frac{L}{S \times 40}$$

L : 공작물의 리드(mm)
Zf : 이송나사측의 기어잇수
D : 공작물의 지름(mm)
Zw : 분할대측의 기어의 잇수
θ : 테이블의 회전각도
S : 이송나사의 리드(mm)

예제 리드 스크루의 피치가 4mm인 테이블을 가진 밀링 머신으로 비틀림 홈의 리드가 124mm인 가공물을 절삭하려 한다. 이 때의 변환기어 잇수와 테이블의 회전각도 θ를 구하라.(단, 가공물의 지름은 20mm이다.)

풀이 변환기어의 잇수

$$r = \frac{Z_w}{Z_f} = \frac{L}{S \times 40} = \frac{124}{4 \times 40} = \frac{62 \times 2 (\times 15)}{40 \times 4 (\times 15)} = \frac{62}{40} \times \frac{30}{60} = \frac{62 \times 30}{60 \times 40}$$

테이블의 회전각도 θ는

$$\tan \theta = \frac{\pi D}{L} = \frac{\pi \times 20}{124} = \frac{628}{124} = 0.506$$

$$\therefore \theta = 26°\,51'$$

익힘문제

문제1 상향절삭과 하향절삭에 대하여 쓰시오.

해설
① 상향절삭(up cutting) : 밀링커터의 회전방향과 반대방향으로 공작물에 이송을 주는 것
② 하향절삭(down cutting) : 밀링커터의 회전방향과 같은 방향으로 공작물에 이송을 주는 것

① 상향절삭　　②하향절삭

밀링 절삭방법

상향절삭과 하향절삭의 비교

	상향절삭(올려깍기)	하향절삭(내려깍기)
장점	① 칩이 날을 방해하지 않는다. ② 백래쉬 제거장치가 필요 없다. ③ 절삭동력이 적게 소모	① 공작물 고정이 간단하다. ② 커터의 마모가 적다 ③ 동력소모가 적다. ④ 가공면이 깨끗하다.
단점	① 공작물을 견고히 고정해야 한다. ② 커터의 수명이 짧다. ③ 동력 낭비가 많다. ④ 가공면이 거칠다.	① 칩이 커터와 공작물 사이에 끼어 절삭을 방해한다. ② 백래시(back lash) 제거장치가 필요하다.

문제2 밀링머신의 크기는 무엇으로 나타내는가?

해설
① 수평 밀링머신, 만능 밀링머신
　테이블의 크기 테이블의 이동거리(전후×좌우×상하) 스핀들 중심선부터 테이블면까지의 최대거리
② 수직 밀링머신
　테이블의 크기, 테이블의 이동거리(전후×좌우×상하) 스핀들 끝부터 테이블 윗면까지의 최대거리, 스핀들 헤드의 이동거리

문제3 수직 밀링머신에서 정면커터의 지름이 200mm이고, 날수가 8개, 한 날당 이송이 0.2mm일 때, 이송량을 구하시오.(단, n=500rpm으로 한다.)

해설 $F = f_c \times z \times n = 0.2 \times 8 \times 500 = 800 \text{mm/min}$

문제4 밀링에서 사용하는 분할법에 대하여 간단히 쓰시오.

해설
① 직접분할법(direct indexing)
직접분할판을 이용하여 분할하는 방법으로, 분할판에는 24등분 구멍이 있어 24를 정수로 나눌 수 있는 수(2, 4, 6, 8, 10, 24)만큼 분할된다.
② 단식분할법(simple indexing)
직접분할법으로 분할할 수 없을 때 사용하는 방법
③ 차동분할법
단식분할법으로 분할할 수 없는 수를 분할할 때 쓰이는 것으로, 변환기어로 분할판을 차동시켜 분할하는 방법이다.
④ 각도분할(angular indexing)
분할 크랭크가 1회전하면 스핀들은 360°/40=9° 회전한다. 분할각을 도(度)로 표시할 때는

$$t = \frac{D°}{9} \quad D° : \text{분할각도}$$

문제5 밀링의 절삭속도에 대하여 간단히 쓰시오.

해설 절삭속도는 가공면의 다듬질 정도, 공구의 수명 등에 관계 되므로 다음과 같이 해야 한다. 구하는 식은 다음과 같다.

$V = \dfrac{\pi DN}{1000}$ (m/min), $N = \dfrac{1000V}{\pi D}$ (rpm)

V : 절삭속도(m/min), D : 밀링커터의 직경(mm), N : 커터의 회전수(rpm)

절삭속도를 결정할 때는 다음과 같은 원칙을 고려한다.
① 공구의 수명을 연장하기 위해서는 약간 절삭속도를 낮게 한다.
② 공작물의 강도, 경도 등의 기계적 성질을 고려한다.
③ 황삭 가공할 때에는 저속으로 이송을 크게 하고, 다듬질 가공할 때에는 고속으로 이송을 느리게 한다.
④ 밀링커터의 마멸과 손상이 클 경우는 절삭속도를 느리게 한다.

예상문제

1. 밀링 머신의 크기를 표시하는 번호가 뜻하지 않는 것은 어떤 것인가?
   ㉮ 테이블의 크기
   ㉯ 물릴 수 있는 커터의 최대 크기
   ㉰ 새들의 이송거리
   ㉱ 테이블 이송거리

2. 밀링 가공에서 상향절삭의 단점이 아닌 것은?
   ㉮ 절삭면이 곱지 못하다.
   ㉯ 절삭칩이 절삭을 방해한다.
   ㉰ 공작물을 확실히 고정해야 한다.
   ㉱ 동력손실이 크다.

3. 다음 중 하향절삭(down cutting)의 장점이 아닌 것은?
   ㉮ 가공면이 깨끗하다.
   ㉯ 절삭량이 많다.
   ㉰ 백래시(backlash) 제거장치가 필요 없다.
   ㉱ 커터의 수명이 길고 동력 손실이 적다.

4. 밀링 작업에서 좁은 홈, 또는 절단할 때 적합한 커터는?
   ㉮ 총력커터   ㉯ 엔드밀
   ㉰ 메탈소   ㉱ 플레인커터

5. 니형(Knee type) 밀링 머신에 속하지 않는 것은?
   ㉮ 수직 밀링 머신   ㉯ 수평 밀링 머신
   ㉰ 모방 밀링 머신   ㉱ 만능 밀링 머신

6. 밀링 머신으로 가공할 수 없는 것은?
   ㉮ 키홈 절삭   ㉯ 기어절삭
   ㉰ 바깥지름 절삭   ㉱ 나사절삭

7. 밀링 작업에서 절삭조건을 결정하는 3요소가 아닌 것은?
   ㉮ 절삭깊이
   ㉯ 절삭속도
   ㉰ 날 하나에 대한 이송
   ㉱ 공작물의 재질

8. 다음 중 밀링 머신에 사용되는 부속장치가 아닌 것은?
   ㉮ 분할대   ㉯ 회전테이블
   ㉰ 수직축장치   ㉱ 테이퍼절삭장치

9. 밀링 작업시 하향절삭의 장점을 논하였다. 그 중 틀린 것은?
   ㉮ 동력소비가 적다.
   ㉯ 날끝의 마모가 심하다.
   ㉰ 뒤틈(Backlash) 제거 장치가 필요하다.
   ㉱ 가공면이 깨끗하다.

해답 1.㉱ 2.㉯ 3.㉰ 4.㉰ 5.㉰ 6.㉰ 7.㉱ 8.㉱ 9.㉯

10. 밀링 작업 중 하향절삭을 할 때 관계가 있는 장치는 어느 장치인가?
   ㉮ 뒤틈제거장치(Backlash)
   ㉯ 자동 이송 장치
   ㉰ 급속 귀환 장치
   ㉱ 테이블 회전 장치

11. 밀링 커터의 재료로써 적당한 것은?
   ㉮ 고탄소강   ㉯ 초경질합금
   ㉰ 공구강   ㉱ 세라믹

12. 밀링에서 깎을 수 없는 기어는?
   ㉮ 래크기어   ㉯ 스퍼어기어
   ㉰ 베벨기어   ㉱ 헬리컬기어

13. 수직형 밀링 머신에서는 주로 어떤 공구를 사용하는가?
   ㉮ 기어커터   ㉯ 각커터
   ㉰ 측면커터   ㉱ 엔드밀

14. 앵글커터는 어느 밀링에서 사용하는가?
   ㉮ 조각 밀링 머신   ㉯ 수평 밀링 머신
   ㉰ 수직 밀링 머신   ㉱ 키홈 밀링 머신

15. 다음 중 분할대에서 하는 일이 아닌 것은?
   ㉮ 원형가공   ㉯ 각도분할
   ㉰ 원주분할   ㉱ 나선가공

16. 분할대의 종류 중 아닌 것은?
   ㉮ 신시내티형   ㉯ 브라운샤프형
   ㉰ 밀워키형   ㉱ 분할대형

17. 밀링에서 분할작업을 하려면 무엇이 필요한가?
   ㉮ 수직축장치와 분할대
   ㉯ 분할대와 심압대
   ㉰ 바이스와 분할대
   ㉱ 바이스와 심압대

18. 분할대의 크기는 무엇으로 표시하는가?
   ㉮ 테이블상의 스윙
   ㉯ 분할각도
   ㉰ 분할판의 구멍수
   ㉱ 분할 가능한 수

19. 밀링 작업에서 2개 이상의 커터를 동시에 사용하여 1회에 가공 완성하는 커터는 어느 것인가?
   ㉮ 정면커터(face cutter)
   ㉯ 갱커터(gang cutter)
   ㉰ 앵글커터(angule cutter)
   ㉱ 총형커터(formed cutter)

20. 수직면과 폭이 좁은 면을 깎을 때 다음 중 어느 것을 사용하는가?
   ㉮ 평면커터   ㉯ 정면커터
   ㉰ 각 커터   ㉱ 엔드밀

21. 밀링 머신에서 지름 100mm의 커터로 150rpm으로 절삭할 때 절삭 속도는 몇 m/min인가?
   ㉮ 47   ㉯ 54
   ㉰ 40   ㉱ 100

해답 10.㉮ 11.㉯ 12.㉱ 13.㉱ 14.㉯ 15.㉮ 16.㉱ 17.㉯ 18.㉮ 19.㉯ 20.㉰ 21.㉮

해설 절삭 속도
$$v = \frac{\pi \times D \times n}{1000} = \frac{\pi \times 100 \times 150}{1000}$$
$$= 47 (\text{m/min})$$

22. 밀링 머신에서 회전수 780rpm으로 절삭을 할 때 이송량은?(단, 커터날의 수 Z=12개, 커너날 한 개당 이송 $f_z=0.15$mm이다.)
㉮ 780mm/min   ㉯ 1404mm/min
㉰ 1550mm/min   ㉱ 1600mm/min

해설 이송량 = 780×12×0.15
= 1404 mm/min

23. 밀링 작업에서 다듬질 절삭을 하려면 다음 중 어느 조건이 좋겠는가?
㉮ 저속으로 적은 이송을 준다.
㉯ 저속으로 많은 이송을 준다.
㉰ 고속으로 많은 이송을 준다.
㉱ 고속으로 적은 이송을 준다.

24. 드릴의 홈가공에 적합한 커터는?
㉮ 엔드밀   ㉯ 총형커터
㉰ 헬리컬커터 ㉱ 각커터

25. 밀링 커터 중 진동을 적게 하기 위하여 날을 45~70°로 비틀어서 만들어진 커터는?
㉮ 총형커터   ㉯ 엔드밀
㉰ 각커터   ㉱ 사이드커터

26. 다음 중 만능 밀링 머신에서 가공하지 않는 작업은?
㉮ 나선 홈가공   ㉯ 드릴의 홈가공
㉰ 헬리컬기어 가공 ㉱ 테이퍼 가공

27. 헬리컬과 래크를 절삭하는 장치로 수평 밀링 머신에 장치하는 부속장치는 무엇인가?
㉮ 회전테이블   ㉯ 만능 밀링장치
㉰ 래크절삭장치 ㉱ 슬로팅장치

28. 수평 및 만능 밀링 머신의 컬럼면에 장치하고, 스핀들의 회전운동을 공구대의 왕복운동으로 변환시키는 부속장치는?
㉮ 슬로팅장치   ㉯ 회전테이블
㉰ 래크절삭장치 ㉱ 만능 밀링장치

29. 다음 중 밀링 절삭 방법 중 상향절삭에 대한 설명이 아닌 것은?
㉮ 가공시 충격이 있어 높은 강성이 필요하다.
㉯ 백래시는 절삭에 별 지장이 없다.
㉰ 절입시 마찰열로 마모가 빠르고 공구 수명이 짧다.
㉱ 광택은 있으나 전체적으로 가공면 표면 거칠기가 나쁘다.

해설 상향절삭은 기계의 강성이 낮아도 무방하다.
하향절삭은 가공시 충격이 있어 높은 강성이 필요하다.

해답 22.㉯ 23.㉱ 24.㉯ 25.㉱ 26.㉱ 27.㉰ 28.㉮ 29.㉮

30. 밀링 머신에서 가공할 수 없는 작업은?
   ㉮ 드릴 작업   ㉯ 널링 작업
   ㉰ 평면 작업   ㉱ 보링 작업

31. 밀링 머신의 크기를 표시하는 번호를 다음 중 무엇에 따라 구분하는가?
   ㉮ 테이블의 크기
   ㉯ 테이블의 이동거리
   ㉰ 물릴 수 있는 커터의 최대 크기
   ㉱ 새들의 이동거리

32. 분할대를 사용한 분할방법이 아닌 것은?
   ㉮ 직접분할법   ㉯ 간접분할법
   ㉰ 차동분할법   ㉱ 단식분할법

33. 밀링 머신에서 공작물에 회전이송을 할 수 있도록 만든 부속장치는?
   ㉮ 슬로팅장치
   ㉯ 회전테이블
   ㉰ 래크절삭장치
   ㉱ 만능 밀링장치

34. 밀링 작업에서 가공면에 눈으로 식별할 수 없는 회전자리(revolution mark)가 생기는 경우가 있다. 그 원인으로 관계없는 것은?
   ㉮ 상향절삭을 하는 경우
   ㉯ 아버가 편심되어 있을 경우
   ㉰ 구멍이 아버의 지름보다 큰 경우
   ㉱ 커터가 진원이 아니던가, 편심되어 있는 경우

35. 총형커터에 의한 방법으로 치형절삭에 사용하는 커터는?
   ㉮ 래크커터
   ㉯ 정면커터
   ㉰ 사이클로이드커터
   ㉱ 인벌류트커터

36. 밀링 작업에서 떨림(chattering)과 관계없는 것은?
   ㉮ 하향절삭시에만 나타난다.
   ㉯ 생산능률을 저하시킨다.
   ㉰ 밀링 커터의 수명을 단축시킨다.
   ㉱ 가공면을 거칠게 한다.

37. 분할대(index head)는 어디에 설치하는가?
   ㉮ 스핀들   ㉯ 결점
   ㉰ 테이블 위   ㉱ 새들 위

38. 밀링에서 커터의 지름이 100mm이고, 한 날당 이송이 0.4mm, 커터의 날수를 4개, 회전수를 400rpm으로 할 때 절삭속도(m/min)는?
   ㉮ 146   ㉯ 156
   ㉰ 176   ㉱ 210

   해설 절삭 속도
   $$v = \frac{\pi \times D \times n}{1000} = \frac{\pi \times 100 \times 400}{1000}$$
   $$= 156 (\text{m/min})$$

제 6 장

연 삭 기

 연삭가공

연삭기는 천연 또는 인공 숫돌바퀴를 고속으로 회전시켜 원통의 외면, 내면 또는 판의 평면 등을 정밀 다듬질하는 공작기계이며 일반금속재료, 담금질 강 또는 초경 합금과 같이 절삭 공구로 할 수 없는 것을 정밀 다듬질할 수 있다.

연삭가공의 특징은 다음과 같다.
① 칩이 작으므로 가공표면이 정밀하고 아름답다.
② 공구강 및 경화강과 같은 굳은 재료도 쉽게 가공할 수 있다.
③ 연삭숫돌(grinding wheel)은 자동적으로 드레싱(dressing)할 수 있어 사용이 편리하다.

테이블 왕복형
트래버스 컷트 연삭

숫돌대 왕복형

전후 이송형
플런지 컷트 연삭

① 원통 연삭

테이퍼 연삭

② 센터리스 연삭

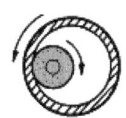

공작물 회전형

공작물 고정형
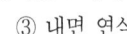
③ 내면 연삭

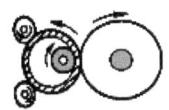

센터리스형

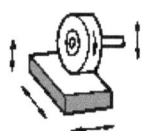 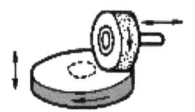 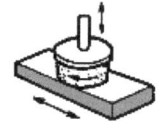 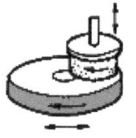 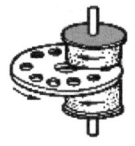

테이블 왕복형   테이블 회전형   테이블 왕복형   테이블 회전형   양면 연삭

④ 평면 연삭

연삭가공의 종류와 형식

2 연삭기의 종류

- 원통 연삭기 : – 외경 연삭기 : 보통 외경, 만능형, 센터리스 연삭
  - 내경 연삭기
  - 센터리스 연삭기
- 평면 연삭기 : 수평 평면 연삭기, 수직 평면 연삭기
- 공구 연삭기 : 드릴 연삭기, 초경공구 연삭기, 만능 공구 연삭기
- 특수 연삭기 : 나사 연삭기, 성형 연삭기, 크랭크축 연삭기, 캠 연삭기, 기어 연삭기

① 원통 연삭기(cylindrical grinding machine)
   원통 연삭기는 연삭숫돌과 가공물을 접촉시켜 연삭숫돌의 회전 연삭운동과 공작물의 회전 이송 운동에 의하여 원통형 공작물의 외주 표면을 연삭 다듬질하는 연삭기이다.

② 내면 연삭기(internal grinding machine)
   내면을 주로 연삭하는 연삭기이며, 숫돌의 외경은 공작물 구멍의 내경보다 작아야 하고, 숫돌 축은 가는 축으로 되어 있으므로 연삭할 연삭속도(25~35m/sec)를 얻기 위해서는 회전수가 높아야 한다.

③ 평면 연삭기(surface grinding machine)
   테이블에 T홈을 두고 마그네틱 척, 고정구, 바이스 등으로 공작물을 고정시켜 평면을 연삭하는 연삭기이다.

④ 만능 연삭기(universal grinding machine)
   원통 연삭기의 일종으로 테이블, 주축대, 숫돌대가 선회할 수 있으며, 내면 연삭장치도 붙어 있는 연삭기이다.

⑤ 공구 연삭기(tool grinding machine)

드릴, 바이트, 리머, 밀링리터, 호브 등을 정확하게 연삭하는 전용 연삭기이다.

드릴 연삭기, 초경공구 연삭기, 만능 공구 연삭기가 있다.

⑥ 센터리스 연삭기(centerless grinding machine)

원통 연삭기의 일종이며, 센터나 척을 사용하지 않고 연삭숫돌과 조정숫돌 사이를 지지판으로 지지하면서 연삭하는 것으로, 가늘고 긴 공작물을 고정 없이 연삭하는 것이 큰 특징이다.

⑦ 특수 연삭기

㉮ 나사 연삭기

㉯ 캠 연삭기

㉰ 기어 연삭기

3 연삭기의 크기 표시법

연삭기의 표시법

종류		규격 표시
원통 연삭기 만능 연삭기		① 스윙과 양센터간의 최대거리 ② 숫돌바퀴의 크기
내면 연삭기		① 스윙과 연삭할 수 있는 공작물의 구멍지름 범위 ② 연삭숫돌의 최대 왕복거리
평면 연삭기	회전식 (둥근 테이블형)	① 원형테이블의 지름 ② 숫돌바퀴 원주변과 테이블면까지의 거리 ③ 연삭숫돌의 크기
	가로형 (긴 테이블형)	① 테이블의 최대 이동거리 ② 테이블의 크기 ③ 테이블면과 숫돌바퀴와의 최대거리 ④ 숫돌바퀴의 크기

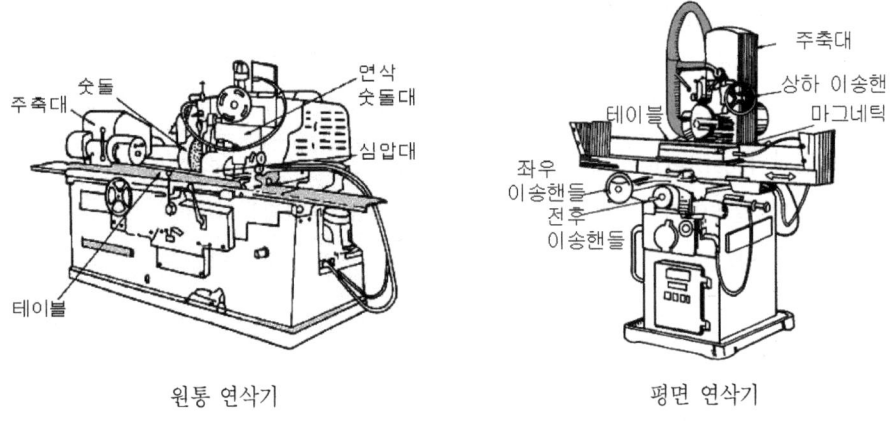

연삭기의 종류

4 연삭기의 구조

원통 연삭기는 주축대, 숫돌대, 심압대, 테이블의 4부분으로 나눌 수 있다.
① 주축대 : 공작물을 지지하여 회전시키는 부분으로 고정식과 선회식이 있다.
② 숫돌대 : 숫돌차를 회전시키는 부분으로 테이블과 직각방향으로 움직이며 절입을 행한다.
③ 테이블 : 공작물을 고정하여 이송운동을 준다. 이송기구는 유압에 의하여 움직인다.
④ 심압대 : 주축대와 같이 테이블 상면을 길이 방향으로 이동이 가능하며, 적당한 위치에 고정시켜 공작물을 지지한다.

5 연삭숫돌(grinding wheel)

1) 연삭숫돌의 구성요소
① 연삭숫돌의 3요소 : 숫돌입자(abrasive), 가공(blow hole), 결합제(bond)
② 연삭숫돌의 5요소 : 숫돌입자(abrasive), 입도(grain size), 결합도(grade), 조직(structure), 결합체(bond)

(1) 숫돌입자(abrasive)

숫돌바퀴의 날 끝을 형성하여 공작물을 절삭하는 원료로 입자에는 천연산과 인조산이 있는데, 보통 인공연삭입자가 쓰이며 알루미나(Al_2O_3)와 탄화규소(SiC)의 두 종류가 있다.

① 알루미나(Al_2O_3) : 순도가 낮고 흑갈색인 A입자와 순도가 높고 흰색인 WA입자가 있다. WA는 담금질강에, A는 일반강재연삭에 적합하다.

② 탄화규소(SiC) : 암자색의 C입자와 녹색의 GC입자가 있다. C는 주철, 자석, 비철금 속에 적합하고 GC는 초경공구 연삭에 적합하다.

인조 숫돌입자의 종류, 기호 적용범위

종류	기호	순도	적용 범위
갈색 알루미나	A	1~2A	보통강, 합금강, 스테인리스강 등
백색 알루미나	WA	3~4A	인장강도가 큰 강 계통의 연삭에 적합
탄화규소	C	1~2C	인장강도가 낮은 재료 연삭에 적합
녹색 탄화규소	GC	3~4C	주철, 황동, 경합금, 초경합금 등을 연삭하는데 적합

(2) 입도(grain size)

입도는 연삭입자의 크기로 연삭면의 거칠기를 결정하는 중요한 요소이며 입자의 크기를 번호(#)로 나타낸 것으로, 입도의 범위는 #10~3,000번이며, 번호가 커지면 입도는 고와지며, #(mech) 10~220까지는 채[1 inch]로 분별하고 220 이상의 것은 평균 지름의 μm으로 나타냄.

연삭숫돌의 입도

호칭	거친 눈	보통 눈	고운 눈	아주 고운 눈
입도	10, 12, 14, 16, 20, 24	30, 36, 46, 54, 60	70, 80, 90, 100, 120, 150, 180, 200, 220	240, 280, 320, 400, 500, 600, 700, 800
용도	거친 연삭	다듬, 공구연삭	경질, 다듬, 공구	광내기 연마용

입도에 따른 숫돌의 선택

거친 입도의 숫돌	고운 입도의 숫돌
① 거친 연삭, 절삭 깊이와 이송을 크게 할 때 ② 숫돌과 공작물의 접촉 면적이 클 때 ③ 연하고 연성이 있는 재료 연삭할 때	① 다듬 연삭, 공구연삭할 때 ② 숫돌과 공작물의 접촉 면적이 작을 때 ③ 경도가 높고, 메짐 재료의 연삭할 때

(3) 결합도(grade)

숫돌의 경도를 말하며, 입자가 결합하고 있는 결합제 세기를 말한다. 즉, 숫돌입자가 숫돌 표면에서 쉽게 이탈하는 숫돌을 결합도가 낮은 숫돌 또는 연한 숫돌이라 하며, 이와 반대인 것을 결합도가 높은 숫돌 또는 단단한 숫돌이라 한다.

연삭할 때 너무 연하면 결합제와 함께 입자가 탈락(spilling)하게 되고, 너무 단단하면 입자가 탈락하지 못하므로 눈메움(loading)을 일으키면서 가공 정밀도가 나빠진다.

연삭숫돌의 결합도

결합도 번호	E, F, G	H, I, J, K	L, M, N, O	P, Q, R, S	T, U, V, W, X, Y, Z
호칭	매우 연한 것	연한 것	중간 것	단단한 것	매우 단단한 것

결합도에 따른 숫돌의 선택

결합도가 높은 숫돌(단단한 숫돌)	결합도가 낮은 숫돌(연한 숫돌)
① 연한 재료의 연삭할 때	① 단단한 재료의 연삭할 때
② 숫돌의 원주속도가 느릴 때	② 숫돌의 원주속도가 빠를 때
③ 연삭 깊이가 얕을 때	③ 연삭 깊이가 깊을 때
④ 접촉 면적이 작을 때	④ 접촉 면적이 클 때
⑤ 재료 표면이 거칠 때	⑤ 재료 표면이 치밀할 때

(4) 조직(structure)

숫돌의 단위 용적당 입자의 양, 즉 숫돌입자의 조밀상태인 밀도 변화를 조직이라 한다.

숫돌입자의 밀도가 큰 것을 치밀한 조작이라 하고, 연삭숫돌의 전체 부피에 대한 숫돌입자의 전체 부피의 비율을 입자율이라 한다.

조직의 기호

입자의 밀도	치밀한 것(밀)	중간 것(중)	거친 것(황)
KS 기호	c	m	w
노턴(norton) 기호	0, 1, 2, 3	4, 5, 6	7, 8, 9, 10, 11, 12
입자율(%)	50% 이상	42~50%	42% 미만

조직에 따른 숫돌의 선택

조직이 거친 연삭 숫돌	조직이 치밀한 연삭 숫돌
① 연질이고 연성이 높은 재료 연삭할 때 ② 거친 연삭할 때 ③ 접촉 면적이 클 때	① 굳고 메진 재료 연삭할 때 ② 다듬질 연삭, 총형 연삭할 때 ③ 접촉 면적이 작을 때

(5) 결합제(bond)

숫돌입자를 결합하여 숫돌을 성형하는 재료를 말하며 비트리파이트(V), 실리케이트(S), 러버(R), 레지노이드(B), 셀락(E), 메탈(M) 등이 있다.

결합제가 구비하여야 할 조건은 다음과 같다.

① 결합력의 조절 범위가 넓을 것
② 열이나 연삭액에 대해 안정할 것
③ 원심력, 충격에 대한 기계적 강도가 있을 것
④ 성형이 좋을 것

결합제의 종류와 용도

결합제의 종류		기호	재질	용 도
비트리파이트		V	장석, 점토	숫돌 전체의 80%를 차지하며 거의 모든 재료를 연삭
실리케이트		S	규산 소다	윤활성이 있으며 대형숫돌을 만들고 절삭공구나 연삭 균열이 잘 일어나는 재료의 연삭
탄성 숫돌	고무	R	생고무, 인조 고무	얇은 숫돌, 절단용 쿠션의 작용이며, 유리면의 다듬질에 사용
	레지노이드	B	합성수지	강도가 커지고 안전숫돌, 주물의 덧쇠떼기, 빌렛의 홈 없애기, 석재의 연삭
	셀락	E	천연 셀락	고무숫돌보다 탄성이 있으며, 유리면의 다듬질에는 최고이다.
메탈		M	연강, 황동 니켈	초경합금, 세라믹, 유리 등의 연삭

2) 연삭숫돌의 표시법

숫돌바퀴의 표시는 숫돌입자의 종류, 입도의 크기, 결합도, 조직, 결합제 종류, 숫돌의 모양, 가장자리 모양, 치수(외경×두께×구멍지름)으로 표시한다.

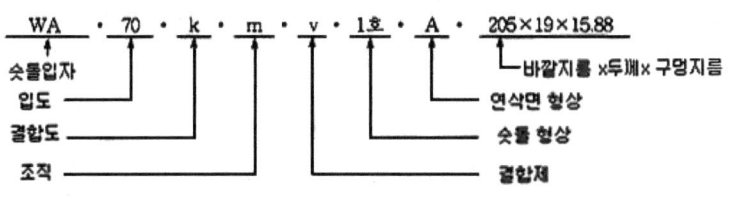

연삭숫돌의 표시법

6 연삭작업의 일반사항

(1) 자생작용(self sharpning)
연삭숫돌이 과정 중에 입자가 마멸→파쇄→탈락→생성의 과정을 되풀이하여 새로운 날끝이 자동적으로 생성되는 작용을 자생작용이라 한다.

(2) 무딤(glazing)
숫돌차의 입자가 탈락되지 않고 마모에 의해서 납작하게 된 그대로 연삭되는 상태로 연삭 능률이 저하된다.
① 원 인
  ㉮ 연삭숫돌의 결합도가 높다.
  ㉯ 연삭숫돌의 원주속도가 너무 크다.
  ㉰ 숫돌의 재료가 공작물의 재료에 부적합하다.
② 결과
  ㉮ 연삭성이 불량하고 가공면이 발열한다.
  ㉯ 연삭소실(燒失)이 생긴다.

(3) 눈메움(loading)
연삭물의 칩(chip)이 연삭열에 의해 숫돌바퀴 표면에 용착 또는 끼워지는 현상으로 연삭 성능이 저하하고 떨림자리가 나타난다.

① 원인
　㉮ 숫돌입자가 너무 잘다.
　㉯ 연삭깊이가 너무 깊다.
　㉰ 조직이 치밀하다.
　㉱ 숫돌자의 원주속도가 너무 느리다.
② 결과
　㉮ 다듬질면이 상처가 생긴다.
　㉯ 숫돌입자가 마모되기 쉽다.
　㉰ 연삭성이 불량하고 다듬질면이 거칠다.

(4) 입자탈락(spilling)

숫돌입자의 결합력이 약하면 약간의 연삭저항이나 충격에도 입자가 탈락되는 현상을 말한다. 입자탈락의 원인은 결합도가 낮을 때 생기며, 이로 인하여 숫돌의 소모가 빠르고, 다듬면이 나쁜 원인이 된다.

(5) 드레싱(dressing)

무딤, 눈메움 현상이 생길 때 강판 드레서와 다이아몬드 드레서로 숫돌 표면을 성형하거나 칩을 제거하는 작업을 드레싱이라고 하며, 절삭성이 나빠진 숫돌면에 새롭고 날카롭게 입자를 발생시키는 것이다.

(6) 트루잉(truing)

사용중에 변형된 숫돌바퀴의 표면을 바로잡기 위하여 모양을 정확하게 드레서(dreser)로 다듬는 작업을 말한다.

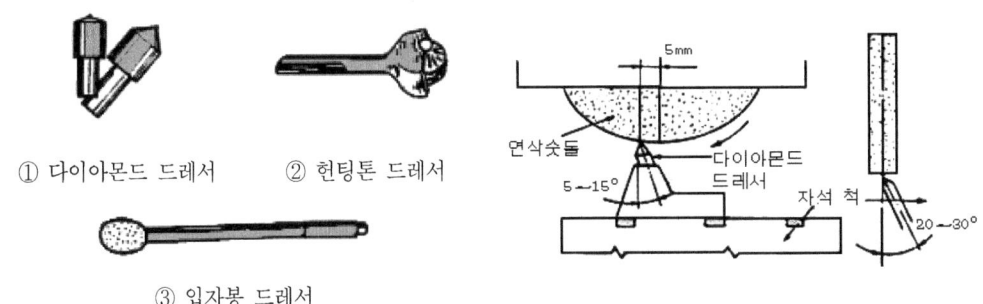

드레서 및 작업

(7) 연삭 조건

① 숫돌의 원주속도

숫돌의 원주속도가 너무 빠르면 원심력으로 인하여 파손의 위험이 있으며, 반면 너무 느리면 숫돌 마모가 심하고 연삭 표면이 거칠어진다.

연삭숫돌의 회전수는 다음과 같이 계산한다.

$$n = \frac{1000v}{\pi d} \text{ (rpm)}$$

n : 숫돌의 회전수(rpm)
v : 원주속도(m/min)
d : 숫돌의 지름(mm)

② 공작물의 원주속도

숫돌의 원주속도를 고려하여 공작물의 원주속도를 선정한다. 일반적으로 공작물의 재질에 따라 다르지만, 숫돌의 원주속도의 1/100 정도로 하는 것이 보통이다.

③ 연삭 깊이

공작물 재질, 연삭방법, 정밀도 등에 따라 연삭 깊이를 고려하며, 거친 연삭할 때는 깊이를 깊게 주고, 다듬질 연삭할 때는 얕게 주는 것이 보통이다.

④ 이송량

원통연삭에서 공작물 1회전마다의 이송은 숫돌의 접촉 폭 b보다 작아야 한다. 이송을 f(mm/min)라 하면,

거친 연삭인 경우

$$\text{강 연삭} : f = (\frac{1}{3} \sim \frac{3}{4})b$$

$$\text{주철연삭} : f = (\frac{3}{4} \sim \frac{4}{5})b$$

다듬 연삭인 경우

$$f = (\frac{1}{4} \sim \frac{1}{3})b$$

가 적당하다.

(8) 연삭액

연삭 중 공작물의 온도 상승을 방지하고 탈락된 숫돌 입자와 칩(chip)을 씻어내려 숫돌바퀴의 로딩을 방지하며 가공면의 정밀도를 높이기 위하여 다음과 같은 조건을 갖추어야 한다.

① 냉각성 및 침유성이 뛰어날 것
② 금속에 산화, 부식 등 유해한 작용을 하지 않을 것
③ 화학적으로 안정하고 장시간 사용에 견딜 것
④ 인체에 해가 없고 악취가 없을 것
⑤ 유동성이 좋고 칩이나 숫돌면의 세척 작용을 잘할 것
⑥ 연삭칩의 침전, 청정이 빨리 될 것
⑦ 거품이 일어나지 않을 것
⑧ 연삭열에 증발하지 않을 것

익힘문제

문제1 연삭가공의 특징을 쓰시오.

해설
① 칩이 작으므로 가공표면이 정밀하고 아름답다.
② 공구강 및 경화강과 같은 굳은 재료도 쉽게 가공할 수 있다.
③ 연삭숫돌(grinding wheel)은 자동적으로 드레싱(dressing)할 수 있어 사용이 편리하다.

문제2 연삭숫돌의 구성요소를 쓰시오.

해설 구성요소 예 : WA 60 L 6 V
　　　　　　　　　　①　②　③　④　⑤

① 숫돌입자(abrasive) : 숫돌바퀴의 날 끝을 형성하여 공작물을 절삭하는 원료로 입자에는 천연산과 인조산이 있는데, 보통 인공연삭입자가 쓰이며 알루미나(Al_2O_3)와 탄화규소(SiC)의 두 종류가 있다.
② 입도(grain size) : 입도는 연삭입자의 크기로 연삭면의 거칠기를 결정하는 중요한 요소이며 입자의 크기를 번호(#)로 나타낸 것으로, 입도의 범위는 #10~3,000번이며, 번호가 커지면 입도는 고와진다.
③ 결합도(grade) : 숫돌의 경도를 말하며, 입자가 결합하고 있는 결합제 세기를 말한다. 즉, 숫돌입자가 숫돌 표면에서 쉽게 이탈하는 숫돌을 결합도가 낮은 숫돌 또는 연한 숫돌이라 하며, 이와 반대인 것을 결합도가 높은 숫돌 또는 단단한 숫돌이라 한다.
④ 조직(structure) : 숫돌의 단위 용적당 입자의 양, 즉 숫돌입자의 조밀상태인 밀도 변화를 조직이라 한다. 숫돌 입자의 밀도가 큰 것을 치밀한 조작이라 한다.
⑤ 결합제(bond) : 숫돌 입자를 결합하여 숫돌을 성형하는 재료를 말하며 비트리파이트(V), 실리케이트(S), 러버(R), 레지노이드(B), 셀락(E), 메탈(M) 등이 있다.

문제3 연삭숫돌의 자생작용(self sharpning)에 대하여 쓰시오.

해설 연삭숫돌이 과정 중에 입자가 마멸→파쇄→탈락→생성의 과정을 되풀이하여 새로운 날끝이 자동적으로 생성되는 작용을 자생작용이라 한다.

문제4 연삭숫돌의 결함 중 무딤(glazing)에 대하여 쓰시오.

해설 숫돌차의 입자가 탈락되지 않고 마모에 의해서 납작하게 된 그대로 연삭되는 상태로 연삭 능률이 저하된다.

① 원인
　㉮ 연삭숫돌의 결합도가 높다.
　㉯ 연삭숫돌의 원주속도가 너무 크다.
　㉰ 숫돌의 재료가 공작물의 재료에 부적합하다.
② 결과
　㉮ 연삭성이 불량하고 가공면이 발열한다.
　㉯ 연삭 소실(燒失)이 생긴다.

문제5 연삭숫돌의 결함 중 눈메움(loading)에 대하여 쓰시오.

해설 연삭물의 칩(chip)이 연삭열에 의해 숫돌바퀴 표면에 용착 또는 끼워지는 현상으로, 연삭 성능이 저하하고 떨림자리가 나타난다.

① 원인
　㉮ 숫돌입자가 너무 잘다.　㉯ 연삭깊이가 너무 깊다.
　㉰ 조직이 치밀하다.　㉱ 숫돌자의 원주속도가 너무 느리다.
② 결과
　㉮ 다듬질면이 상처가 생긴다.　㉯ 숫돌입자가 마모되기 쉽다.
　㉰ 연삭성이 불량하고 다듬질면이 거칠다.

문제6 연삭숫돌의 드레싱(dressing)에 대하여 쓰시오.

해설 무딤, 눈메움 현상이 생길 때 강판 드레서와 다이아몬드 드레서로 숫돌 표면을 성형하거나 칩을 제거하는 작업을 드레싱이라고 하며, 절삭성이 나빠진 숫돌면에 새롭고 날카롭게 입자를 발생시키는 것이다.

문제7 연삭숫돌의 연삭액 조건을 쓰시오.

해설 ① 냉각성 및 침유성이 뛰어날 것
② 금속에 산화, 부식 등 유해한 작용을 하지 않을 것
③ 화학적으로 안정하고 장시간 사용에 견딜 것
④ 인체에 해가 없고 악취가 없을 것
⑤ 유동성이 좋고 칩이나 숫돌면의 세척 작용을 잘할 것
⑥ 연삭칩의 침전, 청정이 빨리 될 것
⑦ 거품이 일어나지 않을 것
⑧ 연삭열에 증발하지 않을 것

예상문제

1. 다음 중 숫돌표면에 무디어진 입자나 기공을 메우고 있는 칩을 제거하여 본래의 형태로 숫돌을 수정하는 방법은?
   ㉮ 드레싱   ㉯ 무딤
   ㉰ 눈메움   ㉱ 트루잉

2. 열처리 경화된 합금강을 연삭할 때의 연삭입자는 어느 것을 사용하는가?
   ㉮ A   ㉯ WA
   ㉰ GC   ㉱ C

   해설 연삭입자로 사용되는 재료는 알루미나계(Al_2O_3), 탄화규소계(SiC)가 많이 사용된다.
   • 알루미나계
     - WA입자(백색) : 담금질강, 특수강
     - A입자(암갈색) : 연강, 경강
   • 탄화규소계
     - C입자(청회색) : 주철, 비철금속, 비금속
     - GC입자(녹색) : 초경합금

3. 연삭동력 2HP, 원주속도 1800m/min일 때 연삭력은?
   ㉮ 4kg   ㉯ 3kg
   ㉰ 5kg   ㉱ 6kg

   해설 $\dfrac{75 \times 60 \times N}{V} = \dfrac{75 \times 60 \times 2}{1800} = 5\,kg$

4. 연삭숫돌의 결합도가 강한 것을 사용해야 하는 연삭작업은?
   ㉮ 가공표면이 깨끗할 경우
   ㉯ 단단한 공작물을 가공할 경우
   ㉰ 숫돌차의 원주속도가 클 경우
   ㉱ 접촉면적이 작은 연삭작업일 경우

   해설 숫돌바퀴의 결합도를 선택할 때는 재질이 연한 공작물

5. 평면 연삭에서 원주 속도 2500m/min, 연삭력 15kg이고, 이때의 모터 동력이 10kW라면 연삭기의 효율은?
   ㉮ 81%   ㉯ 61%
   ㉰ 71%   ㉱ 51%

   해설 $PS = \dfrac{PV}{102 \times 60 \times \eta}$
   $\eta = \dfrac{PV}{102 \times 60 \times PS}$
   $= \dfrac{2500 \times 15}{102 \times 60 \times 10} = 0.61$

6. 원통절삭에서 연삭숫돌의 회전수를 증가시키면 연삭입자의 결합도는?
   ㉮ 무디게 된다.   ㉯ 변하지 않는다.
   ㉰ 무르게 된다.   ㉱ 단단하게 된다.

   해설 연삭에서 연삭 속도와 결합도의 굳기 관계는 비례하므로 무른 결합도의 것을 택하는 것이 좋다.

해답 1.㉮ 2.㉯ 3.㉰ 4.㉱ 5.㉯ 6.㉰

7. 연삭숫돌의 조직이란 무엇을 말하는가?
   ㉮ 결합제에 따른 결합 능력
   ㉯ 입자의 결합 능력
   ㉰ 숫돌차의 단위 체적에 대한 입자의 밀도
   ㉱ 결합제가 숫돌 입자를 지지하는 힘

8. 숫돌차 또는 숫돌 입자를 사용하지 않는 공작 기계는?
   ㉮ 슈퍼 피니싱머신
   ㉯ 호닝 머신
   ㉰ 래핑 머신
   ㉱ 브로칭 머신

9. 마그네틱 척(magnetic chuck)을 사용하는 연삭기는?
   ㉮ 내면 연삭기   ㉯ 평면 연삭기
   ㉰ 공구 연삭기   ㉱ 원통 연삭기

10. 다음 중 일반용 연삭기가 아닌 것은?
    ㉮ 내면 연삭기   ㉯ 평면 연삭기
    ㉰ 원통 연삭기   ㉱ 공구 연삭기

11. 센터리스 연삭기에서 할 수 없는 연삭은?
    ㉮ 내면 연삭
    ㉯ 외면 연삭
    ㉰ 테이퍼 연삭
    ㉱ 키홈이 있는 공작물 연삭
    해설 센터리스 연삭기는 외면, 단붙이-테이퍼, 내면, 타원, 구 등을 연삭한다.

12. 평면 연삭기의 크기를 표시하는 방법이 아닌 것은?
    ㉮ 테이블의 크기
    ㉯ 숫돌차의 재질
    ㉰ 숫돌차의 크기
    ㉱ 테이블의 최대 이동거리

13. 외경 연삭기의 크기 표시는 어떻게 하는가?
    ㉮ 숫돌차의 재질
    ㉯ 숫돌차의 크기
    ㉰ 스윙과 양 센터사이의 최대거리
    ㉱ 테이블의 길이와 폭

14. 다음 중 연삭숫돌의 결합도가 필요 이상으로 높으면, 숫돌입자가 마모되어 예리하지 못 할 때 탈락하지 않고 둔화되는 것을 무엇이라고 하는가?
    ㉮ 입자탈락
    ㉯ 무딤
    ㉰ 눈메움
    ㉱ 떨림

15. 숫돌의 입도는 어떻게 표시하는가?
    ㉮ 번호로 표시한다.
    ㉯ 결합력으로 표시한다.
    ㉰ 밀도로 표시한다.
    ㉱ 알파벳으로 표시한다.
    해설 입자의 크기를 나타내는 입도는 메시(mesh)로 나타내며, 메시는 1(inch)사이에 있는 체의 구멍수이다. 즉, 50mech는 1(inch) 내에 50개의 구멍이 있다.

해답 7.㉰ 8.㉱ 9.㉯ 10.㉱ 11.㉱ 12.㉯ 13.㉰ 14.㉯ 15.㉮

16. 센터리스 연삭기의 장점이 아닌 것은?
   ㉮ 일감의 고정이 필요없어 편리하다.
   ㉯ 연속적인 연삭 작업을 할 수 있다.
   ㉰ 단이 붙은 공작물을 연속적으로 연삭할 수 있다.
   ㉱ 강력연삭을 할 수 있다.

17. 연삭 작업시 연삭액을 사용하는 까닭 중 틀린 것은?
   ㉮ 로딩을 방지한다.
   ㉯ 탈락된 숫돌입자를 씻어낸다.
   ㉰ 연삭열의 상승을 방지한다.
   ㉱ 정밀도가 낮아진다.
   > 해설 연삭액의 사용목적은 공작물과 연산숫돌의 냉각, 입자와 침사이의 윤활작용, 칩과 떨어진 숫돌입자의 제거작용 등이다.

18. 다음 연삭기 중 리턴핀 및 에젝터핀과 같이 가늘고 긴 핀 종류의 연삭가공에 가장 적합한 연삭기는 어느 것인가?
   ㉮ 외경 연삭기
   ㉯ 센터리스 연삭기
   ㉰ 만능 공구 연삭기
   ㉱ 만능 원통 연삭기

19. 고속도강 바이트의 연삭에 적당한 숫돌은?
   ㉮ A 숫돌   ㉯ WA 숫돌
   ㉰ GC 숫돌   ㉱ C 숫돌
   > 해설 WA입자는 인장강도가 크고 인성이 큰 담금질강이나 고속도강의 연삭에 쓰인다.

20. 연삭숫돌의 입자종류 중에서 산화 알루미늄(Al_2O_3)의 순도가 가장 높은 것은?
   ㉮ A 숫돌   ㉯ WA 숫돌
   ㉰ C 숫돌   ㉱ GC 숫돌

21. 초경 공구의 연삭에 사용하며 숫돌이 녹색인 연삭숫돌은?
   ㉮ WA 숫돌   ㉯ C 숫돌
   ㉰ A 숫돌   ㉱ GC 숫돌
   > 해설 GC 숫돌은 녹색으로 경도가 매우 높은 초경공구, 특수강 등의 연삭에 쓰인다.

22. 연삭숫돌은 바이트나 커터와 같이 연삭하지 않아도 된다. 그 이유는?
   ㉮ 글레이징   ㉯ 드레싱
   ㉰ 자생작용   ㉱ 트루잉

23. 다음과 같은 연삭숫돌의 표기에서 m은 무엇을 뜻하는가?

   A54LmVNo.1 205 × 20 × 100

   ㉮ 숫돌의 결합제가 금속이다.
   ㉯ 결합도가 보통의 것이다.
   ㉰ 조직이 중간정도이다.
   ㉱ 연삭숫돌의 재질은 메탈이다.
   > 해설 연삭숫돌의 조직 표시는 다음과 같다.
   > • 치밀 W(0, 1, 2, 3)
   > • 중간 m(4, 5, 6)
   > • 거침(7, 8, 9, 10, 11, 12)

해답 16.㉱ 17.㉱ 18.㉯ 19.㉯ 20.㉯ 21.㉱ 22.㉰ 23.㉰

24. WA, 46 H, 8, V라고 표시된 연삭숫돌의 5요소 중 WA는 무엇을 뜻하나?
    ㉮ 결합도   ㉯ 조직
    ㉰ 결합제   ㉱ 숫돌입자의 재질

25. 엔드밀의 절삭날은 다음 중 어느 연삭기에서 재연삭을 하는가?
    ㉮ 센터리스 연삭기
    ㉯ 로타리 연삭기
    ㉰ 만능 원통 연삭기
    ㉱ 만능 공구 연삭기

26. 연삭숫돌의 구성 3요소가 아닌 것은?
    ㉮ 숫돌의 입자   ㉯ 입도
    ㉰ 기공   ㉱ 결합제

27. 연삭 작업할 때 일감이 1회 전달될 때의 이송량은?
    ㉮ 숫돌차의 폭과 같게 한다.
    ㉯ 숫돌차의 폭보다 작게 한다.
    ㉰ 숫돌차의 폭을 1 1/2배로 한다.
    ㉱ 숫돌차의 폭을 2배로 한다.
    [해설] 축방향의 이송은 공작물이 1회전 하는 동안 숫돌 폭의 2/3~3/4, 거친연삭은 3/4~5/6, 다듬질 연삭에는 1/4~1/2 정도 이송한다.

28. 연삭숫돌의 결합제의 종류가 아닌 것은?
    ㉮ 비트리 파이드   ㉯ 실리케이트
    ㉰ 레지노이드   ㉱ 산화 알루미늄

29. 연삭숫돌의 표시방법 중 3번째로 기록하는 것은?
    ㉮ 결합제   ㉯ 결합도
    ㉰ 조직   ㉱ 숫돌의 지름
    [해설] 숫돌의 표시 순서는 ① 숫돌입자의 종류, ② 입도, ③ 결합도, ④ 조직, ⑤ 결합제, ⑥ 형상, ⑦ 치수 등으로 표시한다.

30. 연삭숫돌의 입자의 틈에 Chip이 막혀 광택이 나며 잘 깎이지 않는 현상을 무엇이라 하는가?
    ㉮ Dressing   ㉯ Truing
    ㉰ Loading   ㉱ Glazing

31. 연삭숫돌에서 무딤(glazing)의 원인이 아닌 것은?
    ㉮ 숫돌차의 원주 속도가 너무 크다.
    ㉯ 결합도가 너무 높다.
    ㉰ 숫돌 재질과 연삭 재질이 적합하지 않다.
    ㉱ 구리와 같이 연성이 풍부한 재질을 연삭할 때 발생한다.

제 7 장

기타 범용 공작기계

드릴링 머신(drilling machine)

드릴링 머신은 절삭공구를 회전시키면서 이송하여 공작물에 구멍뚫기를 하는 공작기계이다. 그 밖에도 리밍, 탭핑, 보링 등도 할 수 있다.

(1) 드릴링 머신의 크기
주축 중심에서 컬럼면까지의 스윙과 주축에 끼울 수 있는 드릴의 최대지름으로 표시한다.

(2) 드릴링 머신의 구조
① 변속장치
　㉮ 치차식 변속장치 : 나사깎기 작업도 할 수 있도록 주축이 역전되게 되어 있다.
　㉯ 단차식 변속장치 : 벨트와 폴리에 의해서 변속된다.
② 테이블과 베이스
　테이블(work table)은 상하 및 컬럼 주위로 선회되며 그 자체도 회전된다.
　공작물이 길고 클 때에는 테이블을 밀어 붙이고 베이스 위에 고정한다.

(3) 드릴링 머신의 종류
① 탁상 드릴링 머신(bench drilling machine)
　작업대 위에 설치하여 사용하는 소형 드릴링 머신

② 직접 드릴링 머신(up-right drilling machine)
가장 널리 사용되는 것으로 주축이 수직으로 되어 있고 컬럼, 주축레드, 베이스, 테이블 등으로 구성되어 있다.

③ 레디얼 드릴링 머신(radial drilling machine)
공작물을 고정시켜 놓고 주축의 위치를 이동시키면 구멍의 중심을 맞춰서 작업을 할 수 있다. 대형의 공작물 가공에 적합하다.

④ 만능식 드릴링 머신(universal drilling machine)
암이 고정된 부분에서 수평축을 중심으로 선회할 수 있고, 주축머리도 암 위에서 좌우로 기울일 수 있어 어떤 방향의 구멍도 공작물을 이동시키지 않고 작업할 수 있다.

⑤ 다축 드릴링 머신(multiple spindle drilling machine)
한 번에 많은 구멍을 동시에 뚫거나 공정의 수가 많은 구멍의 가공에 편리하다.

⑥ 심공 드릴링 머신(deep hole drilling machine)
공작물 회전형과 드릴 회전형이 있다. 크랭크 구멍을 뚫을 때는 공작물을 회전시킬 수 없으므로 드릴을 회전시키고 깊은 구멍을 뚫을 때는 공작물을 회전시켜 구멍을 뚫는다.

⑦ 터릿 드릴링 머신(turret drilling machine)
여러 개의 주축을 가진 터릿이 달린 드릴링 머신이며, 방사형과 원주형 티릿이 있다.

⑧ 휴대용 드릴링 머신(portable drilling machine)
⑨ 전기 드릴링 머신(electric drilling machine)

(4) 드릴링 머신의 기본작업
① 구멍 뚫기(drilling) ⇒ 절삭공구 : 드릴
드릴에 회전을 주고 축 방향으로 이송하면서 구멍을 뚫는 절삭방법.

② 리밍(reaming) ⇒ 절삭공구 : 리머
뚫어져 있는 구멍을 정밀도가 높고 가공 표면의 표면 거칠기를 좋게 가공하는 절삭방법.

③ 탭 가공(tapping) ⇒ 절삭공구 : 탭
드릴로 뚫은 구멍에 탭(tap)을 이용하여, 암나사를 가공하는 방법.

④ 보링(boring) ⇒ 절삭공구 : 보링바에 바이트
이미 뚫어져 있는 구멍을 필요한 크기로 넓히거나 정밀도를 높이기 위한 절삭방법.

⑤ 카운터 보링(counter boring) ⇒ 절삭공구 : 카운터 보어 또는 엔드밀
볼트나 너트의 머리 부분이 가공물 안으로 묻히도록 드릴과 동심원의 2단 구멍을 절삭하는 방법.

⑥ 카운터 싱킹(counter sinking) ⇒ 절삭공구 : 카운터 싱크
⑦ 스폿 페이싱(spot facing) ⇒ 절삭공구 : 스폿 페이싱 바이트 또는 엔드밀
  표면이 울퉁불퉁하여, 볼트나 너트를 체결하기 곤란한 경우에 볼트나 너트가 닿을 구멍 주위 부분만을 평탄하게 절삭하는 방법.

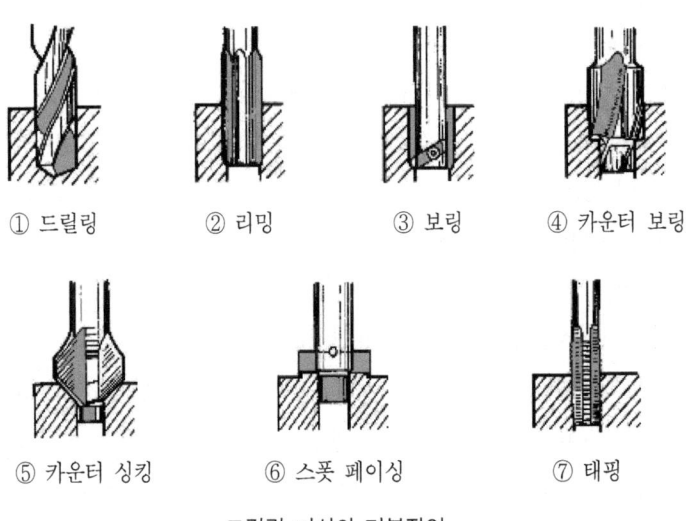

드릴링 머신의 기본작업

(5) 드릴의 종류
① 절삭 공구 재질 : 탄소 공구강, 특수 공구강, 고속도강, 경질합금강
② 트위스트 드릴(twist drill)
  홈이 2개인 것으로 가장 널리 쓰이는 것이며, 홈이 비틀려져 있어 절삭성이 좋고 칩의 배출이 좋다.
  ㉮ 직선자루 : 13mm 이하의 드릴로 드릴 척(drill chuck)에 고정하여 사용한다.
  ㉯ 테이퍼자루 : 지름이 75mm까지의 비교적 큰 것으로, 주축의 테이퍼 구멍에 끼워넣고 사용한다.
③ 직선 홈 드릴(straight flute drill)
  홈이 직선으로 된 드릴로 선단 끝각이 0이므로 절삭성은 별로 좋지 않으나, 얇은 판의 구멍 뚫기에 사용한다.
④ 플랫 드릴(flat drill)
  구멍뚫기를 위한 가장 간단한 것으로 날끝의 안내가 없이 구멍이 휘어지기 쉽다.

⑤ 유공 드릴(oil tublar drill)

깊은 구멍뚫기 드릴로 칩의 배출과 절삭유의 공급이 곤란할 때 사용한다.

⑥ 반원 드릴(rifle barvel drill)

드릴의 선단은 1개의 날로 날끝은 드릴의 중심에 대한 편위치이다.

⑦ 센터 드릴(center drill)

공작물에 센터구멍을 뚫을 때 사용하는 드릴로, 크기는 선단의 평행한 드릴의 지름으로 부른다.

(6) 드릴의 각부 명칭

드릴의 각부 명칭

① 드릴 끝(drill point) : 드릴의 끝부분으로 원추형이며 2개의 날이 있다(118°).
② 몸통(body) : 드릴의 본체가 되는 부분이며 랜드(land), 홈, 마진으로 이루어진다.
③ 홈(flute) : 드릴 본체에 직선 또는 나선으로 패인 홈으로 칩을 배출하고 절삭유를 공급하는 구실을 한다.
④ 자루(shank) : 드릴을 고정하는 부분으로 직선 또는 테이퍼로 되어 있다.
⑤ 탱(tang) : 테이퍼 자루의 맨 끝부분으로 드릴에 회전력을 준다.
⑥ 마진(margin) : 드릴 랜드의 좁은 돌출면으로 뚫린 구멍의 안내를 하여 주며 드릴의 크기를 나타낸다.
⑦ 웨브(web) : 홈사이의 두께로 드릴의 기둥이 역할을 한다.
⑧ 드릴 끝각(point angle) : 드릴 끝에서 절삭날이 이루는 각
⑨ 나선각(helix angle) : 드릴의 중심축과 비틀림사이에 이루는 각
⑩ 드릴의 각도 : 선단에서 트위스트홈이 만나는 부분에 2개의 날이 있다. 드릴의 표준각은 118°
⑪ 날여유각(lip clearance) : 절삭날이 가공물에 구멍을 뚫을 때 잘 깎이도록 절삭날에 주어진 각(10~15°)

⑫ 몸통여유(body clearance) : 측면에 드릴이 닿지 않도록 여유를 둔 것이다.

(7) 드릴의 절삭조건

① 절삭속도 : 절삭속도를 V(m/min), 드릴의 지름을 D(mm), 매분 회전수를 N(rpm)이라 하면 다음과 같다.

$$V = \frac{\pi DN}{1000} \text{ (m/min)}, \quad N = \frac{1000V}{\pi D} \text{ (rpm)}$$

② 이송량과 가공시간과의 관계

드릴의 1회전당 이송량을 f(mm/rev), 드릴 끝의 원추높이 h(mm), 구멍의 깊이를 t(mm), 뚫는데 소요되는 시간을 T(min)라 하면 다음과 같다.

$$T = \frac{t+h}{Nf} = \frac{\pi D(t+h)}{1000Vf} \text{ (min)}$$

예제 탄소강 판에 지름 10mm의 드릴로 절삭속도 50m/min로 드릴가공을 할 때 적합한 회전수를 구하라.

풀이 $V = \frac{\pi DN}{1000}$, $N = \frac{1000V}{\pi D}$ 식에서

$N = \frac{1000V}{\pi D} = \frac{100 \times 50}{\pi \times 10} \fallingdotseq 1592 \text{ rpm}$

예제 두께 100mm의 탄소강에 절삭속도 50m/min, 드릴의 지름 10mm, 이송 0.1mm/rev로 구멍을 뚫을 때 절삭시간을 구하시오.(단, 드릴의 원추 높이는 2.8mm로 한다.)

풀이 ① $N = \frac{1000V}{\pi D} = \frac{100 \times 50}{\pi \times 10} \fallingdotseq 1592 \text{ rpm}$

$T = \frac{t+h}{Nf} = \frac{100+2.8}{1592 \times 0.1} \fallingdotseq 0.646$분

② $T = \frac{\pi D(t+h)}{1000Vf} = \frac{\pi \times 10(1000+2.8)}{1000 \times 50 \times 0.1} \fallingdotseq 0.646$분

2 보링 머신(boring machine)

(1) 보링 머신(boring machine)의 개요

드릴가공, 단조가공, 주조가공 등에 의하여 이미 뚫어져 있는 구멍을 좀더 크게 확대하거나, 표면거칠기와 정밀도가 높은 제품을 완성하는 가공으로 보링 머신에서는 보링, 드릴링, 리밍, 태핑, 밀링가공의 일부분까지 가능.

(2) 보링 머신의 작업방법에 따른 분류
① 보통 보링 머신(general boring machine)
② 수직 보링 머신(vertical boring machine)
③ 정밀 보링 머신(fine boring machine)
④ 지그 보링 머신(jig boring machine)
⑤ 코어 보링 머신(core boring machine)

수평 보링 머신

(3) 보링 머신의 종류
① 보통 보링 머신(수평식 보링 머신) : 주축 직경 60~200mm
   ㉮ 테이블 형(table type) - 주축직경 150mm
      • 고정식 주축대 : 테이블이 상하 및 전후 이동식
      • 이동식 주축대 : 주축이 상하 이동하고 테이블이 전후, 좌우이동

⑭ 플로어 형(floor type) : 주축의 직경 110mm, 직접 가공물을 베드(floor plate)에 고정하고, 주축은 컬럼을 따라 상하로 이송하며 컬럼은 베드를 따라 이송

⑮ 플레이너 형(planner type) : 주축직경 110mm이상, 테이블형과 유사하나 새들이 없고 길이방향의 이송은 베드를 따라 컬럼이 이송, 중량이 큰 가공물의 가공에 적합

㉑ 보링 머신의 크기
- 테이블의 크기
- 스핀들의 지름
- 스핀들의 이동거리
- 스핀들 헤드의 상하 이동거리 및 테이블의 이동거리

② 수직 보링 머신(vertical boring machine) : 스핀들이 수직으로 이루어진 구조. 주축의 스핀들은 안내면을 따라 이송되며, 절삭공구의 위치는 크로스 레일(cross rail)의 공구대에 의해 조절

③ 정밀 보링 머신(fine boring machine) : 다이아몬드 공구 또는 경질합금 공구를 사용하여 고속 경절삭과 미세한 이송으로 정밀작업 내연기관의 실린더, 피스톤 공부(孔部), 베어링부(oil-less bearing), kelmet, 화이트메탈 등

회전수 : 70~3000rpm, 절삭깊이 : 0.1~0.35mm

④ 지그 보링 머신(jig boring machine) : 정밀도가 큰 가공물, 특히 각종 지그(jig) 제작 및 정밀기계의 구멍가공에 사용하기 위한 전문기계로서 제품의 허용공차는 ±0.002~0.005mm 정도이다.

⑤ 코어 보링 머신(core boring machine) : 가공할 구멍이 드릴작업할 수 있는 것에 비하여 훨씬 클 때, 환형(丸形)홈을 깎아 심부(Core)만 남게 하는 가공

(4) 보링 공구와 부속 장치

① 보링 바이트(boring bite) : 다이아몬드 바이트, 초경 바이트를 사용하며, 구멍의 크기, 가공 위치에 따라 바이트를 직접 보링 바(boring bar)에 고정하는 방법과 보링 주축단에 고정하는 방법

㉮ 다이아몬드 바이트 : 고속 절삭할 때도 정밀도가 높고, 가공면의 표면 거칠기 우수.

㉯ 초경합금 바이트 : 여러 가지 가공물의 재질 가공에 적합하며 가장 많이 사용

② 보링 바이트 고정 방식 : 고정용 나사를 이용하는 방법, 고정용 나사와 조정용 나사를 사용하는 방법, 2개의 바이트를 동시에 고정하여 사용하는 방법

③ 보링 바(boring bar) : 보링 바의 한쪽 끝은 주축 구멍과 체결하기 위하여 테이퍼로 된 형상과 유니버설 조인트로 주축에 연결하는 것
④ 보링 공구대 : 보링할 구멍이 커서 보링 바를 사용하기 곤란한 경우 사용

3 셰이퍼(shaper)

셰이퍼는 직선 왕복운동하는 램(ram)의 공구대에 바이트를 고정하여 공작물을 직각방향으로 이송하면서 평면, 측면, 경사면, 홈 등을 가공하는 데 많이 사용하는 공작기계이다.

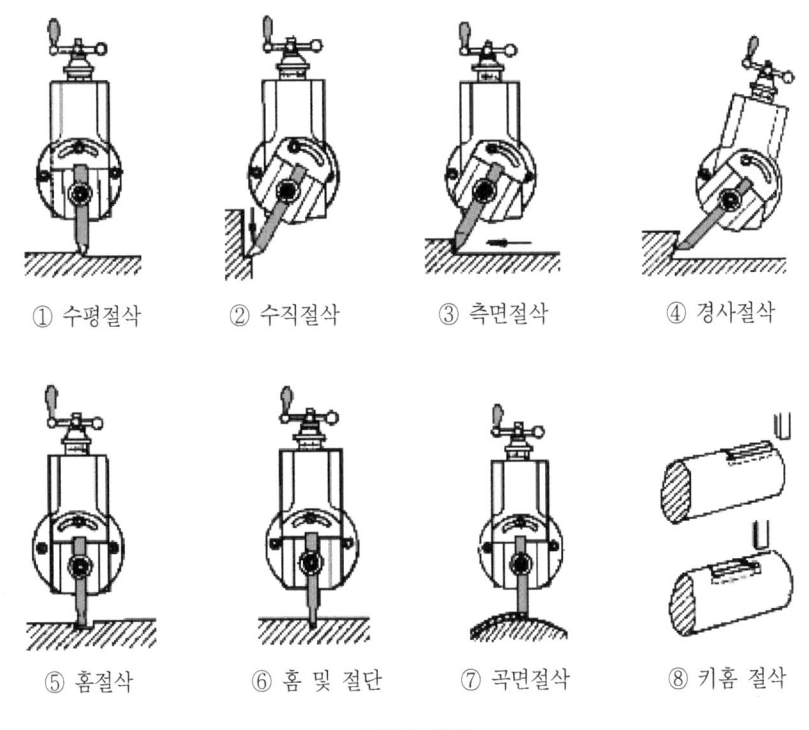

셰이퍼 작업

(1) 셰이퍼의 분류
① 램(ram)의 운동방향에 따라
   ㉠ 수평식 셰이퍼(horizontal shaper)
   ㉡ 수직식 셰이퍼(vertical shaper)

② 램(ram)의 이송에 따라
  ㉮ 직주식 셰이퍼(column shaper) : 미국식
  ㉯ 횡동식 셰이퍼(transversing shaper) : 영국식
③ 운동 전달방법에 따라
  ㉮ 단차식
  ㉯ 기어식
  ㉰ 가변 전동기식
④ 구조에 따라
  ㉮ 표준 셰이퍼(보통 수평식 셰이퍼)
  ㉯ 만능 셰이퍼(Universal shaper) : 테이블을 경사시킬 수 있는 셰이퍼
  ㉰ 인삭식 셰이퍼(Draw-cut shaper) : 끌어 당기면서 깎는 셰이퍼

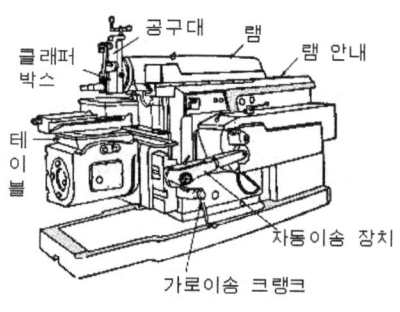

수평식 보통형 셰이퍼

(2) 셰이퍼의 구조
① 크기 표시 : 램의 최대 행정, 테이블의 크기, 테이블의 최대 이동거리
② 주요 기구 : 램의 왕복 운동기구, 테이블의 이송기구
  ㉮ 공구대 : 램의 선단에 있어 바이트에 상하운동을 주며, 램의 왕복운동에 따라 절삭 운동을 한다.
  ㉯ 이송기구 : 테이블을 좌우로 자동이송시킬 수 있게 되어 있다.
  ㉰ 램의 금속귀환 운동기구 : 램의 귀환 행정은 절삭 행정 때보다 급속 이동하도록 되어 있다.
  ㉱ 램의 왕복운동기구
    • 크랭크 기구를 이용
    • 유압기구를 이용
    • 래크와 피니온을 이용
    • 나사와 너트를 이용
    • 위트워드 급속귀환 기구를 이용

(3) 절삭 조건
① 절삭 속도 : 램의 행정에 평균 속도로 나타낸다.
  ㉮ 절삭행정시 바이트의 속도로 표시

㉯ 공작물의 재질, 바이트의 재질, 절삭과 이송량, 기계의 강도에 영향

$$N = \frac{1000\,aV}{L} \text{ (횟수/min)}, \quad V = \frac{NL}{1000\,a} \text{ (m/min)}$$

V : 절삭속도(m/min)
N : 램의 1분간 바이트의 왕복횟수
L : 행정길이(mm)
a : 바이트(램)의 1왕복에 소요되는 시간에 대한 절삭행정 비(보통 3/5~2/3)

㉰ 셰이퍼의 이송은 1행정에 대하여 0.3~1.3mm
㉱ 황삭할 때 절삭 깊이를 얇게 하고 피드량은 크게 한다.(표피가 경(硬)한 주철은 절삭 깊이를 깊게 한다.)

4 슬로터(slotter)

슬로터는 셰이퍼를 수직으로 놓은 것 같은 기계로, 바이트를 설치한 램이 수직으로 왕복 운동한다. 키홈, 평면, 구멍의 내면, 내접기어, 스플라인 구멍, 기타 특수한 형상, 곡면의 절삭가공에 적합하며, 슬로터 크기는 램의 최대 행정, 테이블의 크기, 테이블의 이동거리, 회전테이블의 직경으로 표시한다.

(1) 슬로터의 구조
① 슬로터의 주요부분
  베드, 컬럼, 램의 안내면, 테이블 및 전동기구 등으로 구성된다.
② 램의 운동기구의 종류
  ㉮ 크랭크식
  ㉯ 위트워드 급속귀환 운동 기구식
  ㉰ 래크와 피니언식
  ㉱ 유압식

슬로터

(2) 슬로터의 크기 표시
① 램의 최대 행정길이로 표시한다.
② 테이블의 크기로 표시한다.
③ 회전테이블의 크기로 표시한다.

(3) 슬로터 작업
① 수직방향의 가공이 용이하다.
② 원통형의 가공물은 회전테이블을 사용하면 편리하다.
③ 내접기어, 스플라인 등 셰이퍼로 작업이 곤란한 것을 용이하게 할 수 있다.

(4) 특징
① 절삭력과 동력의 방향이 일치하므로 강력 절삭이 가능
② 작업상태를 파악하면서 작업 편리
③ 가공물이 베드 위에서 고정되므로 중간 절삭이 좋다.

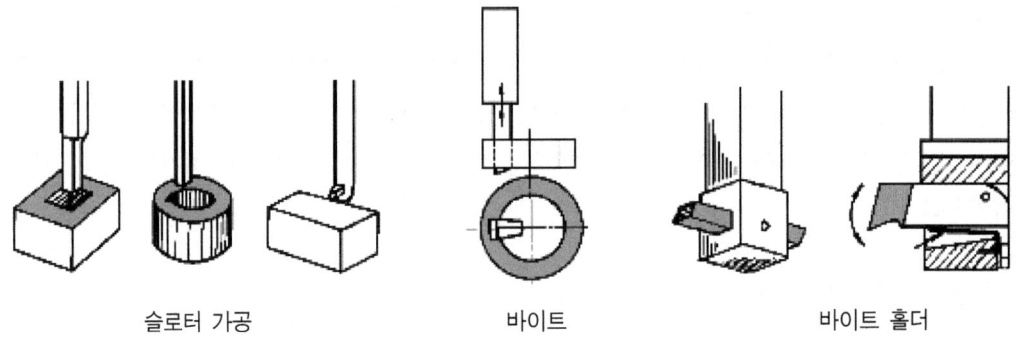

슬로터 가공   바이트   바이트 홀더

5 플레이너(planer)

플레이너는 비교적 대형의 공작물의 평면 가공에 쓰이며 공작물의 직선절삭 운동과 바이트의 직선이송 운동으로 공작물의 평면, 수직면, 경사면, 홈과 곡면 등을 절삭하는 공작기계이다.

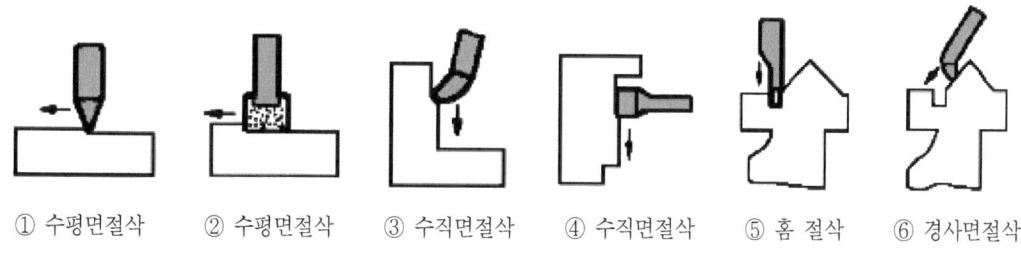

① 수평면절삭　② 수평면절삭　③ 수직면절삭　④ 수직면절삭　⑤ 홈 절삭　⑥ 경사면절삭

플레이너 작업

(1) 플레이너의 종류
① 직주에 따라
　㉮ 쌍주식 플레이너(closed type planer)
　㉯ 완주식 플레이너(open side type planer)
　㉰ 특수형 플레이너(special planer)
② 용도에 따라
　㉮ 일반용 플레이너 : 경절삭용, 중절삭용, 강력절삭용
　㉯ 특수형 플레이너 : 기관차 실린더용, 레일용
③ 테이블 구동 방법에 따라
　㉮ 기어식을 사용한 것
　㉯ 벨트를 사용한 것
　㉰ 가변 전동기를 사용한 것
　㉱ 유압식을 사용한 것

쌍주식 Planer	단주식 Planer
① 크로스 레일(cross rail) - 상하이동 ② 새들 - 좌우이동 ③ 공구대 - 바이트 부착 ④ 절삭행정의 2~4배 정도 빠르게 귀환 ⑤ 절삭속도 보통 6-20m/min(변환 : 2-3단)	① 칼럼 1개 설치되어 있으며, 테이블보다 폭이 넓은 공작물을 절삭 - 구조상 정밀도 낮다. ② 가공물의 고정 및 해체 등이 용이 ③ 대형 및 강력절삭용으로 사용

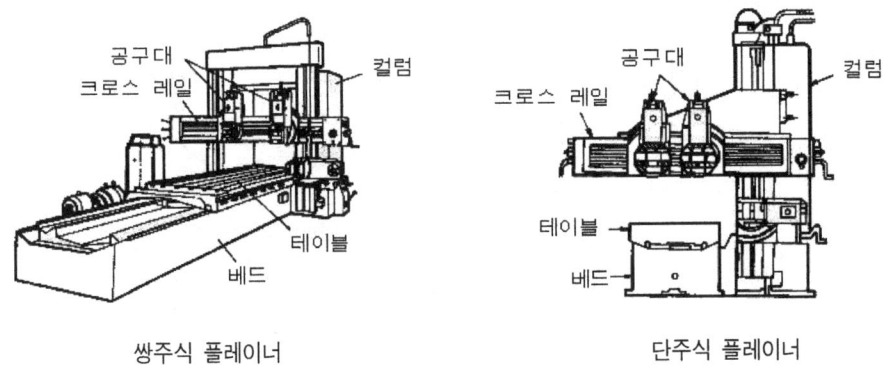

쌍주식 플레이너　　　　　단주식 플레이너

(2) 플레이너의 구조
① 공구대 : 셰이퍼의 공구대와 비슷하다.
② 베드와 테이블 : 테이블에는 T홈과 원형의 작은 구멍이 있어 공작물을 설치할 수 있도록 되어 있고, 베드의 상면은 V형 홈이 있어 이 홈을 따라 테이블이 움직인다.
③ 테이블 구동기구 : 플레이너의 테이블 구동기구는 다음과 같은 방법이 있다.
　㉮ 벨트에 의한 피니언 래크방식
　㉯ 전자마찰 클러치방식(magnetic friction crutch)
　㉰ 워드 레오너드방식(ward leonard)
　㉱ 유압구동방식(hydraulic driven)

(3) 플레이너의 크기
① 테이블의 크기로 표시한다.
② 가공할 수 있는 최대폭 및 최대 높이로 표시한다.

6 기어 가공

(1) 기어의 개요
　두 축간의 중심거리가 짧은 경우에 사용하고 강력한 전달력과 확실한 속도비를 갖으며, 한 쌍의 기어에서 큰 것을 기어(gear), 작은 것을 피니언(pinion)이라 하고 피치원이 무한대로 직선인 것을 래크(reck)라 한다.

① 치형의 크기를 표시하는 방법

　㉮ 모듈 $M = \dfrac{D_0(피치원지름)}{Z(잇수)}$　　$*M = \dfrac{D(이끝원지름)}{Z(잇수)+2}$

　㉯ 원주피치 $P_c = \dfrac{\pi D}{Z} = \pi M$

　㉰ 지름피치 $D_p = \dfrac{Z+2}{D(이끝원지름)}$

　㉱ 중심거리 $Ra = \dfrac{Z_1 + Z_2}{2} M$

② 압력각

　㉮ pressure angle이란 기어가 물고 있을 때 힘이 전달되는 방향을 나타내는 각

　㉯ 기준 압력각 $14\dfrac{1}{2}°$, $20°$

(2) 기어 절삭법

① 형판에 의한 방법(형판법)

형판을 따라서 바이트를 이동시켜 기어를 절삭하는 방법(능률이 낮고 대형 스퍼어 기어, 곧은 베벨 기어의 치형을 절삭할 때 이용)

② 총형 공구에 의한 방법(성형법)

셰이퍼, 슬로퍼에서 기어 이의 홈과 같이 성형 바이트를 사용하여 이의 홈을 1피차씩 절삭해 나가는 방법

③ 창성에 의한 절삭법(창성법)

인벌류트 곡선을 이용한 것으로 절삭할 기어와 정확한 기어의 절삭공구를 적당히 상대 운동시켜 기어를 절삭하는 방법(래크 커터, 피니언 커터, 호브 등 이용)

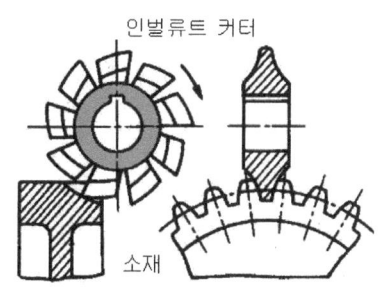

인벌류트 밀링커터에 의한 기어 절삭

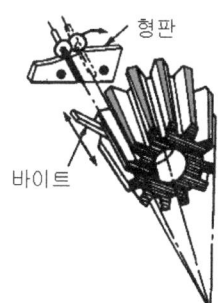

형판에 의한 기어 절삭

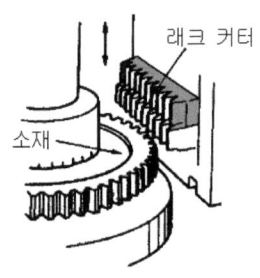 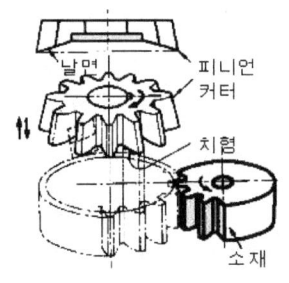 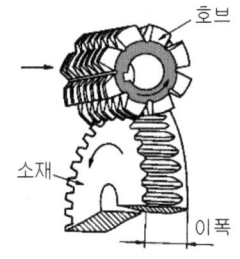

① 래크 공구에 의한 가공 ② 피니언 커터에 의한 가공 ③ 호브에 의한 가공

창성에 의한 절삭

(3) 기어 절삭 기계의 종류

① 호빙머신(hobbing machine)

　호빙머신은 호브(hob)라 부르는 나사모양의 커터를 써서 이것을 회전시키면서 기어 소재에 절삭깊이를 주어 치형을 창성해 가는 기계이다.

　호빙머신의 크기는 가공할 수 있는 기어의 최대 피치원의 지름과 기어의 폭 및 최대 모듈로 표시한다. 주로 스퍼어기어, 웜기어, 헬리컬기어, 스플라인축 등을 절삭한다. 단, 베벨기어 가공은 불가능하다.

　㉮ 직립 호빙머신 : 기어소재 수직, 호브 축 수평으로 절삭
　㉯ 수평 호빙머신 : 기어소재 수평, 호브 축 수직으로 절삭
　　• 이송 : 기어소재가 1회전할 때 호브 이송량 (보통 1~3mm)
　　• 호브 : 기어용 호브, 스플라인 호브, 웜 호브, 생크 부착 웜 호브, 특수 호브
　㉰ 호빙머신 크기 표시 : 최대 피치원 지름(mm), 기어 폭(나비)(mm), 최대 모듈(mm)

② 기어셰이퍼(gear shaper)

　커터에 왕복운동을 주어 창성업에 의해 기어를 절삭하는 것으로, 주로 더블 헬리컬기어 가공에 사용하나 스퍼어기어와 헬리컬기어도 가공할 수 있다.

③ 글리이슨식 베벨기어 절삭기

　이 절삭기는 커터와 소재가 다같이 창성운동을 한다.

　크래들(cradle)축의 둘레를 요동하는 크라운기어 세그먼트(segment)와 베벨기어 세그먼트가 물려서 고정된 소재를 커터가 왕복운동하면서 이를 깎아 완성하면 다음에 이를 또 절삭하게 된다. 이 방법은 창성법에 의하여 가공되므로 대단히 정확한 기어를 가공할 수 있다.

④ 기어 셰이빙 머신(gear shaving machine)

　셰이빙 공구를 가공면에 가볍게 접촉시키면서 작은 절삭면적에서 고속도로 회전하면서 기어

를 다듬질하는 가공법이다.

(4) 절삭 조건
① 절삭속도 : 호브의 절삭속도는 기어소재의 성질, 호브의 재질 등에 따라 결정

$$V = \frac{\pi DN}{1000} \ (m/min)$$

    V : 절삭속도(m/min)
    D : 호브 지름(mm)
    N : 호브의 회전수(rpm)

- 인장강도 $60kg/mm^2$ 이상 강 : 20~30m/min - 황동 : 40~60m/min
- 인장강도 $60kg/mm^2$ 이하 강 : 25~35m/min - 주철 : 16~24m/min
- 베클라이트 : 25~40m/min

② 이송의 변환기어 계산
   이송은 기어 소재 1회전에 대한 호브의 이송량, 이송의 량도 기어 소재의 재질, 모듈, 가공면의 정밀도에 따라서 정해진다. 또한 이송을 주는 변환기어의 계산은 치수 분할할 때 변환기어와 같이 호빙머신 특유의 식으로 계산

7 브로칭 머신(broaching machine)

1) 브로칭 머신(broaching machine)의 개요
다수의 절삭날을 가진 브로치(broach)라는 공구로 공작물의 구멍의 내면이나 표면을 여러 가지 모양으로 절삭하는 공작기계이다. 절삭속도는 5~10(m/min)이고, 귀환속도는 15~40(m/min)이며 인장력이 5~50(ton)인 것이 많이 사용된다.

① 내면 브로칭   ② 외면 브로칭

브로칭 제품 보기

어떤 형상을 가공하기 위하여 인발, 압입하여 절삭 작업하는 방식, 둥근 구멍, 각형구멍, 키홈, 스플라인 구멍, 외면다듬질, 선형기어(segment gear)의 치형과 홈절삭 한다.
- 제품에 맞는 브로치 제작   - 제품의 호환성, 복잡성에 좋음.

2) 브로칭 머신의 종류

(1) 수평 브로칭 머신(horizontal broaching machine)

브로치가 수평으로 설치되어 있으며, 가공물을 가공물 지지구에 고정하고, 브로치를 풀헤드에 고정하여 가공. 브로칭 머신을 설치하는 면적이 다소 큰 문제는 있으나, 기계의 조작이 쉽고, 가동 및 안정성, 기계의 점검 등이 직립형보다 우수하다. 절삭 속도는 5~10(m/min) 정도, 귀환 속도는 15~40(m/min) 정도이다.

(2) 직립형 브로칭 머신

브로치가 수직으로 설치되어 있으며, 수평형에 비해 가공물 고정이 편리하며, 소형 가공물의 대량생산에 적합하다. 브로칭 머신의 크기는 최대 인장력, 최대 행정 길이로 나타내며 일반적으로 5~50(Ton)이 많이 사용

(3) 절삭 공구 및 절삭 조건

① 브로치(broach) : 구조는 자루부, 안내부, 절삭부, 평행부로 구성되며 자루부는 브로치를 기계에 고정하기 위한 부분이며, 안내부는 절삭위치로 유도, 절삭부는 절삭가공을 하는 부분으로 거친날, 중간날, 다듬질날로 구분. 재료는 고속도강이 많이 쓰이며 절삭날을 초경 공구를 사용하는 경우도 있다.

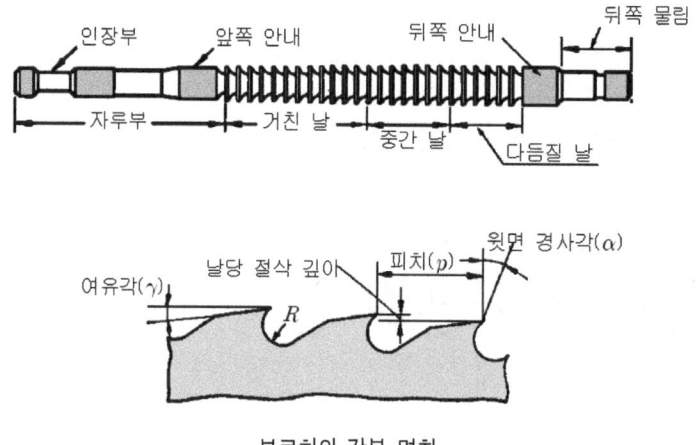

브로치의 각부 명칭

3) 브로치의 종류

① 구조에 따른 분류 : 일체형(solid type), 인서트형(inserted type)
② 작용에 따른 분류 : 인발식 브로치, 압입식 브로치
③ 형상과 용도에 따른 분류

㉮ 키홈 브로치 : 직사각형 키 브로치, 반원 키 브로치, 둥근날 붙이 키 브로치

㉯ 둥근 브로치와 버어니싱(burnishing)

브로치 : 버어니싱 브로치는 구멍 내면을 매끄럽게 다듬질 하는 것으로 강한 압력에 의해 내면에 약간 남은 둥근 브로치의 날의 자국을 없앤다.

㉰ 각 브로치, 직사각형 브로치

㉱ 스플라인 브로치(spline broach)

㉲ 인벌류트 스플라인 브로치(involute spline broach)

㉳ 기타 브로치 : 나선형 브로치(spiral broach), 세레이션 브로치(serration broach)

4) 피치와 날의 높이

절삭부를 결정할 때 주요인자는 인선의 피치(pitch)와 절삭량 즉 이송(feed), 피치와 절삭량에 의하여 절삭부의 길이가 결정되며, 절삭칩이 피치 사이에서 브로치의 이송에 따라 운반되므로 피치를 결정할 때 칩의 배출을 고려하여야 한다.

$$P = C\sqrt{L} \text{ (mm)} \quad {}^*P = (1.5 \sim 2.0)\sqrt{L} \text{ (mm)}$$

P : 피치
L : 절삭길이
C : 1.5~2.0(연재는 적은 값, 강재는 큰 값)
  1.0 : 절삭깊이 15mm 이하, 1.8 : 절삭깊이 15mm 이상

5) 절삭 속도

브로치의 절삭속도는 가공물의 재질, 형상, 크기에 따라 다르지만 가공 형상이 복잡할수록 느리게 한다. 절삭깊이가 너무 적어도 마모가 많이 발생하므로 적합한 절삭깊이로 한다.

익힘문제

문제1 드릴링 머신의 기본작업을 쓰시오.

해설
① 구멍 뚫기(drilling) : 드릴에 회전을 주고 축 방향으로 이송하면서 구멍을 뚫는 절삭방법.
② 리밍(reaming) : 뚫어져 있는 구멍을 정밀도가 높고 가공 표면의 표면 거칠기를 좋게 가공하는 절삭방법.
③ 탭 가공(tapping) : 드릴로 뚫은 구멍에 탭(tap)을 이용하여, 암나사를 가공하는 방법.
④ 보링(boring) : 이미 뚫어져 있는 구멍을 필요한 크기로 넓히거나 정밀도를 높이기 위한 절삭방법.
⑤ 카운터 보링(counter boring) : 볼트나 너트의 머리 부분이 가공물 안으로 묻히도록 드릴과 동심원의 2단 구멍을 절삭하는 방법.
⑥ 카운터 싱킹(counter sinking) : 드릴링 작업한 후에 접시머리 나사를 가공물 구멍에 나사머리가 들어갈 수 있도록 원추형으로 가공하는 작업이다.
⑦ 스폿 페이싱(spot facing) : 표면이 울퉁불퉁하여, 볼트나 너트를 체결하기 곤란한 경우에 볼트나 너트가 닿을 구멍 주위 부분만을 평탄하게 절삭하는 방법.

문제2 두께 100mm의 탄소강에 절삭속도 50m/min, 드릴의 지름 10mm, 이송 0.1mm/rev로 구멍을 뚫을 때 절삭시간을 구하시오.(단, 드릴의 원추 높이는 2.8mm로 한다.)

해설
① $N = \dfrac{1000 V}{\pi D} = \dfrac{1000 \times 50}{\pi \times 10} ≒ 1592 \text{rpm}$

$T = \dfrac{t+h}{Nf} = \dfrac{100+2.8}{1592 \times 0.1} ≒ 0.646$분

② $T = \dfrac{\pi D(t+h)}{1000 Vf} = \dfrac{\pi \times 10(1000+2.8)}{1000 \times 50 \times 0.1} ≒ 0.646$분

문제3 보링 머신의 개요와 작업방법에 따라 분류하시오.

해설
1) 보링 머신(boring machine)의 개요
드릴가공, 단조가공, 주조가공 등에 의하여 이미 뚫어져 있는 구멍을 좀더 크게 확대하거나, 표면 거칠기와 정밀도가 높은 제품을 완성하는 가공으로 보링 머신에서는 보링, 드릴링, 리밍, 태핑, 밀링가공의 일부분까지 가능.
2) 보링 머신의 작업방법에 따른 분류
① 보통 보링 머신(general boring machine)
② 수직 보링 머신(vertical boring machine)

③ 정밀 보링 머신(fine boring machine)
④ 지그 보링 머신(jig boring machine)
⑤ 코어 보링 머신(core boring machine)

문제4 세이퍼에 대해서 쓰시오.

해설 세이퍼는 직선 왕복운동하는 램(ram)의 공구대에 바이트를 고정하여 공작물을 직각방향으로 이송하면서 평면, 측면, 경사면, 홈 등을 가공하는데 많이 사용하는 공작기계이다.
세이퍼 작업은 ① 수평절삭, ② 수직절삭, ③ 측면절삭, ④ 경사절삭, ⑤ 홈절삭, ⑥ 홈 및 절단, ⑦ 곡면절삭, ⑧ 키홈 절삭

문제5 슬로터의 개요에 대해서 쓰시오.

해설 슬로터는 세이퍼를 수직으로 놓은 것 같은 기계로 바이트를 설치한 램이 수직으로 왕복 운동한다. 키홈, 평면, 구멍의 내면, 내접기어, 스플라인 구멍, 기타 특수한 형상, 곡면의 절삭가공에 적합하며, 슬로터 크기는 램의 최대 행정, 테이블의 크기, 테이블의 이동거리, 회전테이블의 직경으로 표시한다.

문제6 플레이너의 개요와 크기 표시를 쓰시오.

해설 플레이너는 비교적 대형의 공작물의 평면 가공에 쓰이며 공작물의 직선절삭 운동과 바이트의 직선이송 운동으로 공작물의 평면, 수직면, 경사면, 홈과 곡면 등을 절삭하는 공작기계이다.
플레이너의 크기 표시
① 테이블의 크기로 표시한다.
② 가공할 수 있는 최대폭 및 최대 높이로 표시한다.

문제7 기어 절삭법의 종류를 쓰시오.

해설 ① 형판에 의한 방법(형판법)
   형판을 따라서 바이트를 이동시켜 기어를 절삭하는 방법(능률이 낮고 대형 스퍼어 기어, 곧은 베벨 기어의 치형을 절삭할 때 이용)
② 총형 공구에 의한 방법(성형법)
   세이퍼, 슬로퍼에서 기어 이의 홈과 같이 성형 바이트를 사용하여 이의 홈을 1피치씩 절삭해나가는 방법
③ 창성에 의한 절삭법(창성법)
   인벌류트 곡선을 이용한 것으로, 절삭할 기어와 정확한 기어의 절삭공구를 적당히 상대 운동시켜 기어를 절삭하는 방법(래크 커터, 피니언 커터, 호브 등 이용)

예상문제

1. 다음 드릴링 머신의 종류 중 한 번에 많은 구멍을 뚫을 수 있는 것은?
   ㉮ 레디얼 드릴링 머신
   ㉯ 직접 드릴링 머신
   ㉰ 탁상 드릴링 머신
   ㉱ 다축 드릴링 머신

2. 드릴링 머신의 크기를 표시하는 것은?
   ㉮ 드릴프레스의 중량으로 표시
   ㉯ 스윙과 스핀들의 지름으로 표시
   ㉰ 전동기의 마력수로 표시
   ㉱ 테이블의 크기로 표시

3. 드릴링 머신으로 가공이 불가능한 작업은?
   ㉮ 보링(boring)
   ㉯ 드릴링(drilling)
   ㉰ 태핑(tapping)
   ㉱ 호빙(hobbing)

4. 경강을 뚫을 때 드릴날 끝의 여유각은?
   ㉮ 4°   ㉯ 10°
   ㉰ 18°   ㉱ 15°

   해설 공작물과 드릴날 여유각과의 관계는 일반재료 2~15°, 스테인리스강 10~12°, 주철 12°, 구리 12°, 경강 7~10°, 동합금 12~15°, 목재 15~20°, 고무 20°이다.

5. 표준 드릴의 여유각은?
   ㉮ 12~15°   ㉯ 5~7°
   ㉰ 7~10°   ㉱ 15°

6. 드릴의 표준 웨브각은 몇 도인가?
   ㉮ 128°   ㉯ 118°
   ㉰ 125°   ㉱ 135°

7. 드릴링 작업에서 드릴의 날끝이 상하는 이유는?
   ㉮ 절삭속도가 느리기 때문에
   ㉯ 이송속도가 빠르기 때문에
   ㉰ 절삭속도와 이송속도가 빠르기 때문에
   ㉱ 이송속도가 느리기 때문에

8. 공작물에 다수의 구멍을 뚫고자 할 때 일감을 고정하고 스핀들을 움직여서 구멍을 뚫는 기계는?
   ㉮ 레디얼 드릴링 머신
   ㉯ 탁상 드릴링 머신
   ㉰ 수평식 드릴링 머신
   ㉱ 수직 드릴링 머신

9. 접시 머리 나사의 머리부를 묻히게 하기 위해 자리를 파는 작업은?
   ㉮ 태핑   ㉯ 보링
   ㉰ 카운터 보링 ㉱ 카운터 싱킹

해답 1.㉱ 2.㉯ 3.㉱ 4.㉯ 5.㉮ 6.㉱ 7.㉰ 8.㉮ 9.㉱

10. 작은 나사, 둥근 머리 볼트의 머리를 공작물에 묻히게 하는 가공은?
    ㉮ 리밍   ㉯ 카운터 보링
    ㉰ 카운터 싱킹   ㉱ 스포트페이싱

11. 지름이 비교적 작고 깊은 구멍을 뚫는데 사용하는 드릴은?
    ㉮ 직선홈드릴   ㉯ 센터드릴
    ㉰ 유공드릴   ㉱ 트위스트드릴

12. 트위스트드릴에는 자루의 모양에 따라 직선 자루와 테이퍼 자루가 있다. 다음 설명 중 틀린 것은?
    ㉮ 지름이 0.2~1.3mm까지는 직선 자루로 되어 있다.
    ㉯ 트위스트드릴은 모두 드릴링 머신의 소켓에 끼워 사용한다.
    ㉰ 지름이 13mm 이상은 테이퍼 자루로 되어 있다.
    ㉱ 테이퍼 자루 드릴은 모스 테이퍼로 되어 있다.

13. 드릴링 머신에서 가장 많이 사용되는 드릴은?
    ㉮ 평드릴   ㉯ 센터드릴
    ㉰ 트위스트드릴   ㉱ 유공드릴

14. 보링(boring) 작업에서 사용하는 절삭공구는?
    ㉮ 바이트(bite)   ㉯ 커터(cutter)
    ㉰ 드릴(drill)   ㉱ 탭(tap)

15. 보링 머신(boring machine)의 크기를 나타낸 것 중 틀린 것은?
    ㉮ 주축의 이동거리
    ㉯ 테이블과 베드의 이동거리
    ㉰ 주축의 지름
    ㉱ 테이블의 크기

    해설 수평 보링 머신의 크기는 테이블의 크기, 주축의 지름, 주축의 이동거리, 주축헤드의 상하 이송거리 및 테이블의 이동거리로 표시한다.

16. 다음 보링 머신 중에서 매우 빠른 절삭 속도를 주어 정밀도가 높은 가공면을 얻는 것은?
    ㉮ 수직 보링 머신
    ㉯ 수평 보링 머신
    ㉰ 지그 보링 머신
    ㉱ 정밀 보링 머신

17. 수평식 보링 머신의 분류가 아닌 것은?
    ㉮ 플레이너형   ㉯ 테이블형
    ㉰ 프로어형   ㉱ 고정형

18. 수평 보링 머신의 크기는 무엇으로 표시하는가?
    ㉮ 테이블과 주축의 이동거리
    ㉯ 테이블의 크기
    ㉰ 주축의 지름
    ㉱ 주축의 이동거리

해답 10.㉯ 11.㉰ 12.㉯ 13.㉰ 14.㉮ 15.㉯ 16.㉱ 17.㉱ 18.㉰

19. 주축과 바 베어링에서 양단을 지지하고 회전시키면서 공작물에 이송을 주어 가공하는 보링 공구는?
   ㉮ 보링 바
   ㉯ 보링 헤드
   ㉰ 스티브보링 바
   ㉱ 보링 바이트

20. 다음의 보링 머신에서 수직식 드릴링 머신과 유사한 가능을 가진 것은?
   ㉮ 수직식 보링 머신
   ㉯ 수평식 보링 머신
   ㉰ 지그 보링 머신
   ㉱ 정밀 보링 머신

21. 주축중심선과 테이블의 상대 위치에 대한 정밀측정 장치를 가지고 있는 것은?
   ㉮ 수직식 보링 머신
   ㉯ 수평식 보링 머신
   ㉰ 정밀 보링 머신
   ㉱ 지그 보링 머신

22. 다음 중 드릴가공, 단조가공, 주조가공 등에 의하여 이미 뚫어져 있는 구멍을 좀 더 크게 확대하거나, 표면거칠기와 정밀도가 높은 제품을 완성하는 가공은?
   ㉮ 보링 가공
   ㉯ 호빙 가공
   ㉰ 지그 그라인딩
   ㉱ 건드릴 가공

23. 한 번에 많은 구멍을 뚫을 수 있는 드릴링 머신은 무엇인가?
   ㉮ 다두 드릴링 머신
   ㉯ 레디얼 드릴링 머신
   ㉰ 탁상 드릴링 머신
   ㉱ 다축 드릴링 머신

24. 황동에 고속도강 드릴로 구멍을 뚫고자 한다. 날끝각은?
   ㉮ 15°   ㉯ 10°
   ㉰ 110°   ㉱ 125°

   해설
   • 일반재료 : 118°
   • 스테인리스강 : 125°~135°
   • 주철 : 90°~100°
   • 황동과 구리합금 : 100°~118°
   • 연강 : 125°, 경강 : 150°

25. 대형의 평면을 가공하는 공작기계는?
   ㉮ 셰이퍼   ㉯ 플레이너
   ㉰ 슬로터   ㉱ 밀링머신

26. 다음에 중량이 무거운 대형 금형에 드릴링 작업을 하려고 한다. 적당한 드릴 머신은 다음 중 어느 것인가?
   ㉮ 다축 드릴 머신
   ㉯ 레이디얼 드릴 머신
   ㉰ 직립 드릴 머신
   ㉱ 탁상 드릴 머신

해답 19.㉯ 20.㉰ 21.㉱ 22.㉮ 23.㉱ 24.㉰ 25.㉯ 26.㉯

27. 가늘고 깊은 구멍을 뚫으려고 할 때, 제일 적당한 드릴 머신은 다음 중 어느 것인가?
   ㉮ 레이디얼 드릴 머신
   ㉯ 다축 드릴 머신
   ㉰ 건드릴 머신
   ㉱ 만능 드릴 머신

28. 지름 5mm의 드릴로 절삭속도 60m/min의 속도를 얻으려면 드릴 머신의 주축회전수는 몇 회전으로 하여야 하나?
   ㉮ 3800r.p.m ㉯ 4020r.p.m
   ㉰ 3300r.p.m ㉱ 8320r.p.m

   해설 $N = \dfrac{1000\,V}{\pi D} = \dfrac{1000 \times 60}{\pi \times 5}$
   $= 3800\,rpm$

29. 다음 중 드릴링 머신으로 할 수 없는 작업은?
   ㉮ 카운터 보링 ㉯ 카운터 싱킹
   ㉰ 보링 ㉱ 키 홈

30. 드릴 작업에서 모든 절삭조건이 같은 경우, 회전수가 가장 커야 하는 경우의 드릴 지름은?
   ㉮ 3mm ㉯ 19mm
   ㉰ 12mm ㉱ 10mm

31. 평 볼트, 소형나사 머리부를 가공물의 몸체 내에 들어가게 하기 위해 구멍의 상부를 원형으로 깍아 내는 드릴작업은?
   ㉮ 보링 ㉯ 스폿 페이싱
   ㉰ 카운터 보링 ㉱ 카운터 싱킹

32. 셰이퍼에서 가공물의 길이가 200(mm)인 연강재료를 120(m/min)의 절삭속도로 가공하고자 할 때 1분간에 몇번 왕복을 하겠는가?(단, 행정의 시간비는 3 : 5이다.)
   ㉮ 260(회/min) ㉯ 360(회/min)
   ㉰ 560(회/min) ㉱ 460(회/min)

   해설 $N = \dfrac{1000\,a\,V}{L}$
   $= \dfrac{1000 \times \frac{3}{5} \times 120}{200} = 360\,(회/min)$

33. 셰이퍼에서 가공할 수 없는 것은?
   ㉮ 수평깎기 ㉯ 각도깎기
   ㉰ 키이홈깎기 ㉱ 원통깎기

34. 셰이퍼와 플레이너의 절삭효율은 얼마인가?
   ㉮ 20~25% ㉯ 25~35%
   ㉰ 45~55% ㉱ 35~40%

35. 직접 셰이퍼와 유사한 공작기계는?
   ㉮ 플레이너
   ㉯ 슬로터
   ㉰ 브로칭 머신
   ㉱ 보링 머신

36. 셰이퍼의 크기는 어떻게 표시하는가?
   ㉮ 램과 테이블사이의 거리
   ㉯ 바이스의 크기
   ㉰ 크로스 레일의 길이
   ㉱ 램의 최대 행정거리

해답 27.㉰ 28.㉮ 29.㉱ 30.㉮ 31.㉰ 32.㉯ 33.㉱ 34.㉮ 35.㉯ 36.㉱

제 8 장

정밀 입자가공

1 래핑(lapping)

(1) 래핑(lapping)의 개요

랩판과 공작물사이에 미세한 분말 상태의 랩제(lapping powder)를 넣고 랩을 적당한 가벼운 압력으로 공작물을 누르며 마모현상을 기계 가공에 응용한 것으로, 공작물의 표면을 미세한 랩제로 마멸시켜 가장 정밀한 다듬질면을 얻는 정밀공작법이다.

(2) 래핑의 장·단점

① 장점
 ㉮ 가공면이 매끈한 거울면(mirror)을 얻을 수 있다.
 ㉯ 정밀도가 높은 제품을 가공할 수 있다.
 ㉰ 가공면은 윤활성 및 내마모성이 좋다.
 ㉱ 가공이 간단하고 대량생산이 가능하다.
 ㉲ 평면도, 진원도, 직선도 등의 이상적인 기하학적 형상을 얻을 수 있다.
 ㉳ 마찰계수가 적어지고 미끄럼면을 원활하게 된다.

② 단점
 ㉮ 가공면에 랩제가 잔류하기 쉽고, 제품 사용시 잔류한 랩제가 마모를 촉진시킨다.
 ㉯ 고도의 정밀 가공은 숙련이 필요하다.

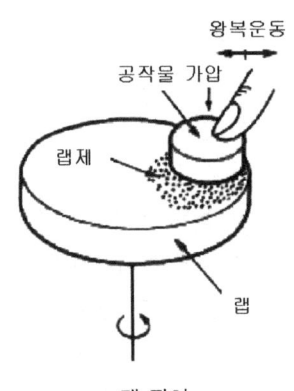

랩 작업

(3) 래핑 방법

① 습식 래핑(wet lapping)

랩제와 기름을 혼합하여 가공물에 주입하여 래핑하는 것으로 거친 랩, 고압력, 고속도로 가공하는데 쓰인다. 거친 래핑에 사용하며, 수직형 래핑머신에서는 작은 구멍이나 스플라인 구멍, 초경질 합금, 보석, 유리 가공에 많이 사용한다.

② 건식 래핑(dry lapping)

건조상태에서 래핑하는 방법으로 습식 래핑 후 표면을 더욱 정밀하게 하기 위해 사용한다. 랩액을 사용하지 않고 가공하는 것으로, 광택이 있고 면으로 다듬 작업을 한다.

(4) 랩, 랩제 및 래핑유

① 랩(lap)

랩은 공작물의 형상·재질에 적합한 것을 사용하고, 랩의 재료는 반드시 공작물보다 연질의 것을 사용한다. 랩의 재질 선정기준은 다음과 같다.

랩의 재질 선정기준

공작물의 재질	랩의 재료
담금질강, 경질합금	주철, 구리, 황동
연질금속	활자합금(Pb+Su+Sb), 납, 화이트메탈
비금속재료	나무, 대나무, 화이버, 목탄

② 랩제(lapping compound, lapping powder)

연삭제의 저립이 대표적인 것이나 공작물의 재질과 다듬질 정도에 따라 다음과 같이 선택한다. 가장 많이 사용하는 것은 탄화규소(SiC)와 산화알루미늄(Al_2O_3)이다.

랩제의 선정

랩 제	공작물의 재질	다듬질 정도
탄화규소(카보란담 : SiC)	강, 주철	거친 래핑
산화알루미늄(알란팀 : Al_2O_3)	강	다듬 래핑
산화크롬(Cr_2O_3)	강	다듬 래핑

랩 제	공작물의 재질	다듬질 정도
산화알루미늄, 산화철	유리, 수정, 연금속	다듬 래핑
탄화붕소(BC), 다이아몬드	경질합금	거친 래핑 및 다듬 래핑

③ 래핑유(lapping oil)

습식 래핑의 경우 랩제와 혼합하여 사용하는 것으로 그 종류는 광물유, 식물유, 혼성유가 있으며 다듬질 래핑에는 점도가 좀 더 높은 것을 사용한다.

④ 래핑방식

㉮ 래핑유 : 경유, 석유, 올리브유 등

㉯ 가공여유 : 0.01~0.02mm

㉰ lapping속도 : 50~80m/min

㉱ 제품 : 블록게이지, 한계게이지, 게이지류, 롤러, 내연기관, 렌즈 등

㉲ 순서

열처리 → 기계가공 → 열처리(풀림, 경화) → 시효경화 → 거친연삭 → 시효처리 → 다듬연삭 → 래핑

2 호닝

(1) 호닝의 개요

호닝 가공(honing machine)은 원통의 내면을 정밀다듬질 하는 것으로 보링, 라이밍, 연삭가공 등을 끝낸 것을 혼(hone)이라고 하는 숫돌을 공작물에 대고 압력을 가하면서 회전운동과 왕복운동을 시켜 공작물을 정밀다듬질 하는 것이다.(실린더 내면, 원통의 외면, 평면, 크랭크축 기어등의 곡면가공)

유리, 플라스틱 등 비금속에 응용하나 연한 납, 바이메탈, 황동에는 눈막힘(loading)으로 사용 불가하다.

① 특징

㉮ 발열이 적고 경제적인 정밀가공이 가능하다.

㉯ 전가공(前加工)에서 발생한 진직도, 진원도, 테이퍼 등을 수정할 수 있다.

㉢ 표면 거칠기를 좋게 할 수 있으며 정밀한 치수로 가공할 수 있다.
㉣ 신속하고 정밀한 가공을 할 수 있다.
㉤ 모든 금속재료를 가공할 수 있다.

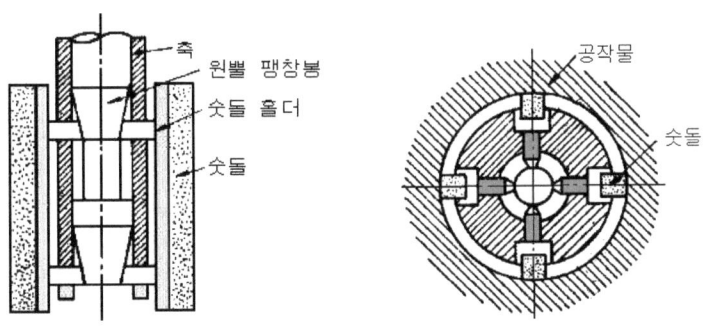

팽창식 혼

(2) 호닝 숫돌(hone)

연삭에서 사용하는 연삭 숫돌과 같으나, 형상이 사각형의 형태이며, 알루미나 계열의 WA, 탄화규소 계열의 GC 숫돌이 주로 사용되며, 초경합금이나 자기(瓷器) 등에는 다이아몬드도 사용한다. 결합제는 비트리파이드나 레지노이드가 주로 사용된다.

혼에 붙이는 숫돌의 입도는 120~600메시 정도이고 결합도는 J~N정도이다.

(3) 호닝 조건과 다듬질면의 표면 거칠기

① 호닝 속도
  ㉮ 혼의 원주속도는 40~70(m/min)이다.
  ㉯ 왕복속도는 원주속도의 1/2~1/5정도이다.
② 호닝 압력
  ㉮ 황삭가공에는 10~30(kg/cm^2)이다.
  ㉯ 다듬질 가공에서는 4~6(kg/cm^2)이다.
③ 연삭액 : 정밀한 다듬질 면을 얻기 위하여 주철은 등유 또는 광유, 경강은 경유와 유황 함유물, 청동은 라드유를 사용한다.
④ 다듬질 면
  다듬질 면의 치수정밀도는 0.005~0.01(mm)이며 표면 구조는 1~4(μ)이다.

(4) 액체 호닝(Liquid honing)

연마제를 가공액과 혼합하여 가공물의 표면에 압축공기를 이용하여 고압과 고속으로 분사시켜 가공물 표면과 충돌시켜 표면이 매끈한 다듬질면을 얻을 수 있도록 하는 공작법이다. 액체 호닝은 피닝 효과(peening effect)가 있다.

① 액체 호닝의 장점
   ㉮ 가공시간이 짧다.
   ㉯ 가공물의 피로강도를 10% 정도 향상
   ㉰ 형상이 복잡한 것도 쉽게 가공
   ㉱ 가공물 표면에 산화막이나 거스러미(burr)를 제거하기 쉽다.
② 액체 호닝의 단점
   ㉮ 호닝 입자가 가공물의 표면에 부착되어 내마모성을 저하시킬 우려가 있다.
   ㉯ 다듬질면의 진원도 직진도가 좋지 않다.

3 슈퍼 피니싱(super finishing)

(1) 슈퍼 피니싱의 개요

입도가 작고, 연한 숫돌에 적은 압력으로 가압하면서, 가공물에 이송을 주고, 동시에 숫돌에 진동을 주어 표면 거칠기를 높이는 가공방법으로 정밀 롤러, 베어링 레이스, 저널, 축의 베어링 접촉부, 각종 게이지의 초정밀 가공에 사용한다.

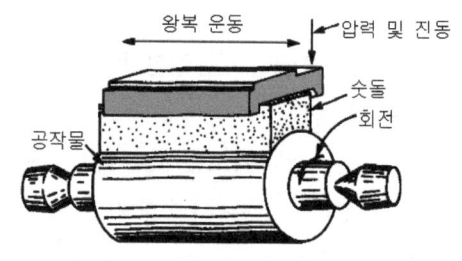

원통 슈퍼 피니싱

(2) 슈퍼 피니싱 숫돌

연삭 숫돌과 같은 산화알루미나계의 WA, 탄화규소계의 GC를 사용하며, 결합제는 비트리파이드를 사용한다.

슈퍼 피니싱의 가공조건은 다음과 같다.

① 숫돌 : 입도는 미세하고 결합도는 약한 것을 쓴다.
   ㉮ WA숫돌 : 탄소강, 합금강

㉯ GC숫돌 : 주철, 알루미늄, 동합금
② 입도 : 입도가 미세할수록 다듬질면은 좋으나 절삭능률이 나쁘다.
㉮ 거친 절삭 : #300~#400
㉯ 다듬질 절삭 : #600~#1500
㉰ 숫돌의 압력 : 0.2~1.5(kg/cm^2) 정도로 압력을 준다.
㉱ 다듬질면 조도 : 슈퍼 피니싱은 변질층을 제거하는 것이므로 표면조도는 $0.1(\mu)$ 정도로 높다.
㉲ 가공액 : 숫돌의 압력이 낮고 절삭속도가 느리므로 발열은 적다.
㉳ 가공액 역할
- 탈락숫돌의 입자와 칩을 흘러내리게 한다.
- 숫돌입자 선단을 잘 윤활시켜 절삭작용을 돕는다.
- 절삭작용을 제어하여 숫돌을 적당히 눈막임시킨다.

4 배럴(berrel) 가공

(1) 배럴 가공의 개요

회전하는 6각 또는 8각형의 상자(barrel)속에 가공물, 숫돌 입자, 가공액, 콤파운드(compound) 등을 넣고 회전시켜 서로 부딪치며 가공되어 표면의 요철부분은 제거하고 매끈한 가공면을 얻는 가공법으로 배럴 가공이 가능한 재료는 주철, 강, 구리, 알루미늄, 경합금 등의 금속 재료와 화이버(fiver), 베크라이트(bakelite), 플라스틱 목재 등의 비금속 재료도 가능하여 응용범위가 넓다.

① 회전형

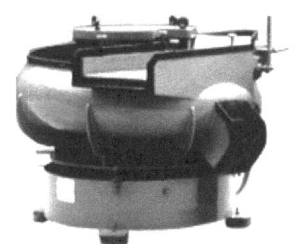

② 진동형

배럴 연마기

① 회전형 배럴

축의 위치에 따라 수평형과 경사형이 있다. 일반적인 형상 : 6~8각, 대형 : 10~12각형

② 진동 배럴

가공물과 입자의 상대운동은 배럴을 진동시킴으로서 얻어지는 때문에 진동 배럴이라 함.

㉮ 특징

회전식에 비하여 10배 정도의 가공능률이 높고, 거친 다듬질에 효과가 크다.

③ 미디어(media) : 공작물 사이에 끼워 가공작용을 한다.

선정은 가공물의 크기, 재질, 가공정도에 따라 결정되며,

㉮ 거친 배럴 : 입자, 석영, 모래 등 사용

㉯ 광택이 필요한 경우 : 나무, 피혁, 톱밥 등 사용

㉰ 미디어의 작용

- 절삭과정에서 발생한 거스러미(burr)를 제거함.
- 가공물의 치수 정밀도를 높인다.
- 녹이나 스케일을 제거한다.

(2) 배럴 가공 방법

배럴 용량의 반정도 가공물과 미디어를 넣고, 가공액을 첨가하여 저속으로 회전시킴. 배럴 속도는 일반적인 경우 6~30(rpm), 소형 가공물일 경우 35(rpm) 회전도 가능하다.

숏 피닝(shot-peening)

(1) 숏 피닝의 개요

주철, 주강제의 작은 구상의 숏(지름 0.6~0.9mm의 볼)을 압축공기나 원심력을 이용하여 40~50(m/sec)의 고속도로 공작물의 표면에 분사하여 표면을 매끈하게 하며, 동시에 0.2(mm)의 경화층을 얻게 되며 숏이 해머와 같은 작용을 하여 피로강도와 기계적 성질을 향상시킨다.

(2) 숏(shot)

칠드(chilled) 숏, 가단주철 숏, 주강 숏, 컷 와이어(cut wire) 숏과 가끔 사용되는 구리 숏, 유리 숏 등이 있다.

(3) 가공 조건
분사 속도, 분사 각도, 분사 면적은 중요한 영향을 미친다.
- 분사 압력 : 4(kgf/cm^2), 분사 각도 : 90°가 가장 크다

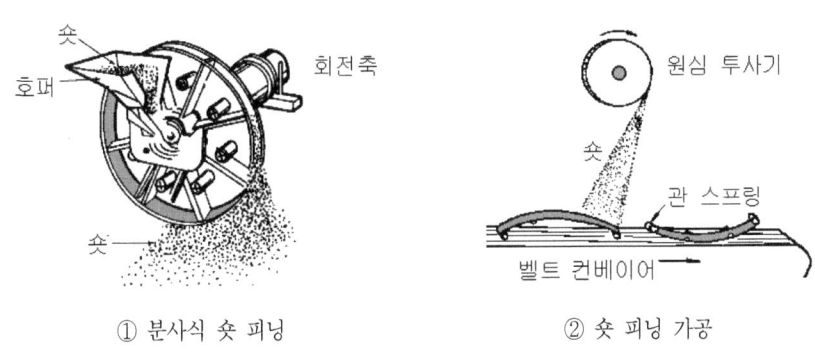

① 분사식 숏 피닝   ② 숏 피닝 가공

숏 피닝 원심 투사가공법

(4) 숏 피닝 머신 : 압축 공기식, 원심력 방식

주철, 주강제의 작은 구상의 숏(지름 0.6~0.9mm의 볼)을 40~50(m/sec)의 고속도로 공작물의 표면에 분사하여 표면을 매끈하게 하며, 동시에 0.2(mm)의 경화층을 얻게 되며 숏이 해머와 같은 작용을 하여 피로강도와 기계적 성질을 향상시킨다.

6 버니싱(burnishing)

원통의 내면을 다듬질하는 가공법으로 1차로 가공된 가공물의 안지름보다 다소 큰 강철 볼(ball)을 압입하여 통과시켜서 가공물의 표면을 소성변형시켜 가공하는 방법으로, 1차 가공에서 발생한 가공 자국, 긁힘(scratch), 흔적, 패인 곳(pit) 등을 제거하여 표면거칠기가 우수하고 정밀도가 높으며, 피로한도가 높고, 기계적 성질의 증가, 부식저항 증가, 표면이 매끈한 정밀도가 높은 면을 얻는 가공법이다.

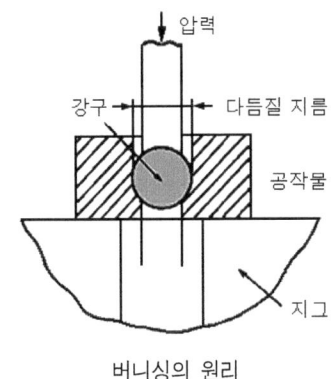

버니싱의 원리

① 강구 : 비철금속(알루미늄, 알루미늄합금, 구리, 구리합금 등)에 사용
② 초경합금 볼 : 강(steel)에 사용

7 롤러(roller) 가공

선반이나 일반 공작기계로 가공한 표면에는 절삭공구의 이송 자국, 뜯긴 자국 등이 나타나 있게 되는데 이러한 표면을 회전하는 둥근 공작물 표면에 롤러를 눌러대고 표면을 매끈하게 다듬으며 가공경화를 시키는 방법이다.

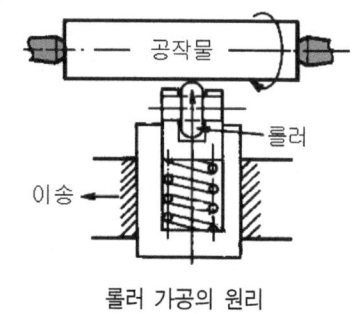

롤러 가공의 원리

8 폴리싱과 버핑

(1) 폴리싱과 버핑의 개요

폴리싱이라 함은 목재, 피혁, 직물 등 탄성이 있는 재료로 된 바퀴 표면에 부착시킨 미세한 연삭 입자로서 연삭작용을 하게 하여 가공물 표면을 버핑하기 전에 다듬질하는 방법.

버핑이라 함은 직물, 피혁, 고무 등으로 원반(buff)을 만들고 이것들을 여러 장 붙이거나 재봉으로 누비거나 또는 나사못으로 겹쳐서 폴리싱 또는 버핑 바퀴를 만들고 이것에 윤활제를 섞은 미세한 연삭 입자의 연삭 작용으로 가공물의 표면을 연마하여 매끈하고 광택을 내는 가공이다.

보통 바퀴의 지름은 25~600(mm) 정도로 한다.

(2) 폴리싱과 버핑

폴리싱은 버핑에 선행한다. 여러 가지 크기의 연삭 입자로 만들어진 폴리싱 바퀴를 점차적으로 큰 입자에서 작은 입자로 바꾸어 사용하며 가공물의 표면을 연마하는 가공이다.

입자의 크기는 가공물의 재질과 폴리싱의 정밀도에 따라서 결정되며 입자는 WA, GC를 사용하며, 폴리싱과 버핑의 적정속도는 2300(m/min) 정도이나, 바퀴의 마멸을 고려하여 평균 1500(m/min) 정도로 한다.

9 샌드 블라스팅(sand blasting)

파쇄되기 어려운 천연사를 압축 공기와 함께 공작물 표면에 분사하여 표면의 산화막과 녹 등을 제거하거나, 매우 적은 양이기는 하나 모래의 뾰족한 모서리로 연삭하여 표면을 매끈히 다듬는 가공법을 샌드 블라스팅이라 한다.

샌드 블라스팅은 모래를 분사시키므로, 오목한 부분이나 구멍의 안면 등 복잡한 모양의 공작물을 가공할 수 있다. 그러나 공구로 깎은 것처럼 매끈하지는 못하다. 또, 모래가 부서져서 분말이 인체에 들어가 폐를 해치는 경우가 많으므로, 요즈음에는 모래를 강철제 그릿(grit)으로 대체하고 있다.

10 NC 성형연삭기

다음과 같은 기능을 가진다.
① 상하 이동과 전후 이동의 2축을 제어하며, 숫돌의 성형과 숫돌의 위치 결정, 가공물의 연삭을 할 수 있다.
② 숫돌을 성형할 때마다 숫돌지름의 크기를 프로그램 상에서 고려할 필요가 없다.
③ 숫돌의 자동 드레싱

11 지그 그라인딩 가공

담금질을 하면 담금질 변형이 생겨 정확하게 가공된 구멍 위치도 약간의 오차가 발생하는데 지그 그라인더는 이와 같은 경우에 사용하며, 숫돌측이 회전하면서 유성운동을 한다.

가공범위는 1mm 이하의 작은 구멍에서 $\varnothing 100 \sim 200$mm의 범위까지 가공이 가능하다.
① 지그 그라인딩 작업
- 원통내면 연삭
- 테이퍼 연삭
- 단붙이 연삭
- 슬로팅 연삭

익힘문제

문제1 정밀입자 가공법 중 래핑의 장점에 대하여 간단하게 설명하시오.

해설
① 가공면이 매끈한 거울면(mirror)을 얻을 수 있다.
② 정밀도가 높은 제품을 가공할 수 있다.
③ 가공면은 윤활성 및 내마모성이 좋다.
④ 가공이 간단하고 대량생산이 가능하다.
⑤ 평면도, 진원도, 직선도 등의 이상적인 기하학적 형상을 얻을 수 있다.
⑥ 마찰계수가 적어지고 미끄럼면이 원활하게 된다.

문제2 버니싱을 간단하게 설명하시오.

해설 원통의 내면을 다듬질하는 가공법으로 1차로 가공된 가공물의 안지름보다 다소 큰 강철 볼(ball)을 압입하여 통과시켜서 가공물의 표면을 소성변형시켜 가공하는 방법이다. 1차 가공에서 발생한 가공자국, 긁힘(scratch), 흔적, 패인 곳(pit) 등을 제거하여 표면거칠기가 우수하고 정밀도가 높으며, 피로한도가 높고, 기계적 성질의 증가, 부식저항 증가, 표면이 매끈한 정밀도가 높은 면을 얻는 가공법이다.

문제3 슈퍼 피니싱의 장점을 간략하게 설명하시오.

해설
① 가공면이 평활하고 방향성이 없다.
② 변질층이 매우 얇다.
③ 고정도의 표면을 얻을 수 있다.
④ 가공시간이 짧다.

문제4 숏 피닝에서 사용하는 숏(shot)의 종류를 간략하게 쓰시오.

해설 칠드(chilled) 숏, 가단주철 숏, 주강 숏, 컷 와이어(cut wire) 숏과 가끔 사용되는 구리 숏, 유리 숏 등이 있다.

문제5 배럴 가공의 미디어(media)의 작용과 종류를 쓰시오.

해설
1) 미디어의 작용
① 절삭과정에서 발생한 거스러미(burr)를 제거함.

② 가공물의 치수 정밀도를 높인다.
③ 녹이나 스케일을 제거한다.
2) 미디어의 종류
① 거친 배럴 : 입자, 석영, 모래 등 사용
② 광택이 필요한 경우 : 나무, 피혁, 톱밥 등 사용

문제6 호닝을 간단하게 설명하시오.

해설 호닝 가공(honing machine)은 원통의 내면을 정밀다듬질하는 것으로 보링, 라이밍, 연삭가공 등을 끝낸 것을 혼(hone)이라고 하는 숫돌을 공작물에 대고 압력을 가하면서 회전운동과 왕복 운동을 시켜 공작물을 정밀다듬질하는 것이다.
실린더 내면, 원통의 외면, 평면, 크랭크축 기어 등의 곡면가공에 사용하며 유리, 플라스틱 등 비금속에 응용하나 연한 납, 바이메탈, 황동에는 눈막힘(loading)으로 사용 불가하다.

문제7 샌드 블라스팅(sand blasting)을 간단하게 설명하시오.

해설 파쇄되기 어려운 천연사를 압축 공기와 함께 공작물 표면에 분사하여 표면의 산화막과 녹 등을 제거하거나, 매우 적은 양이기는 하나 모래의 뾰족한 모서리로 연삭하여 표면을 매끈히 다듬는 가공법을 샌드 블라스팅이라 한다.

문제8 지그 그라인딩의 작업을 간단하게 쓰시오.

해설 가공범위는 1mm 이하의 작은 구멍에서 ∅100~200mm의 범위까지 가공이 가능하다.
① 원통내면 연삭
② 테이퍼 연삭
③ 단붙이 연삭
④ 슬로팅 연삭

문제9 폴리싱과 버핑의 개요를 간단하게 쓰시오.

해설 ① 폴리싱이라 함은 목재, 피혁, 직물 등 탄성이 있는 재료로 된 바퀴 표면에 부착시킨 미세한 연삭 입자로서, 연삭작용을 하게 하여 가공물 표면을 버핑하기 전에 다듬질하는 방법.
② 버핑이라 함은 직물, 피혁, 고무 등으로 원반(buff)을 만들고 이것들을 여러 장 붙이거나 재봉으로 누비거나 또는 나사못으로 겹쳐서 폴리싱 또는 버핑 바퀴를 만들고 이것에 윤활제를 섞은 미세한 연삭 입자의 연삭 작용으로 가공물의 표면을 연마하여 매끈하고 광택을 내는 가공.

예상문제

1. 다음 중에서 자동차 스프링, 기어, 축 등 반복하중을 받는 기계 부품 끝가공에 적합한 특수가공법은 다음 중 어느 것인가?
   ㉮ 숏 피닝   ㉯ 버니싱
   ㉰ 텀블링   ㉱ 입자벨트기공

2. 다음 중 담금질 변형이 생긴 구멍 가공에 사용되며 숫돌축이 회전하면서 유성 운동을 하여 구멍의 정도를 낼 수 있는 가공은?
   ㉮ 배럴가공   ㉯ 슈퍼 피니싱
   ㉰ 지그 그라인딩   ㉱ NC 성형연삭기

3. 다음은 매끈한 표면을 얻는 가공법으로, 금속, 보석 등을 가공하였고, 마모현상을 응용한 방법으로 현대에도 많이 사용하는 가공방법은?
   ㉮ 지그 그라인딩   ㉯ 호닝
   ㉰ 래핑   ㉱ 연삭

4. 다음에 래핑 가공의 장점들 중에 틀린 것은?
   ㉮ 작업이 깨끗하여 작업자의 손과 옷을 더럽히지 않는다.
   ㉯ 정밀도가 높은 제품을 만들 수 있다.
   ㉰ 가공면이 매끈하고 적절한 방법에 의하여 거울면과 같이 고운 면을 얻을 수 있다.
   ㉱ 작업방법이 간단하고 미숙련자도 정밀도가 높은 제품을 만들 수 있다.

5. 모(毛), 직물 등으로 만든 원반을 여러 장 붙인 바퀴에 미세한 연삭입자볼을 사용하여 공작물의 표면을 광택내는 작업은?
   ㉮ 호닝   ㉯ 버핑
   ㉰ 폴리싱   ㉱ 슈퍼 피니싱

6. 다음 중 직사각형의 숫돌을 스프링으로 축에 방사형으로 부착한 원통형의 공구을 회전 및 직선 왕복 운동시켜 가공하는 가공방법은?
   ㉮ 호닝
   ㉯ 슈퍼 피니싱
   ㉰ 지그 그라인딩
   ㉱ 래핑

7. 원통형이나 6~8각형의 상자 속에 공작물과 연마제 등을 넣고 회전시켜 요철부분을 제거하여 매끈한 가공면을 얻는 가공법은?
   ㉮ 롤러 다듬질
   ㉯ 버니싱(burnishing)
   ㉰ 호닝(honing)
   ㉱ 배럴가공(barrel finishing)

8. 금형의 경면작업시 콤파운드(compound)를 사용하는 작업은?
   ㉮ 버핑   ㉯ 플리싱
   ㉰ 샌드블라스팅   ㉱ 슈퍼 피니싱

해답 1.㉮ 2.㉰ 3.㉰ 4.㉱ 5.㉯ 6.㉮ 7.㉱ 8.㉮

9. 다음 중 입도가 작고, 연한 숫돌에 적은 압력으로 가압하면서, 가공물에 이송을 주고, 동시에 숫돌에 진동을 주어 표면 거칠기를 높이는 가공방법은?
   ㉮ 래핑　　　㉯ 슈퍼 피니싱
   ㉰ 지그 그라인딩　㉱ 호닝

10. 스프링 등을 숏 피닝 할 때의 장점이 될 수 없는 것은?
    ㉮ 피로 한도가 높아진다.
    ㉯ 표면 경도가 커진다.
    ㉰ 기계적 성질이 좋아진다.
    ㉱ 연성을 감소시키고 균열을 일으킨다.
    [해설] 가공물 표면에 숏을 투사하면 표면 강도가 증가하고 피로강도가 증가하여 기계적 성질이 향상된다. 그러나 잘못 시행하면 연성이 감소하여 균열의 원인이 된다.

11. 지그 그라인더 작업으로 바른 것은?
    ㉮ 다이 내면작업
    ㉯ 볼트구멍 작업
    ㉰ 카운터보어 작업
    ㉱ 다이 표면 연삭 작업

12. 슈퍼 피니싱 작업으로 곤란한 작업은 어느 것인가?
    ㉮ 원통의 외면 다듬질
    ㉯ 원통의 내면 다듬질
    ㉰ 키홈의 다듬질
    ㉱ 평면 다듬질

13. 액체 호닝의 장점이 아닌 것은?
    ㉮ 가공 시간이 짧다.
    ㉯ 가공물의 피로강도를 10% 정도 향상시킨다.
    ㉰ 형상이 복잡한 것은 가공하기가 곤란하다.
    ㉱ 가공물 표면의 산화막이나 거스러미(burr)를 제거하기 쉽다.

14. 슈퍼 피니싱에서 가공 정밀도와 관계없는 것은?
    ㉮ 가공속도　　㉯ 공작물의 크기
    ㉰ 입자의 크기　㉱ 공작물의 재질

15. 분말을 사용하지 않고 연삭숫돌을 사용하는 정밀 입자 가공은?
    ㉮ 래핑　　　㉯ 숏 피닝
    ㉰ 슈퍼 피니싱　㉱ 액체호닝

16. 호닝 머신에서 내면 가공시 공작물에 대한 혼은 어떤 운동을 하는가?
    ㉮ 직선왕복운동
    ㉯ 회전운동
    ㉰ 상하운동
    ㉱ 회전 및 직선왕복운동

17. 일반적으로 강을 래핑할 때 사용하는 랩(lap)으로 가장 적합한 것은?
    ㉮ 주철　　　㉯ 탄소강
    ㉰ 고속도강　㉱ 초경합금

해답 9.㉯ 10.㉱ 11.㉮ 12.㉰ 13.㉰ 14.㉯ 15.㉰ 16.㉱ 17.㉮

18. 호닝 작업에서 사용되는 숫돌의 입자는?
   ㉮ GC 또는 WA 숫돌입자
   ㉯ A 숫돌입자
   ㉰ D 숫돌입자
   ㉱ C 숫돌입자

19. 다음 중 슈퍼 피니싱의 특징이 아닌 것은?
   ㉮ 앞의 공정에서 발생한 가공 변질층을 제거할 수 있다.
   ㉯ 한쪽 방향으로만 다듬질할 수 있다.
   ㉰ 열의 발생이 적고, 내마멸성, 내부식성이 높은 다듬질 면을 얻을 수 있다.
   ㉱ 짧은 시간에 가공이 끝난다.

20. 슈퍼 피니싱에 주로 쓰이는 연삭액은?
   ㉮ 식물성기름
   ㉯ 동물성기름
   ㉰ 광물성 석유나 경유
   ㉱ 비눗물
   해설 슈퍼 피니싱 작업에는 석유나 경우가 많이 사용되며, 보통 경유에 10~30(%)의 스핀들유나 머신유를 혼합한 것을 사용한다.

21. 다음 공작기계 중에서 연삭숫돌을 사용하지 않고 연삭제를 사용하는 기계는?
   ㉮ 호닝머신
   ㉯ 슈퍼 피니싱머신
   ㉰ 그라인딩머신
   ㉱ 래핑머신

22. 건식 래핑과 습식 래핑에서 틀린 것은?
   ㉮ 습식 래핑은 거친 다듬질 작업을 할 때 사용한다.
   ㉯ 건식 래핑은 정밀 다듬질 작업을 할 때 사용한다.
   ㉰ 건식 래핑은 반드시 손으로 해야 한다.
   ㉱ 건식 래핑의 다듬질 양을 습식 래핑의 1/10 이하이다.

23. 랩제로 사용되지 않는 것은 어느 것인가?
   ㉮ 산화철   ㉯ 탄소강
   ㉰ 탄화규소   ㉱ 알루미나
   해설 랩제는 다이아몬드 분말 탄화규소(SiC), 알루미나(Al_2O_3), 산화크롬(Cr_2O_3) 등이 있다.

24. 배럴작업에서 어떤 효과를 얻을 수 있는가?
   ㉮ 부식처리   ㉯ 표면연마
   ㉰ 절삭효율   ㉱ 치수의 정도

25. 다음 그림과 같이 숫돌에 진동을 주면서 공작물에 회전 이송 운동을 주어 표면을 다듬질하는 가공방법은?

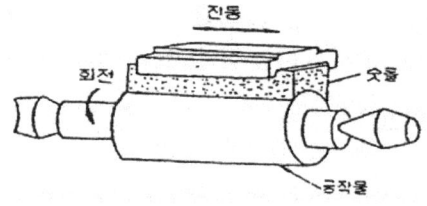

   ㉮ 원통연산   ㉯ 슈퍼 피니싱
   ㉰ 페이퍼 연삭   ㉱ 호닝

해답 18. ㉮ 19. ㉯ 20. ㉰ 21. ㉱ 22. ㉰ 23. ㉯ 24. ㉯ 25. ㉯

26. 숏 피닝의 장점인 것은?
   ㉮ 경도와 피로 강도 증가
   ㉯ 내마모성 감소
   ㉰ 내구성 저하
   ㉱ 기계 가공성 향상

27. 다음 중 표면을 가장 정밀하게 가공하는 것은?
   ㉮ 래핑   ㉯ 호닝
   ㉰ 슈퍼 피니싱   ㉱ 연삭

28. 다음 래핑의 효과 중 틀린 것은?
   ㉮ 윤활성이 좋게 된다.
   ㉯ 내마모성이 증가한다.
   ㉰ 제품의 정밀도가 향상된다.
   ㉱ 마찰계수가 커서 좋다.

29. 래핑에서 어느 방법으로 가공하는 것이 가장 정밀한가?
   ㉮ 습식법   ㉯ 건식법
   ㉰ 가열법   ㉱ 냉각법

   해설 습식법은 랩제가 구름과 미끄럼이 동시에 일어나 거칠고, 건식법은 미끄럼 운동만 하므로 아름답고 정밀하다.

30. 숏 피닝 가공에 대한 설명 중 맞는 말은?
   ㉮ 가공 시간이 단축된다.
   ㉯ 정밀한 치수를 얻을 수 있다.
   ㉰ 가공면이 광택이 난다.
   ㉱ 경도와 강도 및 피로한도가 증가된다.

31. 래핑 작업을 할 때 주의해야 할 사항 중 틀린 것은?
   ㉮ 랩제보다 공작액을 많이 섞는 것이 좋다.
   ㉯ 래핑 여유는 5/1000~1/100이 좋다.
   ㉰ 카버런덤 랩제를 사용할 때는 가끔 랩제를 보충해 준다.
   ㉱ 래핑작업중 새 랩제를 더 넣어서는 절대로 안 된다.

32. 블록게이지를 다듬질 가공할 때 적당한 가공법은?
   ㉮ 호닝   ㉯ 슈퍼 피니싱
   ㉰ 래핑   ㉱ 버핑

33. 숏 피닝에 의한 표면 가공을 하지 않는 것은?
   ㉮ 축   ㉯ 볼트
   ㉰ 스프링   ㉱ 기어

34. 숏 피닝에 사용되는 숏의 재질은?
   ㉮ 산화철   ㉯ 구리
   ㉰ 연삭숫돌   ㉱ 칠드주철이나 강

35. 숏 피닝은 어떤 부품의 가공에 사용하는가?
   ㉮ 반복하중을 받는 부품
   ㉯ 압축하중을 받는 부품
   ㉰ 굽힘하중을 받는 부품
   ㉱ 인장하중을 받는 부품

해답 26.㉮ 27.㉮ 28.㉱ 29.㉯ 30.㉱ 31.㉱ 32.㉰ 33.㉯ 34.㉱ 35.㉮

제 9 장

특수 가공

전해가공(electrolytic machine)

(1) 전해가공(electro-chemical machine : ECM)의 개요

전극을 음극(-전기), 가공물을 양극(+전기)으로 연결하여, 전극과 가공물의 간격을 0.02 ~0.7(mm) 정도 유지하며 전해액을 분출하면서 공작물을 전해용삭하는 공작법으로 주로 금형의 조형에 사용된다.

전해액은 소금물을 사용하며 다른 전기적 가공법보다 능률이 좋으며, 전기불꽃을 발생하지 않으므로 공구가 소모되지 않는 이점이 있다.

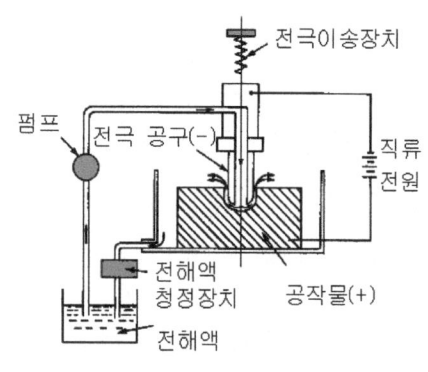

전해가공의 원리

(2) 전원 및 가공액

전압은 10~20V, 전류밀도 20~200(A/cm^2), 가공액 6~60(m/sec) 정도로 한다.

(3) 특징

방전가공과 전해연마를 응용한 가공방법으로 방전가공에 비하여 정밀도는 저하되나 가공 능률이 높아 방전가공의 10배 정도, 전해연마의 100배 정도로 가공할 수 있어 정밀도가 높지 않은 금형이나 부품가공에 적합하다.

(4) 장·단점

① 장점 : 사용하는 전극은 방전가공과 다르게 스파크를 발생시키지 않아 소모 및 변형이 적어 1개의 전극으로 여러 개의 제품을 가공할 수 있다.
② 단점 : 가공표면의 표면 거칠기는 우수하나 정밀도가 높은 제품은 가공할 수 없다.

2 전해연마(electrolytic polishint)

(1) 전해연마의 개요

공물 표면의 작은 요철 부분을 제거하는 방법으로 전기도금의 반대현상으로 가공물을 양극(+ 전기), 전기 저항이 적은 구리, 아연을 음극(- 전기)으로 연결하고, 전해액 속에서 1(A/cm^2) 정도의 전기를 통하면 전류 화학적 방법으로 공작물의 돌기 부분이 전해액 중에 녹아 ⊕이온이 음극으로 끌려나와 표면이 광택이 있는 면으로 되는 가공법이다.

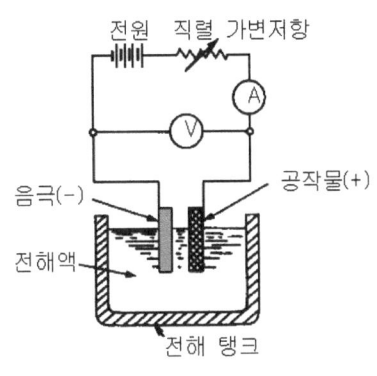

전해연마의 원리

(2) 전해액

과염소다(HClO$_4$), 황산(H$_2$SO$_4$), 인산(H$_3$PO$_4$), 질산(HNO$_3$) 등이 쓰이며, 점성을 높이기 위하여 젤라틴 글리세린 등의 유기물을 첨가하는 경우가 있다.

(3) 전해연마 특징

① 가공 변질층이 없고 평활한 가공면을 얻을 수 있다.
② 복잡한 형상의 제품도 연마가 가능하다.
③ 가공면에 방향성이 없으며, 내마모성, 내부식성이 향상된다.
④ 연질의 알루미늄, 구리 등도 쉽게 광택면을 가공할 수 있다.

3 전해연삭(electrolytic chemical grinding : ECG)

(1) 전해연삭의 개요

전해가공(ECM)과 유사하며, 전해가공은 비접촉식이고, 전해연삭은 연삭 숫돌에 의한 접촉방식이다. 전해작용과 기계적인 연삭가공을 복합시킨 가공방법이다. 특히 가공변질층 및 표면거칠기가 우수하여 매우 능률적인 가공방법이다.

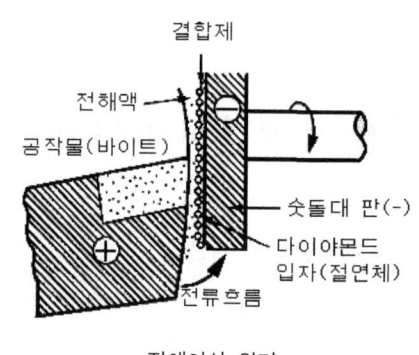

전해연삭 원리

(2) 장점

① 전해연삭은 가공속도가 빠르고, 숫돌의 소모가 적으며 가공면이 연삭가공면보다 우수하다.
② 초경합금과 같은 경질 가공물, 열에 민감한 가공물, 연질 가공물, 두께가 얇은 판 등을 변형 없이 가공하는데 적합하다.

(3) 전해연삭의 특징

① 가공물의 종류나 경도에 관계없이 능률이 좋다.
② 경도가 높은 가공물일수록 능률이 기계적인 연삭보다 우수하다.
③ 박판이나 복잡한 형상의 가공물을 변형없이 가공할 수 있다.
④ 연삭열의 발생이 적고 숫돌의 수명이 길다.
⑤ 정밀도는 기계적인 연삭보다 낮다.
⑥ 설비비가 많이 들고, 숫돌의 가격이 비싸다.
⑦ 가공면은 광택이 나지 않는다.

(4) 적용 및 가공

① 전자 현미경의 시편가공, 반도체 가공에 적용한다.
② 전해연삭은 평면 및 원통, 내면가공을 할 수 있다.

(5) 가공액 : KNO_3, $NaNO_3$, KNO_2 등

(6) 접촉 압력 : $2 \sim 3(kgf/cm^2)$ 정도

④ 전주(電鑄)가공

(1) 전주가공의 개요

도금을 응용한 방법으로 모델을 음극에, 모델에 전착(電着)시킬 금속을 양극에 설치하고 전해액 속에서 전기를 통전하여 적당한 두께로 금속을 입히는 가공방법을 전주가공이라 한다.

도금은 모델 표면에 0.05(mm) 이하의 두께로 금속을 입히지만, 전주가공은 1~15(mm)의 두께로 전착층을 형성시키며, 도금보다 시간이 훨씬 많이 걸린다.

전주가공에 사용되는 금속은 Ni, Ni합금, Cu, Cu합금이나 2~3종의 금속을 결합한 복합 재료를 사용한다.

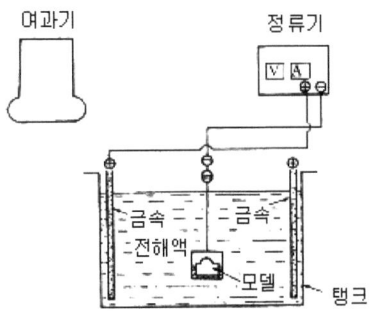

전주가공의 원리

(2) 전주가공 공정
① 필요한 형상의 모델(모형)을 제작한다.
② 전도성을 부가(附加)하기 위하여 금속 분말을 모델 표면에 입힌다.
③ 전주가공이 필요하지 않은 부분은 절연시킨다.
④ 모델을 깨끗이 닦고 이형재(離型材)을 입힌다.
⑤ 전착가공 후, 모델에서 분리하고, 기계가공하여 사용한다.

(3) 전주가공의 특징
① 가공 정밀도가 높다.(±2.5(μm))
② 복잡한 형상, 중공축 등을 가공할 수 있다.
③ 제품의 크기에 제한을 받지 않는다.
④ 생산시간이 길다.(플라스틱 성형용 2~3주일)
⑤ 가격이 비싸다.

5 레이저 가공

(1) 레이저 가공의 개요

레이저는 빛을 방출하여 증폭시킨다는 뜻이며 레이저 가공은 고에너지밀도를 미소 스폿에 집광시킨 레이저광을 가공에 적용시킨 것으로 적용분야는 절단, 구멍 뚫기, 용접, 열처리, 표면처리 등이다.

(2) 레이저 가공의 특징
① 비접촉 가공이므로 공구의 마모가 없다.
② 빛을 이용한 가공이므로 임의의 위치에서 가공이 가능하다.
③ 열 가공이나 열에 의한 변형은 적다.
④ 자동가공이 쉽고, 특히 CNC 이용이 가능하다.
⑤ 세라믹, 유리, 석영, 타일, 인조대리석 등 고경도 취성재료의 가공이 용이하다.

6 초음파가공(ultra-sonic machining)

(1) 초음파가공의 개요

초음파가공은 초음파(超音波)를 이용한 전기적 에너지(energy)를 기계적 에너지로 변환시켜, 금속, 비금속 등의 재료에 관계없이 정밀가공을 하는 방법이다. 기계적 에너지로 전동을 하는 공구와 가공물 사이에 연삭 입자와 가공액을 주입하고, 작은 압력으로 공구에 초음파 진동을 주어 유리, 세라믹, 다이아몬드, 수정 등의 소성변형이 되지 않고 취성이 큰 재료를 가공할 수 있는 가공 방법이다.

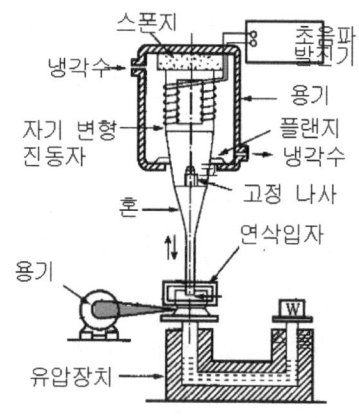

초음파가공기의 구성

연삭 입자의 재질은 산화알루미나계(Al_2O_3), 탄화규소계(SiC), 탄화붕소, 다이아몬드 분말, 입도 No.320~No.600 정도를 사용한다.

가공액은 물이나 경유를 사용하므로 가격이 싸고 취급이 편리하다.

(2) 특징
① 가공의 곤란한 유리, 수정, 루비, 다이아몬드, 게르마늄, 텅스텐, 담금질 강 등의 가공이 용이하다.
② 이형구멍의 뚫기, 얇은 절단, 성형, 표면 다듬조각 등의 가공이 용이하다.
③ 가공물에 가공변형이 생기지 않는다.
④ 조작이 간단하여 숙련이 필요 없다.
⑤ 공구이외에는 마모될 부품이 없다.
⑥ 복잡한 형상도 쉽게 가공할 수 있다.
⑦ 부도체도 가공할 수 있다.
⑧ 가공재료의 제한이 매우 작다.

7 방전가공(electric discharge maching : EDM)

(1) 방전가공의 개요

방전가공은 전극에 의하여 가공되는 방전가공(EDM)과 와이어에 의하여 가공하는 와이어 컷 방전 가공으로 분류하며, 전극과 가공물사이에 전기를 통전시켜, 방전현상의 열 에너지를 이용하여, 가공물을 용융 증발시켜 가공을 진행하는 비 접촉식 가공방법으로 전극과 가공물을 절연성의 가공액 중에 일정한 간격을 유지시켜 아크(arc) 열에 의하여 전극의 형상을 가공하는 방법이다.

방전가공은 불꽃 방전에 의하여 재료를 미소량 용해시켜 가공하는 방법으로 가공물을 ⊕극, 전극을 ⊖극에 연결하고 등유, 변압기유, 경유, 비눗물 속에서 방전시키므로 가공물을 조금씩 용해시켜가며 구멍, 조각, 윤곽 다이제작 등을 하는 가공법이다.

(2) 방전가공의 특징(장·단점)
① 가공물의 경도와 관계없이 가공이 가능.
② 무인 가공이 가능.

③ 숙련을 요하지 않음.
④ 전극의 형상대로 정밀하게 가공할 수 있다.
⑤ 전극 및 가공물에 큰 힘이 가해지지 않는다.
⑥ 전극은 구리나 흑연 등의 연한 재료를 사용하므로 가공이 쉽다.
⑦ 전극이 필요하다.
⑧ 가공 부분에 변질층이 남는다.

(3) 전극 재료의 조건
① 방전이 안전하고 가공속도가 클 것
② 가공 정밀도가 높을 것
③ 기계가공이 쉬울 것
④ 가공전극의 소모가 적을 것
⑤ 구하기 쉽고 값이 저렴할 것
⑥ 내열성이 높다.
⑦ 전기 전도도가 크다.
⑧ 성형 가공이 용이하다.

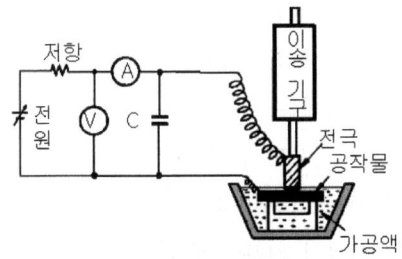

방전가공 원리

전극 재료는 구리(Cu), 그래파이트(Gr), 은-텅스텐(Ag-W)합금, 철강(Fe-C), 인청동(PB), 텅스텐(W) 등이 있다.

(4) 방전가공액
저 점도의 기름, 물, 탈이온수

(5) 칩 배출
① 분출법 : 공작물 아래 구멍의 분출은 관통가공, 전극에서의 분출은 바닥붙임 가공에 이용되는 형식으로 가장 많이 이용된다.
② 흡인법 : 공작물을 가공할 때 공작물의 측면구배를 작게 하여 전극 분근에서 생성된 가공칩에 의한 2차방전이 발생되지 않게 하기 위함이다.
③ 분사법 : 각인가공, 깊은 리브 가공 등에서 가공액 구멍이 없을 때 사용된다.

8 와이어 컷 방전가공(wire cut electric discharge machining)

(1) 와이어 컷 방전가공의 개요
지름이 0.02~0.3(mm) 정도의 금속선 전극을 이용하여 NC로 필요한 형상을 가공하는 방법이며, CNC 와이어 컷 방전이라 함.

(2) 가공액
물(이온수)을 사용하므로 취급이 쉽고, 화재 위험이 적으며, 냉각성이 좋고 칩의 배출이 용이하다.

(3) 와이어 컷 방전가공의 특성
① 담금질한 강이나 초경합금의 가공도 가능.
② 가공물의 형상이 복잡해도 가공속도가 변하지 않는다.
③ 전극을 제작할 필요가 없다.
④ 복잡한 가공물도 높은 정밀도의 가공이 가능.
⑤ 소비 전력이 적고, 전극 소모가 무시된다.
⑥ 가공여유가 적어도 되고, 전가공이 필요 없다.
⑦ 표면 거칠기가 양호하다.

(4) 전극용 와이어 재질
Cu, Bs, W 등이 사용

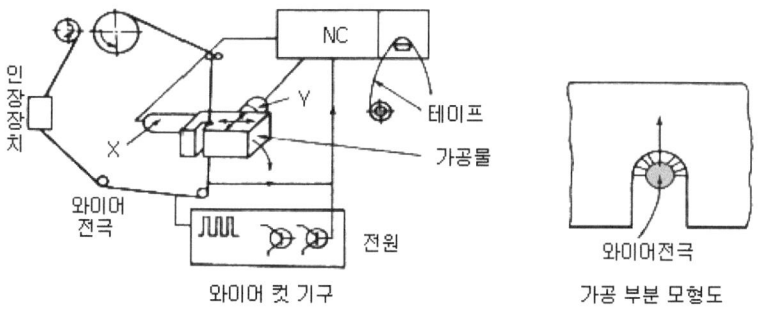

와이어 컷 방전가공기의 원리

(5) 가공액

순수한 물을 사용하며, 이 물은 와이어 전극과 공작물 사이에서 미소한 전해작용을 한다.

9 전자 빔 가공

(1) 전자 빔 가공의 개요

전자(피라멘트에서 방출되는 열전자)를 10~1 mpa의 진공중에서 80~150 KV의 전압으로 가속하고 전자 렌즈에 의해 가공물 위에 10~수백 $\mu m\varnothing$로 집중 조사하면, 전자는 수십 μm 표면층에 침입하고, 그 운동 에너지는 열로 변환되어 열을 얻을 수 있다. 이때 일반적으로 10^8 W/cm^2 이상의 파워 밀도를 얻는다. 이 고열에 의한 재료의 용해 분출, 증발 현상을 이용하는 가공법을 전자 빔 가공법이라고 한다.

(2) 전자 빔 가공 특징

열(heat)가공이므로 가공물의 기계적 성질과 관계없이 고경도의 재료(다이아몬드)도 가공되며, 미소 부분(μm 이하)에 미세 가공이 가능하며 빔을 주사하여 복잡한 형상도 가공할 수 있고 열가공이지만 조사 조건을 적당하게 선정하면 열 영향이 적은 가공을 할 수 있는 점 등을 들 수 있다.

10 고속 액체 제트 가공법

액체를 큰 압력을 가압하여 지름 0.1mm의 노즐에서 수백 수천 m/s의 속도로 분사시켜 재료를 가공하는 방법이다. 금속이나 플라스틱 외에도 목재, 천의 절단, 암석의 천공, 터널의 굴착 등도 가능하다.

익힘문제

문제1 전해 연마의 특징을 간단하게 설명하시오.

해설
① 가공 변질층이 없고 평활한 가공면을 얻을 수 있다.
② 복잡한 형상의 제품도 연마가 가능하다.
③ 가공면에 방향성이 없으며, 내마모성, 내부식성이 향상된다.
④ 연질의 알루미늄, 구리 등도 쉽게 광택면을 가공할 수 있다.

문제2 방전 가공의 특징을 간단하게 설명하시오.

해설
① 가공물의 경도와 관계없이 가공이 가능.
② 무인 가공이 가능.
③ 숙련을 요하지 않음.
④ 전극의 형상대로 정밀하게 가공할 수 있다.
⑤ 전극 및 가공물에 큰 힘이 가해지지 않는다.
⑥ 전극은 구리나 흑연 등의 연한 재료를 사용하므로 가공이 쉽다.
⑦ 전극이 필요하다.
⑧ 가공 부분에 변질층이 남는다.

문제3 전극 재료의 조건을 간단하게 설명하시오.

해설
① 방전이 안전하고 가공속도가 클 것
② 가공 정밀도가 높을 것
③ 기계가공이 쉬울 것
④ 가공전극의 소모가 적을 것
⑤ 구하기 쉽고 값이 저렴할 것
⑥ 내열성이 높다.
⑦ 전기 전도도가 크다.
⑧ 성형 가공이 용이하다.
전극 재료는 구리(Cu), 그래파이트(Gr), 은-텅스텐(Ag-W)합금, 철강(Fe-C), 인청동(PB), 텅스텐(W) 등이 있다.

문제4 와이어 컷 방전 가공의 특징을 간단하게 설명하시오.

해설
① 담금질한 강이나 초경합금의 가공도 가능.
② 가공물의 형상이 복잡해도 가공속도가 변하지 않는다.
③ 전극을 제작할 필요가 없다.
④ 복잡한 가공물도 높은 정밀도의 가공이 가능.
⑤ 소비 전력이 적고, 전극 소모가 무시된다.
⑥ 가공여유가 적어도 되고, 전가공이 필요없다.
⑦ 표면 거칠기가 양호하다.

문제5 전주 가공 공정을 간단하게 설명하시오.

해설
① 필요한 형상의 모델(모형)을 제작한다.
② 전도성을 부가(附加)하기 위하여 금속 분말을 모델 표면에 입힌다.
③ 전주 가공이 필요하지 않은 부분은 절연시킨다.
④ 모델을 깨끗이 닦고 이형재(離型材)를 입힌다.
⑤ 전착 가공 후 모델에서 분리하고, 기계 가공하여 사용한다.

문제6 전해 연삭의 특징을 간단하게 설명하시오.

해설
① 가공물의 종류나 경도에 관계없이 능률이 좋다.
② 경도가 높은 가공물일수록 능률이 기계적인 연삭보다 우수하다.
③ 박판이나 복잡한 형상의 가공물을 변형없이 가공할 수 있다.
④ 연삭열의 발생이 적고 숫돌의 수명이 길다.
⑤ 정밀도는 기계적인 연삭보다 낫다.
⑥ 설비비가 많이 들고, 숫돌의 가격이 비싸다.
⑦ 가공면은 광택이 나지 않는다.

문제7 레이저 가공의 개요를 간단하게 설명하시오.

해설 레이저는 빛을 방출하여 증폭시킨다는 뜻이며, 레이저 가공은 고에너지밀도를 미소스폿에 집광시킨 레이저광을 가공에 적용시킨 것으로 적용분야는 절단, 구멍 뚫기, 용접, 열처리, 표면처리 등이다.

문제8 초음파 가공의 개요를 간단하게 설명하시오.

해설 초음파 가공은 초음파(超音波)를 이용한 전기적 에너지(energy)를 기계적 에너지로 변환시켜, 금속, 비금속 등의 재료에 관계없이 정밀가공을 하는 방법이다. 기계적 에너지로 전동을 하는 공구와 가공물 사이에 연삭 입자와 가공액을 주입하고, 작은 압력으로 공구에 초음파 진동을 주어 유리, 세라믹, 다이어몬드, 수정 등의 소성변형이 되지 않고 취성이 큰 재료를 가공할 수 있는 가공 방법이다.

예상문제

1. 전해 연마할 때 사용하는 전해액에 해당되지 않는 것은?
   ㉮ 인산   ㉯ 황산
   ㉰ 초산   ㉱ 과염소산
   해설 전해 연마할 때 약산인 초산은 전해액으로 사용되지 않고 있다.

2. 방전가공의 특징을 설명한 것이다. 틀린 것은?
   ㉮ 가공면에 변질 경화층이 생긴다.
   ㉯ 열처리 후 가공이 쉽고 담금질 균열발생이 없다.
   ㉰ 반드시 전극이 필요하며 전극제작에 숙련이 필요하다.
   ㉱ 가공속도는 재료의 경도에 따라 다르게 작용한다.

3. 공작물을 양극으로 하고 불용해성의 Cu, Pb을 음극으로 하여 전해액 속에 넣으면 공작물 표면이 전기분해되어 매끈한 면을 얻었다. 이 방법은 다음 중 어느 것인가?
   ㉮ 전해연마   ㉯ 방전가공
   ㉰ 전해가공   ㉱ 전해연삭

4. 다이아몬드, 루비, 사파이어 등의 가공에 알맞은 가공법은?
   ㉮ 호닝   ㉯ 전해연마
   ㉰ 슈퍼 피니싱 ㉱ 방전가공

   해설 보석류의 가공은 방전가공으로 쉽게 할 수 있다.

5. 특수가공방법 중에서 스테인리스강이나, 알루미늄, 콘크리트, 내화벽돌 등의 고속절단이 가능한 가공방법은?
   ㉮ CNC 와이어컷 가공
   ㉯ CNC 방전가공
   ㉰ 고속 액체 제트 가공
   ㉱ 고속숫돌 절단가공

6. 블랭킹용 프레스 금형 가공기계 중 다이와 펀치 가공에 주로 이용되는 공작기계는?
   ㉮ 머시닝 센터
   ㉯ 프로파일 연삭기
   ㉰ NC 선반
   ㉱ 와이어컷 방전가공기

7. 방전가공의 장점이 아닌 것은?
   ㉮ 전극을 사용한다.
   ㉯ 경도, 재질에 관계없이 가공한다.
   ㉰ 가공 정밀도가 높다.
   ㉱ 복잡한 형상의 금형에 적합하다.

8. 방전가공시 전극 재질로 사용되지 않는 것은?
   ㉮ 아연   ㉯ 은
   ㉰ 구리   ㉱ 황동

해답 1.㉰ 2.㉱ 3.㉱ 4.㉱ 5.㉰ 6.㉱ 7.㉯ 8.㉮

9. CNC 방전가공 중 가공액에서 방전이 진행되는 과정은?
   ㉮ 방전 개시 - 기화상태 - 폭발 - 방전 휴지 - 용융비산
   ㉯ 방전 개시 - 기화상태 - 폭발 - 용융비산 - 방전 휴지
   ㉰ 방전 개시 - 폭발 - 기화상태 - 용융비산 - 방전 휴지
   ㉱ 방전 개시 - 기화상태 - 용융비산 - 폭발 - 방전 휴지

10. 다음에서 표면정밀도가 낮은 것부터 높은 순서로 맞게 쓴 것은?
    ㉮ 연삭, 래핑, 슈퍼 피니싱, 호닝
    ㉯ 래핑, 연삭, 호닝, 슈퍼 피니싱
    ㉰ 연삭, 호닝, 슈퍼 피니싱, 래핑
    ㉱ 연삭, 래핑, 호닝, 슈퍼 피니싱

11. CNC 와이어 컷 방전가공시 주로 사용하는 가공액은?
    ㉮ 콩기름   ㉯ 염화나트륨 수용액
    ㉰ 휘발유   ㉱ 순수한 물

12. 섬세한 꽃무늬가 있는 유리그릇 금형을 제작하려고 한다. 1차로 공작기계 가공 후 어떤 가공이 좋겠는가?
    ㉮ CNC 선반가공
    ㉯ CNC 밀링가공
    ㉰ 전주가공 또는 부식가공
    ㉱ 조작기계가공

13. 다음 중 와이어 컷 방전가공기의 전극용 와이어 재질 중 가공속도 정밀도 등을 고려할 때 제일 많이 사용되는 와이어는?
    ㉮ 0.2mm Pb선
    ㉯ 0.1mm W선
    ㉰ 0.2mm Cu선
    ㉱ 0.4mm Bs선

14. 전해연마할 때 전해액으로 틀린 것은?
    ㉮ 황산   ㉯ 초산
    ㉰ 과염소산   ㉱ 인산
    해설 전해연마에 사용되는 전해액은 황산, 과염소산, 인산, 청화알카리, 불산 등이다.

15. 다음은 방전가공법에 대한 장점을 열거한 것이다. 이치에 맞지 않는 사황은?
    ㉮ 절삭응력이 적다.
    ㉯ 가공이 용이하다.
    ㉰ 전기의 양도체 및 불량도체 어느 공작물이나 적용됨.
    ㉱ 이형인 공구의 가공에 적당하다.

16. 유리, 수정, 다이아몬드, 텅스텐, 열처리된 강 등을 가공할 수 있으며 공작물 표면에 가공변형이 남지 않는 가공법은?
    ㉮ 방전가공
    ㉯ 전해가공
    ㉰ 초음파가공
    ㉱ 레이저 가공

해답 9.㉯ 10.㉰ 11.㉱ 12.㉰ 13.㉯ 14.㉯ 15.㉰ 16.㉰

17. 다음 중 CNC 방전가공의 특징이 아닌 것은?
   ㉮ 가공속도가 매우 느리다.
   ㉯ 전극이 소모된다.
   ㉰ 전기의 부도체인 재질도 가공할 수 있다.
   ㉱ 무인운전화가 가능하다.

   해설 CNC 방전가공의 특징
   • 가공속도가 매우 느리다.
   • 전극이 소모된다.
   • 전기의 부도체인 재질은 가공할 수 없다.
   • 무인운전화가 가능하다.

18. 다음 중 와이어 컷 방전 가공기의 특성인 것은?
   ㉮ 담금질된 강이나 초경합금의 가공이 가능하다.
   ㉯ 공작물 형상이 복잡하면 가공속도가 변하게 된다.
   ㉰ 전단여유가 많고 전가공이 불필요하다.
   ㉱ 복잡한 공작물인 경우는 분할하여 가공한다.

   해설 와이어 컷 방전가공기의 특성
   • 담금질된 강이나 초경합금의 가공이 가능하다.
   • 공작물 형상이 복잡하여도 가공속도가 변하지 않는다.
   • 전단여유가 적고 전가공이 불필요하다.
   • 복잡한 공작물인 경우도 분할하여 가공하지 않는다.

19. 와이어 컷 방전가공기에서 공작물의 변형을 작게 하기 위해 가공부에서 얼마만큼 떨어진 곳에서 시작해야 하는가?
   ㉮ 15~20mm   ㉯ 5~10mm
   ㉰ 1~4mm   ㉱ 12~16mm

20. 다음 레이저 가공을 설명한 것 중 옳지 않은 것은?
   ㉮ 가공면이 섬세하고 정밀도가 높다.
   ㉯ 가공물의 손상이나 공구마모 등이 없다.
   ㉰ 대기, 진공, 절연가스 속에서도 가공이 된다.
   ㉱ 국부순간 가열로 열변형이 많이 발생한다.

21. 다음에서 와이어 컷 방전가공기의 가공 속도를 표시하는 것은?
   ㉮ 단위시간당의 가공체적으로 표시
   ㉯ 단위시간당의 가공단면적으로 표시
   ㉰ 단위시간당의 와이어 이송길이로 표시
   ㉱ 단위시간당의 가공중량으로 표시

22. 전기도금의 반대 현상으로 가공물을 양극(+), 전기저항이 적은 구리, 아연을 음극(-)으로 연결하고, 전기에 의한 화학적인 작용으로 가공물의 표면이 용출되어 필요한 형상으로 가공하는 방법으로 거울면과 같이 광택이 있는 가공 면을 비교적 쉽게 얻을 수 있는 가공법은?
   ㉮ 전해연삭   ㉯ 전해연마
   ㉰ 전주가공   ㉱ 방전가공

해답 17.㉰ 18.㉮ 19.㉯ 20.㉱ 21.㉯ 22.㉯

23. 방전가공으로 가공하지 않는 것은?
    ㉮ 조각   ㉯ 절단
    ㉰ 평면가공   ㉱ 구멍뚫기

24. 다음 재료 중 방전가공이 불가능한 재료는?
    ㉮ 탄소공구강   ㉯ 아크릴
    ㉰ 초경합금   ㉱ 고속도강

25. 다음 중 절단, 구멍 뚫기, 용접, 열처리, 표면 처리 등 매우 미소한 영역에 가공이 가능한 가공은?
    ㉮ 초음파가공
    ㉯ 마이크로 가공
    ㉰ 지그 그라인딩 가공
    ㉱ 레이저 가공

26. 다음 중 와이어 컷 방전가공기의 전극용 와이어 재질이 아닌 것은?
    ㉮ Cu   ㉯ Pb
    ㉰ Bs   ㉱ W

27. 다음 중 방전가공의 특징이 아닌 것은?
    ㉮ 도전체라면 가공물의 경도, 취성, 점도에 관계없이 가공할 수 있다.
    ㉯ 가공 속도가 빠르고 액중에서 가공하지 않으면 안 된다.
    ㉰ 무인 자동화 가공이 가능하다.
    ㉱ 가공 부분에 변질층이 남는다.
    해설 방전 가공은 가공 속도가 느리고 액중에서 가공하지 않으면 안 된다.

28. 전해연삭에 사용되는 전해액의 구비조건에 해당되지 않는 것은?
    ㉮ 고전도도를 가질 것
    ㉯ 부식을 방지하는 특성을 가질 것
    ㉰ 반응생성물을 용해하는 성능을 가질 것
    ㉱ 발화점이 낮고 휘발성이 높을 것

29. 드릴의 홈이나 주사침의 구멍을 깨끗하게 다듬질하는데 가장 좋은 방법은 어느 것인가?
    ㉮ 액체 호닝   ㉯ 전해가공
    ㉰ 전해연마   ㉱ 초음파가공

30. 다음 중 지름이 0.02~0.3mm의 가는 금속선 전극을 사용하여 NC로 필요한 형상을 가공하는 가공법은?
    ㉮ 초음파 가공
    ㉯ 레이저 가공
    ㉰ 와이어 컷 방전가공
    ㉱ 마이크로 가공

31. 다음 중 금속의 전착을 이용하여 일정한 모형 위에 도금을 해서 적당한 두께가 되면 모형에서 떼어내어 금형이나 방전가공의 전극으로 사용하는 가공은?
    ㉮ 부식가공
    ㉯ 전주가공
    ㉰ 전해가공
    ㉱ 전해연삭

해답 23.㉰ 24.㉯ 25.㉱ 26.㉯ 27.㉯ 28.㉱ 29.㉰ 30.㉰ 31.㉯

32. 알루미늄에 0.06인치 정도의 구멍을 뚫으려 한다. 다음 중 적당한 방법은?
   ㉮ 방전가공 ㉯ 레이저 가공
   ㉰ 배럴 가공 ㉱ 초음파가공

33. 자기변형이 일어나 초경합금이나 보석류를 다듬질 가공하는 방법은?
   ㉮ 방전가공 ㉯ 전해연마
   ㉰ 전해가공 ㉱ 초음파가공

   해설 초음파가공(ultra-sonic machining)
   약 17kc/sec 이상의 음파를 초음파라고 한다. 봉 또는 판상의 공구에 초음파 주파수의 진동을 주고 공작물과 공구사이에 연삭 입자를 두어 공작물을 정밀하게 다듬는 방법으로서 공작물의 전기양도체, 불도체를 불문하고 담금질경화한 강, 다이강, 수정, 보석, 유리, 초경합금, 자기 등을 정밀 가공한다.

34. 방전가공에 있어서 전극소모비를 나타낸 것은?
   ㉮ $\dfrac{\text{전극의 소모량}}{\text{피가공물의 가공량}} \times 100(\%)$
   ㉯ $\dfrac{\text{피가공물의 가공량}}{\text{전극의 소모량}} \times 100(\%)$
   ㉰ $\dfrac{\text{전극소모율}}{\text{전극소모량}} \times 100(\%)$
   ㉱ $\dfrac{\text{피가공물의 가공량}}{\text{전극의 소모량}} \times 100(\%)$

35. 방전가공액의 종류가 아닌 것은?
   ㉮ 물 ㉯ 방전가공유
   ㉰ 탈이온수 ㉱ 소금물

36. 전해연삭의 장점이 아닌 것은?
   ㉮ 가공 속도가 크다.
   ㉯ 복잡한 면의 정밀 가공이 가능하다.
   ㉰ 가공에 의한 표면 균열이 생기지 않는다.
   ㉱ 치수 정밀도가 좋지 않다.

37. 전해연마(electropolishing)에서 사용되는 전해액이 아닌 것은?
   ㉮ 과염소산 ㉯ 질산액
   ㉰ 청화알칼리 ㉱ 인산

   해설 전해연마(electropolishing)는 전해액 중에서 공작물을 양극불용성에서 전기저항이 적은 동, 연 등을 음극으로 통하게 하여 공작물의 면을 용해시키고 평활한 경면 광택으로 만든다. 이때 사용되는 전해액으로는 과염소산, 유산, 인산, 청화알칼리가 쓰인다.

38. 방전 가공시 전극재질의 구비조건이 아닌 것은?
   ㉮ 방전시 안정성이 있을 것
   ㉯ 가공하기가 쉬울 것
   ㉰ 전극 소모가 많을 것
   ㉱ 가공 정밀도가 높을 것

   해설 전극 재질의 조건
   • 방전이 안전하고 가공속도가 클 것
   • 가공 정밀도가 높을 것
   • 기계가공이 쉬울 것
   • 가공전극의 소모가 적을 것
   • 구하기 쉽고 값이 저렴할 것

해답 32.㉯ 33.㉱ 34.㉮ 35.㉱ 36.㉱ 37.㉯ 38.㉰

제 10 장

정밀측정

1. 정밀측정의 기초

1) 정밀측정의 개념

측정(measurement)이란 측정량을 단위로서 사용되는 다른 양과 비교하는 것으로서, 측정 결과는 측정량 중에 포함된 단위의 수치와 단위와의 곱으로 표시된다. 측정량 L은 직접 측정할 수도 있지만, 이미 알고 있는 표준편의 양 N과의 차 $\Delta = L-N$을 측정하여 이로부터 계산할 수도 있다. 앞쪽을 직접측정, 뒤쪽을 비교측정이라 한다.

2) 측정방법

① 직접측정(direct measurement)
   일정한 길이나 각도가 표시되어 있는 측정기를 사용하여, 측정하고자 하는 부품에 직접 접촉시켜 눈금을 보는 방법.
   예) 버니어캘리퍼스, 마이크로미터 등

② 비교측정(relative measurement)
   기준 치수로 되어 있는 표준편과 제품을 측정기로 비교하여 지침이 지시하는 눈금의 차를 읽는 방법.
   예) 다이얼 게이지, 미니미터, 공기 마이크로미터, 전기 마이크로미터 등

③ 간접측정(indirect measurement)
   나사, 기어 등과 같이 형태가 복잡한 것에 이용되며, 기하학적으로 측정치를 구하는 방법이

다. 측정이란 간접측정에 관한 것이 많다.

예) 사인 바(sine bar)에 의한 각도의 측정, 롤러와 블록게이지에 의한 테이퍼 측정, 삼침에 의한 나사의 유효지름 측정법 등

3) 측정오차

(1) 오차

측정의 정도 결정은 KS에서 정해진 온도 20℃, 기압 760mmHg, 습도 58%의 가장 좋은 환경에서 실시하여야 한다. 측정값과 참값과의 차를 오차(error)라 하며, 다음과 같이 나타낸다.

$$오차 = 측정값 - 참값$$

예) 지름 26.00mm의 실린더 안지름을 측정한 결과 26.02mm이었다.

풀이 오차＝26.02-26.00＝0.02

(2) 오차가 생기는 원인

① 측정기 자체에 의한 것(기기오차)
② 측정하는 사람에 의한 것(개인오차)
③ 외부적인 영향에 의한 경우
  ㉮ 되돌림오차(後退誤差)
  ㉯ 접촉오차
  ㉰ 시차
  ㉱ 온도
  ㉲ 측정력이 적당치 않을 경우
  ㉳ 긴 물체의 힘에 의한 오차
  ㉴ 진동에 의한 경우
  ㉵ 측정기를 잘못 선택한 경우

(3) 측정오차의 종류

① 개인오차 : 측정하는 사람에 따라서 생기는 오차로, 숙련됨에 따라 어느 정도 줄일 수 있다.
② 계통오차(systematic error) : 동일 측정 조건하에서 같은 크기와 부호를 가진 오차로서 보정(correction)하여 측정치를 수정할 수 있다. 이와 같이 측정기의 보정을 구하는 것을 교정

이라 한다. 측정기를 미리 검사함으로써 수정할 수 있다.
③ 우연오차(accidental error) : 측정기, 측정물 및 환경 등의 원인을 파악할 수 없어 측정자가 보정할 수 없는 오차이다. 이럴 경우에는 여러 번 측정하여 그 평균값을 구하는 것이 좋다.

(4) 측정기의 구조에 따른 영향

① 아베의 원리(Abbe's principle)

1890년 독일 Zeiss사의 창립자 E. Abbe에 의해 발표된 "표준자와 피측정물은 같은 축선상에 있어야 한다"는 원리이다. 이것을 컴퍼레이터의 원리라고도 하며, 예를 들어 그림에서 외측 마이크로미터 (a)는 눈금자가 측정 접촉자의 변위선상에 있고, 버니어캘리퍼스 (b)는 눈금자가 측정 접촉자와 어떤 거리만큼 떨어진 평행선상에 있으므로 같은 기울어짐에 대하여 생기는 오차는 외측 마이크로미터가 극히 작다. 그러므로 외측 마이크로미터를 아베의 원리에 만족하는 구조라 하며, 정도가 높은 측정기에서는 이러한 구조가 기본이다.

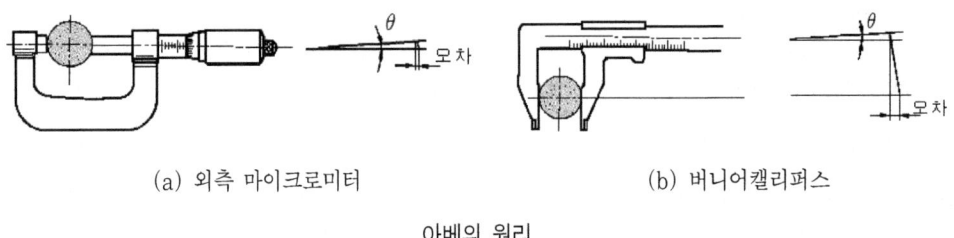

(a) 외측 마이크로미터   (b) 버니어캘리퍼스

아베의 원리

② 측정력의 영향

동일한 측정기로 하나의 피측정물을 측정하여도 그 때의 측정력이 달라지면 접촉부에 생기는 탄성 변형량이 변화한다. 또한, 동일 측정력이라도 측정자와 피측정면에서의 접촉부 형상이 평면과 곡면에서는 측정값이 다르고, 면의 거칠기 정도에 따라 달라진다.

③ 접촉오차

접촉오차는 측정기의 측정면이 마멸되었거나 양쪽 측면이 평행하지 않을 경우와 측정자의 형상이 피측정면에 부적당할 때 주로 발생한다.

④ 후퇴오차

슬라이드부의 마찰력이나 기어 및 나사의 흔들림 때문에 발생하며, 측정량이 증가 또는 감소하는 방향이 다름으로서 생기는 동일 치수에 대한 지시량의 차를 후퇴오차라 한다.

2 길이의 측정

길이 측정은 측정의 기초이며, 측정 빈도가 가장 많다.
① 선도기 : 도구에 표시된 눈금선과 눈금선 사이의 거리로 측정
   ㉮ 직접 측정기 : 강철자, 버니어캘리퍼스, 마이크로미터, 하이트 게이지
   ㉯ 비교 측정기 : 다이얼 게이지, 미니미터, 옵티 미터, 전기 마이크로미터, 공기 마이크로미터, 오르토 테스터, 패소미터, 패시미터, 측미 현미경
② 단도기 : 도구 자체의 면과 면 사이의 거리로 측정 – 블록 게이지, 한계 게이지, 틈새 게이지

1) 버니어캘리퍼스(vernier calipers)

어미자의 눈금(본척)과 아들자의 눈금(부척)으로 공작물의 외경과 내경, 깊이, 단차 및 길이를 측정할 수 있는 측정기이며, 호칭 치수는 측정이 가능한 최대 길이로 나타낸다. 미터식에서는 1/20mm, 1/50mm까지 읽을 수 있다. 종류로는 M형(1/20mm까지 측정), CM형(1/50mm까지 측정)이 있다. 그림은 각 부분의 명칭을 표시하였다.

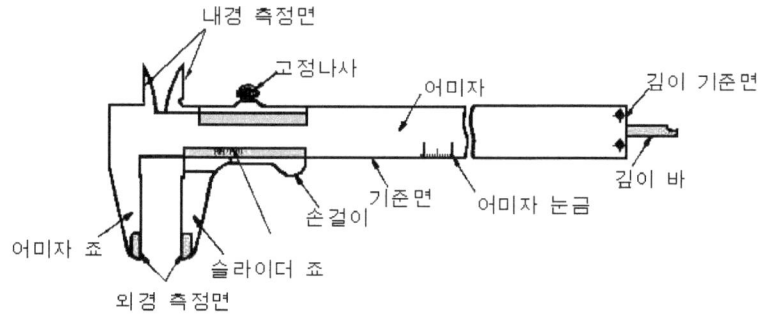

버니어캘리퍼스의 각 부분 명칭

예) 어미자의 한 눈금을 1mm로 하고, 어미자의 19개 눈금이 아들자에서는 20등분되어 있는 버니어캘리퍼스라면 어미자와 아들자의 한 눈금의 차는 $S - \frac{n-1}{n}S = \frac{S}{n}$에서 $\frac{S}{n} = \frac{1}{20}$ = 0.05mm이 된다. 이것이 아들자로 읽을 수 있는 최소값이 된다. 이 때 아들자의 네 번째 눈금선이 어미자 눈금과 일치하므로 어미자 23mm 눈금선에서 아들자 0선까지의 치수 0.05×4=0.2mm가 되며, 최종 길이 읽음값은 23+0.2=23.2mm가 된다.

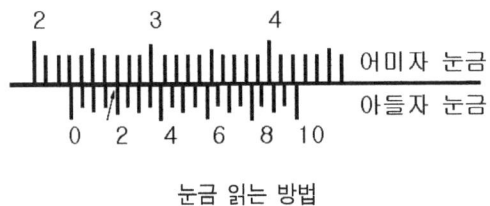

눈금 읽는 방법

2) 하이트 게이지(height guage)

하이트 게이지는 지그, 대형 부품, 복잡한 형상의 부품 등을 정반상에 놓고 정반의 표면을 기준으로 해서 높이를 측정하는 측정기이며, 또 스크라이버(scriber)의 선단으로 금긋기 작업을 할 때 사용한다.

(1) 아들자의 눈금 기입 방법

일반적으로 어미자 49mm를 50등분한 아들자로서, 최소 측정값이 1/50mm로 되어 있고, 어미자 양쪽에 눈금을 새긴 것에는 1/20mm의 최소 측정값을 함께 사용하고 있다.

(2) 하이트 게이지 종류

하이트 게이지는 HT형, HM형, HB형의 세 종류가 있으며, HT형과 HM형의 복합형이 가장 많이 사용하고 있다.

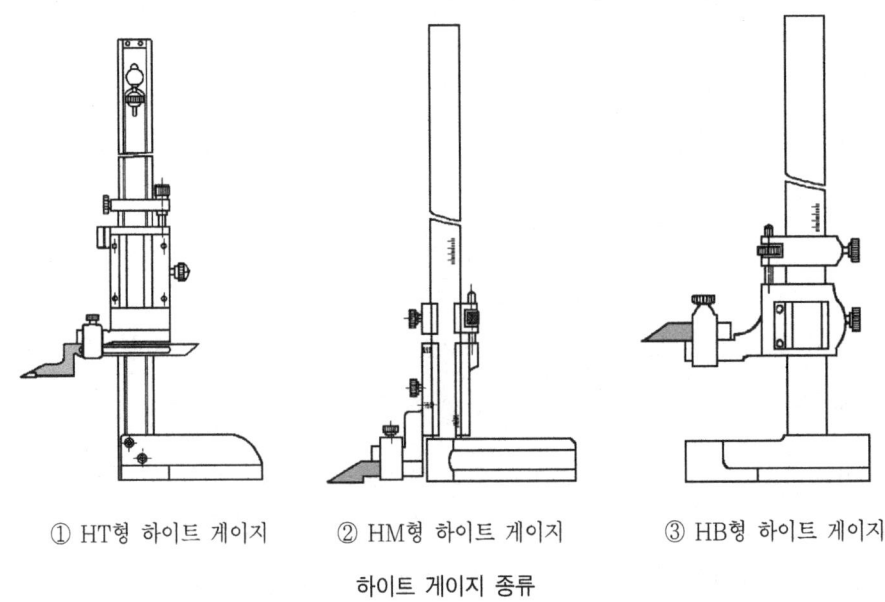

① HT형 하이트 게이지   ② HM형 하이트 게이지   ③ HB형 하이트 게이지

하이트 게이지 종류

3) 마이크로미터(micrometer)

길이의 변화를 나사의 회전각과 직경에 의해 확대하여 그 확대된 길이에 눈금을 붙여 미소의 길이 변화를 읽도록 한 측정기이다.

일반적으로 마이크로미터는 딤블을 1회전시키면 스핀들은 0.5mm 이송하고, 딤블의 원주는 50등분되어 있으므로, 원주 눈금면의 1눈금 회전한 경우 스핀들의 이동량(M)은 $M = 0.5 \times \frac{1}{50} = \frac{1}{100}$ mm 즉, 딤블의 1눈금은 0.01mm를 나타내게 된다. 최근에는 나사 피치가 1mm이고 원주 눈금을 100등분한 것으로 0.01mm까지 측정할 수 있는 것도 있다.

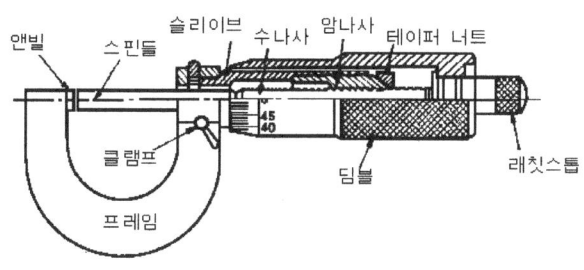

외측 마이크로미터 각 부 명칭

(1) 눈금 읽는 방법

눈금을 읽는 방법은 먼저 슬리브의 눈금을 읽고, 딤블의 눈금과 기선과 만나는 딤블의 눈금을 읽어 슬리브 읽음값에 더하면 된다. 예를 들어 측정물을 끼웠을 때의 눈금의 상태가 그림과 같다면, 다음 계산과 같이 된다.

```
슬리브의 1mm 눈금    4
슬리브의 0.5mm 눈금  0.5
딤블의   0.01mm 눈금 0.27 (+
                    4.77mm
```

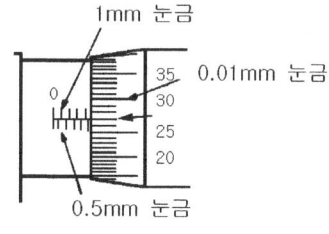

마이크로미터의 눈금

(2) 마이크로미터의 종류

마이크로미터에는 외측 마이크로미터 이외에 내측 마이크로미터, 나사마이크로미터, 디스크마이크로미터, 포인트마이크로미터, 깊이마이크로미터 등 여러 종류가 있다.

4) 블록 게이지(block gauge)

블록 게이지는 길이의 기준으로 사용되고 있는 평행 단도기로서, 횡단면이 직사각형이고 평행하며, 편평한 측정면을 가진 강편이며, 공작용 길이 표준으로 널리 사용된다.

블록 게이지에는 표와 같이 AA급(참조용), A급(표준용), B급(검사용) 및 C급(공작용)의 등급의 정밀도가 있다. 서로 대하는 평행 평면 사이의 거리가 호칭 치수이다.

블록 게이지의 사용 목적과 등급

사용 목적		등급	검사주기
참조용	표준용 블록 게이지의 정밀도 점검, 학술적 연구	AA 또는 A	3년
표준용	공작용 및 검사용 블록 게이지의 정밀도 검사, 측정기류의 정밀도 점검	A 또는 B	2년
검사용	게이지의 정밀도 점검, 측정기류의 정밀도 조정	A 또는 B	2년
	기계 부품, 공구 등의 검사	B 또는 C	1년
공작용	게이지의 제작, 측정기류의 정밀도 조정	B 또는 C	1년
	공구, 절삭 공구의 조정	C	6개월

(1) 블록 게이지의 종류

① 요한슨형(Johansson type) : 직사각형의 단면을 가짐.
② 호크형(Hoke type) : 중앙에 구멍이 뚫린 정사각형의 단면을 가짐.
③ 캐리형(Cary type) : 원형으로 중앙에 구멍이 뚫림.

일반적으로 요한슨형이 많이 쓰이고, 호크형은 주로 미국에서 많이 쓰이며, 얇은 치수(주로 0.05~1mm)에는 캐리형이 사용되나 근래는 거의 생산되지 않는다.

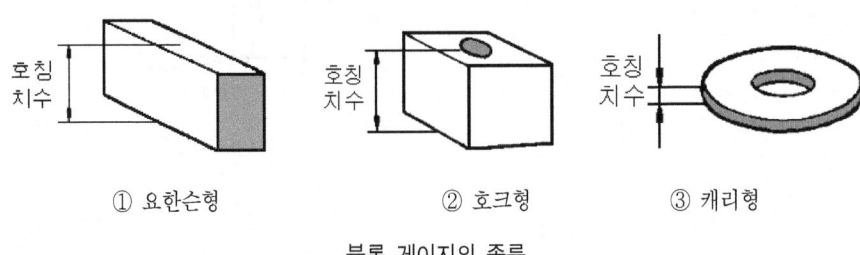

① 요한슨형 ② 호크형 ③ 캐리형

블록 게이지의 종류

(2) 블록 게이지 사용 방법

최소 개수로 밀착하는 것이 좋으며, 소정 치수의 블록 게이지를 고를 때에는 숫자의 맨 끝에서부터 소수점 아래 치수가 5보다 큰 경우에 5를 뺀 나머지 숫자부터 고른다. 다음의 예를 참고로 하면 알기 쉽다.

예를 들어 23.945인 경우 소숫점 아래 첫째 자리가 5보다 크므로 먼저 1.005를 선택한 다음, 1.44(1.94-0.5=1.44)를 하고 나머지 숫자를 선택한다.

① 23.945인 경우　　　② 26.238인 경우
　　1.005　　　　　　　　1.008
　　1.44　(1.94-0.5)　　　1.23
　　21.5　　　　　　　　 24.0
　　23.945　　　　　　　 26.238

(3) 블록 게이지의 특징
① 광파장으로부터 직접 길이를 결정할 수 있다.
② 표시하는 길이의 정도가 매우 높다. 그 정도는 $0.01\mu m$에 달한다.
③ 측정면이 서로 밀착하는 특성을 가지고 있어서 몇 개의 수로 많은 치수의 기준이 얻어진다.
④ 사용이 편리하다.

5) 다이얼 게이지
(1) 다이얼 게이지의 원리

다이얼 게이지는 길이의 비교 측정에 사용되며, 평면이나 원통형의 평활도, 원통의 진원도, 축의 흔들림 정도 등의 검사나 측정에 쓰이고 시계형, 부채꼴형 등이 있다.

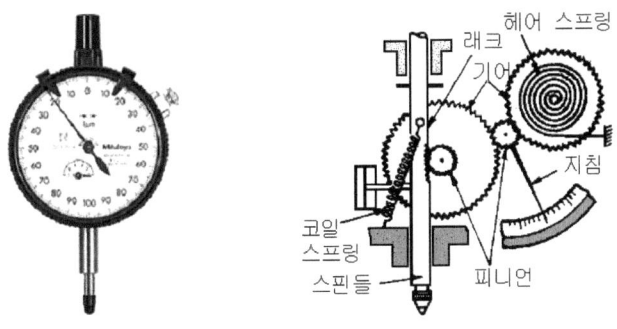

다이얼 게이지와 내부 구조

측정자의 미소 운동이 래크→피니언→기어→피니언의 확대 기구를 거쳐서 바늘이 회전 운동을 한다. 스핀들의 움직임은 0.3~10mm의 것이 있고, 눈금판은 스핀들의 움직임 0.01mm 또는 0.001mm에 대하여 눈금을 가리키게 되어 있다.

(2) 다이얼 게이지의 사용 범위
① 평행도의 측정
② 직각도의 측정
③ 진원도의 측정
④ 두께의 측정
⑤ 깊이의 측정
⑥ 축의 굽힘의 검사
⑦ 공작기계의 정밀도 검사
⑧ 회전축의 흔들림 검사
⑨ 기계가공에 있어서의 이송량 확인

(3) 다이얼 게이지의 특징
① 측정범위가 넓다.
② 연속된 변위량의 측정이 가능하다.
③ 소형, 경량으로 취급이 용이하다.
④ 어태치먼트의 사용 방법에 따라 측정이 광범위하다.
⑤ 다이얼 눈금과 지침에 의해서 읽기 때문에 읽기오차가 적다.
⑥ 다원측정(동시에 많은 개소의 측정이 가능)의 검출기로서 이용할 수 있다.

6) 공기 마이크로미터(air micrometer)
(1) 공기 마이크로미터의 원리
공기 마이크로미터는 길이의 미소 변위를 공기의 압력 또는 공기량의 변화를 확대기구로 하여 지시부의 부자(float)에 의해 길이를 측정하는 것으로 유체 역학의 원리를 응용한 것이다.

(2) 공기 마이크로미터의 종류

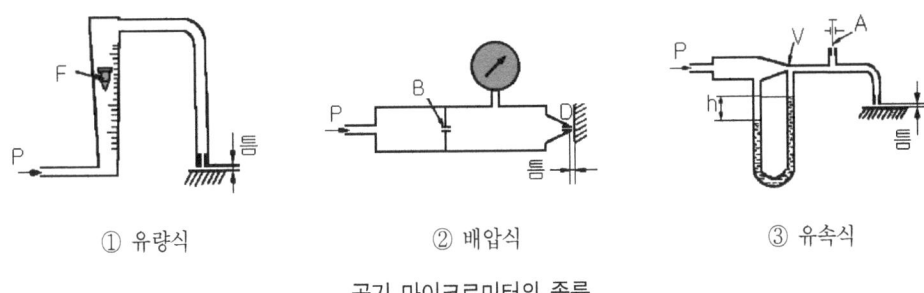

공기 마이크로미터의 종류

(3) 공기 마이크로미터의 특징
① 10만 배 정도의 배율이 극히 높다.
② 피측정면과 무접촉으로 측정하므로 연질 재료 측정이 가능하다.
③ 전용 측정이므로 대량 연속 측정에 활용한다.
④ 타원, 테이퍼, 진원도, 진직도, 직각도, 평행도 등을 측정할 수 있다.
⑤ 원거리 자동측정에 활용한다.
⑥ 비교측정기이므로 최대, 최소 두 개의 표준게이지가 있어야 한다.
⑦ 피측정물의 표면이 거칠면 실제치수보다 작게 측정된다.
⑧ 보조장치 및 공기 압축원이 필요하다.

7) 전기 마이크로미터(electrical micrometer)
(1) 전기 마이크로미터의 기본 원리
측정자의 기계적 변위를 전기량으로 변환하여 지시계에 나타내는 정밀측정기로서, $0.01 \mu m$ 정도의 미소 변위까지 측정하는 것도 있다. 이는 측정 장소와 지시 부분과 분리하여 원격 측정을 할 수 있으며, 전기적 측정값에 의하여 전기적인 지시장치, 기록장치, 또는 자동 검사기 및 공작기계 등을 작동시킬 수 있다.

큰 배율을 얻을 수 있어 정도가 높고 취급이 간편하나, 보통 교류 전원을 사용할 때 전원 전압 또는 주파수의 변동이 정도에 영향을 주며, 기계적 비교 측정기에 비하여 값이 비싸다.

전기 마이크로미터는 측정에 사용되는 변환 방식에 의하여 유도형, 저항형, 용량형, 차동 변압기형 등이 있은데, 치수 변화에 따른 인덕턴스, 저항 용량, 전압 등의 전기량의 변화를 이용한 것이다.

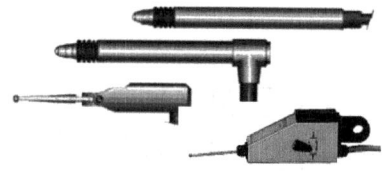

① 전기 마이크로미터　　　　　② 전기 프로브(probes)

전기 마이크로미터

8) 기타 비교측정

(1) 미니미터(minimeter)

미니미터는 그림과 같이 레버기구를 이용하여 100~1000배로 확대하는 기구이며, 보통 최소눈금이 1μ, 정도는 $\pm 0.5\mu$ 정도로 하여 부채꼴의 눈금 위를 바늘이 180° 이내에서 움직인다.

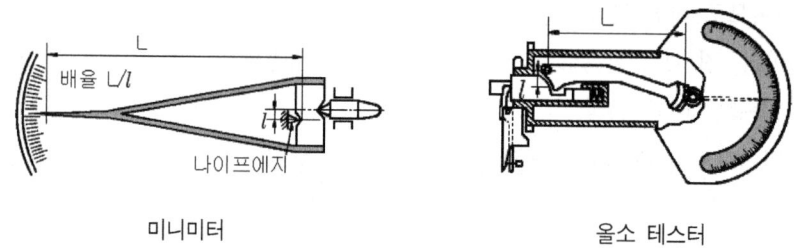

미니미터　　　　　　　　　올소 테스터

(2) 올소 테스터(ortho tester)

올소 테스터는 그림과 같이 레버에 의해 확대되고 기어에 의해서 스핀들이 미소한 직선운동으로 또한 확대하는 기구로서, 확대율은 850~900배이다.

(3) 측미 현미경(micrometer microscope)

대물렌즈에 의해서 피측정물의 상을 확대하여 하나의 실상을 맺게 한 다음, 이것을 접안렌즈로 보면서 측정한다.

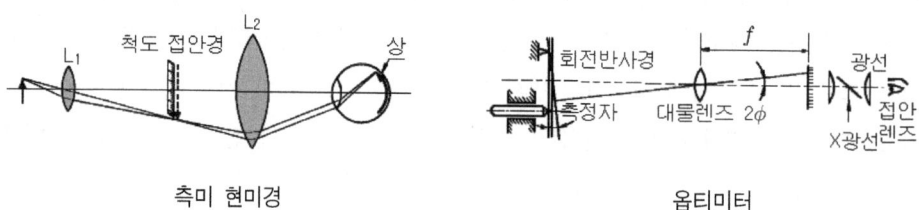

측미 현미경　　　　　　　　　옵티미터

(4) 옵티미터(optimeter)

측정자의 미소한 움직임을 확대하는 기구이며, 광학적 장치를 사용한 것으로 확대율은 800배이다. 원통의 안지름, 수나사, 암나사, 게이지 등과 같은 정도가 높은 것에 측정한다.

3. 한계 게이지(limit gauge)

기계 부품의 정해진 실제 치수가 크고 작은 두 개의 한계 사이에 들도록 하는 것이 합리적이다. 이 두 개의 한계를 나타내는 치수를 허용 한계 치수라 하고, 큰 쪽을 최대 허용 치수, 작은 쪽을 최소 허용 치수라 하고, 두 한계 치수의 차를 공차라 한다. 이 부품의 실제 가공된 치수가 두 한계 허용 치수 내에 있는지는 한계 게이지를 이용하여 검사한다.

1) 한계 게이지의 종류
(1) 구멍용 한계 게이지
구멍의 최소 허용치수를 기준으로 한 측정 단면이 있는 부분을 통과(go)측이라 하고, 구멍의 최대 허용치수를 기준으로 한 측정 단면이 있는 부분을 정지(no go)측이라 한다.
① 플러그 게이지(plug gauge)
　㉮ 원통형 플러그 게이지
　㉯ 평형 플러그 게이지
　㉰ 판형 플러그 게이지
② 테보 게이지(tebo gauge)
③ 봉 게이지(bar gauge)

(2) 축용 한계 게이지
축의 최대 허용 치수를 기준으로 한 측정 단면이 있는 부분을 통과측이라 하고, 축의 최소 허용 치수를 기준으로 한 측정 단면이 있는 부분을 정지측이라 한다.
① 링 게이지(ring gauge)
② 스냅 게이지(snap gauge)

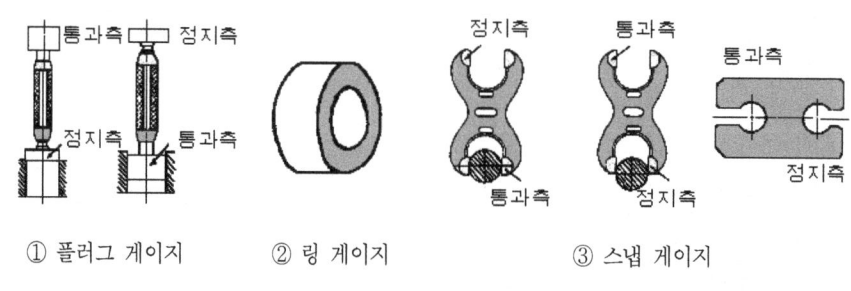

한계 게이지 종류

2) 테일러의 원리(Taylor's principle)

"통과측은 전길이에 대한 치수 또는 결정량이 동시에 검사되고, 정지측은 각각의 치수가 따로따로 검사되어야 한다." 다시 말해서 통과측 게이지는 제품의 길이와 같은 원통상의 것이면 좋겠고, 정지측은 그 오차의 성질에 따라 선택해야 한다는 말이 된다.

3) 한계 게이지의 장단점

① 제품간의 호환성이 있다.
② 필요 이상의 가공을 하지 않으므로 가공이 용이하다.
③ 분업 방식을 취할 수 있다.
④ 측정이 쉽고 신속하며 다량의 검사에 적당하다.
⑤ 가격이 비싸다.
⑥ 특별한 것은 고급 공작 기계가 있어야 제작이 가능하다.

4) 표준 게이지

① 틈새 게이지(feeler gauge) : 미세한 틈새(두께) 측정
② 반지름 게이지(radius gauge) : 모서리 부분의 반지름 측정
③ 와이어 게이지(wire gauge) : 각종 선재(線材)의 직경, 판두께의 측정
④ 나사 피치 게이지(pitch gauge) : 나사의 피치 측정
⑤ 센터 게이지(center gauge) : 나사 바이트의 각도 측정
⑥ 드릴 게이지(drill gauge) : 드릴의 직경 측정

그 외에도 각도 게이지, 기어측정 게이지, 애크미 게이지 등이 있다.

4 각도 측정

1) 각도 게이지

(1) 요한슨식(Johansson type) 각도 게이지

홀더(holder)를 이용하여 2개를 조합하여 사용하고 85개 조의 측정범위는 0~10°와 350~360° 사이의 각도는 1° 간격으로, 그 외의 각도는 1′ 간격으로 만들 수 있다. 49개조는 0~10°와 350·360° 사이의 각도를 1° 간격으로, 그 외의 각도는 5′ 간격으로 만들 수 있다.

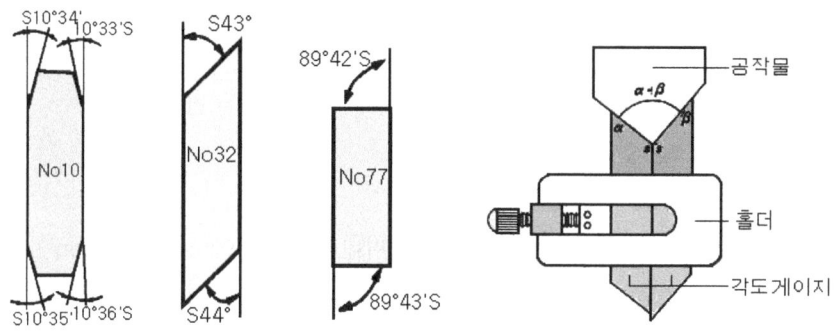

요한슨식 각도 게이지

(2) NPL식 각도 게이지

NPL식 각도 게이지는 12개 게이지 6″, 18″, 30″, 1′, 3′, 9′, 27′, 1°, 3°, 9°, 27°, 41°를 한 조로 2개 이상 조합해서 0°~81°까지 6″ 간격으로 임의의 각도를 만들 수 있고, 조립 후의 정도는 ±2~3″이다.

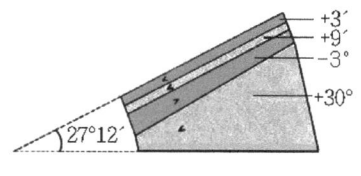

NPL식 각도게이지

2) 각도측정기

(1) 만능각도기

그림은 눈금 읽는 방법의 예로서 눈금원판과 버니어 눈금의 일치점이 버니어 눈금에서 25′이므로, 측정값은 20°25′이 된다.

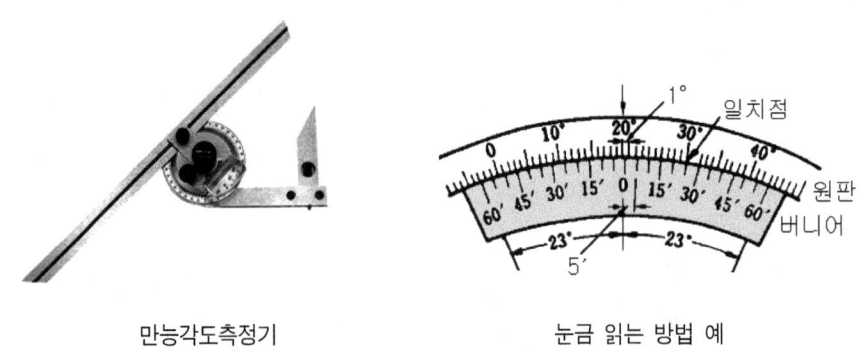

만능각도측정기   눈금 읽는 방법 예

(2) 콤비네이션 세트(combination set)

강철자에 스퀘어 헤드와 센터 헤드가 있는 것을 콤비네이션 스퀘어(combination square)라 하며, 여기에 각도기가 붙어 있는 것을 콤비네이션 세트라 한다.

스퀘어 헤드는 높이 측정에 사용하고, 센터 헤드는 중심을 내는 금긋기 작업에 이용한다. 또한, 각도기에는 수준기가 붙어있는 것도 있다.

3) 수준기

수준기는 기포관 안에 들어 있는 기포의 이동 방향으로부터 수평 또는 수직을 정하거나 약간의 경사진 것을 측정하는데 사용한다.

4) 오토콜리메이터(autocollimator)

오토콜리메이터는 반사경과 망원경의 위치 관계가 기울기로 변했을 때 망원경 내의 상(像)의 위치가 이동하는 것을 이용하여 미소한 각도의 변화 또는 평면의 기울기 등을 측정하고, 정밀한 정반의 평면도, 마이크로미터의 측정면의 직각도, 평행도, 공작기계 안내면의 진직도, 직각도, 평행도, 그밖의 작은 각도 차의 변화나 흔들림 등을 측정하며, 검사하는데 널리 사용되는 광학적 각도 측정기이다.

5) 삼각법에 의한 측정

(1) 사인 바(sine bar)

사인 바는 블록 게이지와 같이 사용하며, 삼각함수의 사인(sine)을 이용하여 임의의 각도를 길이로 계산하여 간접적으로 각도를 구하는 방법이다. 그림과 같이 정반 위에서 블록게이지의 높이를 각각 h, H라 하면 정반면과 사인 바의 상면이 이루는 각 θ는 다음과 같다.

$$\sin\theta = \frac{H-h}{L} \quad \theta = \sin^{-1}\frac{H-h}{L} \quad (L:\text{사인 바 호칭치수})$$

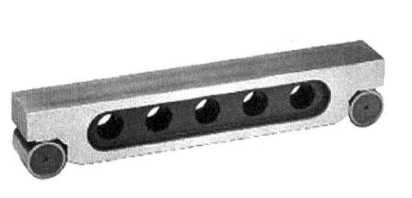
사인 바

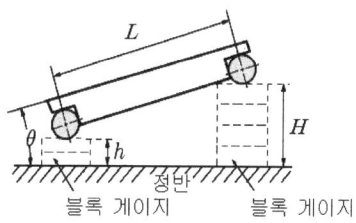
사인 바 이용한 측정

(2) 탄젠트 바(tangent bar)

그림 ①은 2개의 롤러와 블록 게이지를 이용한 방법이고, 그림 ②는 3개의 블록 게이지를 이용한 방법으로 다음과 같다.

$$\tan\frac{\theta}{2} = \frac{\frac{D}{2}-\frac{d}{2}}{\frac{D}{2}+\frac{d}{2}+L} = \frac{D-d}{D+d+2L} \qquad ①$$

$$\tan\theta = \frac{H-h}{L+l} \quad \theta = \tan^{-1}\frac{H-h}{L+l} \qquad ②$$

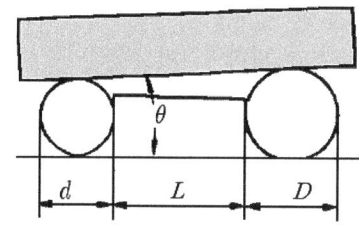
① 탄젠트 바에 의한 측정

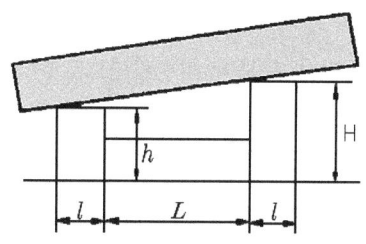
② 탄젠트 바에 의한 측정

(3) 원통 롤러에 의한 측정

① 구배각 측정

그림 ①과 같이

$$\sin\alpha = \frac{H-h}{D+L} \quad \alpha = \sin^{-1}\frac{H-h}{D+L}$$

② V블록의 홈 각도 측정

그림 ②와 같이

$$\sin\frac{\alpha}{2} = \frac{\frac{D-d}{2}}{(H-h)-\frac{D-d}{2}} = \frac{D-d}{2(H-h)-(D-d)}$$

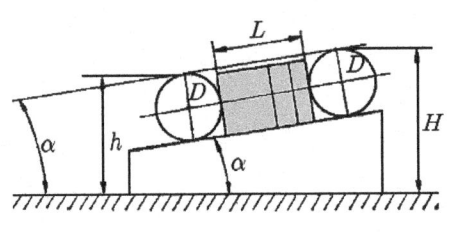
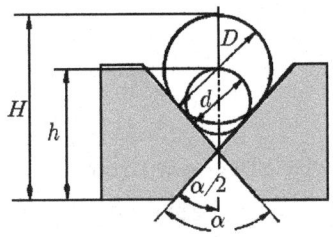

① 구배각 측정   ② V블록 프리즘각의 측정

5 형상 및 위치 정도의 측정

1) 직직도

① 진직도의 정의

기계의 직선 부분이 이상평면으로부터 어긋남의 크기를 말하며, 이상직선이란 직선 부분 위의 두 점을 지나는 기하학적인 직선을 말하고, 진직도는 mm 또는 μm로 표시한다.

② 진직도의 측정

㉮ 수준기에 의한 진직도 측정

㉯ 오토콜리메이터에 의한 진직도 측정

㉰ 기타

나이프 에지(knife edge)에 의한 방법, 정반상에서 측미기에 의한 방법, 공작기계 등에서 강선과 측미기에 의한 방법, 회전중심에 의한 방법 등이 있다.

2) 평면도 측정

평면도의 정의는 기계의 평면 부분이 이상평면으로부터 벗어난 크기를 평면도라 하며, 이상 평면이란 평면 부분 중에 3점을 포함한 기하학적인 평면을 말한다.
① 광선정반(optical flat) 측정
② 수준기에 의한 평면도 측정 방법
③ 오토콜리메이터에 택한 측정
④ 정밀정반을 이용한 방법

3) 진원도 측정

진원도란 원의 중심에서의 반지름이 이상적인 진원으로부터 벗어난 크기를 말하며, 진원도 공차란 원의 표면의 모든 점들이 들어가야 하는 두 개의 완전한 동심원 사이의 반지름상의 거리로 나타낸다.
① 직경법 : 원형부품의 한 단면의 직경을 여러 방향으로 측정하여 최대치와 최소치의 차로써 진원도를 정의하는 방법이다.
② 3점법 : 원형부분을 2점에서 지지하고 그 2점의 수직 2등분 선상에 검출기를 위치시킨 후 피측정물을 360°회전시켰을 때 지침의 최대 변위량으로 진원도를 정의한 것이다.
③ 반경법(반지름법) : 피측정물을 센터에 지지하고 피측정물을 360°회전시켰을 때 측미기침의 최대치와 최소치의 차로써 정의한다.

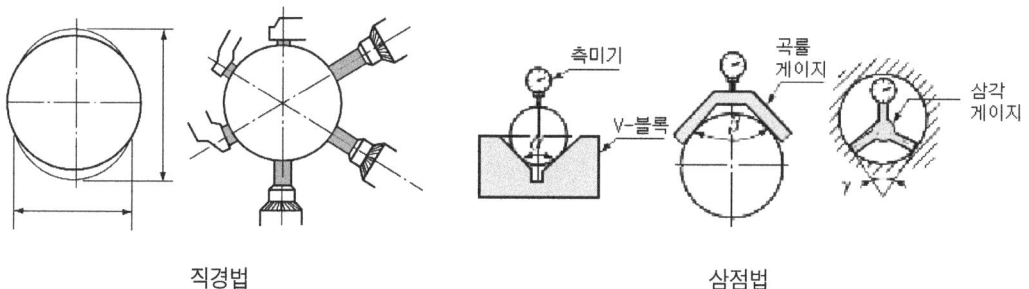

직경법   삼점법

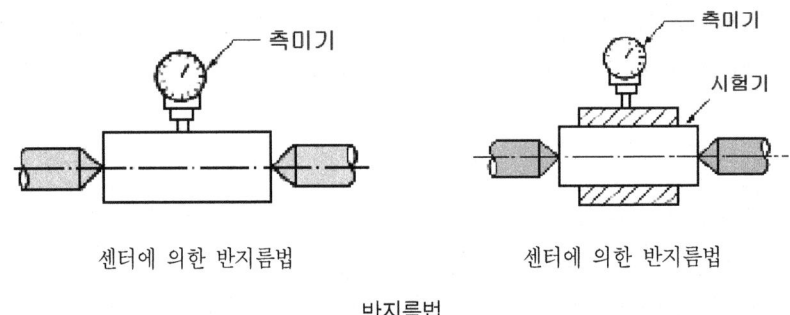

센터에 의한 반지름법   센터에 의한 반지름법

반지름법

6 표면거칠기 측정

1) 표면거칠기의 의의

표면거칠기란 그림과 같이 아주 작은 범위에서 표면의 요철로서 "거칠다", "매끄럽다"하는 감각의 근본이 되는 것이고, 그 정도를 표면거칠기 즉, 조도(roughness)라 한다.

2) 표면거칠기의 측정법

① 비교용 표준편과의 비교 측정

사람의 촉각, 즉 손가락의 감각으로 표준편과 가공된 제품과의 표면거칠기를 비교하여 측정하는 방법이다.

② 광절단식 측정법

피측정물과 접촉하지 않고 빛을 피측정물 표면 위에 투영시켜 직각방향에서 관측하는 방법이다.

③ 광파 간섭식 측정법

빛의 간섭을 이용하여 가공면의 거칠기를 측정하는 것으로, 요철의 높이가 $1\mu m$ 이하의 비교적 미세한 표면의 측정에 사용된다. 특징은 분해 능력이 크고 매우 부드러운 물체의 측정이 가능하며, 직접측정기에서 하기 힘든 기어, 나사면, 구멍 등을 측정할 수 있다.

④ 촉침식 측정방법

표면거칠기 측정법의 대표적인 것으로, 측정 원리는 피측정면에 수직으로 움직이는 뾰족한 바늘로 피측정면의 표면을 긁는다. 이 때 상하의 움직임량을 전기적인 신호로 변환하고, 다음에 증폭시킨 다음 그래프로 나타낸다.

7 윤곽 측정

1) 공구현미경에 의한 측정

(1) 공구현미경의 용도

공구현미경은 가장 많이 사용되고 있는 측정기의 하나로, 현미경에 의해 확대 관측하여 제품의 길이, 각도, 형상, 윤곽을 측정하는 측정기이다.

용도는 각종 정밀부품의 측정, 공작용 치공구류의 측정, 각종 게이지의 측정, 특히 나사 게이지, 나사 요소 측정 등 다방면에 사용되고 있다.

(2) 공구현미경의 구조

정밀 측정상의 오차를 줄이기 위해 고정된 현미경과 측정 대상물을 올려놓는 이동 테이블로 이루어져 있으며, 테이블은 2개의 마이크로미터 헤드에 의해 전후, 좌우의 각각 좌표 방향의 이동이 가능하도록 XY 측정 핸들이 설치되어 있어 각도 및 극좌표 측정을 할 수 있다.

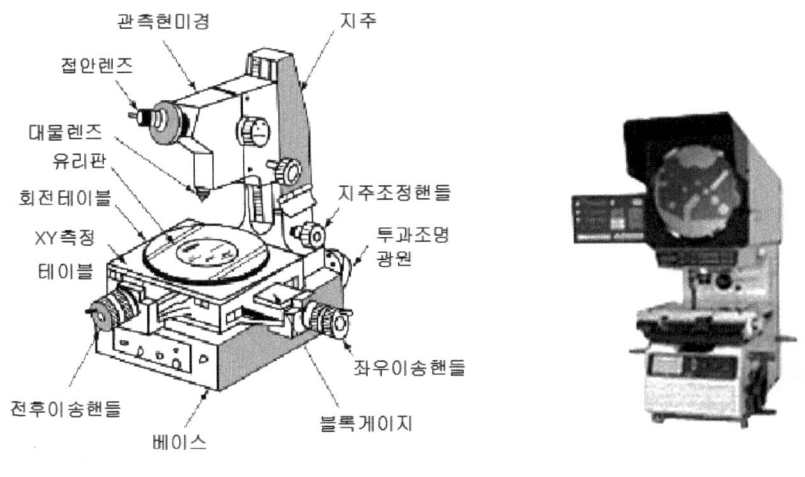

공구현미경의 기본적 구조　　　　　상향식 투영기

2) 투영기에 의한 측정

(1) 투영기의 구조

투영기는 광원, 집광렌즈, 투영렌즈, 스크린의 4 요소로 구성되어 있으며, 물체를 관통하여 윤곽을 측정할 수 있고 또한 관통하지 않은 제품의 표면을 측정하기 위한 광원과 접광렌즈가 설치되어 있다. 투영기는 구조에 따라 수직형(V형), 수평형(H형), 데스크형(D형) 등으로 구분한다.

8 나사 측정과 기어 측정

1) 나사 측정

(1) 수나사 측정

그림과 같이 수나사의 바깥지름①은 외측마이크로미터로 측정하고, 골지름 측정②는 V형 프리즘을 사용하여 측정한다.

유효지름의 측정은 나사 마이크로미터, 삼선법, 공구 현미경 등의 광학적 측정기로 하는 방법이 있다.

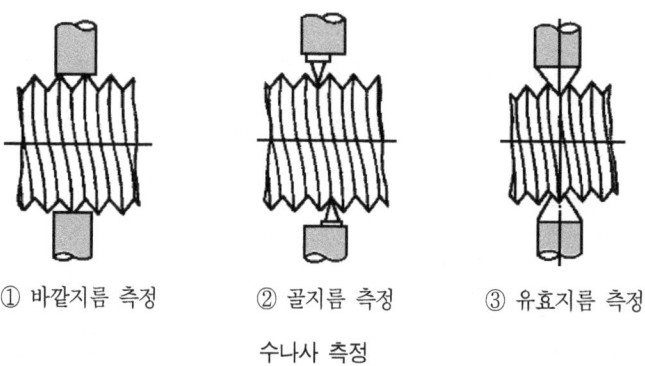

① 바깥지름 측정   ② 골지름 측정   ③ 유효지름 측정

수나사 측정

① 나사마이크로미터에 의한 측정
나사마이크로미터는 유효지름을 측정하는데 널리 사용한다.

② 삼선법(삼침법)
나사의 골에 3개의 침(wire)을 끼우고 침의 외측을 외측 마이크로미터 등으로 측정하여 수나사의 유효지름을 계산하는 방법이다.

③ 나사의 광학적 측정
나사의 광학적 측정에 사용하는 측정기는 공구현미경과 투영기가 주로 사용되며, 이들 측정기는 피치나 나사산의 반각과 유효지름 등을 쉽게 측정할 수 있다.

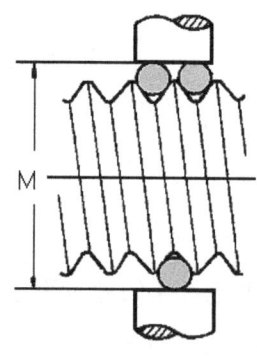

삼선법의 유효지름 측정법

(2) 암나사의 측정

① 유효지름의 측정

암나사의 유효지름 측정은 강구를 측정편으로 사용하여 콤퍼레이터 또는 측장기로 측정한다. 이 측정은 구의 형상오차로 인해 비교 측정밖에 할 수 없다.

② 피치, 산의 측정

암나사의 피치는 만능피치측정기를 사용하나 일반적으로 암나사 부위에 팍스나 석고 등을 주형으로 만들어 굳은 다음, 수나사 측정 방법으로 공구현미경이나 투영기를 사용하여 측정한다

2) 기어 측정

기어 측정에서는 치형의 정확도, 이 두께, 피치, 편심 오차 등을 측정하고 검사하며, 상대기어와 물려 운전할 때의 마멸 및 소음 등을 시험한다.

(1) 이 두께 버니어캘리퍼스 측정

이 두께 버니어캘리퍼스는 그림와 같이 이의 높이와 그 위치에서 이 두께를 동시에 측정하는 측정기이다.

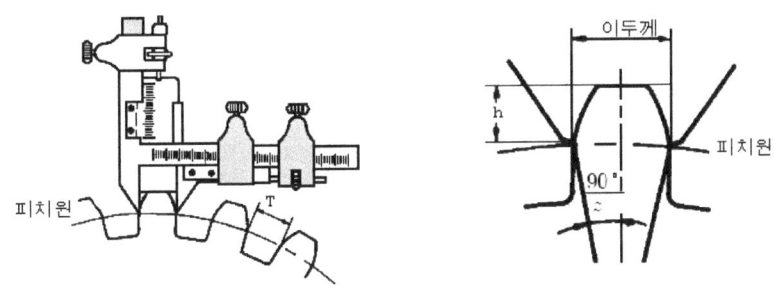

이 두께 버니어캘리퍼스

(2) 걸치기 이두께의 측정

걸치기 이 두께는 기어를 몇 개의 이를 걸쳐서 측정하는 것으로, 외측마이크로미터의 앤빌 및 스핀들에 원판형의 디스크를 붙인 디스크마이크로미터로 측정한다.

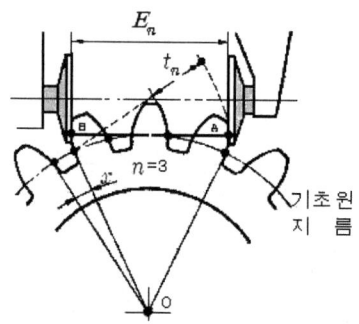

디스크마이크로미터의 이 두께 측정

(3) 기어의 물림 시험

기어의 피치 오차, 이모양오차 등의 단독 측정 이외에 기어의 정도를 종합적으로 시험하는 방법으로서 기어의 물림시험이 있다. 즉, 마스터 기어에 제작된 기어를 물려서 그 물림 상태를 조사하는 것이다.

익힘문제

문제1 정밀측정에서 정밀도와 정확도를 비교 설명하여라.

해설 정확도(accuracy)는 계통적 오차의 작은 정도, 즉 참값에 대한 한쪽으로 치우침의 작은 정도를 말하며, 정밀도(precision)는 우연오차 즉, 측정값의 흩어짐의 작은 정도를 의미한다.

문제2 측정 방법 3가지와 각각의 공구를 예로 제시하여라.

해설
① 직접 측정(direct measurement) : 일정한 길이나 각도가 표시되어 있는 측정기를 사용하여, 측정하고자 하는 부품에 직접 접촉시켜 눈금을 보는 방법. 버니어캘리퍼스, 마이크로미터, 강철자
② 비교 측정(comparative measurement) : 기준 치수로 되어 있는 표준편과 제품을 측정기로 비교하여 지침이 지시하는 눈금의 차를 읽는 방법. 다이얼게이지, 미니미터, 공기 마이크로미터, 전기 마이크로미터 등
③ 간접 측정(indirect measurement) : 나사, 기어 등과 같이 형태가 복잡한 것에 이용되며, 기하학적으로 측정치를 구하는 방법이다. 측정이란 간접측정에 관한 것이 많다.
사인 바(sine bar)에 의한 각도측정, 롤러와 블록 게이지에 의한 테이퍼 측정, 삼침에 의한 나사 유효경 측정 등

문제3 계통오차에 대하여 설명하여라.

해설 동일 측정 조건하에서 피측정물을 측정할 때에 같은 크기와 부호가 발생되는 오차로서 교정할 수 있는 오차이다.

문제4 열팽계수가 $24 \times 10^{-6}/℃$이고 길이가 100mm인 제품이 5℃ 올라가면 얼마나 팽창하는가?

해설 $\Delta \lambda = l \cdot \alpha \cdot \Delta t$에서 $100 \times 24 \times 10^{-6} \times 5 = 12\mu 12$

문제5 아베의 원리를 설명하여라.

해설 "표준자와 피측정물은 같은 축선상에 있어야 한다"는 원리이다.
예를 들어 외측 마이크로미터는 눈금자가 측정 접촉자의 변위선상에 있고, 버니어캘리퍼스는 눈금자가 측정 접촉자와 어떤 거리만큼 떨어진 평행선상에 있으므로 같은 기울어짐에 대하여 생기는 오차는 외측마이크로미터가 극히 작다. 그러므로 외측 마이크로미터를 아베의 원리에 만족하는 구조라 하며,

정도가 높은 측정기에서는 이러한 구조가 기본이다.

문제6 한계 게이지의 종류를 쓰시오.

해설
1) 구멍용 한계 게이지
   구멍의 최소 허용치수를 기준으로 한 측정 단면이 있는 부분을 통과(go)측이라 하고, 구멍의 최대 허용치수를 기준으로 한 측정 단면이 있는 부분을 정지(no go)측이라 한다.
   ① 플러그 게이지(plug gauge)
   　　ⓐ 원통형 플러그 게이지, ⓑ 평형 플러그 게이지, ⓒ 판형 플러그 게이지
   ② 테보 게이지(tebo gauge)
   ③ 봉 게이지(bar gauge)
2) **축용 한계 게이지**
   축의 최대 허용 치수를 기준으로 한 측정 단면이 있는 부분을 통과측이라 하고, 축의 최소 허용 치수를 기준으로 한 측정 단면이 있는 부분을 정지측이라 한다.
   ① 링 게이지(ring gauge)
   ② 스냅 게이지(snap gauge)

문제7 평면도 측정 방법에 대해서 쓰시오.

해설 평면의 정의는 기계의 평면 부분이 이상 평면으로부터 벗어난 크기를 평면도라 하며, 이상 평면이란 평면 부분 중에 3점을 포함한 기하학적인 평면을 말한다.
① 광선정반(optical flat) 측정
② 수준기에 의한 평면도 측정 방법
③ 오토콜리메이터에 택한 측정
④ 정밀정반을 이용한 방법

문제8 진원도 측정 방법에 대해서 쓰시오.

해설 진원도란 원의 중심에서의 반지름이 이상적인 진원으로부터 벗어난 크기를 말하며, 진원도 공차란 원의 표면의 모든 점들이 들어가야 하는 두 개의 완전한 동심원 사이의 반지름상의 거리로 나타낸다.
① 직경법 : 원형부품의 한 단면의 직경을 여러 방향으로 측정하여 최대치와 최소치의 차로써 진원도를 정의하는 방법이다.
② 3점법 : 원형부분을 2점에서 지지하고 그 2점의 수직 2등분 선상에 검출기를 위치시킨 후 피측정물을 360°회전시켰을 때 지침의 최대 변위량으로 진원도를 정의한 것이다.
③ 반경법(반지름법) : 피측정물을 센터에 지지하고 피측정물을 360°회전시켰을 때 측미기침의 최대치와 최소치의 차로써 정의한다.

예상문제

1. 측정량이 증감하는 방향이 다름으로써 생기는 동일치수에 대한 지시량의 차를 무엇이라고 하는가?
   ㉮ 후퇴오차   ㉯ 우발오차
   ㉰ 시차   ㉱ 관측오차

2. 다음 중 아베의 원리에 맞는 것은?
   ㉮ 단체형 내경 마이크로미터
   ㉯ 하이트 게이지
   ㉰ 내경 마이크로미터
   ㉱ 캘리퍼스형 마이크로미터

3. 오차에 관한 용어 설명 중 잘못된 것은?
   ㉮ 개인오차 - 측정하는 사람에 따라 생기는 오차
   ㉯ 우연오차 - 주위 환경에 따라 생기는 오차
   ㉰ 계기오차 - 측정기 자체에 생긴 오차
   ㉱ 시차 - 시간이 경과함에 따른 오차

4. 측정자와는 관계없이 우연하고도 필연적으로 생기는 오차로 측정횟수가 많을 때는 +, -가 상쇄되어 그 총합은 거의 0에 가깝게 되는 오차는?
   ㉮ 환경오차(environment error)
   ㉯ 우연오차(accidental error)
   ㉰ 과실오차(erratic error)
   ㉱ 이론오차(theoretical error)

5. 알고 있는 기준치수와 측정물과의 편차를 구하여 치수를 알아내는 측정은?
   ㉮ 절대측정   ㉯ 비교측정
   ㉰ 기준측정   ㉱ 직접측정

6. 측정의 종류에 속하지 않는 것은?
   ㉮ 직접측정   ㉯ 비교측정
   ㉰ 예측측정   ㉱ 절대측정

7. 측정에서 우연오차를 없애는 최선의 방법은?
   ㉮ 온도에 의한 오차를 없게 한다.
   ㉯ 반복 측정하여 평균한다.
   ㉰ 개인오차를 없게 한다.
   ㉱ 측정기 자체의 오차를 없게 한다.

8. 다이얼 게이지를 이용한 측정 방법 중 가장 정밀한 측정법은?
   ㉮ 직접측정   ㉯ 비교측정
   ㉰ 절대측정   ㉱ 간접측정

9. 다음 중 우연오차에 속하지 않는 것은?
   ㉮ 온도 변화 및 측정자의 심적 변화 등에서 오는 오차이다.
   ㉯ 보정이 불가능하다.
   ㉰ 여러 번 측정하여 산술평균을 내어 오차를 줄인다.
   ㉱ 측정기의 마모, 측정압의 변화에서 오는 오차이다.

해답 1.㉮ 2.㉮ 3.㉱ 4.㉯ 5.㉯ 6.㉰ 7.㉯ 8.㉯ 9.㉱

10. 마이크로미터 등의 측정기를 검사하는데 사용하는 측정기는?
   ㉮ 한계 게이지   ㉯ 다이얼 게이지
   ㉰ 버니어캘리퍼스   ㉱ 블록 게이지

11. 다음 측정기 중 가장 정확한 측정치를 얻을 수 있는 것은?
   ㉮ 하이트 게이지   ㉯ 버니어캘리퍼스
   ㉰ 다이얼 게이지   ㉱ 마이크로미터

12. 버니어캘리퍼스 $\frac{1}{20}$mm 설명이 맞는 것은?
   ㉮ 본척의 눈금은 1mm, 부척 1눈금은 19mm를 20등분
   ㉯ 본척의 눈금은 0.1mm, 부척 1눈금은 19mm를 20등분
   ㉰ 본척의 눈금은 1mm, 부척 1눈금은 12mm를 25등분
   ㉱ 본척의 눈금은 0.5mm, 부척 1눈금은 12mm를 25등분

13. 공기 마이크로미터 형식이 아닌 것은?
   ㉮ 배압형(back pressure type)
   ㉯ 유속형(velocity type)
   ㉰ 유량형(flow type)
   ㉱ 유출형(Orifiee type)

14. 블록 게이지의 완성 가공법은?
   ㉮ 호닝   ㉯ 래핑
   ㉰ 전해연마   ㉱ 슈퍼피니싱

15. 마이크로미터 중 한계 게이지 대용으로 사용, 다량 생산품 측정에 적합한 것은?
   ㉮ 표준 마이크로미터
   ㉯ 공기 마이크로미터
   ㉰ 지시 마이크로미터
   ㉱ 앤빌 마이크로미터

16. 하이트 게이지의 사용 목적 중 틀린 것은?
   ㉮ 홈의 깊이를 측정할 수 있다.
   ㉯ 금긋기를 할 수 있다.
   ㉰ 실제 높이를 측정할 수 있다.
   ㉱ 다이얼 게이지를 부착하여 비교 측정할 수 있다.

17. 다음 중 다이얼 게이지의 특성이 아닌 것은?
   ㉮ 시차가 작다.
   ㉯ 측정 범위가 넓다.
   ㉰ 다원 측정이 가능하다.
   ㉱ 직접 측정이 편리하다.

18. 하이트 게이지는 그 원리상으로 볼 때 어느 게이지와 비슷한가?
   ㉮ 한계 게이지
   ㉯ 다이얼 게이지
   ㉰ 버니어캘리퍼스
   ㉱ 마이크로미터

19. 하이트 게이지의 종류가 아닌 것은?
   ㉮ HB형   ㉯ HT형
   ㉰ HA형   ㉱ HM형

해답 10.㉱ 11.㉱ 12.㉮ 13.㉱ 14.㉯ 15.㉯ 16.㉮ 17.㉰ 18.㉰ 19.㉰

20. 아래 그림은 대표적인 외측 마이크로미터로서 0~25mm를 측정하는 것이다. 눈금이 나타내는 측정값은?

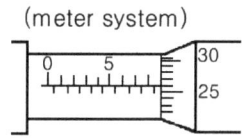

㉮ 8.26mm ㉯ 8.34mm
㉰ 8.525mm ㉱ 8.76mm

21. 구멍용 한계 게이지가 아닌 것은?
㉮ 봉 게이지
㉯ 평형 플러그 게이지
㉰ 스냅 게이지
㉱ 판형 플러그 게이지

22. 한계 게이지(limit gauge)에 있어서 "통과측에는 모든 치수 또는 결정량이 동시에 검사 되고, 정지측에는 각 치수를 개개로 검사하지 않으면 안 된다"라고 하는 원리가 있다. 누구의 원리인가?
㉮ 아베(Abbe)
㉯ 테일러(Taylor)
㉰ 파마(Pamar)
㉱ 리발란크(Le. Blanc)

23. 한계 게이지 설계에서 맞는 것은?
㉮ 마모여유는 정지측에만 준다.
㉯ 마모여유는 정지측, 통과측 양측에 준다.
㉰ 제작공차는 정지측, 통과측 양측에 준다.
㉱ 제작공차는 통과측에만 준다.

24. 한계 게이지란?
㉮ 양쪽 다 통과하도록 되어 있다.
㉯ 한쪽은 통과하고 다른 한쪽은 통과하지 않도록 되어 있다.
㉰ 한쪽은 헐겁게 통과하고 다른 한쪽은 통과하지 않도록 되어 있다.
㉱ 양쪽 다 통과하지 않도록 되어 있다.

25. 플러그(plug) 게이지에 의한 구멍 검사 시에 검사되는 치수와 가장 관계가 깊은 것은?
㉮ 구멍의 최소 지름
㉯ 구멍의 최대 지름
㉰ 구멍의 평균 지름
㉱ 구멍의 형상 오차

26. 한계 게이지 중 스냅 게이지는 제품의 무엇을 검사하는가?
㉮ 각도
㉯ 내경
㉰ 외경
㉱ 구멍의 크기

27. 다음 한계 게이지의 종류 중 축용 한계 게이지는?
㉮ 판형 플러그 게이지
㉯ 봉(bar) 게이지
㉰ 스냅(snap) 게이지
㉱ 테보(tebo) 게이지

해답 20.㉰ 21.㉰ 22.㉯ 23.㉰ 24.㉯ 25.㉮ 26.㉰ 27.㉰

28. 한계 게이지로 무엇을 측정하는가?
    ㉮ 최대 치수와 최소 치수의 범위를 측정한다.
    ㉯ 나사의 피치를 측정한다.
    ㉰ 각도를 측정한다.
    ㉱ 구멍의 크기를 측정한다.

29. 한계 게이지에 대한 설명 중 틀린 것은?
    ㉮ 다량생산 제품 측정에 적합하다.
    ㉯ 통과측의 측정 부분의 길이는 정지측 측정 부분의 길이보다 짧다.
    ㉰ 한쪽은 통과하고 다른 한쪽은 통과해서는 안 된다.
    ㉱ 구멍용 게이지와 축용 게이치의 두 가지가 있다.

30. 다음은 한계 게이지에 대한 설명들이다. 이 중에서 틀린 것은?
    ㉮ 한계 게이지는 피측정물의 측정 정밀치수를 찾아내는데 사용하는 측정공구이다.
    ㉯ 한계 게이지는 피측정물의 상호 끼워맞춤에 대한 호환성을 보장하는데 사용되는 측정 공구이다.
    ㉰ 스냅게이지는 축용 한계 게이지이다.
    ㉱ 한계 게이지는 테이퍼용 한계 게이지와 나사용 한계 게이지가 있다.

31. 다량의 제품이 허용 한계 내에 있는가를 측정하기 위하여 가장 적합한 게이지는?
    ㉮ 다이얼 게이지   ㉯ 한계 게이지
    ㉰ 블록 게이지   ㉱ 마이크로미터

32. 다음 중에서 축을 가공하는데 일정한 치수 내에 들어 있는지를 검사하는데 적당한 게이지는?
    ㉮ 스냅 게이지   ㉯ 반지름 게이지
    ㉰ 센터 게이지   ㉱ 플러그 게이지

33. 사인바 200mm 되는 것으로 10°를 만들 때 블록 게이지 높이는?
    ㉮ 26.6mm   ㉯ 34.8mm
    ㉰ 38.4mm   ㉱ 41.8mm
    해설 $200 \times \sin 10° = 34.8$

34. 사인바의 크기를 나타내는 호칭 치수는?
    ㉮ 사인 바 본체 양단간 거리
    ㉯ 사인 바를 지지하는 롤러 양끝간 거리
    ㉰ 사인 바를 지지하는 롤러 중심간 거리
    ㉱ 사인 바를 지지하는 롤러 직경의 크기

35. 폴리곤 유리를 측정기에 의하여 각도 측정을 하려고 한다. 다음 중 가장 중요한 것은?
    ㉮ 오토콜리메터와 고정도의 눈금 원판
    ㉯ 만능 투영기
    ㉰ 수준기
    ㉱ 공기 마이크로메터

36. 사인 바의 정밀도 검사시 고려하지 않아도 되는 검사 항목은?
    ㉮ 롤러 중심사이 거리
    ㉯ 측정면의 평면도
    ㉰ 양측면의 평행도
    ㉱ 롤러와 측면과의 직각도

해답 28.㉮ 29.㉯ 30.㉮ 31.㉯ 32.㉮ 33.㉯ 34.㉰ 35.㉮ 36.㉰

제 11 장

치공구

1 치공구의 개념

1) 치공구(治工具)란?

치공구(jig & fixture)는 어떤 형상의 제품을 정확한 위치에 설치하기 위한 위치결정(locating)기구와 이것을 고정하기 위한 체결(holding)기구로 구성된다. 따라서, 제품가공을 경제적이고 능률적으로 할 수 있는 특수공구를 설계하고 제작하는 것을 의미한다.

2) 치공구 설계의 목적

치공구를 설계하는 주목적은 제품의 품질을 향상 및 유지하고, 생산성 향상, 제품의 원가를 경감시키는 것이다.

치공구 설계의 가장 중요한 목적은 다음과 같다.
① 복잡한 부품의 경제적인 생산
② 공구의 개선과 다양화에 의하여 공작기계의 출력증가
③ 공작기계의 특수한 가공을 가능하게 하는 부가적인 기능 개발
④ 미숙련자도 정밀 작업이 가능
⑤ 제품의 불량이 적고 생산 능력을 향상
⑥ 제품의 정밀도(accuracy) 및 호환성(interchange ability)의 향상
⑦ 공정단축 및 검사의 단순화와 검사시간 단축
⑧ 부적합한 사용을 방지할 수 있는 방오법(foolproof)이 가능

⑨ 작업자의 피로가 적어지고 안전성이 향상된다.

궁극적인 목적은 부품이나 제품을 경제적인 생산이 가능하도록 하기 위하여 특수공구, 기계부착물, 기타 장치를 설계하고 창작하는 것이다.

3) 치공구의 주기능(main function)

지그(jig)와 고정구(fixture)의 주기능은 작업이 진행되는 동안 연속적으로 가공물을 적합한 위치(properly locate)에 고정(hold and clamp securely)시키는 것을 의미한다.

지그와 고정구를 이용하여 생산한 모든 부품이나 제품은 도면이 요구하는 모든 사항을 만족할 수 있도록, 가공물의 위치 결정, 지지, 고정, 커터의 안내 및 측정을 위한 장치 등이 치공구의 주기능이다.

4) 치공구 사용상의 이점(advantages)

치공구는 생산성 향상에 최대한 기여해야 한다. 원가절감을 위한 목적으로 공정의 개선, 품질의 향상 및 안정, 제품의 호환성 등이다. 즉, 품질(Q : quality), 비용(C : cost), 납기(D : delivery) 등을 만족시키는 이점이 있다.

(1) 가공에 있어서의 이점
① 기계 설비를 최대한 활용할 수 있다.
② 생산능력을 증가시킬 수 있다.
③ 특수기계 및 특수공구가 필요하지 않다.

(2) 생산원가의 이점
① 가공 정밀도 향상 및 호환성의 향상으로 불량품을 방지한다.
② 제품의 균일화에 의하여 검사업무가 간소화된다.
③ 작업시간이 단축된다.
④ 불량품 감소로 재료비가 절감된다.
⑤ 절삭공구의 파손이 감소하여 공구의 수명이 연장된다.

(3) 노무관리의 이점
① 근로자의 숙련도 요구가 감소한다.
② 근로자의 피로가 경감되어 안전작업이 가능하다.

5) 치공구의 경제성

- 치공구를 설계할 때, 고려할 사항으로는 생산수량, 납기일을 고려한다.
- 치공구를 사용할 경우와 사용하지 않을 경우의 이익률을 검토하여야 한다.
- 치공구를 설계할 때는 항상 치공구를 사용할 때 이점을 고려하여 설계하여야 한다.

(1) 치공구의 경제적 설계

① 단순성

치공구는 가능한 기본적이고 간단하고, 시간과 재료를 절약할 수 있어야 한다.
지나치게 정교한 치공구는 정밀도나 품질을 크게 향상시키지 못하면서 비용만 증가시킨다.
제품이 요구하는 범위 안에서 가능한 기본적이고 단순하게 설계되어야 한다.

② 기성품 재료

기성품의 재료를 사용하면 기계가공을 생략할 수 있으므로, 치공구 제작비를 크게 절감할 수 있다.
드릴 로드(drill rod), 구조용 형강, 가공된 브래킷(bracket), 정밀 연삭한 판재 또는 핀 등의 기성품 재료를 이용하면 경제적이다.

③ 표준규격 부품

시판되고 있는 지그와 고정구용 표준부품을 사용하면, 치공구의 품질향상과 인건비 및 재료비를 절감시킨다.
규격화된 클램프(clamp), 위치 결정 구, 지지 구, 드릴 부시(bush), 핀(pin), 나사(screw), 볼트 너트 및 스프링(spring) 등을 이용하면 경제적이다.

④ 2차 가공

연삭, 열처리 등의 2차 가공은 반드시 필요한 곳에만 가공한다.
치공구의 정밀도에 직접적인 영향을 미치지 않는 곳에는 2차 가공은 하지 않는 것이 경제적이다.

⑤ 공차(tolerance)

일반적으로 지그나 고정구의 공차는 가공물 공차의 20~50%로 정한다.
지나치게 높은 정밀도를 치공구에 부여하면 치공구의 가치를 높이지 못하면서 가격만 높아지는 경제적 손실이 발생한다.

⑥ 도면의 단순화

치공구 설계도면의 작성은 전체 소요경비의 상당한 비율을 차지한다. 따라서, 도면을 단순화시키면 치공구 제작의 비용을 절감하는 효과가 있다.

(2) 치공구의 경제성 검토

① 공구 비용과 생산성

치공구 설계의 비용을 결정하는 가장 간단하고 직접적인 방법은 공구제작에 필요한 재료와 임금의 총 비용을 합산하는 것이다.

작업시간의 계산에서는 부품을 장착하여 기계가공하고 탈착까지의 시간을 시간당으로 나누는 것이며 다음 식으로 표시한다.

$$P_h = \frac{1}{S}$$

P_h : 시간당 가공된 부품의 수량
S : 1개의 부품을 가공하는 시간으로 한다.

② 임금의 계산방법

임금을 절약할 수 있다면 전반적인 생산비가 절감될 수 있다. 지그에 의해 기계가공 시간을 줄이고 숙련공의 수를 줄일 수도 있다.

임금을 계산하는 관계식은 다음과 같다.

$$L = \frac{L_s}{L_h} \times W$$

L : 임금 L_s : 로트 수량
L_h : 시간당 부품 수 W : 임금 비율

③ 부품 단가의 계산 방법

부품의 단가는 다음 식에 의하여 계산한다.

$$Cp = \frac{Tc + L}{Ls}$$

Cp : 부품단가 Tc : 공구 비용
L : 임금 Ls : 로트 수량

④ 치공구를 사용할 때, 총 절약 비용의 계산 방법

첫째 방식은 부품을 생산하는데 특수 공구를 요구하는 대체 방안들이 있다.

이러한 경우에는

$$Tp = Ls \times (Cp\#1 - Cp\#2)$$

Ts : 총 절약 비용   Ls : 로트 수량
Cp : 부품 단가(# 1번 공구와 # 2번 공구와의 차)

두 번째 방식으로는 생산 대체방법 중에서 단지 한 가지로만 툴링이 요구된다면 다음과 같은 식에 의하여 산출된다.

$$Ts = Ls \times (Cp\#1 - Cp\#2) - Tc$$

이 때, Cp는 공구비 계상을 하지 않은 부품 단가이다.

⑤ 손익분기점의 계산 방법

손익분기점에 미달하는 생산수량인 경우에는 손실을 가져오며, 손익분기점 이상이 되는 경우에는 이익이 되는 것이다.

논리적인 측면에서 보면, 손익분기점이 낮을수록 이익이 많아지게 된다.

손익분기점을 계산하기 위해서는 다음 관계식이 적용된다.

$$Bp = Tc / (Cp\#1 - Cp\#2)$$

Bp : 손익분기점   Tc : 공구비
Cp : 부품 단가

(3) 치공구의 표준화

① 치공구 부품의 표준화 : 치공구용 볼트, 너트, 와셔, 위치결정 핀, 드릴 부시, 클램프 스프링 등을 표준화한다.
② 공구의 표준화 : 공구의 형상, 치수, 공차, 재질, 사용방법 등을 표준화한다.
③ 치공구 형식의 표준화 : 각종 부품의 기계 가공, 주조, 용접 등을 표준화한다.
④ 치공구의 자동화용 형식 설계 방법의 표준화 : 유압이나 공압 등 자동화 방법의 기본을 표준화한다.
⑤ 치공구 재료의 표준화 : KS 재료 중에서 치공구 제작에 필요한 재료를 선택하여 표준화한다.
⑥ 치공구용 소재의 표준화 : 각종 소재 치수의 각판, 원판, 각강 환봉 등을 표준화한다.
⑦ 치공구용 본체의 표준화 : 치공구 제작 정도에 따라 연강, 주물 등을 표준화한다.

6) 치공구 설계의 기초

(1) 치공구의 설계 요령

치공구를 실제 설계할 때 주의 사항은 도면을 그리기 전에 위치결정에 대하여 구상을 하고 치공구의 부품을 적게 설계하여야 하며, 칩의 배출 방법 및 가공 공정을 고려하여 되도록 공정을 간략화하고, 치공구 설계를 단순하게 하도록 하여야 한다.

(2) 치공구의 중량

치공구는 가볍고, 강성이 커야 하며, 중량이 너무 커지지 않도록 하여야 한다.
① 고정식 치공구의 경우 : 강성 위주로 생각하는 편이 좋다.
② 가반식 치공구의 경우 : 이 경우는 취급을 용이하게 하기 위해 중량의 경감을 고려하여야 한다. 따라서 강성을 잃지 않도록 사용 재료를 충분히 검토하여야 한다.

(3) 치공구의 정밀도

치공구의 정밀도는 가공물이 요구하는 정밀도에 대응하여 결정된다. 이것은 가공물의 다듬질 정밀도는 치공구의 정밀도 이상으로는 나오지 않는 것이므로 충분히 주의할 필요가 있다. 치공구의 정밀도는 가공물의 부착상태, 공작기계의 정밀도 등에 영향을 받기 때문이다.

2 치공구의 분류

(1) 치공구의 용도에 따른 분류

① 기계가공용 치공구 : 드릴, 밀링, 선반, 연삭, MCT, CNC, 보링, 기어절삭, 프로치, 래핑, 평삭, 방전, 레이저 등
② 조립용 치공구 : 나사체결, 리벳, 접착, 기능조정, 프레스압입, 조정검사, 센터구멍 등을 위한 치공구
③ 용접용 치공구 : 위치결정용, 자세유지, 구속용, 회전포지션, 안내, 비틀림방지 등을 위한 치공구
④ 검사용 치공구 : 측정, 형상, 압력시험, 재료시험 등을 위한 치공구
⑤ 기타 : 자동차 생산라인의 엔진 조립지그, 자동차 용접지그, 자동차 도장 및 열처리지그, 레이아웃지그 등 다양하게 나눌 수 있다.

(2) 지그의 형태별 분류

① 플레이트 지그(plate jig)

형판 지그와 유사하나 간단한 위치 결정구와 클램핑 기구를 가지고 있다.

플레이트 지그는 생산할 가공물의 수량에 따라서 부시의 사용여부를 결정하게 된다.

② 템플릿 지그(template jig)

템플릿 지그는 최소의 경비로 가장 단순하게 사용될 수 있는 지그이다.

가공물의 내면과 외면을 사용하여 클램핑시키지 않고 할 수 있는 구조이며, 가공물의 형태는 단순한 모양이어야 하고 정밀도보다는 생산 속도를 증가시키려고 할 때 사용된다. 지그 전체를 열처리하여 사용하는 경우와 부시를 사용하여 제작하는 경우가 있다.

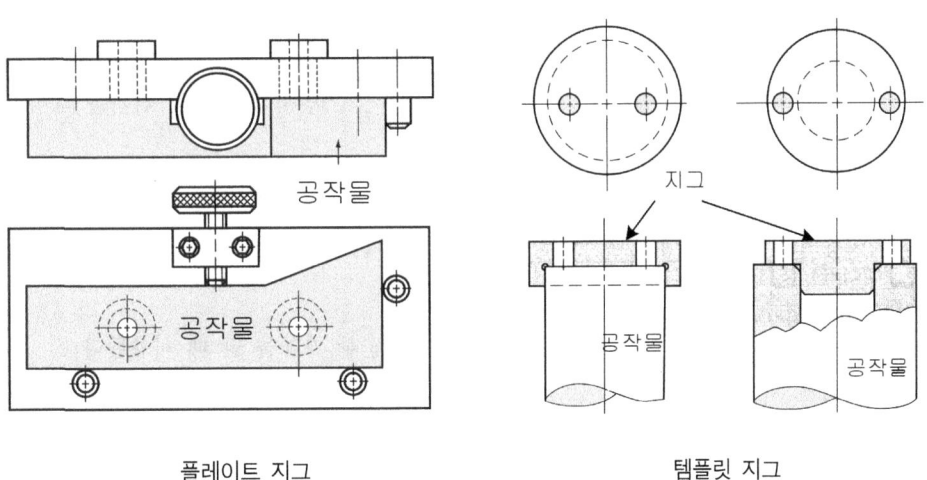

플레이트 지그   템플릿 지그

③ 샌드위치 지그(sandwich jig)

상·하 플레이트를 이용하여 가공물을 고정시키는 구조이다. 특히 가공물의 형태가 얇아서 비틀리기 쉬운 연한 가공물, 또는 가공물을 고정할 때 상·하 플레이트에 위치 결정 핀을 설치하여 고정되는 구조일 경우에 사용하는 지그이다.

④ 앵글 플레이트 지그(angle plate jig)

가공물을 위치 결정면에 직각으로 유지시키는데 사용되는 지그가 앵글 플레이트이고, 위치 결정 면에서 90° 이외의 각도로 가공물의 위치를 유지시키는 구조가 모디파이드 앵글 플레이트 지그이다.

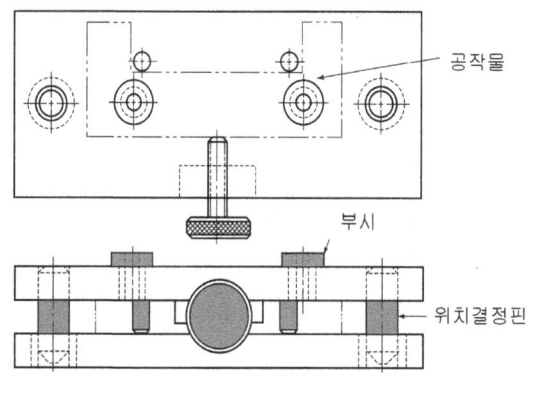
샌드위치 지그

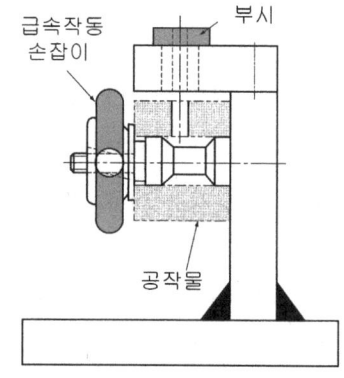
앵글 플레이트 지그

⑤ 박스 지그(box jig)

가공물을 지그 중앙에 클램핑시키고 지그를 회전시켜 가면서 가공물의 위치를 다시 결정하지 않고 전면을 가공 완성할 수 있다.

밑면과 양 측면의 위치 결정면은 위치 결정 핀이나 지그 본체 중앙에 홈을 파내고 양쪽 끝면을 이용하여 지그, 다리(밑면)으로 사용하기도 한다.

⑥ 채널 지그(channel jig)

채널 지그는 가공물의 두 면에 지그를 설치하여 단순한 가공을 할 때 사용된다.

이것은 박스 지그의 일종이며, 정밀한 가공보다 생산속도를 증가시킬 목적으로 사용되며 지그 본체는 고정식과 조립식으로 제작이 가능하다.

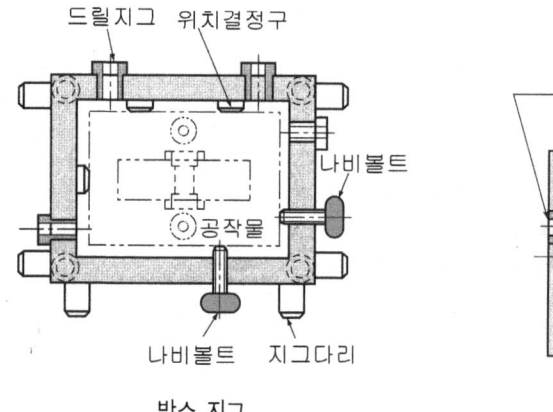
박스 지그

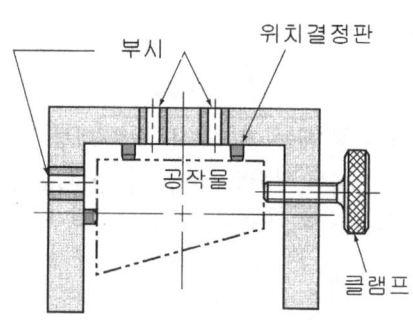
채널 지그

⑦ 리프 지그(leaf jig)

쉽게 조작이 가능한 잠금 캠을 이용하여 착탈을 쉽게 할 수 있도록 한 구조이며, 클램핑력이 약하여 소형 가공물 가공에 적합한 구조이다.

잠금 캠과 핀은 선 접촉을 하므로 마모가 심하며 손잡이의 길이가 긴 경우는 무리한 작동으로 지그의 수명이 짧아진다.

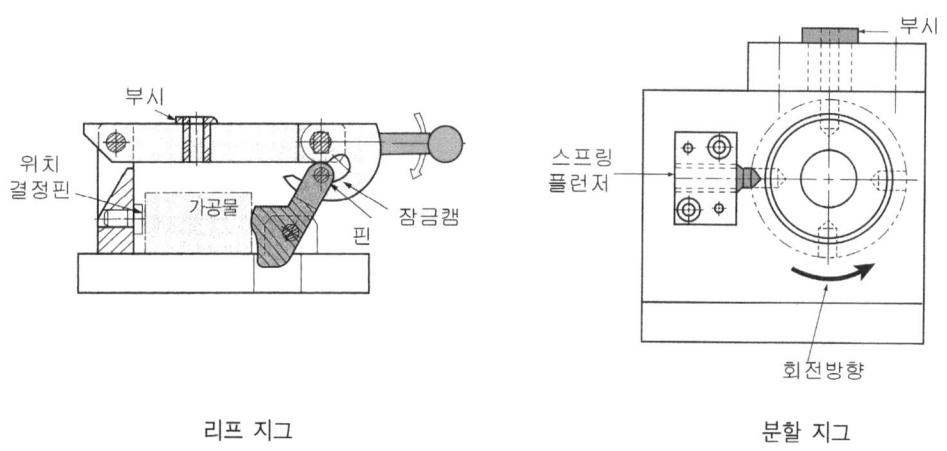

리프 지그   분할 지그

⑧ 분할 지그(indexing jig)

가공물을 정확한 간격으로 구멍을 뚫거나 기계가공에서 기어와 같이 분할이 어려운 가공물을 가공할 때 사용된다.

위치 결정 핀은 열처리하여 사용하고 스프링 플런저 형태의 조립식 위치 결정 핀도 여러 가지 모양으로 규격화되어 있다.

특수한 형태의 분할작업은 가공물의 조건에 따라서 분할판을 만들어 사용하여야 하며 분할판 모양을 만들 때 마모 여유와 흔들림은 한 쪽으로만 생기도록 설계하여야 한다.

⑨ 트러니언 지그(trunnion jig)

대형 가공물, 용접 지그에 적당한 구조이다. 분할 잠금 핀을 이용하여 가공물이 트러니언의 중심에서 등분 및 회전이 가능하도록 되어 있다.

⑩ 멀티스테이션 지그(multi-station jig)

가공물을 지그에 위치 결정시키는 방법으로 한 개의 가공물은 드릴링, 다른 가공물은 리밍, 또 다른 가공물은 카운터보링이 되며 최종적으로 완성 가공된 가공물을 내리고 새로운 가공물을 장착할 수 있는 것이다.

이런 지그는 단축기계에서도 사용되며, 특히 다축기계에 사용하면 적합하고 부가적으로 지그들을 몇 개 복합시켜서 사용하기도 한다.

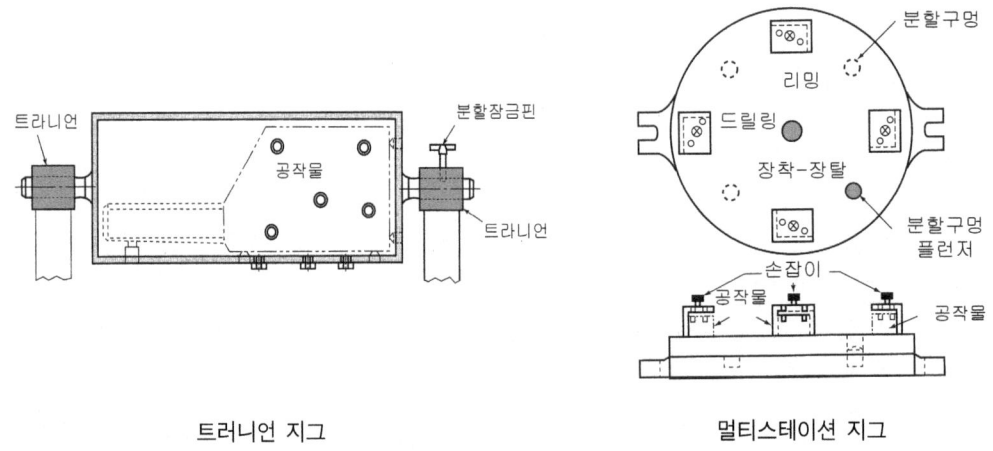

트러니언 지그   멀티스테이션 지그

3) 고정구의 형태별 분류

① 플레이트 고정구(plate fixture)

평면연삭용 플레이트 고정구의 구조이며 4개의 환봉을 한 번에 연삭할 수 있는 형태이다.
플레이트 고정구는 각종 공작기계, 용접, 검사 등에 가장 많이 활용되는 형태이다.
본체는 강력한 절삭력에 견디어야 하므로 무엇보다 견고성이 필요하다.
고정구 사용 목적은 가공물의 정확한 위치 결정과 강력한 고정에 있다.

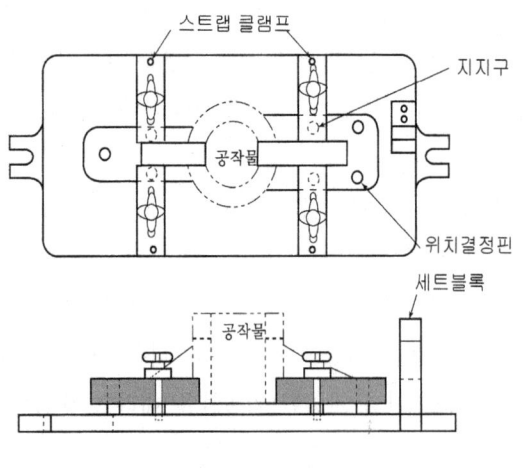
플레이트 고정구

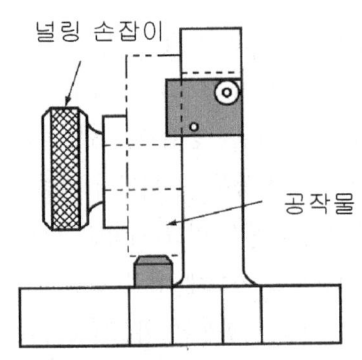
앵글 플레이트 고정구

② 앵글 플레이트 고정구(angle plate fixture)

앵글 플레이트 고정구와 변형 앵글 플레이트 고정구의 구조이다.

가공물이 90° 또는 다른 각도로 고정이 필요한 경우에 사용되는 형태이다. 강력한 절삭력에는 본체가 구조상 약하므로 보강 판을 설치하여야 한다.

③ 바이스 조 고정구(vise-jaw fixture)

바이스 조 고정구이며 범용 밀링에 많이 활용되고 있다.

여러 가지 다양한 가공에 적합하나 정밀도가 떨어지고 이동량이 제한되므로 소형에 적합하다.

가공물의 모양에 따라서는 조 모양을 가공물의 형태에 맞도록 제작하여 사용하면 편리하다.

④ 멀티스테이션 고정구(multi-station fixture)

가공 시간이 길고 비교적 중형 이상의 크기에 많이 사용되며 스테이션 1의 작업이 완성되면 고정구는 회전하고, 스테이션 2의 가공사이클이 반복된다.

스테이션 2가 가공되는 동안 스테이션 1은 가공물을 교환하고 작업의 준비가 되어 연속 작업이 가능하므로 생산성 향상과 원가 절감을 가져올 수 있다.

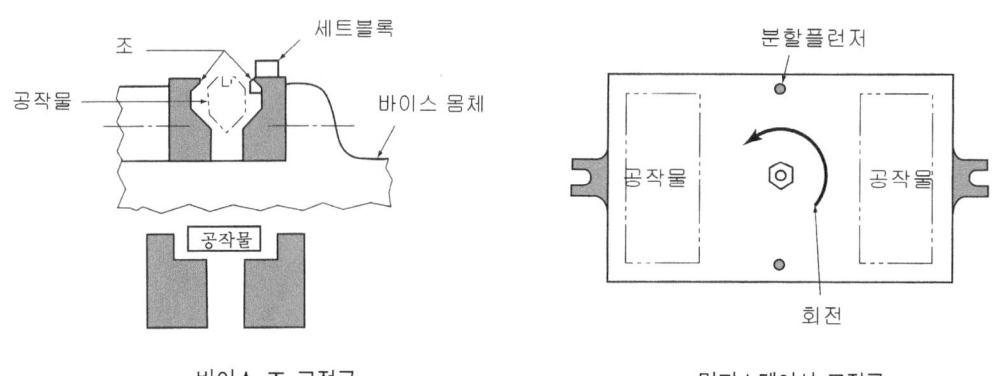

바이스 조 고정구 　　　　　　　　　멀티스테이션 고정구

⑤ 분할 고정구(indexing fixture)

분할 고정구는 가공물을 일정한 간격으로 2등분 이상 분할할 때 사용한다.

가공물이 분할에 따라 움직여야 하므로 클램핑력이 약할 우려가 있다.

이 방법은 분할판에 의한 방법과 플레이트와 조절나사를 이용한 2등분 분할방법이 있으며, 아래 그림은 분할판에 의한 방법이다.

⑥ 총형 고정구(forming fixture)

총형 고정구는 모방밀링이나 조각기 같은 공작 기계에서 3차원 가공 방식의 일종이며, 일정하지 않은 가공물의 윤곽을 절삭할 수 있도록 절삭 공구를 안내하는데 사용한다.

가공방법은 모형에 의해 내면과 외면을 가공한다.

공구는 항상 가공물과 접촉을 하고 있으므로 절삭속도를 일정하도록 유지하고 절삭 깊이도 많이 주어서는 안 된다.

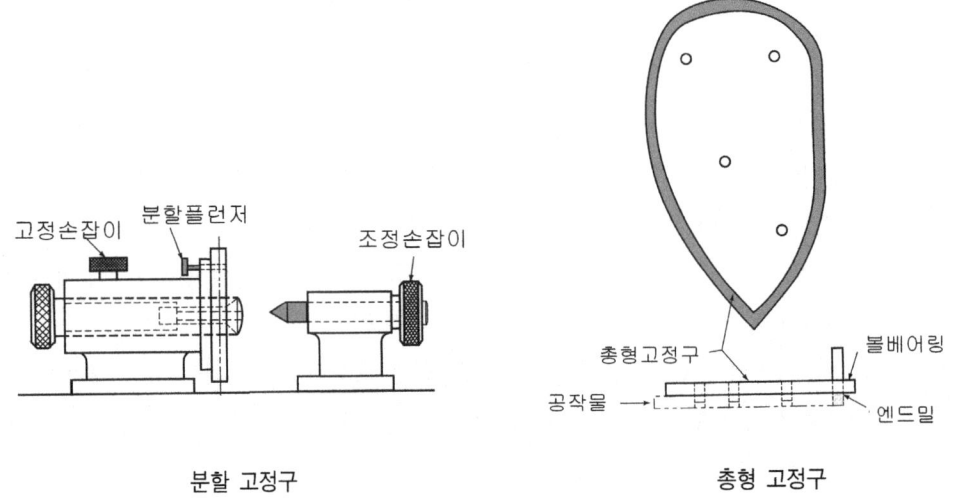

분할 고정구   총형 고정구

익힘문제

문제1 치공구의 개요에 대하여 간략하게 쓰시오.

해설 치공구(jig & fixture)는 어떤 형상의 제품을 정확한 위치에 설치하기 위한 위치결정(locating) 기구와 이것을 고정하기 위한 체결(holding)기구로 구성된다. 따라서, 제품가공을 경제적이고 능률적으로 할 수 있는 특수공구를 설계하고 제작하는 것을 의미한다.

문제2 치공구의 사용하는 목적이 무엇인지 간단하게 쓰시오.

해설 ① 복잡한 부품의 경제적인 생산
② 공구의 개선과 다양화에 의하여 공작기계의 출력증가
③ 공작기계의 특수한 가공을 가능하게 하는 부가적인 기능 개발
④ 미숙련자도 정밀 작업이 가능
⑤ 제품의 불량이 적고 생산 능력을 향상
⑥ 제품의 정밀도(accuracy) 및 호환성(interchangeability)의 향상
⑦ 공정단축 및 검사의 단순화와 검사시간 단축
⑧ 부적합한 사용을 방지할 수 있는 방 오법(foolproof)이 가능
⑨ 작업자의 피로가 적어지고 안전성이 향상된다.
궁극적인 목적은 부품이나 제품을 경제적인 생산이 가능하도록 하기 위하여 특수공구, 기계부착물, 기타 장치를 설계하고 창작하는 것이다.

문제3 치공구의 설계 요령에 대하여 간단하게 쓰시오.

해설 ① 치공구 부품의 표준화 : 치공구용 볼트, 너트, 와셔, 위치결정 핀, 드릴 부시, 클램프 스프링 등을 표준화한다.
② 공구의 표준화 : 공구의 형상, 치수, 공차, 재질, 사용방법 등을 표준화한다.
③ 치공구 형식의 표준화 : 각종 부품의 기계 가공, 주조, 용접 등을 표준화한다.
④ 치공구의 자동화용 형식 설계 방법의 표준화 : 유압이나 공압 등 자동화 방법의 기본을 표준화
⑤ 치공구 재료의 표준화 : KS 재료 중에서 치공구 제작에 필요한 재료를 선택하여 표준화한다.
⑥ 치공구용 소재의 표준화 : 각종 소재 치수의 각판, 원판, 각강 환봉 등을 표준화한다.
⑦ 치공구용 본체의 표준화 : 치공구 제작 정도에 따라 연강, 주물 등을 표준화한다.

문제4 치공구의 정밀도에 대하여 간단히 쓰시오.

해설 치공구의 정밀도는 가공물이 요구하는 정밀도에 대응하여 결정된다. 이것은 가공물의 다듬질 정밀도는 치공구의 정밀도 이상으로는 나오지 않는 것이므로 충분히 주의할 필요가 있다. 치공구의 정밀도는 가공물의 부착상태, 공작기계의 정밀도 등에 영향을 받기 때문이다.

문제5 치공구의 용도에 따른 분류에 대하여 간단히 쓰시오.

해설
① 기계가공용 치공구 : 드릴, 밀링, 선박, 연삭, MCT, CNC, 보링, 기어절삭, 프로치, 래핑, 평삭, 방전, 레이저 등
② 조립용 치공구 : 나사체결, 리벳, 접착, 기능조정, 프레스압입, 조정검사, 센터구멍 등을 위한 치공구
③ 용접용 치공구 : 위치결정용, 자세유지, 구속용, 회전포지션, 안내, 비틀림방지 등을 위한 치공구
④ 검사용 치공구 : 측정, 형상, 압력시험, 재료시험 등을 위한 치공구
⑤ 기타 : 자동차 생산라인의 엔진 조립지그, 자동차 용접직그, 자동차 도장 및 열처리지그, 레이아웃 지그 등 다양하게 나눌 수 있다.

문제6 지그의 형태별 분류에 대하여 간단히 쓰시오.

해설
① 플레이트 지그(plate jig)
② 템플릿 지그(template jig)
③ 샌드위치 지그(sandwich jig)
④ 앵글 플레이트 지그(angle plate jig)
⑤ 박스 지그(box jig)
⑥ 채널 지그(channel jig)
⑦ 리프 지그(leaf jig)
⑧ 분할 지그(indexing jig)
⑨ 트러니언 지그(trunnion jig)
⑩ 멀티스테이션 지그(multi-station jig)

문제7 고정구의 형태별 분류에 대하여 간단히 쓰시오.

해설
① 플레이트 고정구(plate fixture)
② 앵글 플레이트 고정구(angle plate fixture)
③ 바이스 조 고정구(vise-jaw fixture)
④ 멀티스테이션 고정구(multi-station fixture)
⑤ 분할 고정구(indexing fixture)
⑥ 총형 고정구(forming fixture)

예상문제

1. 드릴지그 부싱의 종류 중 지그판에 직접 압입 고정하여 지그 수명이 될 때까지 소량 생산용으로 사용되는 것은?
   ㉮ 고정 부시 ㉯ 라이너 부시
   ㉰ 기름홈 부시 ㉱ 템플레이트 부시

2. 공작물을 유지하고 지지하며 기계가공하기 위하여 공작물 위에 설치하는 특수장치를 무엇이라 하는가?
   ㉮ 바이트 ㉯ 앤드릴
   ㉰ 단동척 ㉱ 지그

3. 제품의 정밀도보다는 생산속도를 증가시키기 위하여 사용하는 지그는 다음 중 어느 것인가?
   ㉮ 샌드위치 지그
   ㉯ 플레이트 지그
   ㉰ 템플레이트 지그
   ㉱ 박스 지그

4. 지그를 사용함으로써 얻는 좋은 점으로 맞는 것은?
   ㉮ 제품의 검사작업을 줄일 수 있다.
   ㉯ 제품의 보수작업이 증가한다.
   ㉰ 숙련공이 필요하다.
   ㉱ 제품의 생산능률이 감소된다.

5. 기계 가공에서 박스 지그(box jig)를 사용하는 작업은?
   ㉮ 선반에서 테이퍼를 절삭할 때
   ㉯ 셰이퍼에서 키홈을 절삭할 때
   ㉰ 지그보링에서 보링 작업을 할 때
   ㉱ 드릴작업에서 다수의 구멍을 뚫을 때

6. 드릴링 머신에서 구멍를 똑바로 뚫는데 사용되는 것은 어느 것인가?
   ㉮ 박스 지그(box jig)
   ㉯ 드릴 플레이트(drill plate)
   ㉰ 안내 부시(bush)
   ㉱ 드릴검사 게이지

7. 다음 중 나사 체결, 리벳, 접착, 기능 조정, 프레스압입, 조정검사, 센터구멍 등을 위한 치공구는?
   ㉮ 조립용 치공구
   ㉯ 기계가공용 치공구
   ㉰ 용접용 치공구
   ㉱ 검사용 치공구

8. 다음 요소 중 공작물을 고정하는 요소는?
   ㉮ 슬리브
   ㉯ 바이스
   ㉰ 어댑터
   ㉱ 아버

해답 1.㉮ 2.㉱ 3.㉰ 4.㉮ 5.㉱ 6.㉰ 7.㉮ 8.㉯

> **해설**
> - 공작물을 고정하는 요소 : 척, 바이스, V블록, 센터
> - 공구를 고정하는 요소 : 척, 콜릿 척, 슬리브, 바이트 홀더, 어댑터, 아버

9. 드릴지그 부시를 사용함에 있어서 부시의 라이너 또는 교환부시를 설치할 구멍의 센터 거리가 짧아서 여유가 없는 경우 사용되는 부시는?
   ㉮ 고정부시(press fit bush)
   ㉯ 삽입부시(slip bush)
   ㉰ 나사부시(screw bush)
   ㉱ 한 개의 부시에 두 개의 구멍이 있는 부시

10. 다음 중 형판지그와 유사하나 간단한 위치결정구와 클램핑 기구를 가지고 있는 지그는?
    ㉮ 앵글 플레이트 지그
    ㉯ 샌드위치 지그
    ㉰ 플레이트 지그
    ㉱ 템플릿 지그

11. 치공구 사용의 중요한 목적에 속하지 않는 것은?
    ㉮ 생산제품의 정밀도가 향상되고 호환성을 지닌다.
    ㉯ 가공작업의 공정을 단축시킨다.
    ㉰ 숙련자에 의한 정밀 작업이 가능하다.
    ㉱ 제품을 검사하는 시간이나 방법이 간단하다.

12. 다음 중 쉽게 조작이 가능한 잠금 캠을 이용하여 착탈을 쉽게 할 수 있도록 한 구조이며, 클램핑력이 약하여 소형 가공물에 적합한 구조를 가진 지그는?
    ㉮ 멀티스테이션 지그
    ㉯ 분할 지그
    ㉰ 채널 지그
    ㉱ 리프 지그

13. 다음 중 치공구 사용상의 특징이 아닌 것은?
    ㉮ 절삭공구의 파손이 감소하여 공구의 수명이 연장된다.
    ㉯ 특수기계나 특수공구가 필요하지 않다.
    ㉰ 근로자의 숙련도 요구가 증가한다.
    ㉱ 제품의 균일화에 의하여 검사업무가 간소화된다.
    > **해설** 치공구 사용상의 특징
    > - 절삭공구의 파손이 감소하여 공구의 수명이 연장된다.
    > - 특수기계나 특수공구가 필요하지 않다.
    > - 근로자의 숙련도 요구가 감소한다.
    > - 제품의 균일화에 의하여 검사업무가 간소화된다.

14. 제품의 정밀도보다는 생산속도의 증가를 목적으로 최소의 경비를 가장 단순하게 사용할 수 있는 지그는?
    ㉮ 샌드위치 지그
    ㉯ 박스 지그
    ㉰ 채널 지그
    ㉱ 템플릿 지그

해답 9.㉮ 10.㉱ 11.㉰ 12.㉱ 13.㉰ 14.㉱

15. 치공구는 제품을 생산할 때 정밀하고 호환성이 있는 제품을 생산할 수 있다. 치공구의 이점이 아닌 것은?
    ㉮ 생산제품의 정도가 향상되고 호환성을 가지게 된다.
    ㉯ 제품의 검사시간이나 방법이 간단해진다.
    ㉰ 불량물을 크게 줄일 수 있다.
    ㉱ 제품수량이 많든 적든 관계없이 유리하다.

16. 일반적으로 지그나 고정구의 공차는 가공물 공차의 몇 %로 정해야 경제적인가?
    ㉮ 10~15%   ㉯ 20~50%
    ㉰ 5~10%   ㉱ 55~65%

17. 다음 중 통과 측은 최소 허용 값과 동일한 지름을 갖는 구의 일부로 되어 있고, 정지 측은 같은 구면상에 공차만큼 지름이 커진 구형의 돌기 부분이 있는 게이지는?
    ㉮ 테보 게이지   ㉯ 링 게이지
    ㉰ 스냅 게이지   ㉱ 플러그 게이지

18. 다음 중 각종 공작기계, 용접, 검사 등에 가장 많이 활용되는 고정구이며 본체는 강력한 절삭력에 견딜수 있도록 견고성이 필요한 고정구는?
    ㉮ 바이스-조 고정구
    ㉯ 멀티스테이션 고정구
    ㉰ 앵글 플레이트 고정구
    ㉱ 플레이트 고정구

19. 전 표면을 둘러쌓도록 제작하며, 공작물을 한번 위치 결정한 상태에서 모든 면을 완성 가공할 수 있는 지그는?
    ㉮ 템플릿 지그   ㉯ 박스지그
    ㉰ 채널지그   ㉱ 리프지그

20. 다음 중 가공물의 내면과 외면을 사용하여 클램핑시키지 않고 할 수 있는 구조이며, 가공물의 형태는 단순한 모양이어야 하고 정밀도보다는 생산 속도를 증가시키려고 할 때 사용하는 지그는?
    ㉮ 템플릿 지그
    ㉯ 플레이트 지그
    ㉰ 샌드위치 지그
    ㉱ 앵글 플레이트 지그

21. 다음 중 가공물을 정확한 간격으로 구멍을 뚫거나 기계가공에서 기어와 같이 분할이 어려운 가공물을 가공할 때 사용하는 지그는?
    ㉮ 리프 지그   ㉯ 트러니언 지그
    ㉰ 분할 지그   ㉱ 멀티스테이션 지그

22. 원통형 제품을 원주방향으로 여러 개의 구멍을 가장 효율적으로 가공할 수 있는 지그의 형태는?
    ㉮ 인덱스(index) 지그
    ㉯ 상자형 지그
    ㉰ 링(ring) 지그
    ㉱ 유니버셜(universal) 지그

해답 15.㉱ 16.㉯ 17.㉮ 18.㉱ 19.㉯ 20.㉮ 21.㉰ 22.㉮

23. 다음 중 게이지를 사용할 때의 이점이 아닌 것은?
   ㉮ 가공 중에 불량을 조기에 발견할 수 있다.
   ㉯ 필요 이상의 정밀도를 요구해 원가 절감이 불가능하다.
   ㉰ 검사시간을 단축할 수 있다.
   ㉱ 검사가 간단하고 능률적이다.

   해설 게이지를 사용할 때의 이점
   • 가공중에 불량을 조기에 발견할 수 있다.
   • 필요 이상의 정밀도를 요구하지 않아 원가 절감이 가능하다.
   • 검사시간을 단축할 수 있다.
   • 검사가 간단하고 능률적이다.

24. 공작물의 위치결정뿐 아니라 절삭공구를 안내하기 위하여 공작물 위에 설치하는 장치를 무엇이라 하는가?
   ㉮ 바이스   ㉯ 지그
   ㉰ 고정구   ㉱ 클램프

25. 치공구를 사용할 때의 장점이다. 적합하지 않은 것은?
   ㉮ 정밀도가 향상되고 호환성을 갖는다.
   ㉯ 미숙련자도 정밀작업이 가능하다.
   ㉰ 제품량이 적으나, 생산 능력이 감소된다.
   ㉱ 제품을 검사하는 시간이나 방법을 간단히 할 수 있다.

26. 지그 설명 중 옳지 못한 것은 어느 것인가?
   ㉮ 고도화된 숙련공이 필요하다.
   ㉯ 드릴링 작업에 사용된다.
   ㉰ 다량생산에 적합하다.
   ㉱ 불량품이 적어진다.

27. 지그를 사용함으로써 얻는 이점은 다음 사항에서 어느 것인가?
   ㉮ 제품의 검사작업을 줄일 수 있다.
   ㉯ 제품의 보수작업이 증가한다.
   ㉰ 숙련공이 필요하다.
   ㉱ 제품의 생산능률이 감소된다.

28. 다음 중 측정, 형상, 압력시험, 재료시험 등을 위한 치공구는?
   ㉮ 기계가공용 치공구
   ㉯ 조립용 치공구
   ㉰ 용접용 치공구
   ㉱ 검사용 치공구

29. 치공구를 사용 때의 장점이다. 적합하지 않은 것은?
   ㉮ 정밀도가 향상되고 호환성을 갖는다.
   ㉯ 미숙련자도 정밀작업이 가능하다.
   ㉰ 제품량이 적으나 생산 능력이 감소된다.
   ㉱ 제품을 검사하는 시간이나 방법을 간단히 할 수 있다.

해답 23.㉯ 24.㉯ 25.㉰ 26.㉮ 27.㉮ 28.㉱ 29.㉰

제 12 장

CNC 가공

1. CNC 선반

1) NC의 장단점

(1) NC 기계의 장점

① 기계의 노는 시간 단축
② 생산의 유연성(Flexibility)
③ 품질 관리 향상
④ 치공구(Jig & Fixture) 감소
⑤ 재고 감소
⑥ 공장 크기 축소

(2) NC 기계의 단점

① 기계 가격이 비싸다.
② 관리 비용의 과다
③ 프로그래머, 작업자, 관리자의 비용 증대

2) 서보 기구

마이크로 컴퓨터에서 연산된 정보가 인터페이스 회로를 거쳐 펄스(Pules)화되고, 펄스된 정보가 서보(Servo) 기구에 전송되어 서보 모터를 작동시키는 기구이다.

서보 기구의 종류는 다음과 같다.

① 개방 회로 방식(Open Loop System)

검출기나 피드백회로를 가지지 않기 때문에 구성은 간단하지만 정밀도가 낮기 때문에 오늘날 CNC 공작 기계에서는 거의 사용되지 않는다.

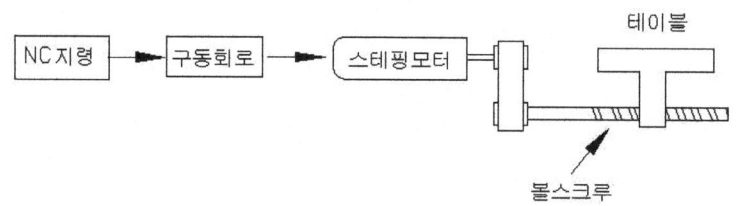

개방 회로 방식

② 반 폐쇄 회로 방식(Semi-Close Loop System)

모터 축의 회전 각도를 검출하거나 볼스크루의 회전 각도를 검출하는 방식으로, 테이블 직선 운동을 회전운동으로 바꾸어 검출한다. 오늘날 대부분 CNC 공작 기계에서는 높은 정밀도의 볼스크루가 개발되어 있어 실용상에 문제되는 정밀도가 해결되어 대부분 이 방식을 채택하고 있다.

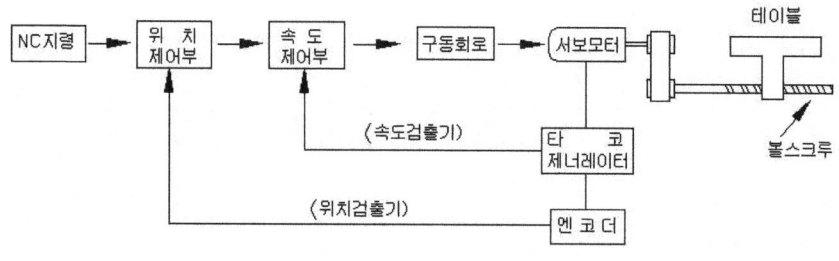

반 폐쇄 회로 방식

③ 폐쇄 회로 방식(Close Loop System)

테이블에 직선형 스케일을 부착하여 위치를 검출한 후 위치 편차를 피드백하여 보정한다. 즉, 이 방식은 볼스크루의 백래쉬량의 변화 등을 정확히 제어할 수 있다는 장점이 있다. 하지만 이 방식은 기계의 강성을 높이고 마찰 상태를 원활하게 하여 비틀림이 없어야 된다. 특별히 정밀도를 요하는 정밀 공작 기계나 대형 기계에 사용된다.

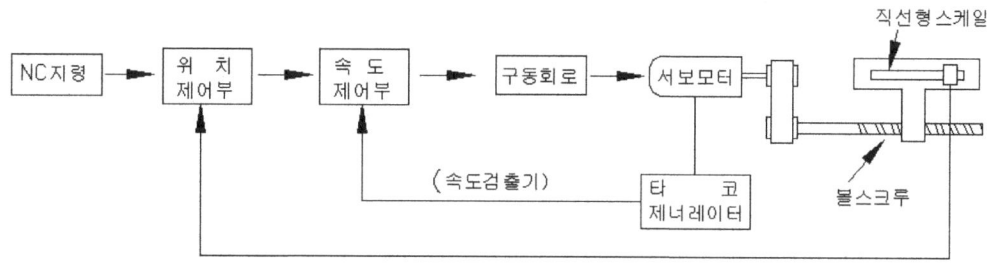

폐쇄 회로 방식

④ 복합 제어 방식(Hybrid Loop System)

반폐쇄 및 폐쇄 회로 방식을 절충한 것으로 정밀도를 향상시킬 수 있어 대형의 공작 기계와 같이 강성을 충분히 높일 수 없는 기계에 적합하다

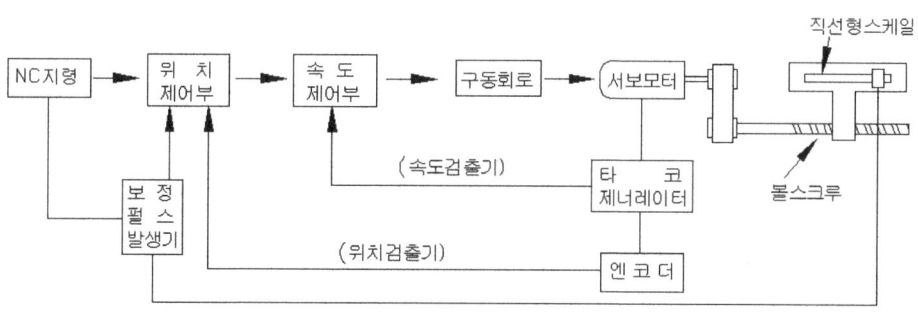

복합 제어 방식

3) DNC

DNC는 Distributed(Direct) numerical control의 약자로 CAD/CAM 시스템과 CNC 기계들을 근거리 통신망(LAN)으로 연결하여 1대의 컴퓨터에서 여러 대의 CNC 공작기계에 데이터를 분배하여 전송함으로써 여러 대를 동시에 운전할 수 있는 방식이다.

4) FMS

FMS(Flexible Manufacturing System)는 다품종 소량생산에 적합하며, NC 공작기계와 산업용 로봇, 자동반송시스템, 자동화창고 등을 총괄하여 중앙의 컴퓨터로 제어하면서 소재의 공급-

투입-가공-조립-출고까지 관리하는 생산방식으로 공장 전체 시스템을 무인화하여 생산관리의 효율을 최대로 한 시스템이다.

5) CIM

CIM(Computer Integrated Manufacturing)은 영업, 생산, 구매, 기술 등 각 부서의 일관된 정보와 물건의 흐름을 갖는 생산 시스템으로 CAD/CAM 기술, DNC, 공정제어 등을 통합한 생산 시스템이다.

6) NC 프로그램의 구성

프로그램은 주프로그램(Main program)과 보조프로그램(Sub program)으로 구성되어 있다. 보통 NC는 주프로그램에 의해 작동되다가, 보조프로그램을 호출하였을 때 보조프로그램을 수행하고 다시 주프로그램으로 돌아와 작업이 계속된다.

(1) 프로그램의 구성

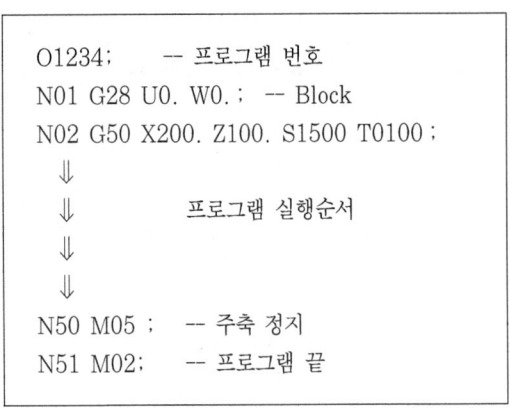

(2) 보조 프로그램(Sub Program)의 구성

프로그램을 간단히 하는 기능 - 가공할 형태가 반복해서 있을 경우 - 반복되는 가공부분을 하나의 프로그램으로 작성 - 호출하여 반복 가공.

반복되는 부분의 가공 프로그램을 O___부터 M99까지를 작성하는데 주(Main) 프로그램에서 볼 때 이것을 보조 프로그램이라 한다.

① 보조 프로그램 사용 방법

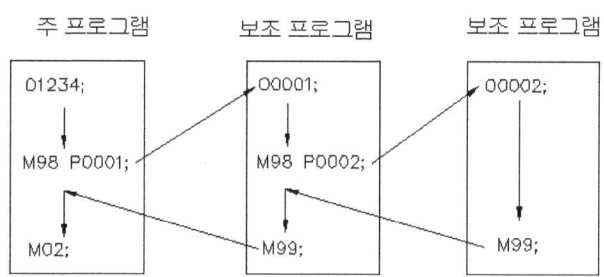

② 프로그램 형식

　　보조 프로그램 호출 : M98 P _____   L _____ ;
　　　　　　　　　　　　호출할 보조　　보조 프로그램이 반복되는
　　　　　　　　　　　　프로그램번호　횟수(1회인 경우 생략 가능)

　　보조 프로그램 끝 : M99;

(3) 단어(Word)

NC프로그램의 기본단위이며, 1단위로 취급되는 최소의 명령어로 블록을 구성하는 단어(Word)는 주소(Address)와 수치데이터로 구성되어 있다.

① 워드의 구성

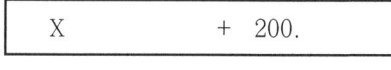

　　　어드레스　　　　수치
　　X축, Z축 의미　　단위 : mm

(4) 주소(Address)

기　능	어드레스	의　미	지령범위
프로그램 번호	O	프로그램 번호	1~9999
전개번호	N	전개번호(Sequence Number)	1~9999
준비기능	G	이동형태(직선, 원호보간 등)	0~99

기 능	어드레스	의 미	지령범위
좌 표 치	X Y Z	각 축의 이동위치(절대)	±0.001~99999.999
	U V W	각 축의 이동거리와 방향(증분)	
	I J K	원호중심의 각축성분, 면취량	
	R	원호반경, 구석 R, 모서리 R	
이송기능	F	회전당 이송속도(mm/rev)	0.01~500
		분당 이송속도(mm/min)	1~1500
		나사의 리드(mm)	0.001~500
보조기능	M	기계작동의 ON/OFF제어 기능	0~99
주축기능	S	주축회전수	0~9999
공구기능	T	공구번호 및 공구보정번호	0~99
보정번호	H, D	공구길이 및 반경 보정번호	0~64
휴 지	P, U, X	휴지시간(Dwell)	0~99999.999Sec
프로그램 번호 지정	P	보조프로그램 호출번호	1~9999
전개번호 지정	P, Q, R	복합 반복주기의 호출, 종료 전개번호	1~9999
보조프로그램 반복횟수	L	보조 프로그램 반복횟수	1~9999

(5) 지령절(Block)

프로그램은 여러 개의 지령절(Block)로 구성되며, 지령절은 수개의 단어가 형식에 맞게 배열되어 있으며, 절맺음(EOB : End Of Block)으로 구분되고, CR, LF로 나타내기도 하나, 편의상 " ; " 또는 " * "으로 표시한다.

① 한 Block에서의 Word의 개수는 제한이 없다.(가변 Word 방식)
② 한 Block 내에서 같은 내용의 Word를 2개 이상 지령하면 앞에 지령된 Word는 무시되고 뒤에 지령된 Word가 실행된다.

N_	G_	X_ Y_ Z_	I_ J_ K_	F_	S_	H/D_	T_	M_	;
전개번호	준비기능	좌 표 치	원호중심의 각축 성분	이송기능	주축기능	보정번호	공구기능	보조기능	블록의 끝

(6) 프로그램 번호(Program Number)

NC메모리에 저장되어 있는 여러 개의 프로그램을 식별 가능하도록 각각의 번호를 붙여서 NC 기억 장치에 등록시킨다.

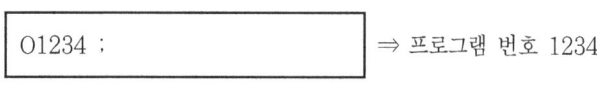 ⇒ 프로그램 번호 1234

- 영문자 대문자 O 다음에 4자리의 아라비아 숫자

7) 좌표계

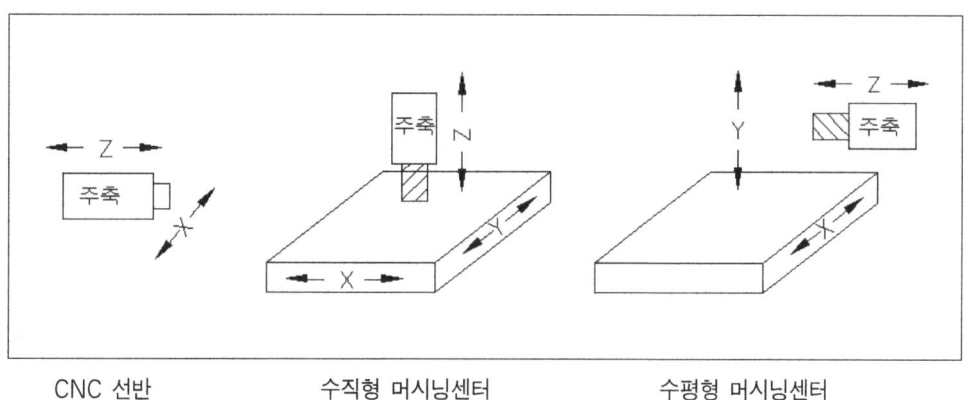

CNC 선반   수직형 머시닝센터   수평형 머시닝센터

좌표축과 운동기호

기준축	보조축(1)	보조축(2)	회전축	결정방법
X	U	P	A	가공의 기준이 되는 축
Y	V	Q	B	X축과 직각인 이송 축
Z	W	R	C	주축(Spindle)

8) 지령방법의 종류

① 절대지령(Absolute) : 이동 종점의 위치를 절대(공작물)좌표계의 위치로 지령하는 방식
   (좌표어 : X, Z 예 : G00 X10. Z-20.;)

② 증분(상대)지령(Incremental) : 이동 시작점에서 종점까지의 이동량으로 지령하는 방식
   (좌표어 : U, W 예 : G00 U30. W-50.;)

선반계의 절대, 증분, 혼합지령 비교

구분	지령 프로그램 비교	비고
절대지령	G00 X100. Z100.;	
증분지령	G00 U100. W100.;	상대지령
혼합지령	G00 X100. W100.;	

한 블록(Block)에 절대지령과 증분지령을 동시에 지령 가능

밀링계의 절대, 증분 비교

구분	지령 프로그램 비교	비고
절대지령	G90 G00 X100. Y100. Z100.;	
증분지령	G91 G00 X100. Y100. Z100.;	상대지령

밀링계의 프로그램은 절대(G90), 증분(G91)을 G코드로 선택하는 방식

③ 반경지령과 직경지령

좌표어	내 용	지령구분
X, U	X축	직경지령(반경지령)
Z, W	Z축	-
I, K, R	원호보간의 반경 지정	반경지령
X, U	공구보정	직경지령(반경지령)

9) 준비기능

보조 기능(M 코드)

M 코드	기능	용 도
M00	프로그램 정지	프로그램을 일시 정지시키며, 자동 개시를 누르면 재개
M01	선택적 프로그램 정지	조작반의 M01 스위치가 ON 상태이면 프로그램 일시 정지

M 코드	기능	용 도
M02	프로그램 종료	프로그램 종료 기능으로 모달 정보가 모두 말소된다.
M03	주축 정회전	주축을 시계방향으로 회전
M04	주축 역회전	주축을 반시계 방향으로 회전
M05	주축정지	주축을 정지시키는 기능
M06	공구교환	T_와 같이 사용되며, 지정한 공구로 교환
M08	절삭유 ON	절삭유 펌프 스위치를 ON
M09	절삭유 OFF	절삭유 펌프 스위치를 OFF
M19	주축 한 방향 정지	주축을 한 방향으로 정지시키는 역할로 공구 교환 및 고정 사이클의 공구 이동에 이용된다.
M30	프로그램 종료 후 선두 복귀	프로그램 종료 후 선두로 되돌리는 기능과 다시 실행하는 기능
M98	보조 프로그램 호출	보조 프로그램 호출시 P___와 같이 사용한다.
M99	주 프로그램 복귀	보조 프로그램 종료 표시로 주 프로그램으로 복귀

G-Code 일람표

G코드	그룹	기 능	구분
G00	01	급속이송(위치결정)	B
G01		절삭이송(직선보간)	B
G02		시계방향 원호보간(CW)	B
G03		반시계방향 원호보간(CCW)	B
G04	00	일시정지(Dwell)	B
G10		Data 설정	O
G20	06	Inch Data 입력	O
G21		Metric Data 입력	O

G코드	그룹	기　　능	구분
G27	00	원점복귀 Check	B
G28		자동원점 복귀(제1원점 복귀)	B
G30		제2원점 복귀	B
G31		Skip 기능	B
G32	01	나사절삭	B
G34		가변리드 나사절삭	O
★G40	00	인선 R 보정 말소	O
G41		인선 R 보정 좌측	O
G42		인선 R 보정 우측	O
G50	00	공작물 좌표계 설정, 주축 최고회전수 설정	B
G65		Macro 호출	O
G70	00	정삭가공 Cycle	O
G71		내외경 황삭가공 Cycle	O
G72		단면가공 Cycle	O
G73		모방가공 Cycle	O
G74		단면 홈가공 Cycle	O
G75		내외경 홈가공 Cycle	O
G76		자동 나사가공 Cycle	O
G90	01	내외경 절삭 Cycle	B
G92		나사절삭 Cycle	B
G94		단면절삭 Cycle	B
G96	02	주속일정제어 ON	O
★G97		주속일정제어 OFF	O
G98	05	분당 이송	B
★G99		회전당 이송	B

▶ ★표시 기호는 전원 투입시 ★표시 기호의 기능 상태로 된다.
주기) B : 표준, O : 선택사양

10) 급속 위치결정(G00)

① 의미 : 파라미터에 설정된 최고속도로 X(U), Z(W)에 지령된 위치(종점)를 향해 급속도로 이동한다.

② 지령방법

```
G00 X(U)___  Z(W)___ ;
```

11) 직선보간(G01)

① 의미 : 지령된 종점 좌표까지 주어진 F의 이송속도로 직선으로 가공.(Taper나 모떼기도 직선에 포함)

② 지령방법

```
G01 X(U)___  Z(W)___  F___ ;
```

③ 지령 Word의 의미

X(U) : X축 가공 종점의 좌표
Z(W) : Z축 가공 종점의 좌표
F   : 이송속도(회전당 이송) 예) F0.2

G코드	의 미
G98	공구를 분(分)당 얼마만큼 이동하는가를 F로 지령
★G99	공구를 주축 1회전당 얼마만큼 이동하는가를 F로 지령

12) 원호보간(G02, G03)

① 의미 : 지령된 시점에서 종점까지 반지름 R의 크기로 시계방향 G02(Clock Wise)와 반시계방향 G03(Counter Clock Wise)으로 원호 가공한다.

② 지령방법

$$\left.\begin{array}{l}G02\\G03\end{array}\right\} \ X(U)\_\_ \ Z(W)\_\_ \quad \left\{\begin{array}{l}R\_\_\\I\_K\_\_\end{array}\right. \ F\_\_ \ ;$$

③ 지령 Word의 의미

지령내용		지령 워드	의미
회전방향		G02	시계방향(CW)
		G03	반시계방향(CCW)
끝점의 위치	절대지령	X, Z	공작물 좌표계에서 종점의 위치
	증분지령	U, W	원호 시작점에서 종점까지의 거리
시작점에서 중심점까지의 거리		I, K	원호의 시작점에서 중심점까지의 거리(반경값 지정 -180도 이상)
원호의 반경		R	원호의 반경값 지정 (지령범위 180도 이하)
이송속도		F	원호를 따라 움직이는 속도

13) 나사절삭(G32)

- 의미 : 일정 Lead의 직선, 테이퍼 및 정면나사를 가공한다.

14) 이송기능(G99, G98)

(1) 회전당 이송(G99)

① 의미 : 공구를 주축 1회전당 얼마만큼 이동하는가를 F로 지령한다. 같은 F값으로 지령해도 주축회전수가 다르면 가공속도(시간)는 다르다.

(지령범위 : F0.001 mm~F500mm/rev)

② 지령방법 : 전원을 투입하면 G99회전당 이송으로 자동 선택된다.

$$\boxed{\text{G99 F\_\_\_ ;}}$$

예) G99 G01 Z-30. F0.2 ; -- 직선절삭하면서 주축 1회전할 때
0.2mm씩 Z축이 -30mm까지 이동하는 지령이다.

(2) 분당 이송(G98)

① 의미 : 공구를 분당 얼마만큼 이동하는가를 F로서 지령한다.
주축의 정지 상태에서 공구를 절삭이송시킬 수 있으며 밀링에서 많이 사용한다.
(지령범위 : F1~F100000mm/min)

② 지령방법

$$\boxed{\text{G98 F\_\_\_ ;}}$$

15) Dwell Time(일시정지)지령(G04)

① 의미 : 지령된 시간동안 프로그램의 진행을 정지시킬 수 있는 기능.
모서리가 뾰족한 제품이나 홈가공 원주면 정삭시 사용

② 지령방법

$$\boxed{\text{G04} \begin{cases} \text{X\_\_\_ ;} \\ \text{U\_\_\_ ;} \\ \text{P\_\_\_ ;} \end{cases} \quad \text{3개 중 선택}}$$

③ 지령 Word의 의미

X, U : 정지시간을 지정 소수점 사용 가능(예 X2.=U2.)

P : 정지시간을 지정 소수점 사용 불가능(예 P2000)

도면에서 ⌀45(mm)의 홈 작업을 위하여 절삭속도 80(m/min)로 일정하게 제어하였다. 가공한 후 2회전 일시정지(드웰)를 주려는 프로그램을 작성하시오.(이송은 0.1(mm/rev)로 한다.)

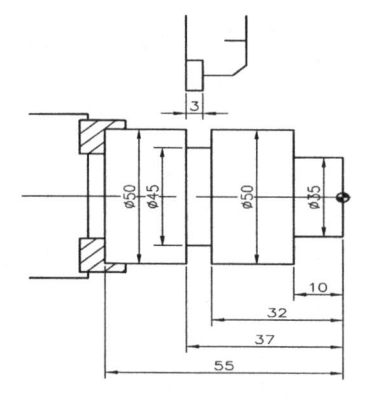

프로그램
G96 S80 M03;
G00 X52. Z-37.;
G01 X45. F0.1;
G04 X0.212; (또는 G04 U0.212; 또는 G04 P212;)
G00 X52.;
Z-35.; (또는 W2.;)
G01 X45. F0.1;
G04 X0.212; (또는 G04 U0.212; 또는 G04 P212;)
G00 X52.;

(해설) 정지시간(초) = $\dfrac{60}{\text{RPM}} \times$ 회전수에서

정지시간(초) = $\dfrac{60 \times \pi \times D}{1000 \times V} \times 2 = \dfrac{60 \times \pi \times 45}{1000 \times 80} \times 2 = 0.212$(초)

16) 주축기능(S)

(1) 주속 일정제어 ON(G96)

① 의미 : 주축의 회전수를 소재 가공부의 직경에 따라 자동으로 변화하여 절삭속도를 일정하게 유지하므로 절삭시간 단축, 공구 수명을 연장하며, 가공물의 표면거칠기를 유지한다.

② 지령방법

```
G 96 S___ ;
```
S는 절삭속도(m/min)

③ 관계식(절삭속도 : 공구와 공작물의 상대속도)

$$V = \dfrac{\pi DN}{1000} \text{(m/min)} \qquad N = \dfrac{\pi D}{1000V} \text{(rpm)}$$

V : 절삭속도(m/min)
D : 지름(mm)
N : 회전수(rpm)

(2) 주속 일정제어 OFF(G97)

① 의미 : 주축의 1분당 회전수를 지령하는 것으로서, 나사가공 및 직경의 차이가 크지 않은 Shaft 형태의 제품을 가공할 때 직경에 관계없이 일정한 회전수로 가공할 수 있다.

② 지령방법

> G 97 S____ ;   S는 1분당 회전수(rpm)

(3) 주축 최고회전수 지정(G50)

① 의미 : 주속 일정제어(G96) 사용시 회전지령의 S값은 절삭속도이기 때문에 소재의 직경이 작아지는 만큼 회전수는 상대적으로 증가하므로 큰 지그를 사용하는 기계에서는 진동과 공작물이 회전중에 이탈할 수 있다. 이같은 위험을 배제하기 위하여 일정한 회전수 이상의 변화를 제한시킬 수 있는 기능이다.

② 지령방법

> G 50 S____ ;   S는 주축의 최고회전수 지정(rpm)

③ 주축기능 G50, G96, G97의 S기능의 사용 예

전개번호	프로그램	의 미
N10	↓	
N20	G50 X200. Z100. S2000;	주축 최고회전수 2000rpm 지정
N30	G96 S200 M03;	절삭속도 200m/min 지정
N40	↓	
N50	↓	
N60	G97 S1000 M03;	주축회전수 1000rpm 지정
N70	↓	

17) 공구기능(T)

① 의미 : T이하 4단지령(공구 선택번호 2단, 공구 보정번호 2단)으로 공구와 보정번호를 선택 가능하며 앞쪽 2단은 공구 선택번호로 공구대에 장착된 공구를 자동으로 교환시키는 공구번호이다.

② 지령방법

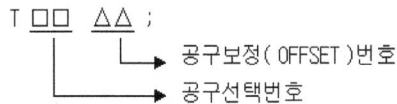

③ 공구기능 사용 예

공구번호	의 미
T0100	1번공구 선택, 1번공구 보정 말소
T0505	5번공구 선택, 공구보정(offset)번호 5번 선택
T0702	7번공구 선택, 공구보정(offset)번호 2번 선택
참 고	공구번호와 공구보정 번호는 같지 않아도 되지만 같은 번호를 사용하면 보정실수를 줄일 수가 있다.

18) 보정(Offset) 기능

① 의미 : 프로그램을 작성할 때 공구의 길이와 형상을 고려하지 않고 프로그램을 작성하게 된다. 실제 가공을 할 때는 각각의 공구가 길이와 공구선단의 인선 R 크기의 차이를 Offset 화면에 등록하고 공작물 가공시 호출하여 자동으로 보상을 받을 수 있게 하는 기능을 말한다.

② 공구 위치보정의 예

프로그램	의 미
G00 X30. Z2. T0101;	1번 Offset량 보정
G01 Z-50. F0.2;	
G00 X200. Z150. T0100;	1번 Offset량 보정 무시

19) 인선 R보정(G40, G41, G42)

① 의미 : 인선 R때문에 테이퍼절삭과 원호절삭에서 과대절삭이나 과소절삭 부분이 발생하는 오차를 자동으로 보상하는 기능

② 지령방법

```
G40
G41  }  X(U)___  Z(W)___ ;
G42
```

③ 각 Code의 의미

G-코드	의 미	공구경로설명
G40	공구 인선 R 보정 무시	프로그램 경로
G41	공구 인선 R 보정 좌측	공작물기준-공구진행 방향-공구가 공작물의 좌측에서 가공
G42	공구 인선 R 보정 우측	공작물기준-공구진행 방향-공구가 공작물의 우측에서 가공.

④ 공구 보정(G42)과 취소(G40) 사용 프로그램

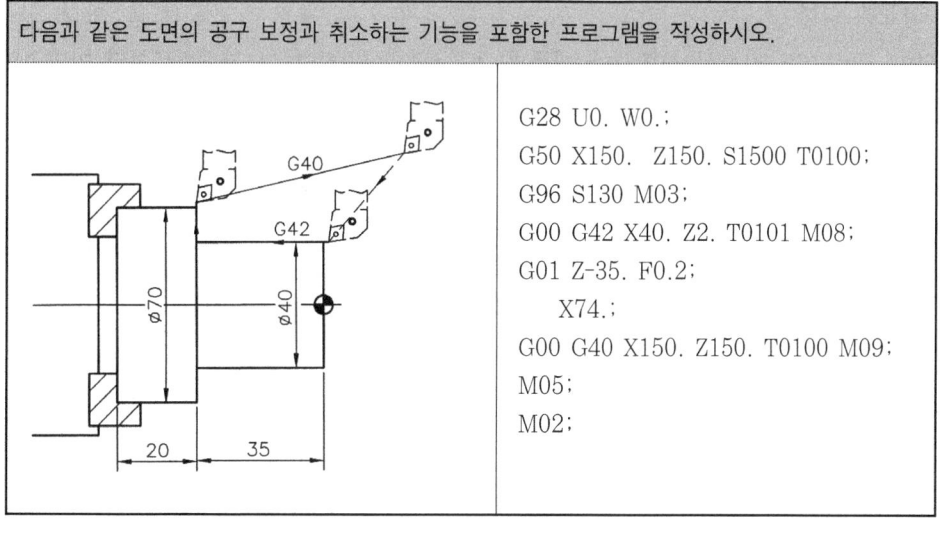

다음과 같은 도면의 공구 보정과 취소하는 기능을 포함한 프로그램을 작성하시오.

```
G28 U0. W0.;
G50 X150. Z150. S1500 T0100;
G96 S130 M03;
G00 G42 X40. Z2. T0101 M08;
G01 Z-35. F0.2;
   X74.;
G00 G40 X150. Z150. T0100 M09;
M05;
M02;
```

20) 기계원점(Reference Point) 복귀

(1) 수동 원점복귀

Mode 스위치를 원점복귀에 위치시키고 JOG 버튼을 이용하여 각축을 기계원점으로 복귀(X축 원점복귀 후 Z축 복귀)시킬 수 있다.

(2) 자동 원점복귀(G28)

Mode 스위치를 자동 혹은 반자동에 위치시키고 G28을 이용하여 각축의 기계원점까지 복귀시킬 수 있다.

① 의미 : 급속이송으로 중간점을 경유 기계원점까지 자동 복귀한다.
  (단, Machine Lock ON 상태에서는 기계 원점복귀 불가능)

② 지령방법

```
G28 X(U)___  Z(W)___  ;
```

| G28 U0. W0.; | 현재 위치에서 기계원점 복귀 |
| G28 X0. Z0.; | 공작물의 X0. Z0.까지 이동하고 기계원점 복귀(주의) |

21) 공작물(Work) 좌표계 설정(G50)

(1) 좌표계 설정

① 의미 : 프로그램 작성시 도면이나 제품의 기준점을 설정하여 그 기준으로부터 가공위치를 지령하므로서 간단하게 프로그램을 작성할 뿐 아니라 실수를 줄일 수 있다. 공작물의 기준점이 어느 위치에 있는지 NC기계에 알려주는 기능이 G50이며 공작물 좌표계 설정이다.

② 지령방법

```
G50 X___  Z___  ;
```

③ 지령 Word의 의미
  X, Z : 설정하고자 하는 절대좌표(공작물 좌표)의 현재 위치

22) 고정 사이클

단일형 고정 Cycle(G90, G92, G94)

(1) 내외경 절삭 Cycle(G90)

① 의미 : 1 ⇒ 2 ⇒ 3 ⇒ 4의 과정을 1 Cycle로서 가공한다.
　초기점 A점에서 가공을 시작하고 초기점 A점으로 자동 복귀한다.

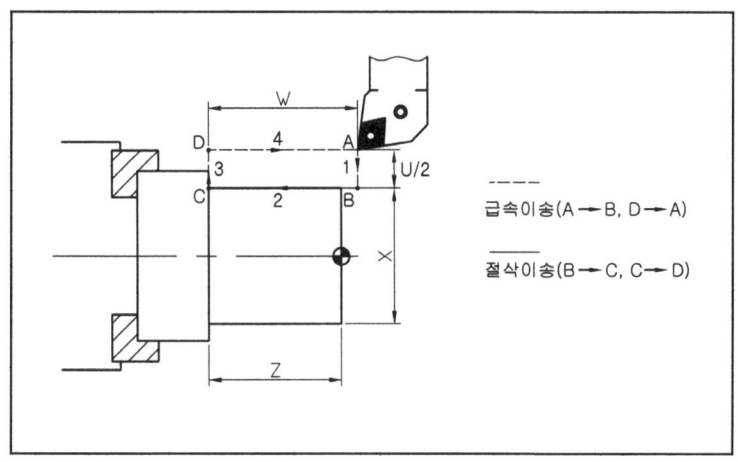

내외경절삭 Cycle 공구경로(G90)

(2) 나사절삭 Cycle(G92)

① 의미 : 공구경로 1⇒2⇒3⇒4의 과정을 1Cycle로서 1회 나사가공하고 A점으로 자동 복귀한다.(반복 절삭가공으로 나사 완성)

(3) 단면절삭 Cycle(G94)

① 의미 : 공구경로 1⇒2⇒3⇒4의 과정을 1Cycle로 가공한다.
　초기점 A에서 가공을 시작하고 A점으로 자동 복귀한다.

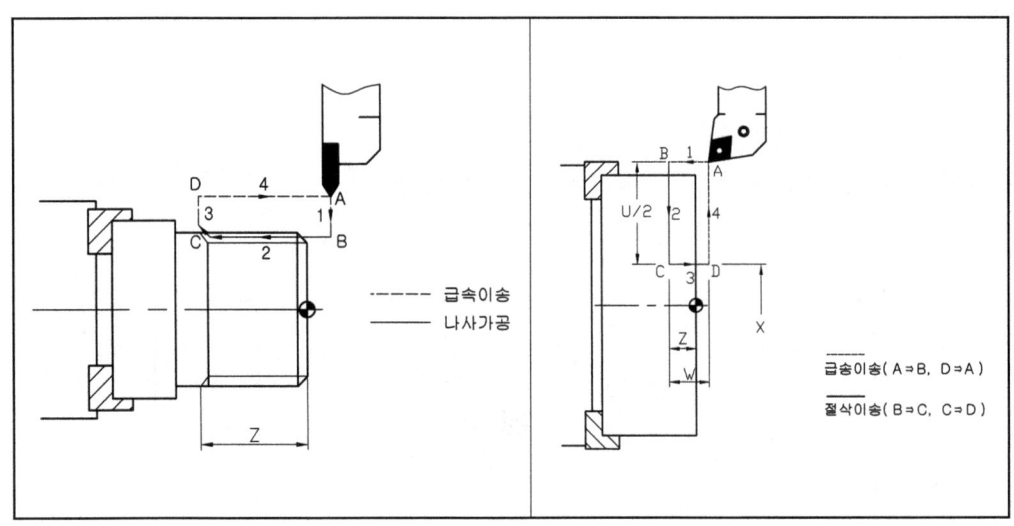

나사절삭 Cycle의 공구경로(G92)   단면절삭 Cycle의 공구경로(G94)

※ 복합형 고정 Cycle(G70, G71, G72, G73, G74, G75, G76)

프로그램을 더욱 간단하게 하는 여러 종류의 고정 Cycle이다. 최종 형상의 도면치수와 절입량을 입력하면 공구경로가 자동적으로 결정되어 형상가공한다.

G-코드	기 능	특 성	비 고
G70	정삭가공 Cycle		
G71	내외경황삭 Cycle	G70으로 정삭가공을 할 수 있다.	자동 MODE에서만 실행 가능
G72	단면황삭 Cycle		
G73	모방절삭 Cycle		
G74	단면홈가공 Cycle	G70으로 정삭가공을 할 수 없다.	자동, 반자동 MODE에서 실행 가능
G75	내외경홈가공 Cycle		
G76	자동나사가공 Cycle		

다음 도면을 내외경황삭 Cycle(G71)과 정삭 Cycle(G70)을 이용하여 프로그램을 작성하시오.

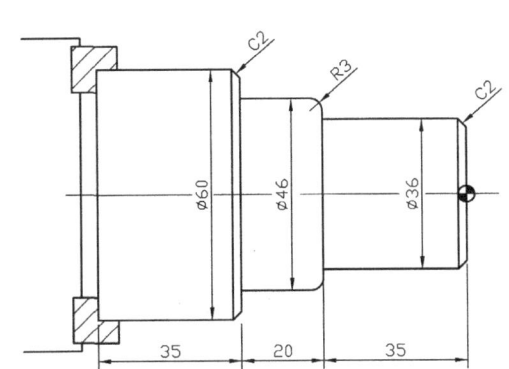

공정	공구 번호	보정 번호	절삭속도 (m/min)	이송속도 (mm/rev)
황삭가공	T01	01	150	0.2
정삭가공	T02	02	180	0.1

```
G28 U0. W0.;
G50 X150. Z150. S2000 T0100;
G96 S150 M03;
G00 X62. Z2.T0101 M08;
G01 X-1. F0.2;
G00 X62. Z2.;
G71 U1.5 R0.5;
G71 P1 Q2 U0.4 W0.2 F0.2;
N1 G00 G42 X32.;
G01 X36. Z-2.;
    Z-35.;
    X40.;
G03 X46. Z-38. R3.;
G01 Z-55.;
    X56.;
    X60. Z-57.;
N2 X62.;
G00 G40 X150. Z150. T0100 M09;
G50 S1800 T0200;
G96 S180 M03;
G00 X62. Z2.T0202 M08;
G70 P1 Q2 F0.1;
G00 G40 X150. Z150. T0200 M09;
M05;
M02;
```

2 머시닝센터

1) G-코드 일람표

- ★ 표시 코드는 전원투입시 ★ 표시 코드의 기능 상태로 된다.
- G코드는 그룹이 서로 다르면 몇 개라도 동일 블록에 지령할 수 있다.
- 동일 그룹의 G코드를 같은 블록에 두 개 이상 지령한 경우 뒤에 지령된 G코드가 유효하다.

G코드	그룹	기능	용도
★ G00	01	위치 결정	공구의 급속 이송
★ G01		직선 보간	절삭이송에 의한 직선 가공
G02		원호 보간 CW	시계방향의 원호가공
G03		원호 보간 CCW	반시계 방향의 원호가공
G04	00	드웰(Dwell)	절삭이송을 지령시간 동안 정지
G09		정위치 정지	지령된 블록 종점에서 정위치 정지
G10		데이터 설정	여러 종류의 데이터 등록
G11		데이터 설정모드 취소	각종 데이터 프로그램 입력 모드 취소
★ G15	17	극좌표 지령 취소	G16 기능 모드 취소
G16		극좌표 지령	위치를 반경과 각도값의 극좌표로 지정
★ G17	02	X-Y 평면	X-Y 평면 지정
G18		Z-X 평면	Z-X 평면 지정
G19		Y-Z 평면	Y-Z 평면 지정
G20	06	인치 데이터 입력	좌표값 단위를 인치로 지정
G21		mm 데이터 입력	좌표값 단위를 mm로 지정
★ G22	09	행동제한 영역 설정	기계 안전을 위해 일정 영역 침입 금지
G23		행동제한 영역 off	G22 기능 취소
G27	00	원점 복귀 점검	기계 원점으로 복귀 점검
G28		자동 원점 복귀	기계 원점으로 복귀
G30		제2원점 복귀	제2원점(주로 공구 교환점) 복귀
G31		스킵(Skip)기능	블록의 가공 도중에 다음 블록 실행
G33	01	나사 가공	헬리컬 절삭으로 나사 가공
G37	00	자동 공구 길이 측정	공구 길이 자동 측정
★ G40	07	공구경 보정 취소	공구경 보정 모드 해제
G41		공구경 좌측 보정	공구 진행 방향에 대해 좌측으로 보정
G42		공구경 우측 보정	공구 진행 방향에 대해 우측으로 보정

G코드	그룹	기능	용도
G43	08	공구길이 보정 +	공구 길이 보정이 Z축 방향으로 양수
G44		공구길이 보정 -	공구 길이 보정이 Z축 방향으로 음수
G45	00	공구위치 오프셋 신장	이동 지령을 경보정량만큼 신장
G46		공구위치 오프셋 축소	이동 지령을 경보정량만큼 축소
G47		공구위치 오프셋 2배 신장	이동 지령을 경보정량의 2배 신장
G48		공구위치 오프셋 2배 축소	이동 지령을 경보정량의 2배 축소
★ G49	08	공구 길이 보정 취소	공구 길이 보정 모드 취소
★ G50	11	스케일링(Scalling)취소	크기 확대, 축소 및 미러 이미지 취소
G51		스케일링(Scalling)	스케일링 및 미러 이미지 지정
G52	00	로컬 좌표계 설정	절대 좌표계 내에서 또 다른 좌표계 설정
G53		기계 좌표계 선택	기계 원점을 기준으로 한 좌표계 선택
★ G54	14	공작물 좌표계 1 선택	공작물 기준 위치를 원점으로 한 좌표계를 6개까지 설정 가능
G55		공작물 좌표계 2 선택	
G56		공작물 좌표계 3 선택	
G57		공작물 좌표계 4 선택	
G58		공작물 좌표계 5 선택	
G59		공작물 좌표계 6 선택	
G60	00	한 방향 위치 설정	고 정밀도 위한 한 방향 위치 설정
G61	15	정위치 정지 모드	한 블록의 정위치에 정지 확인 후 다음 가공
G62		자동 코너 오버라이드	공구 원주부의 이송속도 차이 보정
G63		태핑(Tapping) 모드	이송속도 고정, 드웰 취소되어 태핑 가공
★ G64		연삭 절삭 모드	연결된 교점 부위의 매끄러운 가공
G65	00	매크로(Macro) 호출	지령된 블록에서만 단순 호출
G66	12	매크로(Macro) 모달 호출	호출 모드의 각 블록에서 호출
G67		매크로 모달 취소	매크로 기능 모드 해제

G코드	그룹	기능	용도
G68	16	좌표 회전	기울어진 형상을 회전시켜 프로그램을 쉽게 함
★ G69		좌표 회전 취소	좌표 회전 기능 모드 취소
G73	09	고속 심공 드릴 사이클	고속 깊은 구멍의 드릴링 사이클
G74		왼나사 태핑 사이클	왼나사 탭 공구를 이용하여 왼나사 가공
G76		정밀 보링 사이클	구멍 바닥에서 공구 시프트하는 사이클
★ G80		고정 사이클 취소	고정 사이클 모드 해제
G81		드릴링 사이클	드릴이나 센터 드릴 가공의 일반 사이클
G82	09	카운터 보링 사이클	구멍 바닥에서 드웰을 하는 드릴링 사이클
G83		심공 드릴 사이클	깊은 구멍 가공 고정 사이클
G84		태핑 사이클	탭 나사 고정 사이클
G85		보링 사이클	절입 및 복귀시 왕복 절삭 가공
G86		보링 사이클	일반 황삭 보링 작업용 고정 사이클
G87		백 보링 사이클	구멍 바닥면을 보링할 때 주로 사용
G88		보링 사이클	수동 이송이 가능한 보링 사이클
G89		보링 사이클	구멍 바닥에서 드웰을 하는 보링 사이클
★ G90	03	절대 지령	절대값 지령 방식 선택
★ G91		증분 지령	증분값 지령 방식 선택
G92	00	공작물 좌표계 설정	프로그램에서 공작물(절대)좌표계 설정
★ G94	05	분당 이송	1분간의 공구 이송량 지정
G95		회전당 이송	주축 1회전당 공구 이송량 지정
G96	13	주속 일정 제어	공구와 공작물의 상대 운동속도 일정
G97		주축회전수 일정제어	분당 주축 회전수(RPM) 일정
★ G98	10	고정 사이클 초기점 복귀	고정 사이클 종료 후 초기점으로 복귀
G99		고정 사이클 R점 복귀	고정 사이클 종료 후 R점으로 복귀

2) 좌표계 설정

(1) 절대 좌표계 설정(G92)

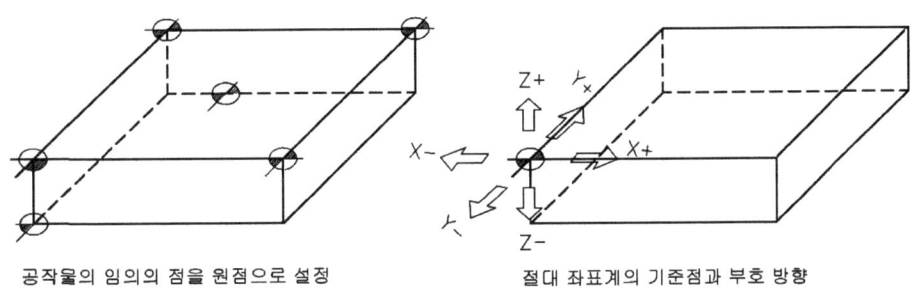

공작물의 임의의 점을 원점으로 설정   절대 좌표계의 기준점과 부호 방향

프로그램을 작성하는 사람이 공작물의 임의의 점을 원점으로 설정한 좌표계로, 좌표어는 X, Y, Z를 사용하여 그림과 같이 편한 위치를 선택하여 잡을 수 있다.

(2) 상대 좌표계

좌표계를 설정하거나, 공구 보정을 할 때 많이 사용하며, 현 위치가 좌표계의 기준이 되고, 필요에 따라 그 위치를 0으로(기준점) 지정할 때 사용한다.

① 일시적으로 좌표를 "0"으로 설정할 때 사용한다.
② 좌표어는 X, Y, Z를 표시한다.
③ 셋팅(Setting), 간단한 핸들 이동, 좌표계 설정 등에 이용된다.

3) 좌표계 설정

(1) 절대지령(Absolute : G90)

> G90 좌표지령

① 이동 종점의 위치를 절대 좌표계의 위치(공작물 좌표계 원점을 기준한 위치)로 지령하는 방식이며 보정치 유무에 상관없이 지령 가능하다.
② 지령하는 G기능 G90을 사용한다.
③ 지령방법 : G90 좌표지령

공구경로 예제

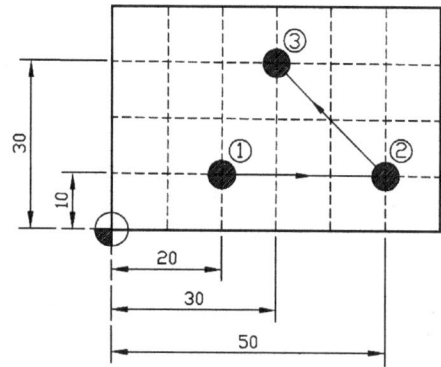

절대 지령(Absolute : G90)
①   G90 G00 X20. Y10.;
①→② G90 G00 X50. Y10.;
②→③ G91 G00 X30. Y30.;

(2) 증분지령(Incremental : G91)

> G91 좌표지령

① 이동 시작점부터 종점까지의 이동량(거리)으로 지령하는 방식이며, 절대지령과 같은 방법으로 보정치 유무에 상관없이 지령 가능하다.
② 지령하는 G기능 G91을 사용한다.
③ 지령방법 : G91 좌표지령

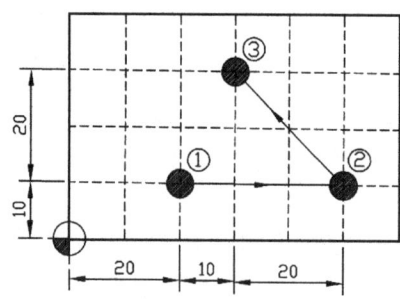

증분 지령(Incremental : G91)
①   G90 G00 X20. Y10.;
①→② G91 G00 X30. Y0.;
②→③ G91 G00 X-20. Y20.;

4) 급속 위치결정(G00)

```
G00 ( G90 ) X_ Y_ Z_ ;
    ( G91 )
```

5) 직선 보간(G01)

① G01로 지령된 종점으로 F의 이송속도에 따라 직선 가공
② 지령이 생략된 축은 움직이지 않고 지령된 축만 직선으로 이동한다.
③ 이송속도 지령에는 분당 이송지령(G94,(mm/min))과 주축 1회전당 이송속도(G95,(mm/rev))의 2가지 지령이 있으나 머시닝센터의 경우에는 보통 분당 이송지령을 선택하고 있다.

6) 원호 보간(G02, G03)

① 지령된 시점에서 종점까지 반경 R크기로 시계방향(Clock wise)과 반시계방향(Counter Clock wise)으로 원호가공한다.
② 지령방법
  ㉮ R 지령에 의한 원호 가공
    (G17~G19) G02 (G03) G90 (G91) X   Y   R   F
  ㉯ I, J, K 지령에 의한 원호 가공
    (G17~G19) G02 (G03) G90 (G91) X   Y   I   J   F
    • 여기서 X, Y는 종점의 좌표이다.
    • R : 원호의 반경
    • I, J : 시작점에서 원호 중심까지의 거리
③ G17기능은 전원 투입시 기본으로 설정되어 있으므로 별도로 지령할 필요는 없다.
④ 회전 방향의 구분은 원호가공 시작점에서 원호가공 종점으로 이동하는 방향을 기준으로 한다.
⑤ I, J는 항상 증분치로 표시된다. 즉 +, -의 부호가 붙는다.
  (+일 경우 생략) (I : X축 성분, J : Y축 성분, K : Z축 성분)
⑥ I, J 값은 원호의 시작점에서 원호의 중심점까지의 상대좌표값을 나타내는 것으로, 양의 위치에 있으면 '+', 음의 위치에 있으면 '-'가 된다. I0, J0는 생략할 수 있다.
⑦ 반경 R로 지정시 원호가 180°를 넘을 경우에는 -로, 180°를 넘지 않을 경우에는 +로 지정한다.(0≤R≤180° : +, 180<R<360 : -)

㉮ R 지령에 의한 원호 가공

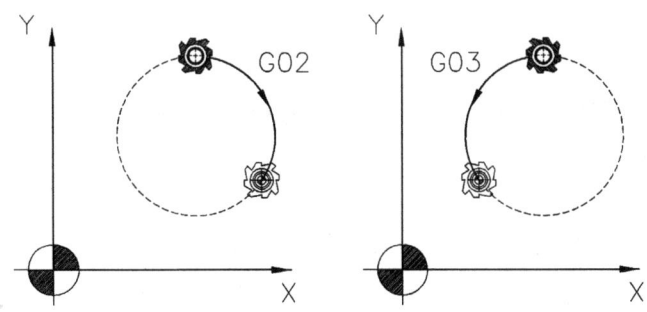

㉯ I, J, K 지령에 의한 원호 가공

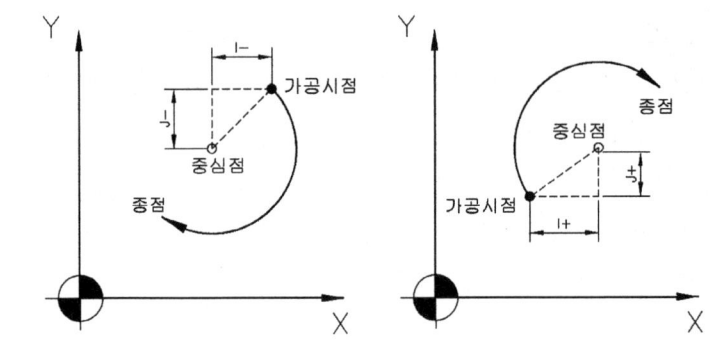

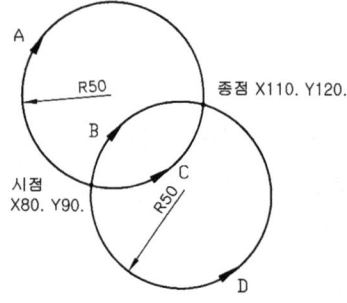

시점 : G00 G90 X80. Y90.;
종점 - A경로 : G90 G02 X110. Y120. R-50.;
　　　　B경로 : G90 G02 X110. Y120. R50.;
　　　　C경로 : G90 G03 X110. Y120. R50.;
　　　　D경로 : G90 G03 X110. Y120. R-50.;
원호의 중심각 ≤ 180°인 경우 : +R
　　　　　　　＞180°인 경우 : -R

순서	지령 내용		명령	의 미
1	평면 지정		G17	XY 평면의 원호 지정
			G18	ZX 평면의 원호 지정
			G19	YZ 평면의 원호 지정
2	회전 방향		G02	시계 방향 회전(CW)
			G03	반시계 방향 회전(CCW)
3	끝점 위치	G90	X, Y, Z 중의 2축	작업 좌표계에서 끝점 위치(절대값)
		G91	X, Y, Z 중의 2축	끝점에서 끝점까지의 거리(증분값)
4	시작점에서 중심까지의 거리		I, J, K 중의 2축	시작점에서 중심까지의 원호 보정 벡터
	원호 반경		R	원호 반경
5	이송 속도		F	원 가공하는 이송속도

7) 공구경 보정(G40, G41, G42)

(1) 개념

① 공구의 측면 날을 이용하여 가공하는 경우 공구의 직경 때문에 공구 중심(주축 중심)이 프로그램과 일치하지 않는다.

② 공구 반경만큼 발생하는 편차를 자동으로 보상해 주기 위하여 미리 공구의 반경값들을 보정 화면에 등록해 두고서 사용할 때 공구의 이동 방향에 따른 규정된 지령 모드를 사용하여 자동으로 떨어지게 하는 기능을 공구경 보정기능이라 한다.

(2) 이용

보정량의 조정에 의해 임의의 크기로 정삭 여유치를 설정해 황삭의 반복 및 정삭을 각각의 프로그램을 작성하지 않고 한 개의 프로그램을 작성하여 사용할 수 있다.

G 코드	기능	공구경로설명
G40	공구경 보정 취소	공구 중심과 프로그램 경로가 같다.
G41	공구경 좌측 보정 (하향 절삭)	공작물을 기준하여 공구 진행 방향으로 보았을 때 공구가 공작물에 좌측에 있다.
G42	공구경 우측 보정 (상향 절삭)	공작물을 기준하여 공구 진행 방향으로 보았을 때 공구가 공작물에 우측에 있다.

① 가공된 공작물을 측정한 결과 치수 차이 수정
  ㉮ 지령형식 : G01(또는 G00)　G41　X__ Y__　D__ ;
　　　　　　　 G01(또는 G00)　G42　X__ Y__　D__ ;
  ㉯ 취소형식 : G01(또는 G00)　G40　X__ Y__　;

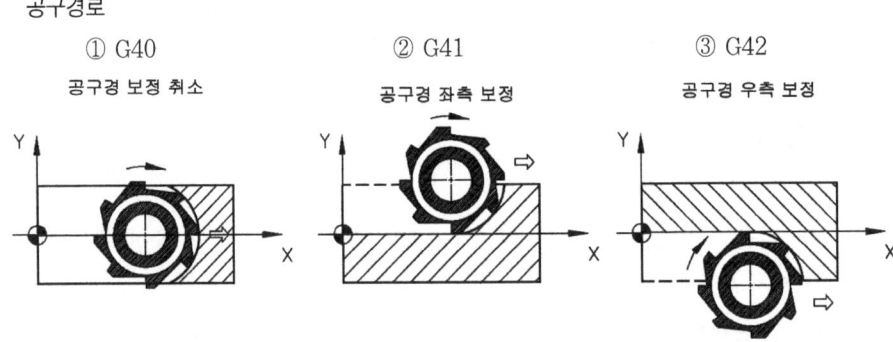

공구경로
① G40　　　　　② G41　　　　　③ G42
공구경 보정 취소　　공구경 좌측 보정　　공구경 우측 보정

8) 공구 길이 보정(G43, G44, G49)

G-코드	기능	의　미
G43	공구 길이 보정 +	지정된 공구 보정량을 Z좌표값에 가산(+)한다. (+방향으로 이동)
G44	공구 길이 보정 −	지정된 공구 보정량을 Z좌표값에 감산(−)한다. (−방향으로 이동)
G49	공구 길이 보정 취소	공구 길이 보정을 취소하고 기준공구 상태로 된다.

9) 이송 기능(1) 분당이송(G94)

① 공구를 분당 얼마만큼 이동하는가를 F로서 지령

$$\boxed{G94\ F\ \underline{\quad}\ ;}$$

② 이송단위 F : 1분간에 해당하는 이동량(mm/min)
③ 지령단위 : F1~F100000(mm/min)
④ 밀링계 사용 → 전원 투입시 자동적으로 G94기능 실행

10) 주축 기능(S)

주축 기능은 주축이 분당 회전하는 회전수를 말한다. 주축 회전수는 다음과 같은 공식에 의해 구할 수 있다.

$$S = \frac{1000V}{\pi D}$$

S : 주축의 분당 회전수
D : 공구 지름(mm)
V : 절삭 속도(m/분)
π : 원주율

11) Dwell Time 지령(G04)

① 지령된 시간동안 프로그램의 진행을 정지시킬 수 있는 기능이다.
② Dwell Time을 실행하면 작동중인 기능은 계속 유지된다.
③ 주축 회전 지령과 절삭유 작동 등은 Dwell Time 지령 블록에서도 계속 실행된다.

$$\boxed{\begin{array}{l} G04\ \ X\ \underline{\ }\ ;\quad \text{2개 중 선택} \\ \qquad\ \ P\ \underline{\ }\ ; \end{array}}$$

X : 소수점을 이용하여 정지 시간을 지령한다.
P : 정지 시간에 소수점을 사용할 수 없다.
(2초간 정지 지령 예)
G04 X2.;   또는

G04 P2000;

12) 원점복귀(G28)

기계상에 고정된 임의의 지점인 원점으로 복귀할 때는 자칫 잘못하면 충돌을 일으키는 경우가 있으므로 주의하여야 한다.

```
G28  G90  X0. Y0. Z0. ;     → 공작물 좌표계 X0. Y0. Z0.까지 이동하고
                               기계원점으로 복귀(충돌주의)
G28  G91  X0. Y0. Z0. ;     → 현재 위치에서 기계원점으로 복귀
```

13) 공작물 좌표계 설정(G92)

① 도면이나 제품의 기준점 설정 → 기준점에서 가공위치 지령 → 간단하게 프로그램 작성, 실수 감소
② 공작물의 기준점을 NC기계에 알려주는 기능
③ 기준점에서 기계원점까지의 거리 입력(+값)
④ 지령방법

```
G92 G90 X_Y_Z_;
```

14) 공작물 좌표계 선택(G54~G59)

① G92는 공작물에서 기계 원점까지의 거리로 양수 값이 입력되나 공작물 좌표계는 기계 원점에서 공작물까지의 거리로 음수 값이 입력된다. 오늘날 현장에서는 생산성 향상을 위하여 사용이 점점 더 증대되고 있는 좌표계이다.(여러 개의 고정장치를 사용하는 경우 편리하다.)
② 이미 설정된 공작물좌표계(가공실행 전 WORK보정 화면에 입력)를 선택
③ 기계원점~공작물좌표계 원점까지 거리 입력(-값)
④ 공작물좌표계 선택번호 결정 → 프로그래머가 결정
⑤ 생산현장에서 생산성 향상을 위해 사용 → 선택사양

```
G54 ~G59 G90 X_Y_Z_;
```

15) 고정 사이클

(1) 고정 사이클 기본 지령

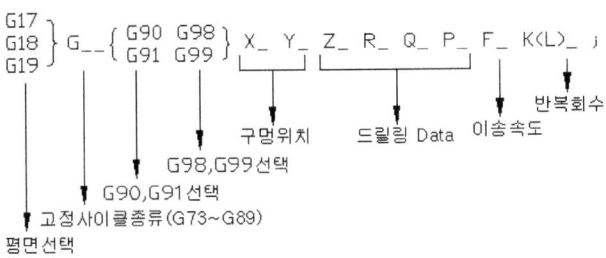

① G17, G18, G19 : 평면선택
② G : 고정 사이클 모드(G73, G74, G76, G81~G89)
   가공 종류에 따라 적절한 고정 사이클 모드를 지령
③ G90, G91선택 : G90(절대지령), G91(상대지령)
④ G98 : 초기점 복귀, G99 : R점 복귀
  - 하나의 고정 사이클이 완료되고 난 후 공구를 초기점까지 복귀할 것인지, 또는 R점까지 복귀할 것인지를 지령
  - 초기점은 고저 사이클 지령을 하기 전 Z축 방향의 최종 위치에 해당하고, R점은 공작물의 표면에 가까운 임의 지점을 프로그래머가 정하며 가공 시작점도 됨.
  - R점 지정시 공작물의 표면 형상을 고려하여 공구가 간섭을 받지 않고 최단 시간에 가공할 수 있도록 정해야 한다.

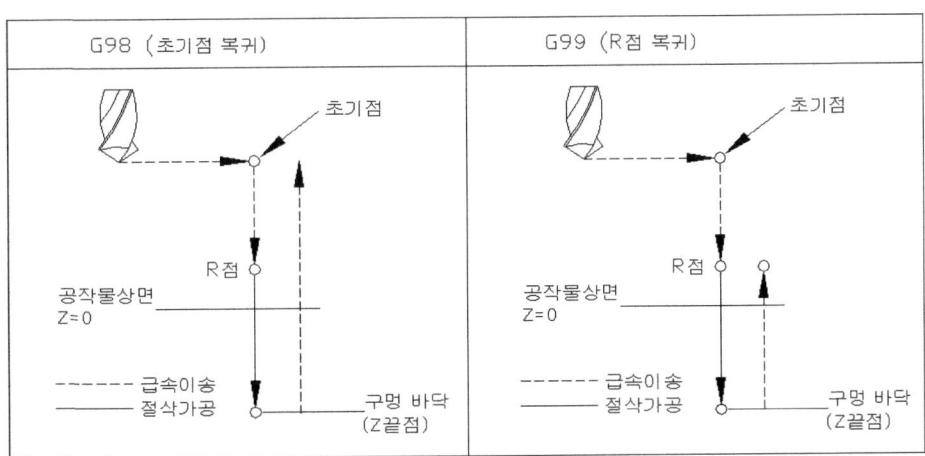

(2) 고정 사이클 종류

G코드	기능	용도
G73	고속 심공 드릴 사이클	고속 깊은 구멍의 드릴링 사이클
G74	왼나사 태핑 사이클	왼나사 탭 공구를 이용하여 왼나사 가공
G76	정밀 보링 사이클	구멍 바닥에서 공구 시프트하는 사이클
G80	고정 사이클 취소	고정 사이클 모드 해제
G81	드릴링 사이클	드릴이나 센터 드릴 가공의 일반 사이클
G82	카운터 보링 사이클	구멍 바닥에서 드웰을 하는 드릴링 사이클
G83	심공 드릴 사이클	깊은 구멍 가공 고정 사이클
G84	태핑 사이클	탭 나사 고정 사이클
G85	보링 사이클	절입 및 복귀시 왕복 절삭 가공
G86	보링 사이클	일반 황삭 보링 작업용 고정 사이클
G87	백 보링 사이클	구멍 바닥면을 보링할 때 주로 사용
G88	보링 사이클	수동 이송이 가능한 보링 사이클
G89	보링 사이클	구멍 바닥에서 드웰을 하는 보링 사이클

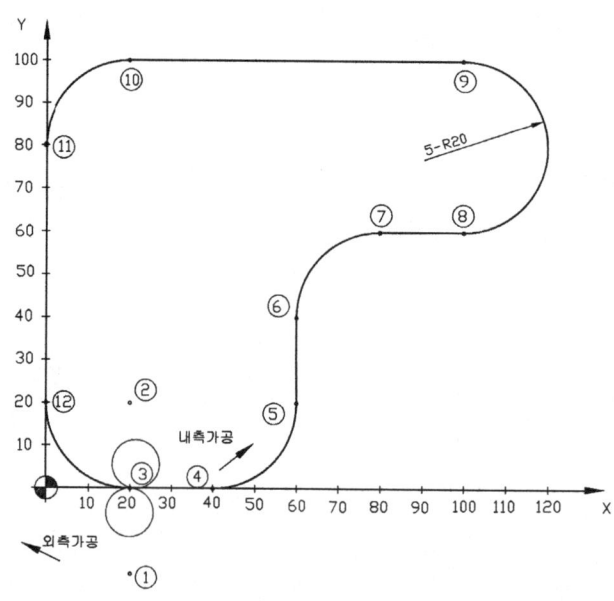

외측 가공	내측 가공
O0001 ; G92 X20. Y-20. Z10. ; ① G90 F250. S1500 M03 ; G01 Z-5.5 ; G90 G41 Y0. D01; ② G02 X0. Y20. R20.; ⑫ G01 Y80. ; ⑪(11) G02 X20. Y100. R20. ; ⑩ G01 X100. ; ⑨ G02 Y60. R20. ; ⑧ G01 X80. ; ⑦ G03 X60. Y40. R20. ; ⑥ G01 Y20. ; ⑤ G02 X40. Y0. R20. ; ④ G01 X20. ; ③ G40 Y-20. ; ① G90 G00 Z10. ; M05 ; M02 ;	O0002; G92 X20. Y20. Z10. ; ② G90 F250. S1500 M03 ; G01 Z-5.5 ; G90 G41 Y0. D01 ; ③ X40. ; ④ G03 X60. Y20. R20. ; ⑤ G01 Y40. ; ⑥ G02 X80. Y60. R20. ; ⑦ G01 X100. ; ⑧ G03 Y100. R20. ; ⑨ G01 X20. ; ⑩ G03 X0. Y80. R20. ; ⑪ G01 Y20. ; ⑫ G03 X20. Y0. R20. ; ③ G40 Y20. ; ② G90 G00 Z10. ; M05 ; M02 ;

공구 지름 보정의 예

▶ 360° 원호가공 예제

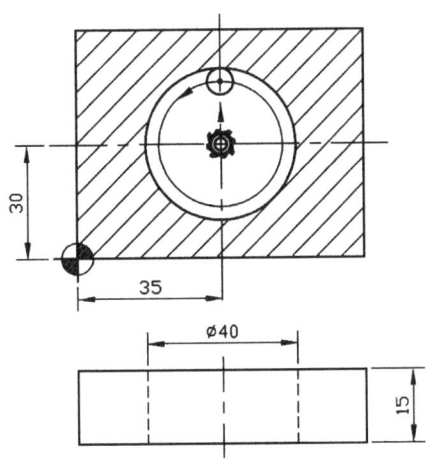

프로그램
N01 G00 G90 X35. Y30.;
N02 Z-17.;
N03 G01 Y45. F50;
N04 G03 J-15.;
N05 G00 Y30.;

※ 사용공구 : Ø10 2날 엔드밀
※ 360° 원호가공은 R 지령으로 프로그램할 수 없다.

CNC 가공 CNC 선반 실기 문제

과제명	NC 선반작품 1	척 도	1 : 1

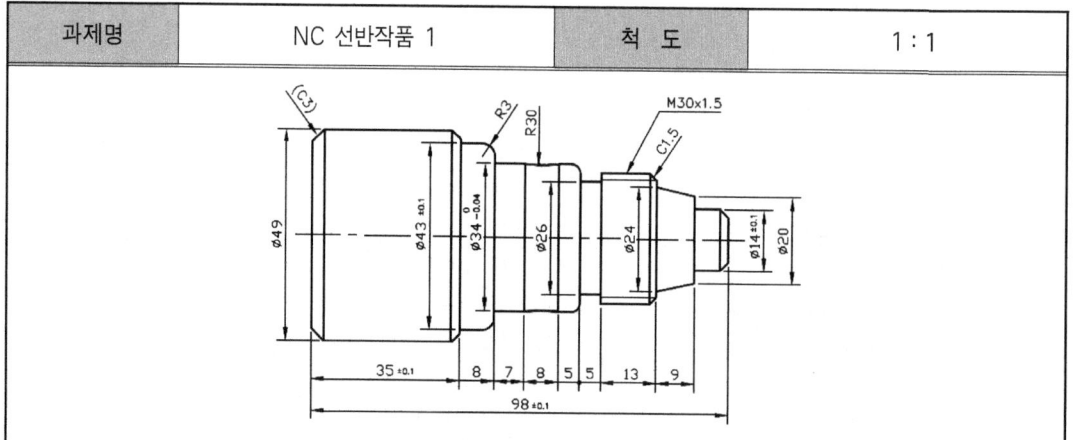

주 서
1. 도시되고 지시되지 않은 라운드 R2
2. 도시되고 지시 없는 모따기 C2
3. 나사절삭 데이터

구분	공차	M30×1.5 - 보통급	
수나사	외 경	$29.968 \, {}^{\,0}_{-0.236}$	
	유효경	$28.994 \, {}^{\,0}_{-0.150}$	

절입 횟수	피치	1회	2회	3회	4회	5회	6회	7회	8회	계	비고
매회절입깊이	1.5	0.30	0.20	0.14	0.12	0.08	0.05			0.89	반경
	2.0	0.30	0.25	0.20	0.14	0.11	0.08	0.06	0.05	1.19	

4. 가공조건(공정순서 T01 → T04)

공구번호	작업명	절삭속도 (m/min)	이송속도 (mm/rev)	최대회전수 (rpm)	회전수 (rpm)	다듬질여유 (mm)	1회절입량 (mm)	비고
T01	외경 황삭	150	0.5	1400	-	X0.4, Z0.2	1.5	
T02	외경 정삭	180	0.2	1800	-	•	•	
T03	외경홈가공	-	0.07	-	600	-	-	폭3mm
T04	나사 절삭	-	•	-	500	-	-	

PROCESS SHEET

학년 반 번호		과 제 명	NC 선반작품 1
성 명		프로그램 번호	O0001(1/2)(앞면가공)

(1) 나사절삭 데이터

절입 횟수	피치	1회	2회	3회	4회	5회	6회	7회	8회	계
절입 깊이	1.5	0.30	0.20	0.14	0.12	0.08	0.05			0.89
	2.0	0.30	0.25	0.20	0.14	0.11	0.08	0.06	0.05	1.19

(2) 가공 조건 (공정순서 T01 → T04)

공구 번호	작업명	절삭속도 (m/min)	이송속도 (mm/rev)	최대회전수 (rpm)	회전수 (rpm)
T01	외경 황삭	150	0.5	1400	-
T02	외경 정삭	180	0.2	1800	-
T03	외경홈가공(t=3)	-	0.07	-	600
T04	나사 절삭	-	•	-	500

(3) 도시되고 지시되지 않은 라운드 R2
(4) 도시되고 지시 없는 모따기 C2

N001	G28 U0. W0.;	자동원점 복귀
N002	G50 X150. Z150. S1400 T0100;	공작물좌표계 설정, 주축 최고 회전수 설정, 1번공구 선택
N003	G96 S150 M03;	주속일정제어, 절삭속도 150m/min 주축 정회전
N004	G00 X53. Z0. T0101 M08;	가공위치 시작점으로 급속이송, 1번공구 보정, 절삭유 ON
N005	G01 X-1. F0.5;	단면절삭, 이송속도 0.5mm/rev
N006	G00 X53. Z2.;	내외경황삭 Cycle 시작점으로 급속이송
N007	G71 U1.5 R0.5;	U: X축 1회절입량(반지름값), R:도피량(X축 후퇴량)
N008	G71 P1 Q2 U0.4 W0.2 F0.5;	N1전개번호에서 N2전개번호까지 X축 여유 0.4 Z축 여유 0.2 , 이송속도 0.5mm/rev
N009	N1 G42 G00 X10.;	내외경황삭Cycle 시작전개번호, 공구인선 R보정 우측
N010	G01 Z0.;	
N011	X14. Z-2.;	
N012	Z-8.;	
N013	X20.;	
N014	X24. Z-17.;	
N015	X27.;	
N016	X30. Z-18.5;	
N017	Z-35.;	
N018	G03 X34. Z-37. R2.;	반시계방향 원호 절삭
N019	G01 Z-40.;	
N020	G02 Z-48. R30.;	시계방향 원호 절삭
N021	G01 Z-55.;	
N022	X37.;	
N023	G03 X43. Z-58. R3.;	
N024	G01 Z-63.;	
N025	X45.;	
N026	X49. Z-65.;	
N027	N2 X53.;	내외경황삭 Cycle 끝전개번호, 공구인선 R보정 취소
N028	G00 G40 X150. Z150. T0100 M09;	공구교환위치로 급속이송, 1번공구 보정 취소, 절삭유 OFF
N029	T0200;	2번 공구(외경 정삭) 선택

PROCESS SHEET

학년 반 번호		과 제 명	NC 선반작품 1
성 명		프로그램 번호	O0001(2/2)(앞면가공)
N030	G96 S180 M03;	주속일정제어, 절삭속도 180m/min 주축 정회전	
N031	G00 X53. Z2. T0202 M08;	가공위치 시작점으로 급속이송, 2번공구 보정, 절삭유 ON	
N032	G70 P1 Q2 F0.2;	정삭가공 Cycle, 이송속도 0.2 mm/rev	
N033	G00 G40 X150. Z150. T0200 M09;	공구교환위치로 급속이송, 2번공구 보정 취소, 절삭유 OFF	
N034	T0300;	3번 공구(외경홈가공) 선택 (폭 3mm)	
N035	G97 S600 M03;	주속일정제어취소, 주축회전수 600rpm 일정유지, 주축 정회전	
N036	G00 X36. Z-35. T0303 M08;	홈가공위치 시작점으로 급속이송, 3번공구 보정, 절삭유 ON	
N037	G01 X26. F0.07;	홈가공 이송속도 0.07 mm/rev	
N038	G04 P1000;	드웰 1초 정지	
N039	G01 X36. F0.5;	처음 시작점으로 이송속도 0.5 mm/rev로 이동	
N040	W2.;	현 위치에서 Z축 2만큼 +이동	
N041	X26. F0.07;	홈가공 이송속도 0.07 mm/rev	
N042	G04 P1000;	드웰 1초 정지	
N043	G01 X36. F0.5;	처음 시작점으로 이송속도 0.5 mm/rev로 이동	
N044	G00 X150. Z150. T0300 M09;	공구교환위치로 급속이송, 3번공구 보정 취소, 절삭유 OFF	
N045	T0400;	4번 공구(나사 절삭) 선택	
N046	G97 S500 M03;	주속일정제어취소, 주축회전수 500rpm 일정유지, 주축 정회전	
N047	G00 X32. Z-17. T0404 M08;	나사절삭Cycle 시작점으로 급속이송, 4번공구 보정 절삭유 ON	
N048	G92 X29.4 Z-32. F1.5;	나사절삭 Cycle 1회가공, F=나사의 Lead 지정(피치) X값 30 - 0.6 = 29.4 Z값 = - (30 + 2)	
N049	X29.;	29.4 - 0.4 = 29.	
N050	X28.72;	29. - 0.28 = 28.72	
N051	X28.48;	28.72 - 0.24 = 28.48	
N052	X28.32;	28.48 - 0.16 = 28.32	
N053	X28.22;	28.32 - 0.1 = 28.22	
N054	G00 X150. Z150. T0400 M09;	공구교환위치로 급속이송, 4번공구 보정 취소, 절삭유 OFF	
N055	M05;	주축 정지	
N056	M02;	프로그램 끝	
	*G76 자동나사가공(N048~N053대치)		
N047	G00 X32. Z-17. T0404 M08;		
N048	G76 P011060 Q50 R20;	자동나사가공 Cycle(G76) P011060 : 정삭1번, 45도 챔퍼링, 절입각도 60도 Q(최소절입량 0.05mm), R(정삭여유 0.02mm)	
N049	G76 X28.22 Z-32. P890 Q300 F1.5;	X(나사의 골경, 30-0.89×2=28.22) Z(챔퍼링 끝지점의 나사길이) P(나사산의 높이, 0.89), Q(최초절입량 0.3mm) F(나사의 Lead지정(피치))	
N050	M05;		
N051	M02;		

PROCESS SHEET

학년 반 번호		과 제 명	NC 선반작품 1
성 명		프로그램 번호	O0001(뒷면가공)

(1) 나사절삭 데이터

절입 횟수	피치	1회	2회	3회	4회	5회	6회	7회	8회	계
절입 깊이	1.5	0.30	0.20	0.14	0.12	0.08	0.05			0.89
	2.0	0.30	0.25	0.20	0.14	0.11	0.08	0.06	0.05	1.19

(2) 가공 조건(공정순서 T01 → T04)

공구 번호	작업명	절삭속도 (m/min)	이송속도 (mm/rev)	최대회전수 (rpm)	회전수 (rpm)
T01	외경 황삭	150	0.5	1400	-
T02	외경 정삭	180	0.2	1800	-
T03	외경홈가공(t=3)	-	0.07	-	600
T04	나사 절삭	-	•	-	500

(3) 도시되고 지시되지 않은 라운드 R2
(4) 도시되고 지시 없는 모따기 C2

N001	G28 U0. W0.;
N002	G50 X150. Z150. S1400 T0100;
N003	G96 S150 M03;
N004	G00 X53. Z0. T0101 M08;
N005	G01 X-1. F0.5;
N006	G00 X53. Z2.;
N007	G71 U1.5 R0.5;
N008	G71 P1 Q2 U0.4 W0.2 F0.5;
N009	N1 G42 G00 X43.;
N010	G01 Z0.;
N011	X49. Z-3.;
N012	Z-40.;
N013	N2 X53.;
N014	G00 G40 X150. Z150. T0100 M09;
N015	T0200;
N016	G96 S180 M03;
N017	G00 X53. Z2. T0202 M08;
N018	G70 P1 Q2 F0.2;
N019	G00 G40 X150. Z150. T0200 M09;
N020	M05;
N021	M02;

머시닝센터 실기 문제

단면 A-A

공구번호	내 용
T01	정면커터 Ø100
T02	Ø8 드릴
T03	Ø10 엔드밀

과 제 명	NC 밀링작품 1	척 도	1 : 1
		각 법	3각법

PROCESS SHEET

학과·반번호			과 제 명	NC 밀링작품 1			
성 명			프로그램 번호	O0001(1/2)			
G92(공작물좌표계 설정) 사용			TOOL SHEET				
			공구 번호	사용공구 및 직경	보정 번호(H)	보정 번호(D)	회전수	이송 속도(F)

공구 번호	사용공구 및 직경	보정 번호(H)	보정 번호(D)	회전수	이송 속도(F)
T01	정면커터 100	H01		1500	200
T02	드 릴 φ8	H02		800	100
T03	엔드밀 φ10	H03	D03	1000	100

N001	G40 G49 G80;	프로그램 초기 지령문 - 모든 보정값 취소(이전 프로그램 보정이 살아있기 때문)
		G40 공구경 보정 취소
		G80 고정 사이클 취소
		G49 공구길이 보정 취소
N002	G91 G28 X0. Y0. Z0.;	기계 원점 복귀
N003	G90 G92 X_.Y_.Z_.;	공작물 좌표계 설정
		공작물 셋팅값 X_.Y_.Z_.값을 넣는다
N004	G91 G30 Z0. T01 M06;(T01가공)	(페이스밀 가공) #1 공구 교환
N005	G90 G00 X140. Y35.;	페이스밀 가공을 위한 위치로 급속 이송
N006	G43 Z20. H01 S1500 M03;	정면커터 길이 보정값(H01)이 Z20. 위치로 내려오면서 보정이 되며, 스핀들 S1500 RPM으로 주축 정회전
N007	G01 Z0. F200;	깊이 Z0까지 피드 200으로 가공
N008	X-60.;	X-60까지 가공
N009	Z20.;	Z20까지 이송
N010	G49 Z300. M19;	G49 공구길이 보정 취소
		M19 공구 교환을 위한 주축 한방향 정지
N011	G91 G30 Z0. T02 M06;(T02가공)	(드릴링 가공) #2 공구 교환
N012	G90 G00 X35. Y35.;	드릴가공을 위한 구멍 위치로 급속 이송
N013	G43 Z20. H02 S800 M03;	드릴길이 보정값(H02)이 Z20. 위치로 내려오면서 보정이 되며, 스핀들 S800 RPM으로 주축 정회전
N014	G99 G73 Z-23. R5. Q3000 F100;	G73 - 고속심공 드릴 사이클 가공, G99 - R점 복귀
		R점은 드릴링 끝나고 드릴이 도피하는 지점(R5) 즉 Z20.에서 Z5.까지 급속이송하고 Z5.에서 Z-23.까지 매회 절입량이 3mm이다
N015	G80 G00 Z20.;	G80 고정 싸이클 취소
N016	G49 Z300. M19;	G49 공구길이 보정 취소
		M19 공구 교환을 위한 주축 한방향 정지
N017	G91 G30 Z0. T03 M06;(T03가공)	(윤곽가공) #3 공구 교환
N018	G90 G00 X-20. Y-20.;	X-20. Y-20.으로 급속이송
N019	G43 Z20. H03;	#3공구 길이 보정값(H03)
N020	Z-5.;	가공깊이인 5mm를 가공하기 위해 급속이송
N021	G41 X4. D03 S1000 M03;	G41 공구경 좌측 보정(D03)
		1000 RPM 스핀들 주축 정회전
		즉 X축 4mm에서 공구좌측 보정하면서 주축정회전
N022	G01 Y66. F200;	윤곽 외측 가공
N023	X66.;	〃
N024	Y4.;	〃

PROCESS SHEET

학과·반번호		과 제 명	NC 밀링작품 1
성 명		프로그램 번호	O0001(2/2) |удь

N025	X4.;		
N026	Y61.;		
N027	G02 X9. Y66. R5. F100;	G02 시계 방향으로의 원호가공	
		원호가공 끝점을 지정하고 R값을 지령	
N028	G01 X62. F200;		
N029	X66. Y62.;		
N030	Y10.;		
N031	X60. Y4.;		
N032	X43.;		
N033	G03 X27. R8. F100;	G03 시계 반대 방향으로의 원호가공	
N034	G01 X15. F200;		
N035	Y5.;		
N036	G03 X6. Y14. R-9. F100;		
N037	G01 X4. F200;		
N038	G00 X-20.;	X-20.까지 급속이송	
N039	G40 Y-20.;	G40 공구 보정 취소하면서 Y-20.까지 급속이송	
N040	Z20.;		
N041	G00 X35. Y35.;		
N042	G01 Z-4. F100;		
N043	G41 Y55. D03;	G41 공구 좌측 보정(D03)	
N044	G03 X27. Y47. R8.;		
N045	G01 Y43.;		
N046	X23.;		
N047	G03 Y27. R8.;		
N048	G01 X27.;		
N049	Y23.;		
N050	G03 X43. R8.;		
N051	G01 Y28.;		
N052	X47.;		
N053	G03 Y42. R7.;		
N054	G01 X43.;		
N055	Y47.;		
N056	G03 X35. Y55. R8;		
N057	G40 G00 Y35.;	G40 공구 좌측 보정 취소	
N058	G49 Z300. M19;	G49 공구길이 보정 취소	
N059	M05	주축정지	
N060	M02.;	프로그램 끝	

PROCESS SHEET

학과·반번호		과 제 명	NC 밀링작품 1			
성 명		프로그램 번호	O0001			
G54(공작물좌표계 1번 선택) 사용		TOOL SHEET				
		공구 번호	사용공구 및 직경	보정 번호(H)	보정 번호(D)	회전수	이송 속도(F)
		T01	정면커터 100	H01		1500	200
		T02	드 릴 φ8	H02		800	100
		T03	엔드밀 φ10	H03	D03	1000	100

N001	G40 G49 G80;	N038	G00 X-20.;
N002	G91 G28 X0. Y0. Z0.;	N039	G40 Y-20.;
N003	G54 G90 G00 X0. Y0. Z100.;	N040	Z20.;
N004	G91 G30 Z0. T01 M06;(T01가공)	N041	G00 X35. Y35.;
N005	G90 G00 X140. Y35.;	N042	G01 Z-4. F100;
N006	G43 Z20. H01 S1500 M03;	N043	G41 Y55. D03;
N007	G01 Z0. F200;	N044	G03 X27. Y47. R8.;
N008	X-60.;	N045	G01 Y43.;
N009	Z20.;	N046	X23.;
N010	G49 Z300. M19;	N047	G03 Y27. R8.;
N011	G91 G30 Z0. T02 M06;(T02가공)	N048	G01 X27.;
N012	G90 G00 X35. Y35.;	N049	Y23.;
N013	G43 Z20. H02 S800 M03;	N050	G03 X43. R8.;
N014	G99 G73 Z-23. R5. Q3000 F100;	N051	G01 Y28.;
N015	G80 G00 Z20.;	N052	X47.;
N016	G49 Z300. M19;	N053	G03 Y42. R7.;
N017	G91 G30 Z0. T03 M06;(T03가공)	N054	G01 X43.;
N018	G90 G00 X-20. Y-20.;	N055	Y47.;
N019	G43 Z20. H03;	N056	G03 X35. Y55. R8;
N020	Z-5.;	N057	G40 G00 Y35.;
N021	G41 X4. D03 S1000 M03;	N058	G49 Z300. M19;
N022	G01 Y66. F200;	N059	M05;
N023	X66.;	N060	M02;
N024	Y4.;	N061	
N025	X4.;	N062	
N026	Y61.;	N063	
N027	G02 X9. Y66. R5. F100;	N064	
N028	G01 X62. F200;	N065	
N029	X66. Y62.;	N066	
N030	Y10.;	N067	
N031	X60. Y4.;	N068	
N032	X43.;	N069	
N033	G03 X27. R8. F100;	N070	
N034	G01 X15. F200;	N071	
N035	Y5.;	N072	
N036	G03 X6. Y14. R-9. F100;	N073	
N037	G01 X4. F200;	N074	

익힘문제

문제1 CNC 생산시스템의 발전과정을 4단계로 분류하여 설명하여라.

해설
① 제1단계(NC) : 공작기계 1대를 NC 1대로 단순 제어하는 단계
② 제2단계(CNC) : 공작기계 1대를 CNC 1대로 제어하며 복합기능 수행단계
③ 제3단계(DNC) : 여러 대의 CNC 공작기계를 컴퓨터로 제어하는 단계
④ 제4단계(FMS) : 여러 대의 CNC 공작기계를 컴퓨터로 제어하는 생산관리 수행 단계

문제2 CNC 공작기계의 특징을 나열하여라.

해설
① 제품의 균일성을 유지할 수 있다.
② 생산성을 향상시킬 수 있다.
③ 제조원가 및 인건비를 절감할 수 있다.
④ 특수 공구제작의 불필요로 공구관리비를 절감할 수 있다.
⑤ 작업자의 피로를 줄일 수 있다.
⑥ 제품의 난이성에 비례해서 가공성을 증대시킬 수 있다.

문제3 서보기구에서 검출방식을 기록하여라.

해설
① 개방회로 방식(open loop system)   ② 반폐쇄회로 방식(semi-closed loop system)
③ 폐쇄회로 방식   ④ 하이브리드 서보 방식(hybrid servo system)

문제4 도면을 보고 프로그램을 할 때에 프로그램을 쉽게 하기 위하여 도면상의 한 점을 원점으로 정하는데 이 점을 프로그램 원점이라 하고, 이 점을 원점으로 한 좌표계를 무슨 좌표계라 하는가?

해설 절대 좌표계 또는 공작물 좌표계

문제5 T□□△△에서 □□와 △△을 설명하여라.

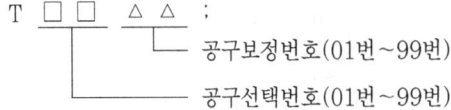

문제6 머시닝센터의 특징을 설명하여라.

해설 ① 소형부품은 여러 개 고정하여 연속작업을 할 수 있다.
② 다양한 공구를 자동으로 교환하며, 순차적으로 가공할 수 있다.
③ 공구교환 시간을 줄일 수 있다.
④ 특수 치공구의 제작이 필요 없다.
⑤ 주축 회전수 제어범위가 크고 무단변속으로 유연한 작업을 할 수 있다.

문제7 G40, G41, G42의 코드와 공구 경로를 설명하여라.

G코드	가공 위치	공구 경로 설명
G40	공구인선 R보정 무시	프로그램 경로
G41	공구인선 R보정 좌측	공구진행 방향으로 공구가 공작물의 좌측에 있다.
G42	공구인선 R보정 우측	공구진행 방향으로 공구가 공작물의 우측에 있다.

문제8 머시닝센터에서 고정 사이클의 6단계 기본동작 방법을 상세히 설명하여라.

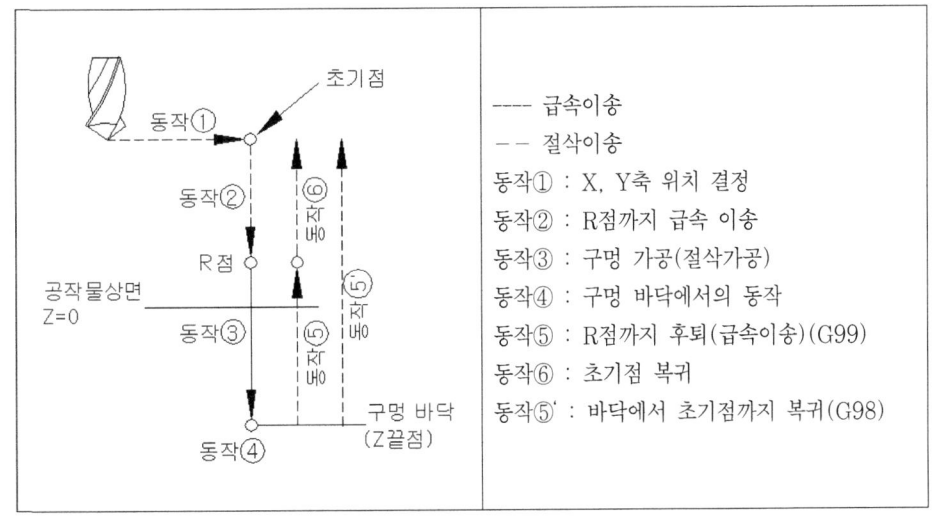

---- 급속이송
－－ 절삭이송
동작① : X, Y축 위치 결정
동작② : R점까지 급속 이송
동작③ : 구멍 가공(절삭가공)
동작④ : 구멍 바닥에서의 동작
동작⑤ : R점까지 후퇴(급속이송)(G99)
동작⑥ : 초기점 복귀
동작⑤' : 바닥에서 초기점까지 복귀(G98)

예상문제

1. 다음 중 CNC 공작기계의 절삭제어 방식이 아닌 것은?
   - ㉮ 위치결정 제어
   - ㉯ 직선절삭 제어
   - ㉰ 윤곽절삭 제어
   - ㉱ 급속절삭 제어

2. CNC 공작기계에는 여러 가지 운전법이 있는데, 다음 중 운전법에 속하지 않는 것은?
   - ㉮ TAPE 운전법
   - ㉯ MEMORY 운전법
   - ㉰ 자동 운전법
   - ㉱ MDI 운전법

3. CNC 머시닝센터에서 가공할 수 없는 것은?
   - ㉮ 드릴 작업
   - ㉯ 선삭 작업
   - ㉰ 보링 작업
   - ㉱ 태핑 작업

4. 다수의 NC를 컴퓨터로 집중관리하는 시스템은?
   - ㉮ ATC
   - ㉯ DNC
   - ㉰ QNC
   - ㉱ CNC

5. NC 가공에서 주축의 회전수를 지정하는 것은?
   - ㉮ G 기능
   - ㉯ F 기능
   - ㉰ S 기능
   - ㉱ M 기능

6. 다음 중 NC 가공의 특징이 아닌 것은?
   - ㉮ 복잡한 형상이라도 짧은 시간에 높은 정밀도로 가공할 수가 있다.
   - ㉯ 기능의 융통성과 가변성이 높아 다품종 소량생산에 적합하다.
   - ㉰ 생산공장에서 가공의 능률화와 자동화에 중요한 역할을 한다.
   - ㉱ 숙련자라야 가공이 가능하고 한 사람이 여러 대의 기계를 다룰 수 있다.

7. CNC 공작기계의 프로그램 주소(address) 중 반경 지령 명령어로 사용할 수 없는 것은?
   - ㉮ I
   - ㉯ J
   - ㉰ K
   - ㉱ X

8. NC 기계에서 기계적 운동 상태를 전기적 신호로 바꾸는 회전 피드백 장치는?
   - ㉮ 리졸버
   - ㉯ 서보기구
   - ㉰ 컨트롤러
   - ㉱ 볼 스크루

9. CNC 선반에서 일반적으로 가공할 수 없는 작업은?
   - ㉮ 내경가공
   - ㉯ 나사가공
   - ㉰ 편심가공
   - ㉱ 테이퍼가공

해답 1.㉱ 2.㉰ 3.㉯ 4.㉯ 5.㉰ 6.㉱ 7.㉱ 8.㉮ 9.㉰

10. 금형 부품 중 NC 선반작업으로 가공이 곤란한 부품은?
   ㉮ 스프루 부시   ㉯ 사이드코어 블록
   ㉰ 로케트 링   ㉱ 밀핀

11. NC 프로그래밍에서 어드레스(address)와 어드레스의 기능이 잘못 연결된 것은?
   ㉮ M - 보조기능   ㉯ G - 준비 기능
   ㉰ O - 전개 번호   ㉱ F - 이송 기능

12. NC 선반 프로그램 작성시 공작물의 회전수에 대한 지령은 다음 중 어느 코드를 사용하는가?
   ㉮ G코드   ㉯ S코드
   ㉰ T코드   ㉱ M코드

13. 자동 공구교환 장치가 없는 NC 공작기계는?
   ㉮ CNC 방전 가공기
   ㉯ NC 밀링
   ㉰ NC 선반
   ㉱ 머시닝센터

14. 다음 프로그램에서 소재의 지름이 ⌀60 mm일 때, 주축의 회전수는 얼마인가?

   ```
   프로그램 예 : G50 S1300;
   G96 S130;
   ```

   ㉮ 690rpm   ㉯ 1035rpm
   ㉰ 1300rpm   ㉱ 6900rpm

해설 $V = \dfrac{\pi \times D \times N}{1000}$ 에서

$N = \dfrac{1000 \times V}{\pi \times D} = \dfrac{1000 \times 130}{3.14 \times 60}$

$= 690\,rpm$

15. 서브(serve)기구 중 위치검출 방법이 아닌 것은?
   ㉮ 개방 회로 방식
   ㉯ 반개방 회로 방식
   ㉰ 반폐쇄 회로 방식
   ㉱ 하이브리드 서브 방식

16. 금형에 핀구멍을 NC 드릴링 머신에서 수치에어(NC)를 이용하여 가공하려고 한다. 다음 어느 제어방식을 사용하게 되는가?
   ㉮ 위치결정 방식
   ㉯ 직선절삭 방식
   ㉰ 윤곽절삭 방식
   ㉱ 직선보간 직선절삭 방식

17. 머시닝센터에 사용되는 준비기능 중 G42 코드의 기능은?
   ㉮ 공구지름 보정 우측
   ㉯ 공구지름 보정 취소
   ㉰ 자동 공구길이 측정
   ㉱ 공구길이 보정

18. 머시닝센터에서 G04 P( );에서 ( )안에 맞는 것은?
   ㉮ 1.5   ㉯ 1500
   ㉰ 15   ㉱ 150

해답 10.㉯ 11.㉰ 12.㉯ 13.㉮ 14.㉮ 15.㉯ 16.㉮ 17.㉮ 18.㉯

19. 머시닝센터에서 Ø20mm인 엔드밀로 SM 45C를 가공하고자 할 때 주축의 회전수는 몇 rpm인가?(단, 절삭속도는 150 m/min 이다.)
   ㉮ 1587　　㉯ 1387
   ㉰ 2387　　㉱ 2487

   해설　$N = 1000V/\pi D$
   　　　　$= (1000 * 150)/(\pi * 20)$
   　　　　$= 2387 rpm$

20. 다음중 머시닝센터의 공작물 좌표계 설정 프로그램 중 맞는 것은?
   ㉮ G54 G90 X_. Y_. Z_.;
   ㉯ G53 G90 X_. Y_. Z_.;
   ㉰ G52 G90 X_. Y_. Z_.;
   ㉱ G92 G90 X_. Y_. Z_.;

21. 다음 중 CNC 선반에서 나사 가공을 할 때 주축의 회전을 일정하게 해주는 지령은?
   ㉮ G90　　㉯ G96
   ㉰ G97　　㉱ G91

22. 다음 중 CNC선반의 조작반에서 어떤 스위치를 ON하면 한 블록씩 자동 운전이 실행되는가?
   ㉮ 옵셔널 블록 스킵
   ㉯ JOG
   ㉰ 드라이 런
   ㉱ 싱글 블록

23. 다음 금형 가공에서 NC 가공기계의 장점에 포함되지 않는 것은?
   ㉮ 다품종 소량생산에 적합
   ㉯ 기계설치비의 저렴
   ㉰ 숙련이 불필요하고 미숙련자도 작업 가능
   ㉱ 복잡한 형상가공 용이

24. 머시닝센터에서 좌표계를 설정하는 준비기능 코드는 어느 것인가?
   ㉮ G28　　㉯ G90
   ㉰ G92　　㉱ G99

25. CNC 프로그래밍시 준비기능 (G04) 중 G04의 기능은 다음 중 어느 것인가?
   ㉮ 위치결정 기능　㉯ 직선보간 기능
   ㉰ 드웰 기능　　　㉱ 원호보간 기능

26. NC 선반 프로그램 작성시 공작물의 회전수에 대한 지령은 다음 중 어느 코드를 사용하는가?
   ㉮ G코드　　㉯ S코드
   ㉰ T코드　　㉱ M코드

27. 다음중 CNC 선반에서 Dwell(휴지)를 의미하는 준비기능은?
   ㉮ G02　㉯ G03
   ㉰ G04　㉱ G70

   해설　G02 - 시계방향 원호보간
   　　　　G03 - 반시계방향 원호보간
   　　　　G04 - Dwell(휴지)
   　　　　G70 - 다듬 절삭 사이클

28. CNC 가공에 있어서 절삭 기능 방식이 아닌 것은?
   ㉮ 위치 결정 제어
   ㉯ 윤곽 절삭 제어
   ㉰ 직선 절삭 제어
   ㉱ 구멍 절삭 제어

29. 금형에 핀 구멍을 NC 드릴링 머신에서 수치에어(NC)를 이용하여 가공하려고 한다. 다음 어느 제어방식을 사용하게 되는가?
   ㉮ 위치결정 방식
   ㉯ 직선절삭 방식
   ㉰ 윤곽절삭 방식
   ㉱ 직선보간 직선절삭 방식

30. 머시닝센터 프로그램에 사용되는 준비 기능에 있어서 공구지름보정 취소기능은?
   ㉮ G41   ㉯ G42
   ㉰ G43   ㉱ G40

31. CNC 공작기계의 프로그램 주소(address) 중 반경지령 명령어로 사용할 수 없는 것은?
   ㉮ I   ㉯ J
   ㉰ K   ㉱ X

32. 여러 대의 공작기계를 1대의 컴퓨터에 결합시켜 제어하는 시스템은?
   ㉮ CNC   ㉯ DNC
   ㉰ FMS   ㉱ FA

33. CNC 선반에서 주축과 관계 없는 기능은?
   ㉮ M03   ㉯ M04
   ㉰ M05   ㉱ M08

34. CNC 공작기계의 구성을 인체와 비교할 때 손과 발에 해당되는 것은?
   ㉮ 서보 모터   ㉯ 유압 유닛
   ㉰ 강전 제어반   ㉱ 기계 본체

35. 다음중 머시닝센터에서 우측 공구지름 보정을 의미하는 준비기능은?
   ㉮ G43   ㉯ G40
   ㉰ G41   ㉱ G42

   해설 G43 - + 공구길이 보정
   G40 - 공구지름 보정 취소
   G41 - 좌측 공구지름 보정
   G42 - 우측 공구지름 보정

36. 다음 CNC 선반 프로그램에서 ∅40일 때 주축의 회전수는 얼마인가?

   G50 S1300;
   G96 S140;

   ㉮ 1114rpm   ㉯ 1214rpm
   ㉰ 1014rpm   ㉱ 914rpm

   해설 $V = \dfrac{\pi \times D \times N}{1000}$ 에서
   $N = \dfrac{1000 \times V}{\pi \times D} = \dfrac{1000 \times 140}{3.14 \times 40}$
   $= 1114 rpm$

37. 다음 중 CNC 선반에서 주축 최고회전수를 지정해 주는 것은?
   ㉮ G96 S1500;   ㉯ G50 S1500;
   ㉰ G98 S1500;   ㉱ G99 S1500;

38. 다음 중 머시닝센터에서 100rpm으로 회전하는 스핀들에서 2회전 드웰(G04)을 프로그램한 것 중 맞는 것은?
   ㉮ G04 P800;
   ㉯ G04 P2000;
   ㉰ G04 P1500;
   ㉱ G04 P1200;

   해설 회전수 100rpm이고, 스핀들 회전수가 2회전이므로
   $$정지시간(초) = \frac{60}{RPM} \times 회전수$$
   $$= \frac{60}{100} \times 2 = 1.2초$$
   따라서 프로그램은 G04 P1200; 으로 한다.

39. 머시닝센터에서 G83 X10. Y20. Z-30. R3. Q3. F100 L4;에서 Q3.은 무엇을 의미하는가?
   ㉮ 구멍위치 결정 데이터
   ㉯ 구멍바닥에서의 휴지시간
   ㉰ 고정 사이클 가공 모드
   ㉱ 1회 절입량

   해설 G83 X10. Y20. Z-30. R3. Q3. F100 L4;에서 Q3
   Q3. - 1회 절입량

40. NC 밀링머신의 특수기능 중 NC 가공 기계축을 NC 테이프에서 지령한 방향과 반대 방향으로 회전시키는 기능은?
   ㉮ 커터 오프셋
   ㉯ 역전 기능
   ㉰ 자동교환 기능
   ㉱ 수치제어 기능

41. 다음은 머시닝센터의 탭 작업의 프로그램이다. N60 블록에서 M10×1.5인 탭을 가공할 때의 이송속도는?

   N10 G91 G30 Z0 ;
   N20 T01 M06 ;
   N30 G97 S300 M03 ;
   N40 G90 G00 X40.0 Y40.0 ;
   N50 G43 Z10.0 M08 ;
   N60 G98 G84 Z-15.0 R5.0 ( ) ;

   ㉮ F350   ㉯ F450
   ㉰ F120   ㉱ F300

   해설 F = n × p(회전수 × 탭 피치)
   = 300 × 1.5
   = 450

42. 머시닝센터의 드릴가공 사이클을 사용할 때 구멍가공이 끝난 후 R 점으로 복귀하기 위하여 사용되는 G코드는?
   ㉮ G99
   ㉯ G96
   ㉰ G98
   ㉱ G97

제 13 장

목형과 주조

주물은 자동차의 엔진, 각 기계의 프레임, 공작기계, 차량 등의 몸체 및 부품 등으로 사용되어 그 용도가 넓다. 기계제작에서 주물을 제작할 때 일반적으로 목형을 만들고, 이것을 사용하여 주물사로 주형을 만든 다음 금속을 가열하여 용해시킨 후 이것을 주형에 주입하여 냉각 응고시켜 목적하는 제품을 만드는 것을 주조(casting)라 하며, 이 제품을 주물이라 한다.

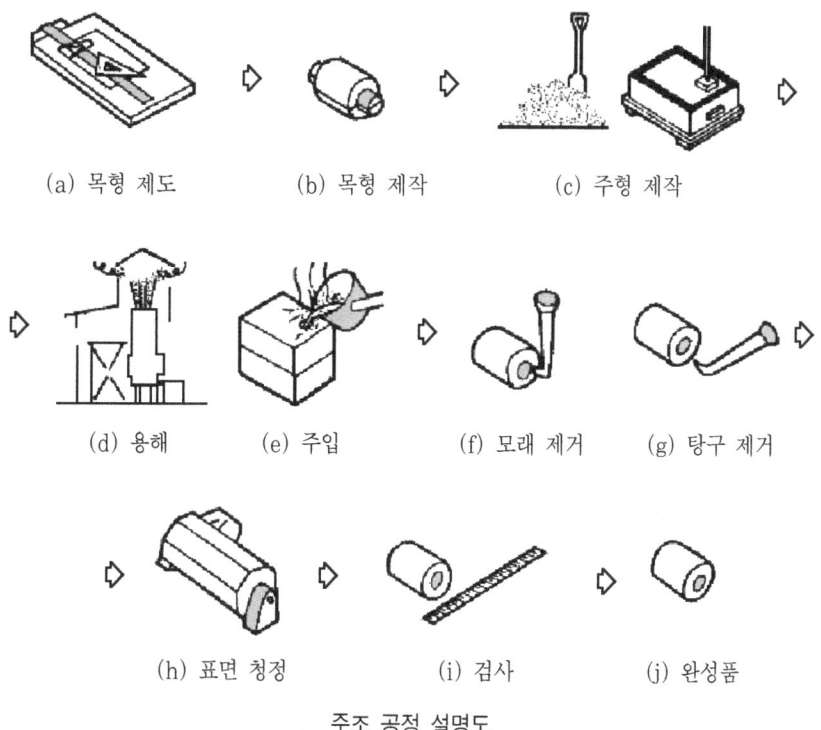

주조 공정 설명도

1 목형

주물을 만들 경우에는 먼저 모형(pattern)을 만들지 않으면 안 되고, 이 모형은 목재, 구리, 알루미늄, 플라스틱, 석고 등으로 한다.

목재는 다른 재질에 비하여 수축과 변형이 있으나 값이 싸고 가공하기 쉬워 일반적으로 많이 사용하며, 이것을 이용하여 만드는 것을 목형(wood pattern)이라 한다. 목형용 재료는 가공이 쉬우며 변형이 적은 동시에 재질이 치밀하여 오랫동안 견디는 것이 요구되며, 주물의 형상이나 크기 또는 수량에 따라 가장 적합한 소재를 선택하여야 한다.

1) 목형용 목재

(1) 목재의 조직 및 수축

목형용 목재로서 필요한 조건은 견고하며, 수축변질이 적고, 염가이며 다량으로 생산되는 것 등이다. 따라서 수축을 방지하려면 다음 조건이 요구된다.

① 양질의 목재를 선택할 것
② 건조가 잘 되어 있을 것
③ 장년기의 수목을 겨울에 벌채할 것
④ 많은 목편을 조합하여 물품을 만들 것
⑤ 적당한 도장을 할 것

(2) 목재의 건조

목재를 건조시키면 부패, 충해의 방지, 중량의 경감, 강도의 증대가 있다.

① 자연건조법
   직사광선을 피하여 공기의 신진대사와 기온으로 목재의 수액과 수분을 제거하는 방법이며, 일반적으로 2~5년 동안 건조하지만, 충분한 건조를 위해서는 10년이 요구된다.
   ㉮ 야적법 : 통풍이 좋은 장소에 적치하여 건조하는 방법으로 환목 또는 큰 목재에 사용한다.
   ㉯ 가옥적법 : 판재 또는 할재(割材)에 사용하며, 가옥을 지어 적재하는 방법이다.
② 인공건조법
   인공적으로 단시간에 건조하는 방법이다.
   ㉮ 열기 건조(온재)법 : 건조실에서 송풍기로 열풍(70℃)을 불어 넣어 건조하는 방법으로, 박판건조에 이용한다.

㈋ 침재법 : 수중에 약 10일간 담갔다가 꺼내어 대기중에서 건조하는 방법이며, 균열을 방지할 수 있으나 탄력성이 감소하는 단점이 있다.

㈌ 자재법 : 용기에 넣고 쪄서 자연건조하는 방법으로 수축은 적으나 무르고, 약하며, 변색이 되는 단점이 있다.

㈍ 증재법 : 용기에 넣고 2~3기압의 증기로 약 한 시간 가열한 다음 대기중이나 열기실에서 건조하는 방법이다. 다소 강도가 적어지거나 건조가 빠르고 변형, 수축이 적은 장점이 있다.

㈎ 진공건조법 : 진공상태에서 건조하며, 이때 열은 가스나 고주파 가열장치를 이용하여 가열한다.

㈏ 전기건조법 : 전기저항의 열 또는 고주파열로 공기중에서 건조하는 방법이다.

㈐ 훈재법 : 배기가스나 연소가스로 직접 건조하는 방법이다.

㈑ 약재건조법 : 밀폐된 공간에서 염화칼슘(KCl), 황산(H_2SO_4) 등과 같은 흡수성이 강한 건조제를 사용하는 방법이다. 다량의 목재 처리에 적합하지 않으나, 소량의 중요한 목재 건조에 이용된다.

(3) 목재의 방부법

목재의 부식과 해충의 피해를 방지하기 위하여 다음과 같은 방법으로 방지한다.

① 도포법 : 목재의 표면에 페인트(paint)나 크레졸을 칠하거나 주입하는 방법.
② 자비법 : 방부제에 끓이거나 부분적으로 목재에 주입시키는 법
③ 침투법 : 염화아연, 염화제이수은, 유산동 등의 수용액을 흡수시키는 법
④ 충전법 : 목재에 구멍을 뚫어 방부제를 넣는 방법

2) 목형의 종류 및 제작

(1) 목형의 종류

주조품의 크기, 모양, 수량, 주형제작의 난이성 등을 고려하여 선택하여야 한다.

① 현형(solid pattern)

제작할 제품과 대략 동일한 모양으로 된 것에 수축여유 및 다듬질 여유를 첨가한 목형을 현형이라 한다.

㈎ 단체형 : 레버, 뚜껑 등과 같이 간단하고 형태가 단순하여 하나의 원형으로 주형제작이 가능한 경우에 이용된다.

㈏ 분할형 : 목형을 2개로 분할하여 다월(dowel)과 구멍으로 연결하며, 한쪽에 단이 있는 제품이거나 구조가 약간 복잡한 제품에 이용된다.

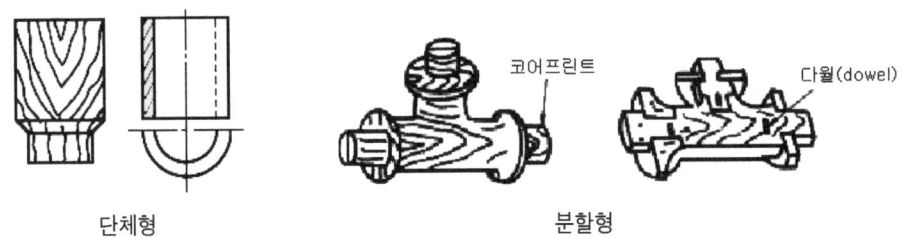

단체형   분할형

㈐ 조립형 : 수직, 수평부에 단이 있는 제품 제작에 이용되며, 분할형으로도 주형을 만들 수 없을 때와 여러 조각으로 분할되어 있는 원형으로서 복잡하거나 대형 주형 제작에 이용된다.

② 부분형

대형기어, 프로펠러, 톱니바퀴와 같이 대칭 또는 동일 형상의 부분이 연속인 부품일 때에는 몇 개의 부분으로 나누고 그 일부를 제작하여 주형을 제작하는 것을 말한다.

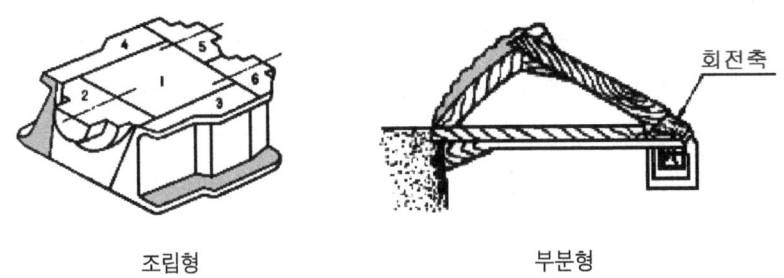

조립형   부분형

③ 회전형 : 마찰차, 벨트풀리와 같이 제품의 형상이 하나의 축을 중심으로 회전형상을 하고 있는 제품을 주조할 때 이용되며, 그 단면 형상을 만들어 회전시켜 주형을 제작하는 것을 말한다.

④ 고르개(긁기)형 : 단면이 일정하고 가늘고 긴 것에 적합하며, 안내판에 따라 긁기판으로 긁어서 주형을 제작하는 방법이다. 이 방법은 목재를 절약할 수 있어 경제적이다.

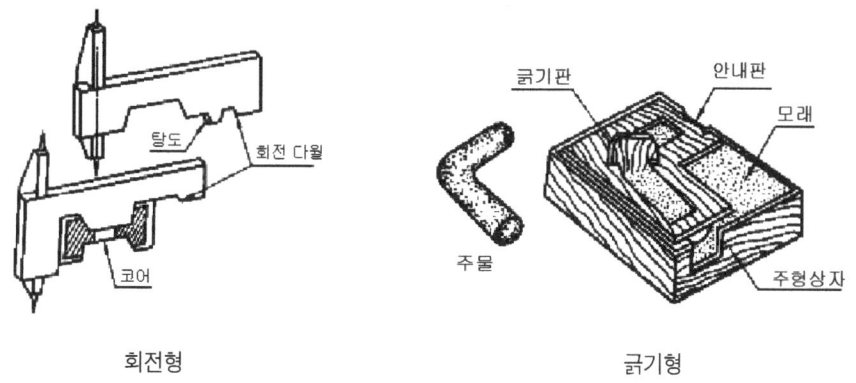

회전형　　　　　　　　　　긁기형

⑤ 코어형 : 파이프나 수도꼭지와 같이 속이 뚫린 중공 제품을 만들 때 중공부분에 해당하는 모래 막대를 코어(core)라 하고, 주형 속에서 코어를 지지하는 부분을 코어 프린트(core print)라 한다.

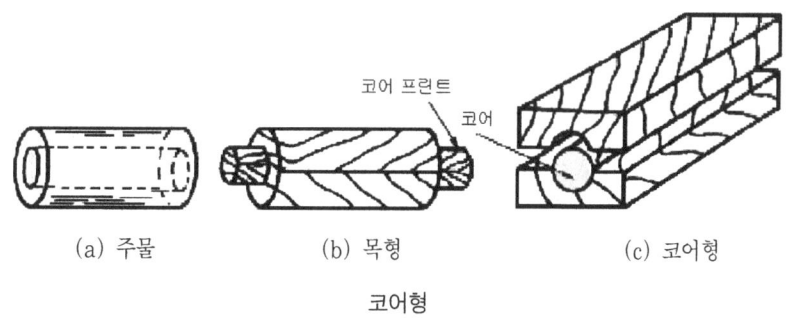

(a) 주물　　　(b) 목형　　　(c) 코어형

코어형

⑥ 잔형 : 주형에서 뽑아내기 어려운 목형 일부를 분할해서 별도로 제작·조립한 것으로서 목형은 먼저 뽑아내고 잔형만 남겨 두었다가 나중에 뽑아낸다.
⑦ 골격형 : 제품의 형상이 크고 소량의 주조품을 제작할 때 이용하며, 골격만 목재로 만들고 공간에 점토와 같은 점성재료를 채워서 주형을 제작하는 방법이다.

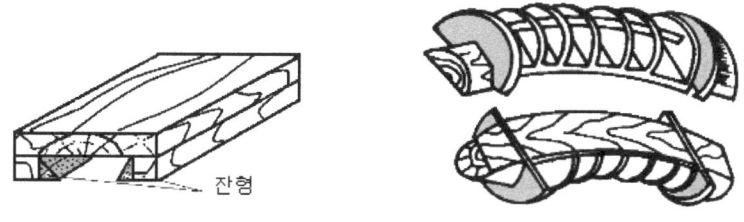

잔형 골격형

⑧ 매치 플레이트형(match plate) : 보통 알루미늄 합금을 재료로 하여 1개의 판에 여러의 모형을 부착함으로서 여러 개의 주형을 동시에 제작할 수 있다. 즉, 아령과 같이 소형 주물을 대량생산할 때 사용한다. 판의 양쪽에 모두 붙인 것을 매치 플레이트라 하고, 한쪽 면에만 붙인 것은 패턴 플레이트(pattern plate)라 한다.

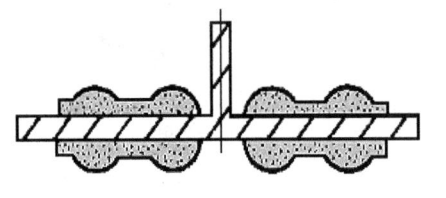 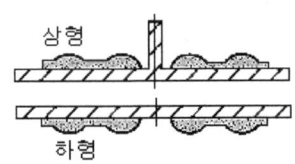

매치 플레이트　　　　　　　　패턴 플레이트

매치 플레이트 형

(2) 목형 제작

① 목형 현도

목형은 설계제도→현도→목재 준비→목형 제작 순으로 제작에 들어가야 하며, 목형을 제작하려고 할 때 가공 여유, 수축여유, 목형 기울기 등을 고려하여 도면 치수보다도 크게 만들고 또한 코어 프린트 등도 충분히 고려하여야 한다.

㉮ 가공 여유(machining allowance)

주물을 기계가공에 의하여 다듬질할 경우 다듬질 면은 실제 제품의 도면 치수보다 목형의 치수를 크게 한 것이며, 일명 다듬질 여유라고도 한다.

가공 여유(가공정도)

다듬질 정도	거친 다듬질	중간 다듬질	정밀 다듬질
가공 여유(mm)	1~5	3~5	5~10

가공 여유(재질)

주물 크기(mm)	소형 주물	중형 주물	대형 주물
주　철	1~1.5	2~3	3~6
황　동	1~2		2~3

㈏ 수축 여유(shrinkage allowance)

주형 속에 주입한 용융금속이 응고하여 상온에 이르면 수축이 이루어진다. 이 수축에 대한 치수 여유를 감안하여 목형을 크게 한 것을 수축 여유라 하며, 이 때 수축 여유를 고려하여 만든 자를 주물자(shrinkage scale)라 한다.

수축 여유

재료	수축 길이 1m에 대하여(mm)	1m 주물자의 실제 길이(mm)
주 철	8.5-10.5	1008
주 강	18-21	1020
황 동	10.6-18	1015
청 동	13-20	1015
알루미늄	20	1020

주물의 중량 W_C, 목형의 중량 W_P과 주물의 비중 S_C, 목형의 비중 S_P이라면, 주물의 중량은 다음과 같다.

$$W_C \fallingdotseq \frac{S_C}{S_P} W_P$$

㈐ 목형 구배

주형의 손상 방지를 위하여 빼내는 쪽에 경사를 둔 것을 목형 구배라고 하고, 그 크기는 목형의 크기나 형상에 따라 다르나 약 1m 길이에 6~10mm 정도의 기울기를 준다.

㈑ 라운딩(rounding)

모서리 부분에 용융 금속이 응고할 때 결정 조직이 경계가 생기고 불순물이 석출되어 약해지므로, 이것을 방지하기 위하여 목형의 각 및 홈진 부분을 둥글게 한다. 이것을 라운딩 또는 모서리 살붙임이라 한다.

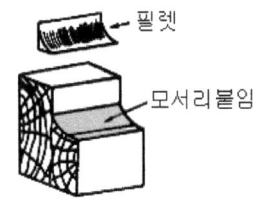

홈 부분은 둥글게 만들기 어려우므로 목형에 칠을 하거나 또는 나무, 가죽, 왁스 등으로 필릿을 붙인다.

㋰ 덧붙임(stop off)

주물의 두께가 같지 않으면 응고할 때 냉각 속도가 달라서, 응력에 대한 변형 및 균열이 발생한다. 발생을 방지하기 위하여 주물과 관계없는 나무를 두께가 일정하지 않은 부분에 붙여 주조한 다음, 주조 후에 이것을 잘라 버린다. 이것을 덧붙임이라 한다.

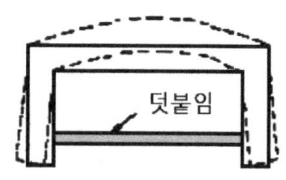

㋱ 코어 프린트(core print)

코어를 주형의 어떤 위치에 고정시키거나, 쇳물을 부었을 때 쇳물의 부력에 코어가 움직이지 않도록 하기 위하여 코어에 코어 프린트를 붙인다. 이는 코어 치수보다 길게 만들고 주형에는 양쪽에 홈을 만든다.

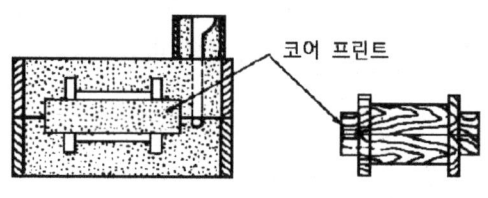

코어 프린트

2) 목형 제작용 설비

(1) 목형용 목공구

① 톱에는 세로톱, 가로톱, 양용톱, 실톱, 세공톱 등이 있으며, 톱의 규격은 톱날부의 길이로 표시한다.
② 대패는 가공정도에 따라 막, 중간, 다듬질 대패로 구분하고, 작업에 따라 보통, 측면, 홈, 특수대패 등이 있으며, 규격은 대패날의 폭으로 표시한다.
③ 끌은 마치끌(두꺼운 끌), 밀끌(다듬끌), 특수끌 등이 있으며, 규격은 날부의 폭으로 표시한다.
④ 송곳은 삼각, 송곳, 송곳, 센터송곳 등이 있다.
⑤ 해머는 쇠해머, 나무해머 등이 있다.
⑥ 자는 곧은 자, 접는 자, 곡자, 직각자 등이 있다.
⑦ 컴퍼스, 분도기, 마킹 게이지(marking gauge), 수준기, 목공 바이스, 목공대, 숫돌, 사포, 장도리, 먹 줄 등이 있다.

(2) 목공기계
① 띠톱기계(band sawing machine)
② 목공선반(wood turning, lathe)
③ 원형 톱기계(circular sawing machine)
④ 목공 기계대패(wood working planer)
⑤ 실톱기계(fret sawing machine)

2 주형

주물사 내에 원형이나 목형을 넣고 다진 후 원형이나 목형을 빼내면 원형과 동일한 공간이 형성되는데, 이 공간을 주형(mould)이라 한다. 이 주형 속에 용해한 금속을 부어 제품을 만든다. 이 제품을 주물(castings), 제품을 만들어내는 방법을 주조라 한다.

1) 주형 및 주물사
(1) 주형의 종류

주형(mould)은 주물의 재질, 수량, 크기, 정밀도 등을 고려하여 가장 적합한 것을 선택하여야 한다.

주형을 재료에 따라 분류하면, 사형(sand mould)과 금형(metal mould)이 있으며, 사형은 수분 함유량에 따라 생형(green sand mould)과 건조형(dry sand mould), 표면 건조형(skin dried mould)으로 분류한다.

① 사형(sand mould)
  ㉮ 생형(green sand mould)
    주형을 만든 그대로 주형에 용융금속을 붓는 형식이므로 주형 속에 수분이 많다. 주형을 완성할 때까지의 공정이 적고 능률이 좋으며, 경비도 적게 들기는 하나, 일반적으로 살이 두꺼운 주물, 주강 또는 황동 주물 등은 깨끗하게 만들기 어렵다.
  ㉯ 건조형dry sand mould)
    주형을 만든 다음 건조로에서 수분을 제거하는 형식이다. 냉각 속도가 거의 일정하므로 좋은 주물을 만들 수 있다. 견고한 주형, 살이 두꺼운 주물, 복잡한 주형, 코어(core) 등을 만드는데 적합하다.

㉰ 표면 건조형(skin dried mould)

생형의 표면만을 숯불 또는 가스의 불꽃으로 건조하는 형식으로, 건조형으로까지 만들어야 할 필요가 없는 경우에 사용한다.

② 금형

금속으로 만든 주형을 말한다. 보통 내열강으로 만들며, 알루미늄과 같이 용해 온도가 그다지 높지 않은 주물을 대량으로 생산할 경우에 사용한다. 금형은 설계와 제작이 어렵고 제작하는 데 많은 시간과 경비를 요하게 된다. 다이 캐스트(die cast), 경합금, 주물 등에 쓰인다. 또한 주형의 일부분을 금속, 나머지 부분은 사형으로 만들기도 한다.

③ 특수 주형

시멘트, 합성수지, 규산나트륨의 용액 등을 배합하여 특수한 성질을 가진 모래로 주형을 만드는 것도 근래에는 많이 사용한다.

(2) 주물사

주물을 제작하는 데 사용되는 모래를 주물사(moulding sand)라 하고, 주물사는 내열, 내화성 모래에 석영, 장석, 점토 및 기타 원소를 첨가하여 수분을 혼합하여 만든다. 즉, 주물사는 규사 등의 모래입자와 점결분, 수분 등 3요소에 의하여 성질이 변화한다.

① 주물사의 구비조건

㉮ 내열성이 풍부하고 충분한 강도를 가져야 하고 성형성이 좋아야 한다.

㉯ 통기성이 있어야 하고 가스 및 공기가 잘 빠져야 한다.

㉰ 고온의 금속과 접하여도 화학반응을 일으키지 않아야 한다.

㉱ 냉각할 때에 잔류응력의 방지를 위하여 보온성이 있어야 한다.

㉲ 쉽게 변화하지 않아야 하고 복용성이 있어야 한다.

㉳ 가격이 싸고 구입하기 쉬우며 적당한 입도를 가져야 한다.

② 주물사의 성질과 시험

㉮ 내열성

주물사의 내열성 실험은 주물사를 제에게르추(Seger cone)와 같은 삼각뿔로 만들고, 이것을 높은 온도에 두어 연화 굴곡온도를 제에게르추 또는 고온계로 측정한다.

㉯ 성형성(flowability)

주물사의 강도는 압축시험으로 정하며, 주물사의 압축시험은 주물사 만능시험기로 측정한다.

㉰ 통기도(permeability)

주물사에서 기체가 통과하여 빠져나가는 정도를 통기성이라 하며, 통기성은 모래의 형상, 입도, 점토량, 수분, 다지기 정도 등에 따라 정해진다. 주물사의 통기도 측정은 1회에 2000cc의 공기가 통과하는데 필요한 시간과 공기압력을 측정한다.

주물사의 통기도는 일정한 시험편 속에 일정 압력의 공기가 흐르는 빠르기로 나타난 값으로 표시되며, 다음 식으로 표시된다.

$$P = \frac{2000\,h}{H \cdot A \cdot t}$$

P : 통기도($cc/cm^2/min$)
h : 시험편의 높이(cm)
H : 압력차(수주 cm)
A : 시험편의 단면적(cm^2)
t : 측정한 배출시간(min)

㉱ 보온성과 복용성

주물사는 열전도도가 낮아야 용융금속이 주형 속에서 천천히 냉각되어 보온성이 좋게 된다. 주물사는 한 번 사용한 다음에도 화학적, 물리적인 변화가 적고, 반복 사용할 수 있는 것이어야 한다. 이를 복용성이라 한다.

㉲ 입도(grain size)

주물사의 입자크기를 말하며, 크기는 메시(mesh)로 나타내는데 1mesh는 사방 1인치($25.4mm^2$), 즉 1평방인치($inch^2$) 내에 있는 체의 구멍수를 뜻한다.

모래입도의 %를 표시하는 데에는 체에 건조된 시료(모래)를 넣어 일정한 시간 동안 흔들어 체에 남은 모래의 중량으로 계산한다.

$$모래입도(\%) = \frac{체\ 위에\ 남은\ 모래의\ 무게(g)}{시료(g)} \times 100$$

㉳ 점토분 함유량

주물사의 점착력은 모래의 입자, 점토의 량, 수분의 량에 따라 다르다. 여기서 점토분이라 하는 것은 점토와 50μ 이하의 모래 입자까지를 포함하며, 건조된 점토(시료)를 수산화나트륨(NaOH) 수용액으로 세척하여 점토분을 제거한 후 계산한다.

$$점토분\ 함유량(\%) = \frac{시료무게(g) - 남아있는\ 시료무게(g)}{시료무게(g)} \times 100$$

㈆ 강도시험

주형에는 용융금속이 정압 및 동압이 작용하므로 주물사로서 압축, 인장, 굽힘, 전단강도 등이 어느 일정한 값이 되어야 한다. 강도시험은 AFA(미국주물사협회)에 정한 표준시편을 기준으로 한다.

③ 주물사의 배합

㉮ 생형사

천연산의 모래로서 모래입자가 작고 고르며, 규사, 점토, 물(6%) 및 석탄가루를 적당하게 혼합하여 사용하며, 성형성·통기성·내화성이 좋으므로 일반 주철 및 비철금속의 주물사로 많이 사용되고 있다.

㉯ 규사(silica sand)

내열성은 좋으나 성형성이 나쁘다. 일반적으로 천연규사는 주철이나 황동용 제품의 점토로 사용되고, 인조규사는 주강용 주물사로 사용한다.

㉰ 점토(clay)

주물사에 점결성을 주기 위하여 배합하는 것으로 온도가 450~650℃에서는 여리게 되며, 물을 섞어도 점결성이 없어진다. 주물사에 배합하는 주물사는 순수한 것이 좋다.

㉱ 배합제

㉠ 석탄, 코크스 : 모래의 성형성을 좋게 하고, 모래가 주물의 표면에 녹아 붙는 것을 방지하며, 모래의 다공성을 증가시키기 위하여 배합한다.

㉡ 톱밥, 볏집, 털 : 모래의 다공성 증가와 주형의 균열을 방지하기 위하여 배합한다.

㉢ 당밀, 수지, 인조수지 : 모래의 강도와 통기성을 증가시키기 위하여 배합한다.

④ 주물사의 종류

㉮ 주철용 주물사

생형사를 주로 사용하며, 이것에 배합제를 첨가하여 사용한다. 소형 주물에는 입도가 작고 점토가 많은 것을 사용하지만, 중형이나 대형 주물에는 입도가 큰 것을 사용한다.

㉯ 주강용 주물사

주강은 통기성이 좋고 내화성이 큰 주물사(규사 70~90%, 점토 6~10%, 수분은 최대 6%)를 사용한다.

㉰ 비철합금용 주물사

비철합금에 사용되는 주물사는 주물의 표면을 깨끗하게 하기 위하여 입도가 작은 것을 사용한다. 주물사에 소량의 소금을 첨가하고 대형 주물에는 생형사에 점토를 배합한다.

㉣ 코어용 주물사

코어용 주물사는 통기성이 좋고 내화성이 커야 하며, 규산분이 많은 모래와 점토, 식물유 등을 혼합하여 사용한다. 가스 배출을 좋게 하기 위하여 톱밥, 코크스 분말 등을 섞어서 사용한다.

2) 주형 제작
(1) 주형법의 종류
① 바닥 주형법(open sand moulding)

주물 공장 바닥에서 정밀도가 높지 않은 제품을 주조할 때 주로 사용하는 방법으로, 모래 바닥을 적당한 경도로 다져 여기에 목형을 묻어서 주형을 제작한다. 가장 간단한 방법이기는 하나, 주물상자가 없는 상태로 작업하기 때문에 용융금속이 대기와 직접 접촉하므로 주물의 표면이 조잡해지기 쉽다.

② 혼성 주형법(bed-in moulding)

주로 대형 주물, 키가 큰 주물을 제작할 때 사용하는 방법으로, 아래 주형은 주형 상자를 사용하지 않고 모래 바닥을 주형의 높이만큼 깊이로 파서 그 속에 주형을 만들고 그 위 주형에만 주형 상자를 1개 사용하여 만드는 방법이다.

③ 조립 주형법(turn-over moulding)

조립 주형은 형식이다. 위 아래로 2개 이상의 주형 가장 많이 이용되는 표준상자를 포개어 사용하는 것으로, 주형 상자를 차례로 더해 가면서 주형을 만든다. 주형 제작이 비교적 쉽고, 주형을 운반할 수도 있으며, 용융금속의 압력에도 잘 견딘다.

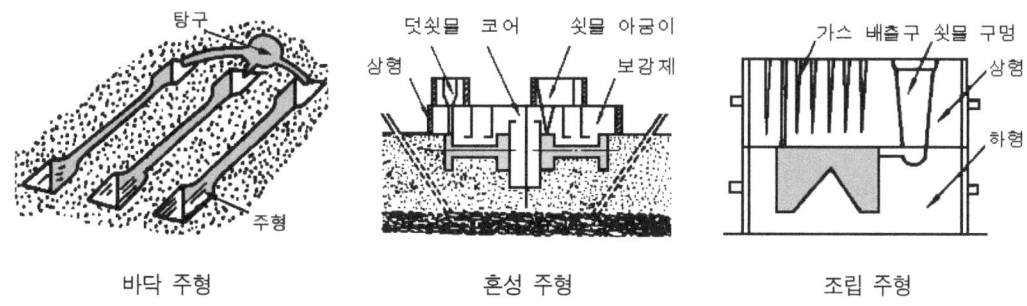

바닥 주형   혼성 주형   조립 주형

(2) 주형의 각부 역할

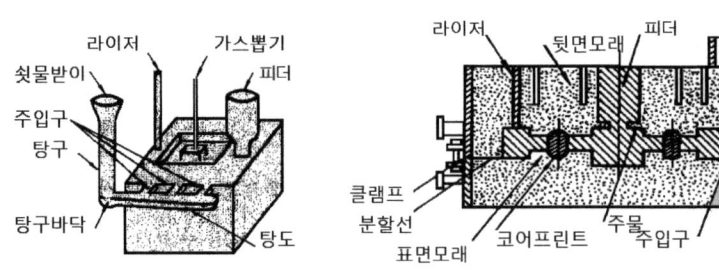

주형의 각부 명칭

① 탕구계
  ㉮ 쇳물받이(pouring basin)
    쇳물을 주입할 때 튀지 않도록 하는 것으로 슬랙과 같은 불순물을 제거하며, 쇳물이 조용히 흘러들어가게 하는 역할을 말하며, 탕류라고도 한다.
  ㉯ 탕구(sprue)
    보통 쇳물의 흐름을 매끄럽게 하기 위하여 원형 단면으로 만들고, 탕구 밑바닥에도 반원형 부분을 만들어 쇳물의 흐름을 원활하게 한다.
  ㉰ 탕도(runner)
    탕구로부터 쇳물이 주형 안에 골고루 흘러 들어가도록 하는 곳이며, 탕구보다 큰 단면적으로 하여 유속을 느리게 하고 불순물이 들어가지 못하게 한다.
    탕구의 단면적과 탕도의 단면적 비(ratio)를 탕구비라 하는데, 이것은 쇳물의 유동, 주입 시간 등에 영향을 미치므로 설계할 때 신중히 고려해야 한다.

$$탕구비 = \frac{탕구봉\ 단면적}{탕도의\ 단면적}$$

  ㉱ 주입구(gate)
    탕도에서 갈라져 주형에 직접 쇳물이 흘러 들어가도록 하는 부분이며, 가능한 짧게 하고 주물이 된 다음에는 절단한다.
② 피더(feeder)
  쇳물 압력으로 주형 내부의 가스를 밀어내고, 주형 내에서 쇳물이 응고될 때 수축으로 쇳물의 부족을 보충하며, 수축공이 없는 치밀한 주물을 만들기 위한 것으로 형상은 열이 적게 새어 나가도록 원기둥 모양으로 한다. 피더는 덧쇳물이라고도 한다.

③ 라이저(riser)

주형에 쇳물을 주입하면 가득 채워진 다음 넘쳐 올라오게 하여, 쇳물이 주형에 가득찬 것을 관찰하려고 주형의 높은 곳이나 탕구에서 먼 곳에 둔다. 라이저(riser)는 가스뽑기 피더의 역할도 한다.

④ 가스뽑기(venting)

주형 속의 가스나 수증기가 남으면 주물의 일부분이 기공이 생겨 완전한 주물이 될 수 없으므로 가스뽑기(venting) 구멍을 설치한다.

⑤ 냉각쇠(chiller)

주물의 각 부분의 냉각속도 조정할 목적으로 주물의 두께가 두꺼운 부분에 강, 주철 등의 냉각쇠(chiller)를 붙인다.

⑥ 코어 받침(chaplet)

코어가 움직이지 않도록 받쳐 주는 것으로, 코어 받침(chaplet)은 주물의 재질과 같은 것으로 만든다.

3) 주형 제작용 공구 및 기계

(1) 주형 공구

① 주형 상자(molding box or molding flask)

일명 주형틀 또는 거푸집이라고 하며, 주철 또는 목재로 제작하는데 2개(상·하) 또는 3개(상·중·하)로 구성된다. 주형 상자는 주조 작업이 끝날 때까지 주형에서 분리하지 못하는 고정식과 주형 제작한 후 조립을 풀어 다시 사용할 수 있는 조립식이 있다.

② 주물 도마(molding board)

주형을 만들 때 목형 또는 주물 상자를 올려놓는 나무 받침대로서, 평평하여야 하고 변형이 적어야 한다.

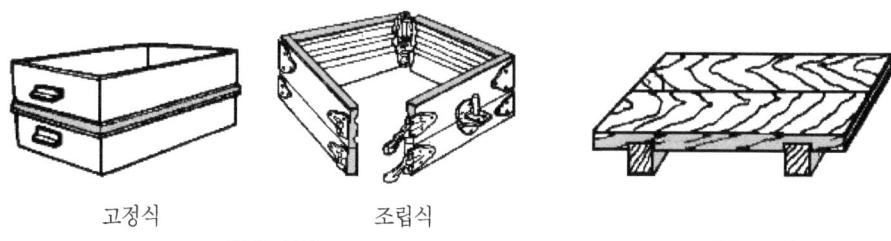

고정식   조립식   주물 도마
    주형 상자

③ 목마(wooden horse)

회전 목형으로 주형을 만들 때 목형의 회전중심을 고정시켜 주는 도구이다.

④ 기타 주형용 수공구

주형을 제작할 때 사용하는 수공구(hand tool)는 탕구봉, 삽, 다지기봉, 체, 삽, 흙손, 공기뽑게, 긁기판, 공기뽑게 고무래(life) 등 여러 가지가 있다.

(2) 주형용 기계

① 혼사기(sand mixer)

주물사를 섞는 기계로서 오래 사용하던 모래와 새 모래를 혼합할 때 사용하는 혼사기와 이어서 모래입도를 균일하게 하고 점토, 코크스 등을 첨가하여 혼합하고, 적당한 점성을 주는 샌드 밀(sand mill)이 있다.

② 기계 체(sand riddle)

기계에 의하여 입도가 일정한 주물사를 걸러 내는 기계를 말한다.

③ 자기 분리기(magnetic separator)

여러 번 사용한 모래에 함유되어 있는 쇳가루를 제거하기 위하여 사용하는 기계이다.

④ 사투기(砂投機 : sand thrower)

모래 속에 함유되어 있는 불순물을 제거하기 위한 기계로, 전동기로 컨베이어를 구동하여 사용한다.

⑤ 조형기(moulding machine)

주형을 만드는 것으로 주물사를 다지는 방법에 따라 진동식, 압축식, 반전식 주형기가 있다.

⑥ 샌드 슬링거(sand slinger)

콘베어로 이동된 주물사를 1,000~1,800rpm으로 회전하는 임펠러로 주형 상자에 뿌리면서 다지는 주형기계이다.

4) 용해로

일반적으로 주철에서는 큐폴라(cupola), 전기로 주강용에는 전기로, 평로, 반사로 비철합금에는 도가니로, 전기로, 반사로 등이 용해로로 사용된다.

(1) 용해로의 종류와 특징

① 큐폴라(cupola)

용선로라고도 하며, 주철을 경제적으로 용해하는데 사용한다. 일반적으로 용해부의 단면적

$1cm^2$에 대해 4.5kgf의 선철을 용해할 수 있으며, 용량은 1시간에 용해할 수 있는 무게를 톤(ton)으로 표시한다.

② 도가니로(crucible furnace)

내화 점토 또는 흑연으로 만든 도가니로는 금속을 용해할 때에 열원으로 코크스, 중유, 도시가스, 전기 등이 사용된다.

보통 경합금, 구리합금, 합금강 등과 같이 성분이 정확을 요하는 것을 용해할 때 이용된다. 도가니로의 크기는 구리 1kgf을 용해할 수 있는 것을 1번이라 하고, 한번에 용해할 수 있는 구리의 중량을 kgf으로 표시한다.

③ 반사로(reverberatory furnace)

석탄, 코크스, 중유 등을 이용하여 연소실에서 발생한 고온가스가 용해실로 들어가서 노벽을 백열화하여 반사되는 열에 의하여 용해하는 것이다. 일시에 같은 성분의 쇳물이 대량으로 필요할 때 편리하며, 주철, 청동, 가단주철을 녹이는 데 사용된다. 노의 크기는 장입하는 지금의 총 무게로 표시한다.

④ 전기로(electronic furnace)

전기적인 열에 의하여 금속을 용해하는 것으로, 아크식과 전기유도식 및 전기저항식의 3가지가 있다. 용해 중 화학반응이 일어나지 않으므로 정확한 순도의 제품을 얻을 수는 있으나, 전력이 대단히 많이 소비되고 가격이 비싸다. 이것은 고급 특수강을 용해하는 데 이용된다. 노의 크기는 1회 용해할 수 있는 무게로 표시한다.

⑤ 전로(converter)

보통 주강공장에 설비할 수 있는 것으로 간단한 구조이다. 용광로에서 이미 용해된 용탕을 장입하고 용탕의 표면에 공기를 불어주면 산소가 연소를 하기 시작하여 1,650℃ 가까이 상승하는데, 이 때 발생한 열로 탄소, 규소, 망간 등을 산화시키고 용강을 얻는 로이다.

규격은 1회에 용해할 수 있는 용량을 톤(ton)으로 표시한다.

⑥ 평로(open hearth furnace)

축열실과 반사로를 사용하여 장입물을 용해 정련하는 용해로이며, 산성평로와 염기성 평로의 2가지가 있다. 산성평로는 원료 중에 있는 탄소, 규소, 망간을 제거할 수 있으며 노의 재료는 석영이 대부분이다. 염기성로는 산화마그네슘, 산화칼슘으로 만들며 원료 중에 있는 인, 황을 제거할 수 있는 것이다. 크기는 1회에 용해할 수 있는 쇳물의 무게로 표시한다.

(2) 용해로 공구

용해로 내의 연료를 연소시키기 위한 송풍기, 풍압 측정용 압력계, 용융 온도의 측정에 사용되는 고온계, 쇳물용 에이들 등이 있다.

송풍기에는 원심 송풍기(centrifugal fan), 루트 송풍기(roots blower), 터보 송풍기(turbo-blower) 등이 있다. 고온을 측정할 때에는 열전 고온계, 광학 고온계 등의 고온계(pyrometer)를 사용한다. 용탕을 받아 주형에 주입하는 데에는 레이들(ladle)을 쓴다.

(3) 주입 작업

① 압상력

주형에 쇳물을 주입하면 쇳물의 부력으로 위 주형 상자가 들리게 되는데, 이 힘을 압상력(押上力)이라 한다. 이 압상력 때문에 주조할 때에 위 주형 상자 위에 추를 올려놓든지 또는 위아래 주형 상자를 볼트로 고정시켜야 한다. 이것은 주입된 쇳물이 상형을 밀고 흘러 나오는 것을 방지할 목적으로 사용한다.

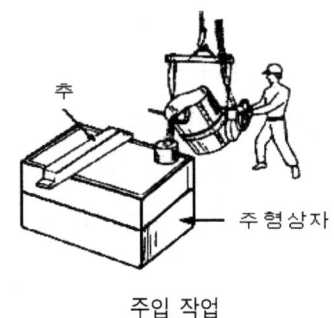

주입 작업

압상력 P의 값은 다음과 같다.

$$P = \frac{\gamma \cdot H \cdot A}{1000} - W$$

- γ : 쇳물 단위 부피 무게(g/cm^3)
- H : 탕구의 높이(cm)
- A : 쇳물 형상에 대한 투영 면적(cm^2)
- W : 상형의 무게(kgf)

② 주입온도

쇳물의 주입온도와 주입속도는 탕구, 주입구 등의 크기와 형상에 따라 달라진다. 쇳물의 온도가 너무 높으면 조직이 억세고 약한 주물이 되며, 낮으면 주물의 성분이 불균일하고 주물에 기공(blow hole)이 생기기 쉽다.

③ 주입시간

주형에 용탕을 주입할 때 걸리는 시간이며, 주입속도가 된다. 용탕 주입은 될 수 있는 대로 도중에 중단되지 않고 연속으로 주입하여야 하며, 주물 두께가 두꺼운 주물은 주입시간을 길게 하고, 얇은 주물은 빨리 주입하지 않으면 쇳물이 잘 돌지 않아 불량품이 된다.

쇳물의 주입시간을 T(sec)라 하면 다음과 같이 계산한다.

$$T = S\sqrt{W}$$

S : 주물 두께에 따른 계수
W : 주물의 무게(kgf)

5) 주물의 뒤처리와 검사

(1) 주물의 뒤처리

철 주물의 탕구계는 해머나 쇳톱, 그라인더로 절단하여 제거하며, 주물에 붙어 있는 모래는 와이어 브러시나 전마기(tumble)로 제거하거나 모래 분사기, 쇼트 블라스트(shot blast)로 제거한다.

(2) 주물의 결함

① 수축 구멍(shrinkage hole)

용융금속이 주형 내에서 응고할 때 표면에서부터 수축을 하므로 최후의 응고부에는 수축으로 인해 쇳물이 부족하게 되어 공간이 생기게 되는 것을 말한다.

이것을 방지하기 위해서는 쇳물 아궁이를 크게 하거나 덧쇳물을 붙여 쇳물 부족을 보충한다.

② 기공(blow hole)

주형 내의 가스가 외부로 배출되지 못하거나, 주형 내에 수분이 너무 많이 있던가, 통기도가 불량할 때 기공이 생긴다. 이것을 방지하기 위해서는 다음과 같이 한다.

㉮ 쇳물의 주입 온도를 필요 이상 높게 하지 않는다.
㉯ 쇳물 아궁이를 크게 한다.
㉰ 통기성을 좋게 한다.
㉱ 주형의 수분을 제거한다.

③ 편석(segregation)

용융금속에 불순물이 있을 때 이 불순물이 집중되어 석출되든지, 또는 무거운 것은 아래로, 가벼운 것은 위로 분리되어 굳어지든지, 처음 생긴 결정과 나중에 생긴 결정의 배합이 달라지는 때가 있는데 이 때 편석 현상이 발생한다.

④ 균열(crack)

용융금속이 응고할 때 수축이 불균일한 경우에 내부응력이 발생하고, 재질이 부적당하던가, 주물의 두께가 불균일할 경우 이것으로부터 주물에 균열이 생기게 된다. 이를 방지하기 위해서는 다음과 같이 한다.

㉮ 각부의 온도 차이를 적게 한다.
㉯ 주물을 급랭시키지 않는다.
㉰ 주물의 두께 차이를 갑자기 변화시키지 않는다.
㉱ 각이 있는 부분은 둥글게 한다.

(3) 주물의 시험 검사
① 육안 검사
모양, 표면 및 파면 등을 모아 조사하는 육안 검사를 말한다.
㉮ 외관 검사 : 주물 표면의 균열, 거칠기, 휨, 치수, 균열, 기공, 수축공, 가공여유를 검사한다.
㉯ 파단면 검사 : 시험편을 절단하여 절단된 면을 보고 기포, 편석, 입자의 치밀성 등을 검사한다.
㉰ 형광 검사 : 형광물질을 이용하여 균열이나 홈 등을 검사한다.
② 기계적 검사
기계적인 시험(mechanical test)으로 주물의 강도, 경도 및 절단을 하여 검사한다. 일반적으로 주물은 압력저항이 크므로 압축시험을 많이 하고, 절단 시험도 중요시한다.
③ 화학 분석
주물의 각 부분을 드릴링 머신으로 구멍을 뚫어 이때 생기는 주물의 쇳가루를 분쇄하고, 이것을 화학 분석하여 함유 원소량을 분석 검사한다.
④ 금속 현미경 시험
각 주물에 따라 함유된 원소량이 같다 해도 조직의 성질이 다르므로 금속 현미경 시험을 하면, 주조된 조직 및 주조 후의 처리 과정이 잘 되었나를 확인할 수 있다.
⑤ 비파괴 검사
기공, 수축, 구멍, 균열 등을 검사하는 방법으로 자력 결함 검사법, 형광 검사법, 초음파 시험, 방사선 검사법 등이 있다.

6) 특수 주조법

일반적으로 주물사를 이용하는 주조법 외에 그밖의 다른 주조법을 특수 주조법이라 하며, 원심, 다이캐스팅, 정밀 주조법 등이 있다.

(1) 다이캐스팅(die casting)

용해된 금속을 주형에 고압으로 주입하는 방법이며, 주물의 재질이 균일하고 치밀하며, 정밀도가 높고, 표면이 아름다워 기계 다듬질이 필요 없는 데 사용된다. 이 때 주형은 고압에 견딜 수 있는 금형을 사용하여야 하며, 이와 같이 주물을 만드는 방법을 다이캐스팅이라 한다.

다이캐스팅은 용융점이 높은 주철, 강철 등은 주조하기 어렵고, 가능한 것은 아연, 알루미늄, 구리 등의 합금이다. 주로 전기기구, 사진기, 계산기, 사무용기구 등의 다량 생산에 이용되며, 다음과 같은 특징이 있다.

① 제품이 균일하고 정밀도가 높기 때문에 다듬질이 필요 없다.
② 얇은 주물을 만들 수 있으며, 주물 표면이 깨끗하다.
③ 재질이 치밀하고 강도가 크다.
④ 금형을 이용하므로 반복 사용할 수 있으며, 대량생산에 적합하다.
⑤ 주물제품의 단가가 싸다.

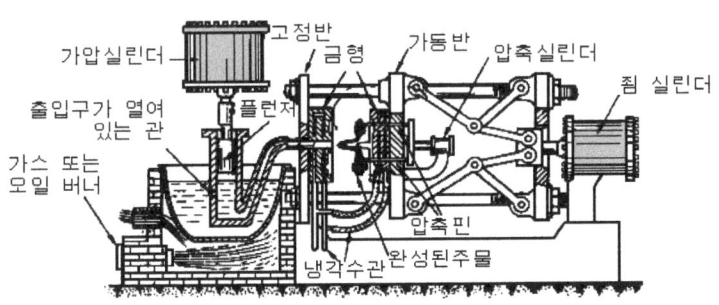

다이캐스팅(열가압형 플렌저식)

(2) 원심 주조법(centrifugal casting)

고속으로 회전하는 원통형의 주형 내부에 용융된 쇳물을 주입하면 원심력에 의해서 쇳물은 원통 내면에 치밀한 조직이 균일하게 붙게 되며, 이때 그대로 냉각시키면 코어 없이도 중공의 주물이 되게 된다. 원심 주조기는 회전축의 방향에 따라 수직식과 수평식이 있는데, 이 방법은 파이프, 피스톤링, 실린더 라이너 등에 이용되지만 주로 수평식은 주철관과 같은 긴 둥근 관을 만들 때 사용한다.

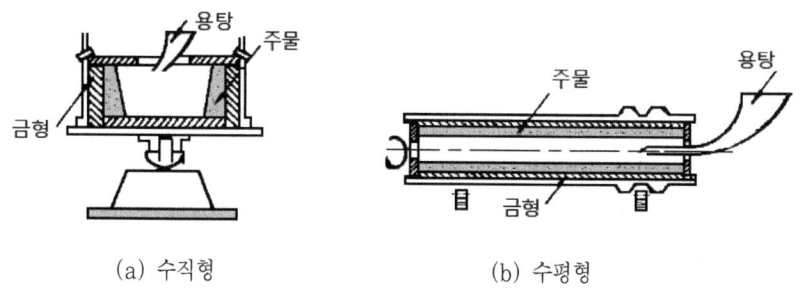

(a) 수직형　　　　　　　　(b) 수평형

원심 주조기

원심 주조법은 다음과 같은 특징이 있다.
① 주물의 조직이 치밀하고 균일하다.
② 슬래그와 가스의 제거가 용이하다.
③ 코어, 탕구, 피더, 라이저 등이 불필요하며, 대량생산에 적합하다.

(3) 셸 몰드법(shell moulding)

정밀한 금형을 가열(200~300℃)하고 그 위에 규소와 열경화성의 합성수지를 배합한 분말(resin sand)을 뿌려 덮으면 원형 둘레에 약 4mm 정도의 층이 생기며 밀착되고, 그 다음 300℃에서 2~3분 가열하면 수지는 경화한다. 이 얇은 셸들을 맞추어 접착시켜서 주형을 만들어 여기에 쇳물을 부어서 주물을 만드는 방법으로, 독일의 Croning이 개발하여 크로닝법 또는 C-process라고도 한다. 주형을 신속히 다량 생산할 수 있으며, 주물의 표면이 아름답고, 정밀도가 높으며, 기계 가공을 하지 않아도 사용할 수 있다. 자동차, 재봉틀, 계측기 등에 부품으로 이용된다.

특징은 다음과 같다.
① 완전 기계화가 가능하므로 숙련공이 필요 없다.
② 주형에 수분이 적기 때문에 기공 발생이 적다.
③ 주형이 얇기 때문에 통기불량에 의한 주물 결함이 없다.
④ 미리 셸을 만들어 놓은 다음 일시에 많은 주조를 할 수 있다.

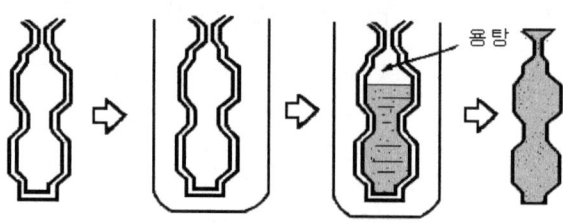

셸 몰드법

(4) 인베스트먼트법(investment casting)

이 주조법은 모형을 왁스(wax)나 파라핀(paraffin)으로 만들고, 이것에 내화 물질로 채워 경화시킨 다음, 가열하면 왁스나 파라핀이 녹아서 흘러내고, 왁스의 모형재가 있던 자리가 중공이 되므로 주형이 된다. 여기에 쇳물을 주입시켜 주물을 만드는데, 주물의 치수가 매우 정확하며, 표면이 깨끗하고, 복잡한 형상을 만들기 쉬우나 주형 제작비가 많이 드는 단점이 있다. 일명 로스트 왁스(lost wax)법이라고도 하며, 주형 제작순서는 다음과 같다.

① 원형 제작용의 금형을 강, 황동, 백색합금 등으로 만들고 여기에 적당히 왁스를 압입하여 왁스 원형을 만든다.

② 규사의 미분을 에틸실리케이트 또는 물유리 등으로 녹여서 원형을 담그고, 그 위에 내화성 모래를 뿌려 표면을 거칠게 하고 강도를 주어 다음 사용할 주형재와 결합되기 쉽도록 한다. 이렇게 몇 번 되풀이하여 적당한 두께로 한다. 이를 1차 인베스트먼트 또는 코팅이라 한다.

③ 코팅이 끝난 원형을 강철제의 틀에 넣어, 원형을 인베스트(규사에 에틸실리케이트나 석고 등의 점결제를 섞은 것)로 둘러싸고, 진동을 주어 원형 둘레를 고르게 다져 주형을 만든다. 이를 2차 인베스트먼트라 한다.

④ 주형을 건조로에 넣어 30~40℃에서 건조시킨 다음, 다시 150℃까지 가열하여 왁스를 녹인다. 800~1000℃까지 가열하여 굳히면 된다.

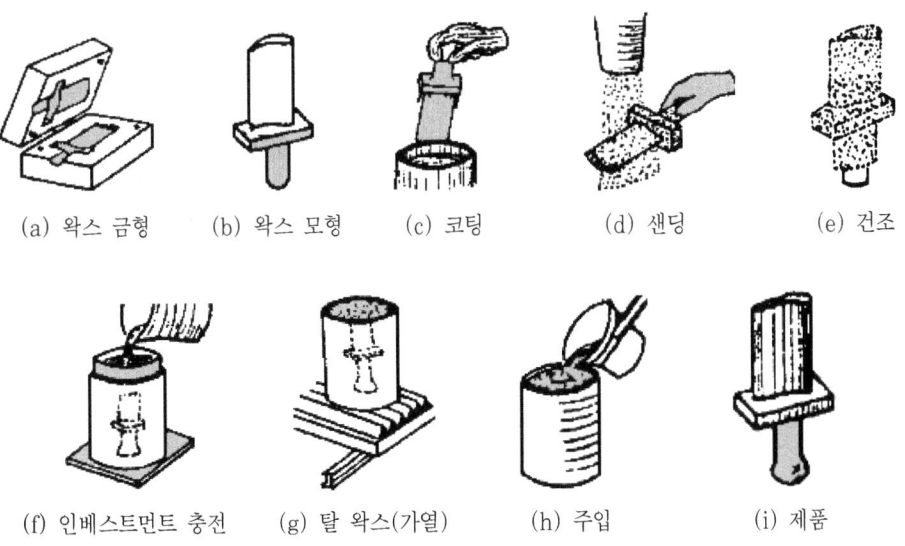

(a) 왁스 금형　(b) 왁스 모형　(c) 코팅　(d) 샌딩　(e) 건조

(f) 인베스트먼트 충전　(g) 탈 왁스(가열)　(h) 주입　(i) 제품

인베스트먼트법

(5) 이산화탄소법(CO₂ process)

단시간에 건조주형을 만드는 방법으로 주물사에 물유리(Na_2SiO_3)를 5~6% 정도 용액을 배합하여 주형을 한 후 탄산가스(CO_2)를 주형 내에 불어 넣어 규산나트륨과 CO_2의 반응으로 주형을 경화시키는 방법이다. 견고하고 정확한 코어 제작에 적합하다.

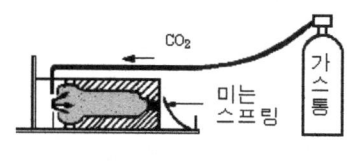

이산화탄소 주조법

(6) 진공 주조법(vacuum casting)

대기 중에서 금속을 용해하면 O_2, H_2, N_2 등의 가스가 들어가 O_2는 산화물을 형성하고, H_2는 백점(白點) 또는 hair crack의 원인이 되므로 금속을 용해할 때 공기를 차단하기 위하여 약 0^{-3} mmHg 정도 진공중에서 용해하고, 주조하는 방법을 진공 주조라 한다.

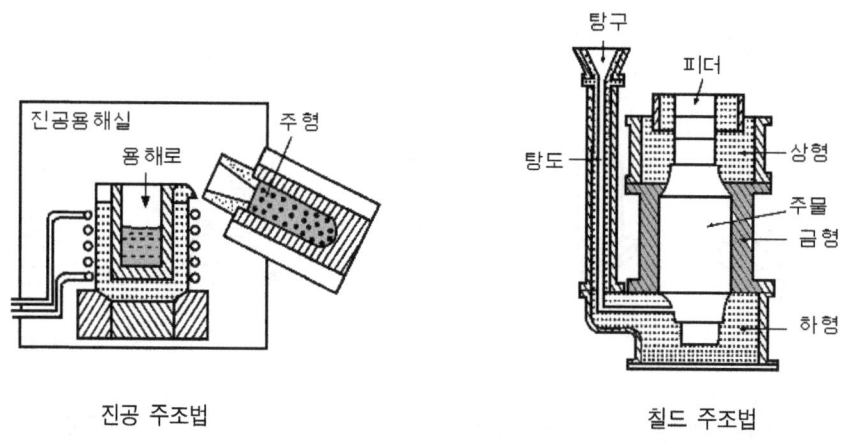

진공 주조법   칠드 주조법

(7) 칠드 주조법(chilled casting)

주물에 인성과 내마모성을 동시에 줄 수 있는 방법으로 인성을 요하는 부분에는 모래주형에 용탕의 냉각속도를 느리게 하고, 내마모성이 요구되는 부분에는 금형을 사용하여 냉각속도를 빠르게 하여 경도를 증가시키면 된다. 이와 같이 주철이 급냉되어 단단해지는 현상을 칠(chill)이라 하고, 이 주조방법을 칠드 주조 또는 냉간주조라고 한다.

(8) 연속 주조법(continuous casting)

용탕이 전기가열식 저장로에서 흘러나와 냉각수가 순환하는 금형을 통과하면서 연속적으로 응고되어 빌렛(billet) 등을 제작하는 주조법이다. 이 방법은 동일한 조건에서 냉각시키므로 품질이 균일하고, 편석, 수축공이 적으며, 작업이 간단하여 주조비용이 저렴하다. 알루미늄, 동합금 등의 봉재 및 판재에 이용된다.

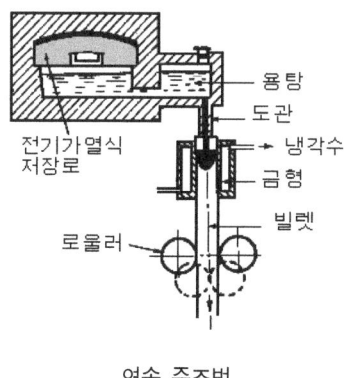

연속 주조법

익힘문제

문제1 주물사의 구비조건을 설명하여라.

해설
① 내열성이 풍부하고, 충분한 강도를 가져야 하고, 성형성이 좋아야 한다.
② 통기성이 있어야 하고, 가스 및 공기가 잘 빠져야 한다.
③ 고온의 금속과 접하여도 화학반응을 일으키지 않아야 한다.
④ 냉각할 때에 잔류응력의 방지를 위하여 보온성이 있어야 한다.
⑤ 쉽게 변화하지 않아야 하고, 복용성이 있어야 한다.
⑥ 가격이 싸고 구입하기 쉬우며, 적당한 입도를 가져야 한다.

문제2 주물의 결함에서 기공을 방지하는 방법을 나열하여라.

해설
① 쇳물의 주입 온도를 필요 이상 높게 하지 않는다.
② 쇳물 아궁이를 크게 한다.
③ 통기성을 좋게 한다.
④ 주형의 수분을 제거한다.

문제3 셸 몰드법에 의한 주형을 설명하여라.

해설 정밀한 금형을 가열(200~300℃)하고 그 위에 규소와 열경화성의 합성수지를 배합한 분말(resin sand)을 뿌려 덮으면 원형 둘레에 약 4mm 정도의 층이 생기며 밀착되고, 그 다음 300℃에서 2~3분 가열하면 수지는 경화한다. 이 얇은 셸들을 맞추어 접착시켜서 주형을 만들어 여기에 쇳물을 부어서 주물을 만드는 방법이다. 주형을 신속히 다량 생산할 수 있으며, 주물의 표면이 아름답고, 정밀도가 높으며, 기계 가공을 하지 않아도 사용할 수 있다. 자동차, 재봉틀, 계측기 등에 부품으로 이용된다.

문제4 주조 공정을 단계별로 나열하여라.

해설 (a) 목형 제도, (b) 목형 제작, (c) 주형 제작, (d) 용해, (e) 주입, (f) 모래 제거, (g) 탕구 제거, (h) 표면 청정, (i) 검사, (j) 완성품

문제5 코어 프린트란 무엇인가?

해설 코어를 주형 내부에서 지지하기 위해서 목형에 덧붙인 돌기 부분을 말한다.

문제6 탕도는 무엇하는 곳이며, 역할을 간단히 설명하여라.

해설 탕구로부터 쇳물이 주형 안에 골고루 흘러들어가도록 하는 곳이며, 탕구보다 큰 단면적으로 하여 유속을 느리게 하고 불순물이 들어가지 못하게 한다.

문제7 인베스트먼트 주조법에 대해서 설명하여라.

해설 모형을 왁스(wax)나 파라핀(paraffin)으로 만들고, 이것에 내화 물질로 채워 경화시킨 다음, 가열하면 왁스나 파라핀이 녹아서 흘러내고, 왁스의 모형재가 있던 자리가 중공이 되므로 주형이 된다. 여기에 쇳물을 주입시켜 주물을 만드는데, 주물의 치수가 매우 정확하며, 표면이 깨끗하고, 복잡한 형상을 만들기 쉬우나 주형 제작비가 많이 드는 단점이 있다.

문제8 목형의 중량이 20kgf일 때 주물의 중량은 얼마인가?(단, 주물의 비중 S_C, 목형의 비중 S_P의 값은 12.5이다.)

해설 $W_C ≒ \dfrac{S_C}{S_P} W_P = 12.5 \times 20 = 250\,kgf$

문제9 목형의 종류를 들고 각각 설명하여라.

해설 주조품의 크기, 모양, 수량, 주형 제작의 난이성 등을 고려하여 선택하여야 한다.
① 현형(solid pattern) : 제작할 제품과 대략 동일한 모양으로 된 것에 수축여유 및 다듬질 여유를 첨가한 목형을 현형이라 한다. - 단체형, 분할형, 조립형
② 부분형 : 대형기어, 프로펠러, 톱니바퀴와 같이 대칭 또는 동일 형상의 부분이 연속인 부품일 때에는 몇 개의 부분으로 나누고 그 일부를 제작하여 주형을 제작하는 것을 말한다.
③ 회전형 : 마찰차, 벨트풀리와 같이 제품의 형상이 하나의 축을 중심으로 회전형상을 하고 있는 제품을 주조할 때 이용되며, 그 단면 형상을 만들어 회전시켜 주형을 제작하는 것을 말한다.
④ 고르개(긁기)형 : 단면이 일정하고 가늘고 긴 것에 적합하며, 안내판에 따라 긁기판으로 긁어서 주형을 제작하는 방법이다. 이 방법은 목재를 절약할 수 있어 경제적이다.
⑤ 코어형 : 파이프나 수도꼭지와 같이 속이 뚫린 중공 제품을 만들 때 중공부분에 해당하는 모래 막대를 코어(core)라 하고, 주형 속에서 코어를 지지하는 부분을 코어 프린트(core print)라 한다.
⑥ 잔형 : 주형에서 뽑아내기 어려운 목형 일부를 분할해서 별도로 제작·조립한 것으로서, 목형은 먼저 뽑아내고 잔형만 남겨 두었다가 나중에 뽑아낸다.
⑦ 골격형 : 제품의 형상이 크고 소량의 주조품을 제작할 때 이용하며, 골격만 목재로 만들고 공간에 점토와 같은 점성재료를 채워서 주형을 제작하는 방법이다.
⑧ 매치 플레이트형(match plate) : 보통 알루미늄 합금을 재료로 하여 1개의 판에 여러 모형을 부착함으로서 여러 개의 주형을 동시에 제작할 수 있다. 즉, 아령과 같이 소형 주물을 대량생산할 때 사용한다.

예상문제

1. 목형에 래커나 니스 등의 도료를 칠하는 이유는?
   ㉮ 건조가 잘 되게 하기 위하여
   ㉯ 습기를 방지하고 모래의 분리를 쉽게 하기 위하여
   ㉰ 주물사의 강도에 잘 견디게 하기 위하여
   ㉱ 보기 좋게 하기 위하여

   해설 도장
   주형을 제작할 때 주물사 중의 수분 흡수에 의한 목형의 변형을 방지하고 주물사와의 분리가 잘 되도록 하기 위하여 도장한다. 도료는 레커, 니스, 알루미늄 분말 등이다.

2. 주물의 제조 공정 순서가 옳은 것은?
   ㉮ 주형 제작 → 모형 제작 → 주업 → 열처리
   ㉯ 모형 제작 → 주형 제작 → 열처리 → 주입
   ㉰ 주조 방안 결정 → 모형 제작 → 주형 제작 → 용해
   ㉱ 용해 → 주입 → 모형 제작 → 후 처리

3. 목재의 기계적 성질 중 강도가 가장 큰 것은 어느 것인가?
   ㉮ 압축강도   ㉯ 전단강도
   ㉰ 휨강도   ㉱ 인장강도

4. 목재의 방부법 중 틀린 것은?
   ㉮ 자비법   ㉯ 침투법
   ㉰ 도포법   ㉱ 야적법

   해설 목재의 방부법
   ① 도포법 : 목재 표면에 페인트 도포나 크레졸 주입
   ② 자비법 : 방부제를 끓여서 부분적으로 침투
   ③ 침투법 : 염화아연, 황산 등 수용액 또는 크레소트(cresote)를 흡수
   ④ 충전법 : 목재에 구멍 파고 방부제 삽입

5. 목형용 목재의 구비조건이 아닌 것은?
   ㉮ 재질이 균일하고 내구성이 클 것
   ㉯ 목재의 결함이 없을 것
   ㉰ 주물사의 부착이 잘 될 것
   ㉱ 적당한 강도를 가질 것

   해설 목형재료의 구비조건
   ① 변형이 적을 것
   ② 재질이 균일할 것
   ③ 가공이 쉬울 것
   ④ 내구성이 클 것
   ⑤ 염가이고 구입이 쉬울 것

6. 다음의 목형 종류들 중에서 현형은 어느 것인가?
   ㉮ 분할목형(split pattern)
   ㉯ 부분목형(section pattern)
   ㉰ 고르개목형(strickle pattern)
   ㉱ 회전목형(sweeping pattern)

해답 1.㉯ 2.㉰ 3.㉱ 4.㉱ 5.㉰ 6.㉮

7. 주조품의 수량이 적고 형상이 큰 곡관(bend pipe)을 만들 때 가장 적합한 목형은?
   ㉮ 회전형   ㉯ 부분형
   ㉰ 골격형   ㉱ 단체형

8. 목형이 원형으로 만들어지는 이유가 아닌 것은?
   ㉮ 공작이 용이
   ㉯ 취급이 편리
   ㉰ 수리 개조가 용이
   ㉱ 변형 파손이 쉽다.

9. 목재를 침수 시즈닝(water seasoning) 하는 목적은?
   ㉮ 목재의 강도를 높이기 위하여
   ㉯ 목재의 부식을 막기 위하여
   ㉰ 목재의 변형과 균열을 방지하기 위하여
   ㉱ 목재를 가볍게 하기 위하여

   해설 침수 시즈닝(water seasoning)
   벌목한 목재를 물속에 약 10일 이상 담구어 수액과 수분을 치환시킨 후 공기가 잘 통하는 장소에 옮겨 건조시키는 방법 (일명 침재법)

10. 목형 제작시 수축 여유를 가장 많이 주는 것은 어느 것인가?
    ㉮ 가단주철   ㉯ 알루미늄
    ㉰ 주철   ㉱ 청동

11. 모래의 주성분이 아닌 것은?
    ㉮ 석영   ㉯ 장석
    ㉰ 운모   ㉱ 규소

    해설 주물사의 주성분
    석영, 장석, 운모, 점토 등

12. 목재의 수축 방지책이 아닌 것은?
    ㉮ 여러 개의 조합
    ㉯ 적당한 도장
    ㉰ 질이 좋은 재료 선택
    ㉱ 장년기 수목을 여름에 벌채

    해설 수축 방지 조건
    양재 선택, 장년기 수목 동기에 벌채, 건조재 선택, 적당한 도장, 많은 목편을 조합

13. 덧붙임 목형의 목적은?
    ㉮ 작은 목형을 크게 하기 위하여
    ㉯ 목형의 변형을 막기 위하여
    ㉰ 가공 여유를 주기 위하여
    ㉱ 두께가 고른 목형을 만들기 위하여

    해설 덧붙임(stop-off)
    목형의 변형 방지를 위한 보강대

14. 강철 주물용 주물사의 주성분은?
    ㉮ Al_2O_3 ㉯ SiO_2
    ㉰ SiC ㉱ Fe_3C

    해설
    • 주물용 주물사
    ① 생사(green sand : 산모래, 바닷모래)가 주로 사용됨.
    ② 건조사(dry sand : 규사)는 대형 주물 및 고급 주물에 사용
    • 주강용 주물사
    규사(SiO_2)+점토를 배합(건조사). 내열성, 통기성, 수축성이 우수하다.

해답 7.㉰ 8.㉱ 9.㉰ 10.㉯ 11.㉱ 12.㉱ 13.㉯ 14.㉮

15. 다음에서 맞는 것은?
    ㉮ 탕구계는 쇳물받이, 탕구, 탕도, 주입구 등으로 구성
    ㉯ 탕구계는 쇳물받이, 탕구, 탕도로 구성
    ㉰ 탕구계는 쇳물받이, 탕구로 구성
    ㉱ 탕구계는 쇳물받이, 탕도, 덧쇳물로 구성

    해설 탕구계
    쇳물을 주입하기 위한 통로(쇳물받이→탕구→탕류→탕도→주입구)
    ※ 탕구비(쇳물아궁이 비)=탕구봉의 단면적/쇳물 통로 단면적

16. 목형에 구배를 만드는 이유는 다음 중 어느 것인가?
    ㉮ 쇳물의 주입이 잘 되게 하기 위하여
    ㉯ 목형을 튼튼히 하기 위하여
    ㉰ 주형에서 목형을 쉽게 뽑기 위하여
    ㉱ 목형을 지지하기 위하여

17. 주물자를 이용하여 그리는 그림을 무엇이라 하는가?
    ㉮ 현도(現圖)   ㉯ 주형도
    ㉰ 주물도   ㉱ 정면도

    해설 현도(現圖)
    주물자를 이용하여 물건, 건조물 등의 실제의 형상을 1 : 1로 판에 그린 그림

18. 황동, 청동의 주물사에서 가장 고려해야 하는 것은?
    ㉮ 내화성   ㉯ 성형성
    ㉰ 내열성   ㉱ 통기성

    해설 비철합금용 주물사는 용융온도가 낮아 내화성, 통기성보다는 성형성이 좋고, 주물표면이 아름다운 주물사를 선택한다.
    ① 일반주물 : 주물사에 소량의 소금을 첨가
    ② 대형주물 : 신사에 점토를 배합

19. 고급 주철 주물을 만드는데 사용되는 주물사는 어느 것인가?
    ㉮ 생사용 모래   ㉯ 코어용 모래
    ㉰ 분리용 모래   ㉱ 건조형 모래

20. 주물에 균열이 생기는 원인이 아닌 것은?
    ㉮ 각이 진 부분을 둥글게 했을 때
    ㉯ 각 부분의 온도차가 클 때
    ㉰ 주물의 두께차가 클 때
    ㉱ 주물을 급랭시켰을 때

21. 주형의 통기도를 높이기 위한 다음 조치들 중에서 잘못되었다고 생각되는 것은 어느 것인가?
    ㉮ 모래의 입자가 작고 모가 난 것이 좋다.
    ㉯ 주형을 건조한다.
    ㉰ 가급적 다짐 정도(精度)를 작게 한다.
    ㉱ 점토의 량을 줄여본다.

22. 입도를 나타내는 메시(mesh)는 무엇을 말하는가?
    ㉮ 1inch 길이의 체 눈의 수
    ㉯ 1 cm^2의 체 눈의 수
    ㉰ 1cm 길이의 체 눈의 수
    ㉱ 1 $inch^2$의 체 눈의 수

해답 15.㉮ 16.㉰ 17.㉮ 18.㉯ 19.㉱ 20.㉮ 21.㉮ 22.㉮

해설 입도
모래입자의 크기를 메시로 표시
※ mesh : 길이 1 인치 내에 있는 체의 눈 수

23. 표면사(facing sand)에 대한 설명 중 틀린 것은?
㉮ 일반적으로 하천모래를 사용한다.
㉯ 내화성이 높고 입도가 작은 인공사를 사용한다.
㉰ 주물표면을 매끈하게 하기 위해서 사용한다.
㉱ 주로 오래된 모래, 새 모래, 석탄 가루를 혼합해서 사용한다.

24. 주물의 표면을 깨끗이 하기 위하여 주형의 표면에 칠하는 재료는?
㉮ 볏집   ㉯ 톱밥
㉰ 왕겨   ㉱ 흑연

해설 주물사의 배합제
당밀(주형 표면경화 : 주형 파손 및 주물사가 쇳물에 혼입되는 것을 방지), 톱밥, 볏집, 왕겨(균열 방지, 통기성 ↑), 흑연, 석탄, 코크스(주물 표면을 깨끗하게), 점토(점결성)

25. 주물 제작시 쇳물의 주입 속도가 느리면 어떤 현상이 생기는가?
㉮ 덧쇳물의 양이 많아진다.
㉯ 주물에 기공이 생긴다.
㉰ 쇳물이 주입 도중에 굳어버린다.
㉱ 재질에 취성이 생긴다.

해설 균질의 주물을 얻을 수 없고, 취성이 큰 재질의 주물이 된다.

26. 주물에 기포(또는 기공)가 생기게 하는 가장 큰 원인은 다음 중 어느 것인가?
㉮ 너무 높은 주입온도
㉯ 가스 배출의 불충분
㉰ 주형의 표면 불량
㉱ 너무 빠른 주입속도

해설 기공(blow hole)
주형 내의 가스가 배출되지 못하여 주물에 생기는 현상

27. 제품이 균일한 단면을 가지며 가늘고 긴 주물을 만들 때 사용하는 주형은?
㉮ 바닥 주형   ㉯ 조립 주형
㉰ 고르개 주형   ㉱ 혼성 주형

28. 주형 제작법에서 모래 바닥과 주형 상자를 써서 주형을 만드는 방법은?
㉮ 바닥 주형법
㉯ 코어 주형법
㉰ 혼성 주형법
㉱ 조립 주형법

해설 주형법의 종류(만드는 방법에 의한 분류)
① 바닥 주형법 : 모재 바닥을 수평으로 하여 목형을 넣고 주형 제작
② 혼성 주형법 : 모래 바닥과 주형상자를 이용하여 주형 제작
③ 조립 주형법 : 주형도마 위에 주형상자 2~3개를 이용하여 주형 제작

해답 23.㉮ 24.㉱ 25.㉱ 26.㉯ 27.㉰ 28.㉰

29. 청동 주조(casting)를 위하여 주입할 때 두드러지게 나타나는 편석은 어느 것인가?
    ㉮ 중력편석(gravitational segregation)
    ㉯ 정상편석(normal segregation)
    ㉰ 역편석(inverse segregation)
    ㉱ 미시적 편석(microscopic segregation)

30. 주철 주물은 응고하는 도중에 응고속도의 차로 내부응력이 남는다. 이것을 제거하는 방법으로 열처리한다. 열처리(어닐링)온도로서 적당한 것은 다음 어느 것인가?
    ㉮ 약 800°C 이상
    ㉯ 약 400°C 이하
    ㉰ 약 600°C 이상
    ㉱ 약 1000°C 이상

31. 라이저(riser)의 목적에 관계없는 것은?
    ㉮ 주물의 흔들림을 방지
    ㉯ 주형 내의 공기 및 가스 배출
    ㉰ 수축으로 인한 쇳물 부족의 보충
    ㉱ 주물 내의 기공 수축공 편석을 방지

    해설 ① 주형 내의 쇳물에 압력을 준다(기공 방지).
    ② 불순물 및 용제의 일부를 밖으로 배출한다.
    ③ 쇳물의 부족분을 보충하고 관찰한다.

32. 주물의 표면은 경도가 높고 내부는 경도가 낮은 주조법은 어떤 것인가?
    ㉮ 셸 주조법   ㉯ CO_2 주조법
    ㉰ 다이캐스팅   ㉱ 칠드 주조법

33. 다음 중 합성수지를 이용한 주조는?
    ㉮ 인베스트먼트법
    ㉯ 셸 주조
    ㉰ 원심 주조
    ㉱ 다이캐스팅

34. 압력차는 수주로 10mm, 시험편의 지름은 50mm, 높이 60mm, 통과 공기량 2000ml로 배기시간 15min의 주조 모래의 통기도 K는 얼마인가?
    ㉮ 약 4.74cm/min
    ㉯ 약 0.47cm/min
    ㉰ 약 40cm/min
    ㉱ 약 400cm/min

    해설 $P = \dfrac{2000h}{H \cdot A \cdot t} = \dfrac{4 \times 2000 \times 6}{1 \times \pi \times 5^2 \times 15}$
    $= 40.74 \, cm/min$

35. 주형 제작시 상형과 하형의 밀착이 불량했을 때 생기기 쉬운 것은?
    ㉮ 수축공   ㉯ 편석
    ㉰ 기공   ㉱ 핀(fin)

36. 장입량에 대한 Mn 성분의 부족량은 0.155 kg이다. 이 부족량을 보충하기 위하여 망간철(FeMn)을 얼마나 넣어야 하는가? (단, 용해 과정시 Mn은 20% 감소한다.)
    ㉮ 0.19kg   ㉯ 3.25kg
    ㉰ 2.82kg   ㉱ 1.9kg

    해설 망간철은 0.155/0.80 = 0.19kg만큼 넣어야 한다.

해답 29.㉰ 30.㉰ 31.㉮ 32.㉱ 33.㉯ 34.㉰ 35.㉱ 36.㉮

37. 목형이 크고 모양이 대칭이거나 같은 모양의 부분이 연속하여 전체를 구성하고 있을 때 어느 종류의 목형을 택하여야 하는가?
   ㉮ 현형(solid pattern)
   ㉯ 부분형(section pattern)
   ㉰ 긁기형(strickle pattern)
   ㉱ 회전형(sweep pattern)

   해설 목형의 종류
   ① 현형 : 실제 제품과 같은 형태로 만든 모형. 종류로는 단체형, 분할형, 조립형(상수도관용 밸브 제작시)
   ② 회전목형 : 벨트폴리나 단차 제작
   ③ 긁기형 : 단면이 일정하면서 가늘고 긴 굽은 파이프 제작시
   ④ 부분형 : 톱니바퀴, 기어 및 프로펠러 제작시(대형인 주물이 대칭 또는 일부분이 연속적일 때)

38. 탄소의 흑연화를 방지하고 조직을 치밀하게 하며 강도, 경도를 증대시키는 것은?
   ㉮ 인   ㉯ 망간
   ㉰ 황   ㉱ 탄소

39. 주강을 용해하는 용해로는 어느 것인가?
   ㉮ 용선로
   ㉯ 전로
   ㉰ 용광로
   ㉱ 도가니로

   해설 ① 주철용 : 큐폴라, 전기로
   ② 주강용 : 전기로, 전로, 평로, 반사로
   ③ 비철합금용 : 도가니로, 전기로

40. 큐폴라 작업에서 A=선철 30%, B=파철 35%, C=덧쇳물 35%를 혼합 용해하였다. 이때 ABC 전체를 합한 것에 대한 탄소 C는 얼마인가? (단, ABC 각각 포함하고 있는 C는 각각 3.6, 3.4, 3.3이다.)
   ㉮ 3.382   ㉯ 3.425
   ㉰ 3.575   ㉱ 3.445

   해설 $3.6 \times 0.3 + 3.4 \times 0.35 + 3.3 \times 0.35$
   $= 3.425$

41. 다음은 큐폴라(cupola)의 유효 높이에 관해서 한 설명들이다. 알맞은 것은?
   ㉮ 유효 높이는 가급적 낮추는 것이 열효율이 높아지므로 바람직하다.
   ㉯ 유효 높이는 출탕구에서 송풍구까지의 높이를 뜻한다.
   ㉰ 출탕구에서 굴뚝 끝까지의 높이를 지름으로 나눈 값
   ㉱ 유효 높이는 송풍구에서 장입구까지의 높이

42. 주형 표면에 블래킹(blaking)하는 이유로서 가장 관계가 먼 것은?
   ㉮ 모래의 이탈을 쉽게 하기 위하여
   ㉯ 주물 표면을 매끈하게 하기 위하여
   ㉰ 내화성을 높이기 위하여
   ㉱ 주형의 강도를 높이기 위하여

해답 37.㉯ 38.㉯ 39.㉯ 40.㉯ 41.㉱ 42.㉱

제 14 장

용 접

1 용접의 개요

1) 용접의 정의와 종류
(1) 용접의 정의
용접(welding)이란 금속적 이음으로 2개 혹은 그 이상의 물체나 재료를 용융 또는 반용융 상태로 하여 접합하고, 두 물체 사이에 용가재를 첨가하여 간접적으로 접합시키는 작업을 말한다.

① 장점
  ㉮ 용접 구조물은 균질하고 강도가 높으며, 자재가 절약된다.
  ㉯ 작업 공수가 감소되고 작업시간이 단축된다.
  ㉰ 구조가 간단하고 두께에 제한이 없으며, 기밀성과 수밀성이 우수하다.
  ㉱ 주물에 비하여 신뢰성이 높으며, 이음효율을 100% 정도 높일 수 있다.
  ㉲ 제품의 성능과 수명의 향상된다.
  ㉳ 용접 준비 및 작업이 간단하며, 자동화가 용이하다.
  ㉴ 보수와 수리가 용이하며, 제작비가 적게 든다.

② 단점
  ㉮ 열에 의해 재질의 변화가 될 수 있다.
  ㉯ 열에 의한 내부응력이 생겨 균열이 생길 수 있으므로 잔류응력을 제거하여야 한다.
  ㉰ 용접부의 강도가 요구되므로 숙련된 기술이 요구된다.
  ㉱ 기공, 균열 등의 결함이 발생하기 쉬우므로 검사를 철저히 하여야 한다.

㉰ 용접은 영구적인 접합으로 분해 및 조립이 어렵다.

(2) 용접법의 종류

① 융접(fusion welding)

접합하고자 하는 물체의 접합부를 가열 용융시키고 여기에 용가재를 첨가하여 접합하는 방법이며, 가스 용접이나 아크 용접이 그 대표적이다.

② 압접(pressure welding)

접합부를 냉간상태 그대로 또는 적당한 온도로 가열한 후 여기에 기계적 압력을 가하여 접합하는 방법이며, 가장 오래된 압접은 단접이다. 또, 모재의 가열에 전기저항을 이용하는 전기저항이 널리 이용된다.

③ 납땜(brazing and soldering)

모재를 용융시키지 않고 별도로 용가재가 접합부의 틈에 녹아 들어가서 간접적으로 접착되는 비교적 간단한 용접법이다.

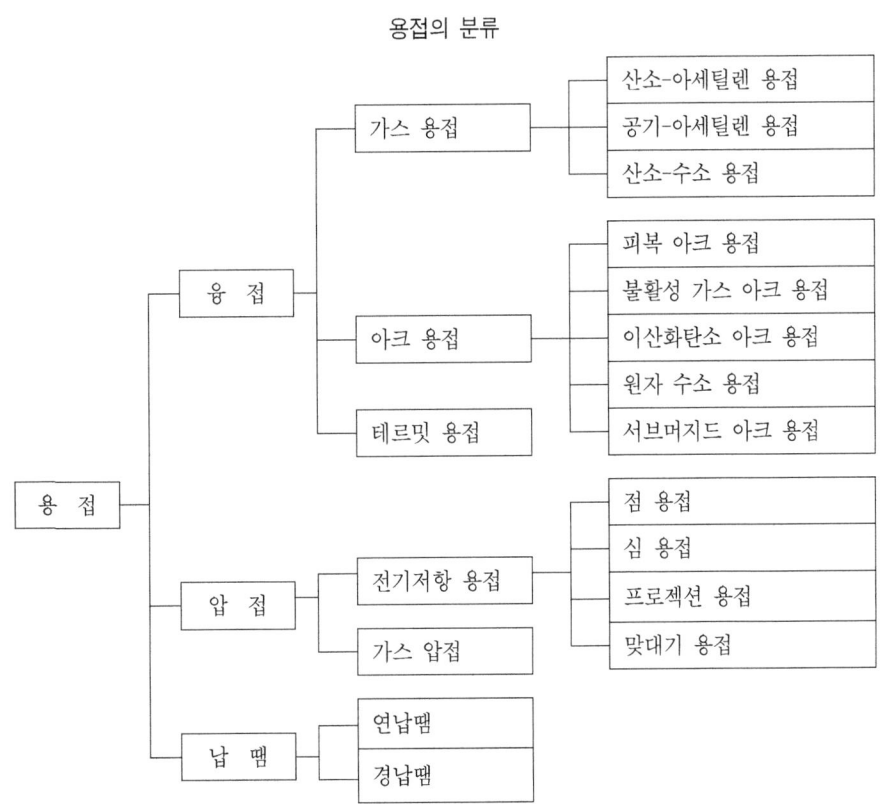

용접의 분류

(3) 각종 용접

① 가스 용접(gas welding)

　토치에서 가연성 가스와 산소가 혼합된 가스를 분출 연소시켜 이 열로 금속을 용융하여 접합하는 방법.

② 피복 아크 용접(shielded metal arc welding)

　모재와 전극 사이에서 아크를 발생시켜 이 열로 용접봉과 모재를 녹여 접합하는 방법.

③ 서브머지드 아크 용접(submerged arc welding)

　송급된 분말 용제 속에 용접 심선을 공급해 심선과 모재 사이에서 아크를 발생시켜 용접.

④ 불활성가스 아크 용접(inert gas arc welding)

　전극 주위에 불활성가스를 방출시켜 그 속에서 모재와 전극 사이에 아크를 발생시켜 용접 열을 공급해 용접하는 방법.

⑤ 이산화탄소 아크 용접(CO_2 gas arc welding)

　불활성가스 대신에 탄산가스를 노즐에서 분출시켜 아크 열로 용접하는 방법.

⑥ 테르밋 용접(thermit welding)

　알루미늄 분말과 산화철 분말의 혼합반응으로 열을 방출시켜 이 열로 두 가지를 녹여 용접부를 가열하여 융접하거나 압접을 하는 방법.

⑦ 전기저항용접(electric resistance welding)

　접합코자 하는 재료에 전기를 통해 저항 열로서 용융 가압시켜 접합하는 방법.

⑧ 가스 압접(pressure gas welding)

　접합부를 가스 불꽃으로 가열시킨 후 압력을 가해 접합하는 방법.

⑨ 납땜

　접합할 금속을 용융시키지 않고 땜납만 용융하여 접합하는 방법.

2) 용접 시공

(1) 용접이음

① 용접이음의 형식

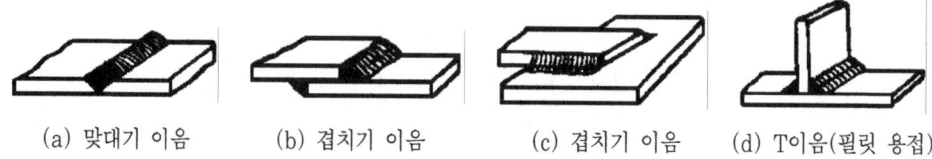

　　(a) 맞대기 이음　　(b) 겹치기 이음　　(c) 겹치기 이음　　(d) T이음(필릿 용접)

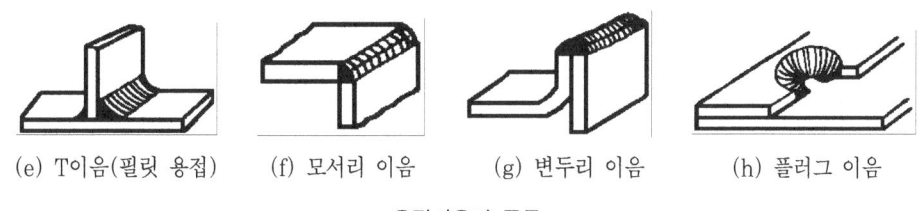

(e) T이음(필릿 용접)　(f) 모서리 이음　(g) 변두리 이음　(h) 플러그 이음

용접이음의 종류

② 홈의 형상

그림과 같이 맞대기 이음 등에서 판 두께가 두꺼울수록 내부까지 용착되기 어려우므로, 완전히 용착시키기 위해 접합부 끝을 적당히 깎아서 용접 홈을 만든다.

끝 부분의 형식을 용접부의 홈(groove)이라 하고, 끝부분의 간격을 루트(root) 간격이라 한다.

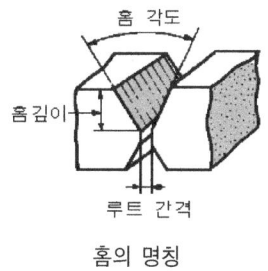

홈의 명칭

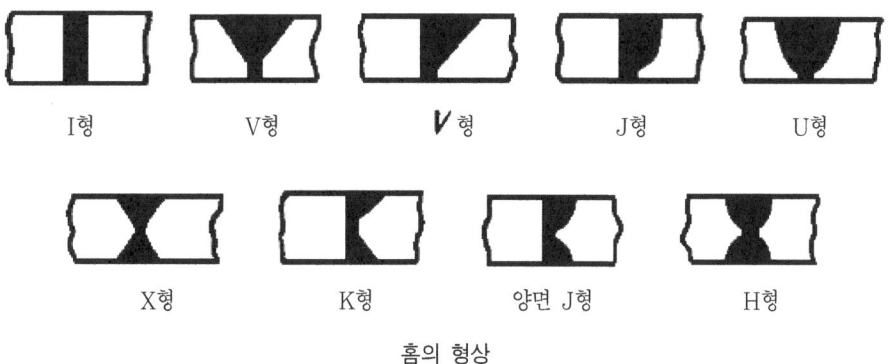

홈의 형상

(2) 용접 자세

① 아래보기 자세(flat position)

그림 (a)와 같이 모재를 수평으로 놓고 용접봉을 아래로 향하여 왼쪽에서 용접하는 자세이다.

② 위보기 자세(overhead position)

그림 (b)와 같이 용접봉을 모재의 아래쪽에 대고 모재의 아래쪽에서 용접하는 자세이다.

③ 수직 자세(vertical position)

그림 (c)와 같이 수직면 혹은 45° 이하의 경사를 가지는 면에 용접을 하며, 용접선은 수직

혹은 수직면에 대하여 45° 이하의 경사를 가지고 옆쪽에서 용접하는 자세이다.

④ 수평 자세(horizontal position)

그림 (d)와 같이 모재의 면이 수평면에 대하여 90° 혹은 45° 이하의 경사를 가지며, 용접선이 수평이 되게 하는 용접 자세이다.

(a) 아래보기 자세 (b) 위보기 자세 (c) 수직 자세 (d) 수평 자세

용접 자세

(3) 용접 기호

용접의 종류		기호	용접의 종류		기호
홈 용접	I형	‖	플레어 용접	X형	)(
	V형	V		V형	V
	X형	X		K형	K
	U형	Y	필릿 용접	연속	▲
	H형	⊻		단속	▲
	V형	V		양쪽 지그재그	◢◣
	K형	K	플러그 용접		⊔
	J형	⊦	비드 용접		⌒
	양면 J형	K	점 용접		✳
플레어 용접	V형	‿	심 용접		⨯⨯⨯

용접 기호는 설명선(기선, 지시선, 화살), 용접 기호, 치수 및 기타 용접 보조 기호와 꼬리로 구성되어 있다. 용접 기호의 기입 방법은 화살표 쪽을 용접할 경우, 기선의 아래쪽 여백에 용접 기호를 기입하고, 반대쪽을 용접할 경우에는 기선의 위쪽 여백에 기입하기로 규정되어 있다.

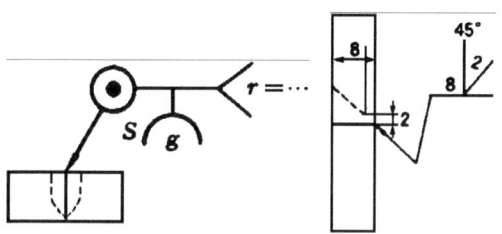

용접 기호 기입 방법

용접 보조기호

구 분		보조기호	구 분		보조기호
용접부의 표면형상	평평	—	다듬질 방법	다듬질	F
	볼록	⌒		기계가공	M
	오목	⌣	현장 용접		●
다듬질 방법	치핑	C	전체둘레 용접		○
	연마	G	전체둘레 현장 용접		◉

(4) 용착법

용착법에는 용접하는 방향에 의하여 전진법, 후진법, 대칭법, 교호법, 비석법 등이 있고 다층 용접에서는 덧살 올림법, 캐스케이드법, 전진 블록법 등이 있다.

① 전진법

우에서 좌로 토치를 이동하는 방법으로, 5mm 이하의 얇은 판이나 변두리 용접에 사용된다. 토치 이동각도는 전진 반대로 45°~50°, 용가재 첨가는 30°~40°로 이동한다.(널리 사용) 특징은 다음과 같다.

㉮ 열 이용율이 적으며 용접속도가 빠르다.

㉯ 변형이 크고 냉각속도가 빠르며 산화점도가 심하다.

㉰ 비드 모양이 매끄럽다.

② 후진법

좌에서 우로 토치를 이동하는 방법으로 가열시간이 짧아 과열되지 않으며, 용접 변형이 적고 속도가 크다. 두꺼운 판 및 다층용접에 사용한다.

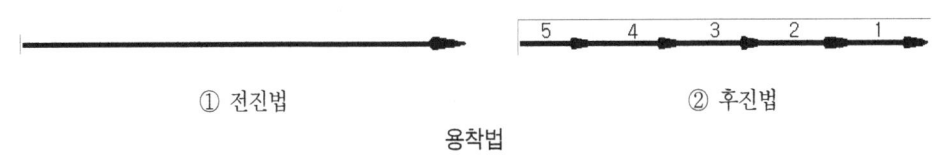

① 전진법　　　　　② 후진법

용착법

2 아크 용접법

1) 피복 아크 용접법

(1) 아크 용접의 원리와 종류

전극 역할을 하는 용접봉과 모재 사이에 직류 또는 교류 전압을 걸어 약 5000℃ 정도의 높은 온도의 아크(arc)를 발생시켜, 이 아크 열로 용접봉과 모재를 녹여 용접하는 것을 말한다. 이 때 녹은 쇳물 부분을 용융지(molten weld pool), 모재가 녹은 깊이를 용입(penetration)이라 한다.

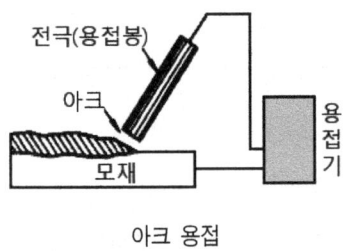

아크 용접

① 교류 용접기

교류 전원으로부터 아크 발생에 필요한 전압의 전류를 80~300A 정도의 강전류로 변환하여 사용하는 일종의 변압기이다. 교류 용접은 전류가 주파수에 따라 단속적으로 불안정하게 되는 경향이 있으나, 용접기나 피복 용접봉의 발달로 최근에는 교류에서도 안정된 아크를 얻으며, 교류 용접기는 고장이 적고, 전원도 쉽게 구할 수 있어 널리 사용한다. 전류는 일반적으로 누설자속을 변동하여 전류를 조정하는데, 그 방법에 따라 다음과 같은 것이 있다.

㉮ 가동 코일형(movable coil type)
㉯ 가동 철심형(movable core type)
㉰ 탭(tap) 전환형
㉱ 가포화 리액터(reactor)형

② 직류 용접기

용접 전류로 직류를 쓰는 것으로 교류 아크 용접기에 비해 고장이 잦고 소음이 크며 가격이 비싸지만, 감전위험이 적고 아크를 안정되게 유지할 수 있다. 또한, 모재의 재질, 두께 등의 조건에 따라 필요한 극성을 바꿀 수 있어 효과적으로 사용할 수 있다. 직류 용접기는 직류 전원을 발생시키는 방식에 따라 나누면 다음과 같다.

㉮ 발전형
㉯ 정류기형

2) 아크 용접봉

용접부에 금속을 녹여 넣음과 동시에 전극으로서 안정된 아크를 발생시키는 두 가지 목적을 달성하기 위하여 용접봉은 심선과 피복제로 되어 있다. 즉, 심선은 될 수 있는 대로 모재의 성분과 같은 성분의 것을 사용하고, 지름이 3.2~6mm가 많이 사용된다. 심선에는 피복제를 바르는데, 이를 피복 용접봉이라 한다.

(1) 피복제의 역활

① 중성 또는 환원성의 분위기를 만들어 대기 중의 산소나 질소의 침입을 방지하고 용융 금속을 보호한다.
② 아크의 발생과 아크의 안정을 좋게 한다.
③ 용융점이 낮은 가벼운 슬랙(slag)을 만들어 용착 금속의 급랭을 방지한다.
④ 용접 금속을 탈산정련하고, 필요한 합금원소를 첨가하여 기계적 성질을 좋게 한다.
⑤ 용적(globule)을 미세화하고, 용착 효율을 높인다.
⑥ 모든 자세의 용접을 가능케 한다.
⑦ 모재 표면의 산화물을 제거하고 파형이 고운 비드(bead)를 만든다.
⑧ 전기 절연 작용을 한다.

(2) 연강용 피복 아크 용접봉의 특성

① 일미나이트계(ilmenite type, E4301) : 일반기기 및 구조물
② 라임 티탄계(lime titania type, E4303) : 일반강재의 박판용접에 적합
③ 고셀룰로오스계(high cellulose type, E4311) : CO_2가 가장 많이 발생, 배관 공사에 적당
④ 고산화티탄계(high titania, E4313) : 박판용접에 적합, 용접 중 고온균열 발생

⑤ 저수소계(low hydrogen type, E4316) : 구속도가 큰 구조물의 용접(고탄소강, 쾌삭강)
⑥ 철분 산화티탄계(iron powder titania type, E4324) : 우수한 작업성과 고능률성, 스패터 적고 용입이 얕다.
⑦ 철분 저수소계(iron low hydrogen type, E4326) : E4316에 철분을 가해 고능률화를 도모한 것이다.
⑧ 철분 산화철계(iron oxide type, E4327) : 용착 효율이 크고 능률적이다.

예를 들어 E43△□에서
E : 전기 용접봉(G : 가스 용접봉) electrode의 첫 글자
43 : 용착 금속의 최저 인장강도(kgf/mm^2)
△ : 용접 자세(0, 1-전자세, 2-아래 보기 및 수평 필릿 용접, 3-아래 보기, 4-전자세 또는 특정 자세 용접)
□ : 피복제의 종류(극성에 영향)

3) 피복 아크 용접법
(1) 아크 전류와 길이

전류의 세기는 용접여건에 따라 다르나 전류가 세면 스패터링(spattering)이 많이 발생하고 용융 속도가 빨라지며, 언더컷(undercut)이 일어나기 쉽다. 반대로 전류가 약하면 용입 불량이 발생하고 오버랩(overlap)이 생기기 쉽다. 또한, 아크 길이는 보통 2~3mm 정도가 적당하다. 일반적으로 용접할 때에는 심선의 지름과 거의 같은 길이로 용접한다.

아크를 길게 하면 아크가 불안정하여 용입이 불량해지고, 용구의 낙하 거리가 멀어 공기와 접촉 시간이 길어져서 재질이 변질되며, 기공이 생기기 쉽고, 용접 결과가 나쁘게 이루어질 수 있다.

(2) 아크 용접부의 결함
① 치수상 결함
용접부의 크기나 형상이 변형되는 결함으로 측정용 게이지를 사용하여 육안으로 검사
② 성질상 결함
용접 구조물은 사용 목적에 따라 기계적, 물리적, 화학적인 성질의 요구조건이 있지만 이것을 만족시키지 못하는 것을 성질상 결함이라 한다.

③ 구조상 결함

용접부의 결함

결함종류	상 태	원 인	대 책
오버 랩	용융 금속이 모재 위에 겹쳐지는 상태	용접봉이 굵을 때 운봉 속도가 느릴 때 용접 전류가 약할 때	용접 전류를 강하게 하고 용접속도를 빠르게 한다.
기 공	용착 금속 속에 남아 있는 가스로 인한 구멍	용접 전류의 과대 용접봉에 습기가 많을 때 가스 용접시의 과열 모재에 불순물이 부착	용접봉의 검토
슬래그 섞임	피복제가 용착 금속 내·외부에 남아 있는 상태	운봉 방법의 불량 피복제의 조성 불량 용접 전류, 속도의 부적당	적당한 운봉속도 숙련 용접부의 소제 용접 전류를 강하게 함
언더 컷	용접선 끝의 작은 홈이 발생	용접 전류의 과대 운봉 속도가 빠를 때 용접봉이 가늘 때	용접 전류를 강하게 하고, 용접속도를 늦게 한다.
균 열	용착 금속 속에 미세한 균열이 발생	S, C, Mn 등 함량이 많음. 과대전류와 속도가 과대	용접봉의 검토 용접부의 예열 및 후열 이음 구조 검토

4) 특수 아크 용접법

(1) 불활성가스 아크 용접

① 불활성가스 아크 용접(inert gas arc welding) 원리

아크 용접과 같은 원리로서 불활성가스(아르곤(Ar), 헬륨(He), 네온(Ne)) 등 고온에서도 금속과 반응을 하지 않는 불활성가스의 분위기 속에서 텅스텐 또는 금속선을 전극으로 하여 모재와의 사이에서 아크를 발생시켜 용접하는 방법이다. 알루미늄, 마그네슘 등의 경합금이나 합금강과 같이 보통의 가스 용접이나 아크 용접으로는 용접이 곤란한 것에 주로 사용한다.

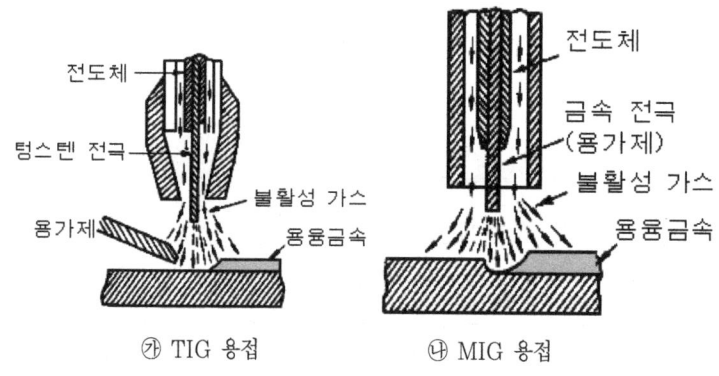

불활성가스 아크 용접

② 종류
⑦ TIG 용접(tungsten inert gas arc welding)
불활성가스 속에 비소모성인 텅스텐 전극과 모재 사이에 아크를 발생하여 용접하는 방법으로 알루미늄, 티타늄, 마그네슘 등의 용접에 많이 이용한다.
⑭ MIG 용접(metal inert gas arc welding)
불활성가스를 분출함과 동시에 소모성인 금속 비피복봉(와이어지름 1~2mm) 전극과 모재 사이에 아크를 발생하여 용접하는 방법으로 알루미늄, 스테인리스, 구리합금, 연강 등의 3mm 이상 두꺼운 판재 용접에 좋다.

(2) 서브머지드 아크 용접(submerged arc welding)

용접 이음부에 공급관을 통하여 입상의 용제를 둘러쌓아 놓고, 이 용제 속에서 와이어전극과 모재 사이에 아크를 발생시켜 연속적으로 용접하는 방법이다. 기계적 성질이 우수하고 능률적으로 용접이 가능하나, 시설비가 비싸고 용접 길이가 짧고 복잡한 것에는 비경제적이다.

이 용접법은 잠호 용접, 유니언 멜트 용접, 링컨 용접이라는 상품명이 있으며, 각종 탄소강은 물론 비철금속의 용접이 가능하고 조선, 압력용기, 교량 등 용접 길이가 긴 곳에 많이 이용된다.

(3) 이산화탄소 아크 용접(CO_2 gas arc welding)

불활성가스 대신에 이산화탄소 분위기 속에서 아크를 발생시켜 용접하는 방법이다. 이산화탄소 아크 용접은 직류전원으로 연강 용접에 주로 이용하며 경제적이고 산화나 질화가 없어 우수한 용착 금속을 얻을 수 있다. 또한, 수소 함유량이 적어 수소로 인한 결함이 거의 없으며, 용입이 깊은 특징을 가지고 있다.

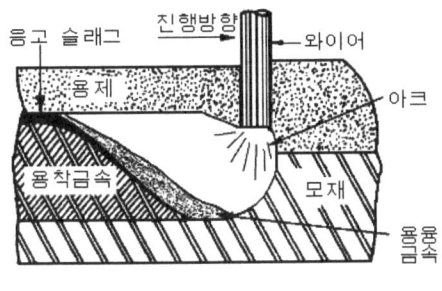
서브머지드 아크 용접

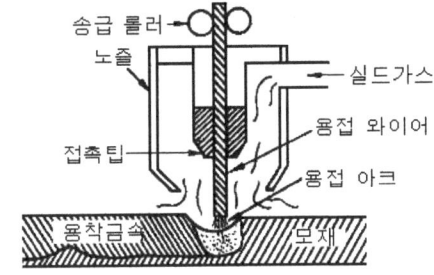
CO_2 아크 용접

(4) 테르밋 용접(thermit welding)

알루미늄 분말과 산화철(Fe_3O_4) 분말의 혼합반응으로 열을 발생시켜 이 열로 두 가지를 녹여 용접부를 가열하여 용접하거나 압접을 하는 방법으로, 테르밋 용접은 접합에 대한 강도는 낮으나 레일, 크랭크축 등의 용접에 일반적으로 사용한다.

(5) 플라즈마 용접(plasma welding)

기체를 고온으로 가열하면 기체원자는 격심한 운동을 하며, 마침내는 전자와 이온으로 분리된다. 이 때 기체는 도전성을 띠며, 이와 같이 전자와 이온이 혼합되어 도전성을 띤 가스체를 플라즈마라 한다. 이 고온의 플라즈마를 노즐를 통하여 플라즈마 제트로 금속을 용접하는 것을 플라즈마 제트 (plasma jet) 용접이라 한다.

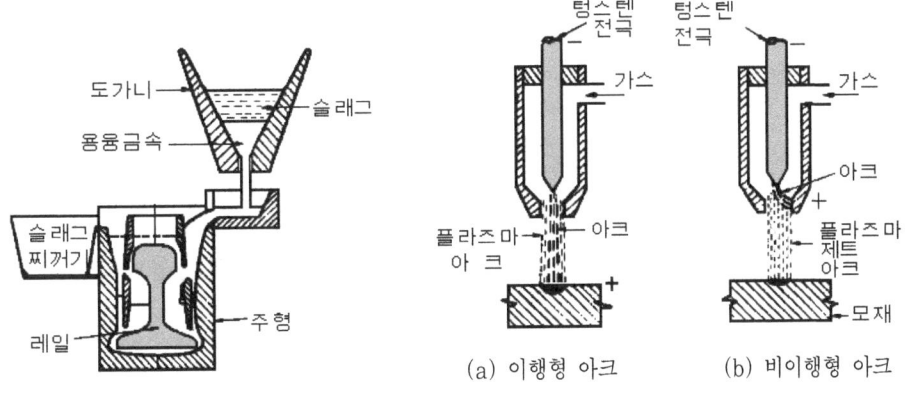

테르밋 용접 　　　플라즈마 용접

(6) 원자수소 용접

2개의 텅스텐 전극 사이에 아크를 발생시키고 이 아크에 H_2를 분사할 때 H_2가 아크 열로 H로 분해된 후 용접부에서 H_2로 환원될 때 발산하는 열에 의하여 용접하는 것이다. 스텐인리스강, 크롬, 니켈, 공구강 등을 용접할 때 주로 이용되지만 구조가 복잡하고 고가의 수소가스를 사용하므로 비경제적이다.

(7) 일렉트로 슬래그 용접(electro slag welding)

용접 와이어와 용융 슬래그 사이에 통전된 전류의 저항열을 이용하여 모재와 전극와이어를 용융시켜 접합하는 방법이다.

이 방법은 연강, 보일러용강, 중탄소강, 스테인리스강, 내마멸강, 고속도강, 주강 등 각종 강재를 용접하는데 이용하고 용접변형이 적어서 서브머지드 아크 용접에 비하여 경제적이지만 용착금속의 기계적 성질이 좋은 편은 아니다.

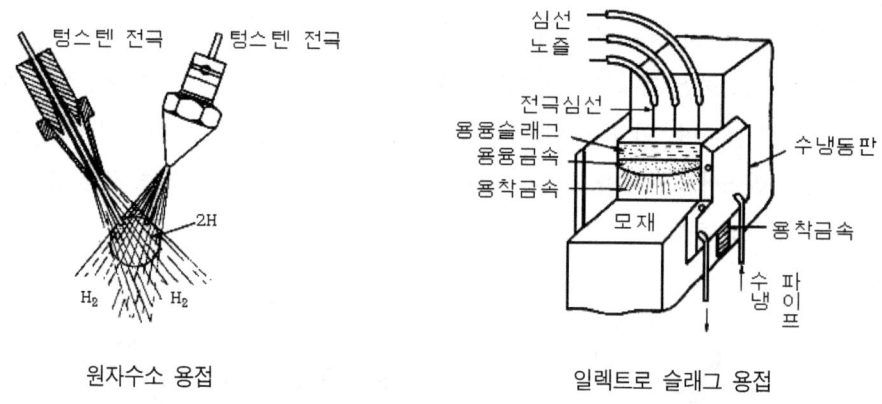

원자수소 용접   일렉트로 슬래그 용접

(8) 전자 빔 용접(electron beam welding)

높은 진공($10^{-4} \sim 10^{-6}$ mmHg) 속의 적열된 필라멘트에서 전자 빔을 용접물에 충돌시켜, 이 충돌열을 이용하여 용융 용접하는 방법이다. 가공품의 조사부는 순간적으로 용융되어 극히 좁고 깊은 용입이 얻어지므로 고속 절단이나 구멍뚫기에 이용할 수 있다.

(9) 레이저 용접

높은 진공중에서 고속의 전자빔을 형성시켜 그 전류가 가지고 있는 에너지를 용접열원으로 한 용접으로, 렌즈를 통하여 집중시킨 열에너지를 이용한 용접을 레이저 빔 용접이라 한다.

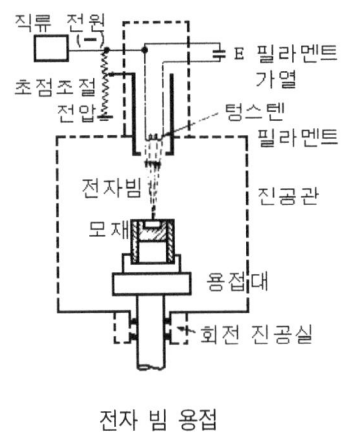
전자 빔 용접

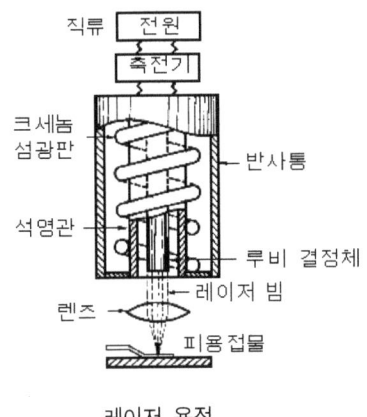
레이저 용접

3 가스 용접과 절단

1) 가스 용접법의 개요

가스 용접(gas welding)은 가연성 가스와 산소 혼합물의 연소열을 이용하여 용접하는 것으로, 산소 아세틸렌 용접이 가장 대표적이다. 가연성 가스는 최고 연소온도 3000℃ 이상으로 발열량이 크고 모재에 영향을 주지 않는 아세틸렌가스를 주로 사용한다. 가스 용접의 장점은 다음과 같다.

① 발생 온도의 조절이 쉽다.
② 얇은 판재나 특수 금속의 용접이 쉽다.
③ 토치를 교환하면 가스 절단도 할 수 있다.
④ 전기용접보다 설비 비용이 적게 든다.

반면, 숙련이 요구되고 전기용접에 비하여 용접부 주위에 변형이 많이 생기며, 열효율이 낮고 열의 집중성이 나쁘다. 또한, 폭발 위험성과 소모 비율이 큰 결점이 있다.

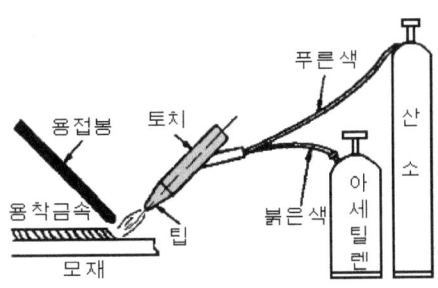
산소-아세틸렌 용접

(1) 가스
① 산소의 성질

산소는 무색, 무취, 무미이며 비중은 공기보다 크고, 산소 자신은 타지 않고, 다른 물질이 타는 것을 돕는 지연성 가스이다. 공업적 방법에는 물을 전기 분해하여 산소를 얻는 방법과 공기에서 산소를 분리시켜 얻는 방법이 있다.

② 아세틸렌의 성질

아세틸렌은 탄소와 수소의 화합물로 매우 불안정한 가스이다. 카바이드에 물을 가해 발생된 아세틸렌은 인화수소 등의 불순물을 함유하고 있기 때문에 대단히 악취가 난다.

물과 작용시키면 1kg의 카바이드에서 이론적으로 348ℓ의 아세틸렌이 발생한다.

③ 아세틸렌의 위험성

아세틸렌은 대단히 연소하기 쉬워 405~408℃에서 자연 발화가 되고, 505~515℃가 되면 폭발하며, 압력이 1.5기압 이상이 되면 폭발할 위험이 있고, 2기압 이상으로 압축하면 폭발한다.

④ 용해 아세틸렌(dissolved acetylene)

아세틸렌이 아세톤(acetone)에 용해되는 성질을 이용하여 연강제의 용기(봄베)에 석면, 규조토, 목탄, 석회 등의 다공성 물질을 넣고, 이것에 아세톤을 포화될 때까지 흡수시켜서 정제된 아세틸렌에 압력을 가해 충전시킨 것이다.

(2) 산소-아세틸렌 불꽃

이 불꽃은 백색으로 눈으로 보면 불꽃의 최고 온도 부분은 3,000~3,500℃까지 달한다. 모재나 용접봉을 녹이려면 산소량의 적당한 중성 불꽃의 불꽃심에서 2~3mm 떨어진 부분을 용접부에 집중적으로 접촉하여야 한다.

불꽃의 상태는 산소, 아세틸렌의 비율에 따라 다음 세 가지로 나눈다.

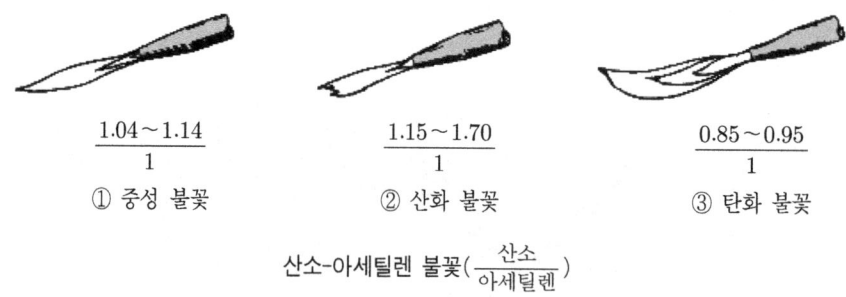

산소-아세틸렌 불꽃($\frac{산소}{아세틸렌}$)

① 표준 불꽃(중성 불꽃)

산소와 아세틸렌의 혼합 비율이 1 : 1인 것으로, 일반 용접에 쓰인다.

② 산화 불꽃

중성 불꽃에서 산소의 양을 많이 할 때 생기는 불꽃으로, 산화성이 강하여 황동 용접에 많이 쓰이고 있다.

③ 탄화 불꽃(아세틸렌 과잉 불꽃)

산소가 적고 아세틸렌이 많은 때의 불꽃으로 불완전 연소로 인하여 온도가 낮다. 스테인리스 강판의 용접에 이 불꽃이 쓰인다.

2) 가스 용접의 설비

(1) 산소 용기와 고무 호스

① 산소 용기

산소 용기는 안전 캡, 밸브, 안전 플러그 및 본체로 되어 있고, 산소는 순도 99.5% 이상의 것을 35℃에서 150기압으로 충전한다.

산소 용기 내의 산소량

$$L = V \times P$$

L : 봄베 내의 산소 용량(ℓ)
V : 봄베 내의 용적(ℓ)
P : 압력계에 지시되는 봄베 내의 압력(kgf/cm^2)

② 산소 용기 취급상의 주의 사항

㉮ 충격을 주지 말 것.

㉯ 항상 40℃ 이하로 유지할 것.

㉰ 직사 광선을 쬐지말 것.

㉱ 밸브, 조정기 등에 기름이 묻어 있지 않을 것.

㉲ 밸브의 개폐는 서서히 할 것.

③ 고무 호스

산소나 아세틸렌 용기에서 토치까지 연결하는 것으로 산소용은 흑색 또는 녹색, 아세틸렌용 은 적색으로 한다.

(2) 아세틸렌 발생기

아세틸렌 발생기란 카바이드에 물을 작용시켜 아세틸렌을 발생시킴과 동시에 발생된 아세틸렌을 저장하는 장치로 물을 넣는 수실, 발생된 아세틸렌을 저장하는 기종, 과잉 발생된 아세틸렌을 방출하는 안전 배기관 및 승강 지주로 되어 있다.

① 주수식 발생기 : 카바이드에 물을 작용시켜 아세틸렌을 발생시키는 발생기이다.
② 투입식 발생기 : 다량의 물 속에 카바이드를 소량 투하하여 아세틸렌을 발생시키는 장치이다.
③ 침수식 발생기 : 카바이드 통에 들어 있는 카바이드가 수실의 물에 잠겨 아세틸렌을 발생시키는 장치이다.

① 주수식   ② 투입식   ③ 침수식

아세틸렌 발생기

(3) 청정기와 안전기

① 청정기

발생기에서 발생된 아세틸렌은 인화수소(PH_3), 황화수소(H_2S), 암모니아(NH_3) 등의 불순물이 함유되어 있어 이 불순물은 용접 작업상, 강도상 유해하고, 또 폭발의 위험성이 있으므로 청정할 필요가 있다. 청정 방법으로는 가스가 물을 지나게 하는 세정 방법과 펠트, 목탄, 코크스, 톱밥 등으로 여과하는 방법, 헤라돌, 그밖의 약품으로 하는 청정방법 등이 있다.

② 안전기

안전기(safety device)는 발생기로 산소가 역류되거나 또는 역화되는 것을 막기 위해 사용된다. 안전기에는 수봉식과 스프링식이 있는데, 주로 수봉식이 쓰이고 있다.

(4) 압력 조정기

압력 조정기(pressure regulator)는 용기에 있는 고압의 산소, 아세틸렌을 용접에 사용할 수 있게 감압함과 동시에 항상 일정한 압력을 유지할 수 있게 하는 것으로 산소 조정기와 아세틸렌 조정기가 있다.

(5) 용접 토치

가스 용접시 산소와 아세틸렌을 각각 용기에서 고무 호스로 연결하고 두 가스를 일정한 비율로 혼합하여 팁(tip)에서 분출시켜 용접불꽃을 일으키는 기구를 토치(torch)라 한다.

일반적으로 중압 토치가 많이 이용되고, 산소와 아세틸렌의 양을 적당히 혼합하기 위한 콕(cock)이나 밸브가 있다. 저압식 토치는 구조에 따라 분출구 부분에 니들 밸브가 있는 가변압식(B형, 프랑스식) 토치와 니들 밸브가 없는 불변압식(A형, 독일식) 토치로 분류하고 있다.

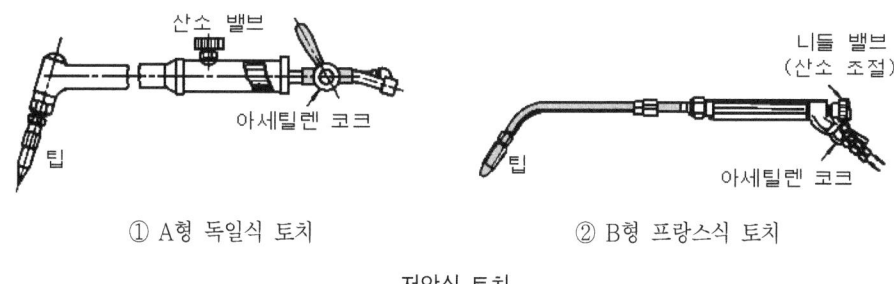

① A형 독일식 토치　　　　② B형 프랑스식 토치

저압식 토치

토치를 사용할 때 주의 사항은 다음과 같다.
① 소중히 다루어야 한다.
② 팁을 모래나 먼지 위에 놓지 않는다.
③ 토치를 함부로 분해하지 않는다.
④ 팁이 과열된 때는 산소만 다소 분출시키면서 물 속에 넣어 냉각시킨다.
⑤ 팁이 막혔을 때는 유연한 구리나 황동으로 만든 바늘로 오물을 제거한다.
⑥ 토치에 기름이나 그리스 등을 바르지 않는다.
⑦ 불꽃을 끌 때는 불꽃을 최소로 한 다음 아세틸렌을 먼저 잠그고 산소를 닫는다.
⑧ 점화를 할 때는 저압식에서 아세틸렌과 산소를 약간 열고 점화한다.

3) 가스 용접재료

(1) 가스 용접봉

용접봉은 용접하려는 모재와 모재와의 틈을 보충하여 용착시키는데 사용하는 금속봉으로, 그 재질은 원칙적으로 모재와 동일한 계통의 것을 선택한다. 용접봉의 크기는 지름이 1~6mm의 여러 가지가 있으며, 모재의 두께에 따라 적절한 것을 사용한다.

(2) 용제

용접하는 금속은 용접 중 고온에서 공기와 접촉하기 때문에 산화가 일어나므로 산화물을 제거하기 위해 용제를 사용한다. 용제는 건조한 고체의 분말을 사용하거나 풀 모양의 것을 사용하고 미리 용접봉에 발라 두어 사용하기도 한다. 용제의 주성분은 일반적으로 붕사, 붕산, 규산나트륨 등을 사용하나 이 재질에 따라 용제를 사용한다.

- 연강 : 사용 안 함.
- 반경강 : 중탄산 소다+탄산 소다
- 주철 : 붕사, 중탄산+탄산 소다
- 동합금 : 붕사

4) 절단법

① 절단의 원리

가스 불꽃으로 절단부를 먼저 예열하여 800~900℃에 달하면, 고압의 산소를 분출시켜 철을 산화철로 만들어 산소 기류에 의해 불려 나가면 홈이 생겨 절단이 된다.

② 절단 토치

절단 토치는 예열용과 절단용의 2개 토치가 필요하나, 2개를 사용하면 불편하므로 1개의 토치에 두 가지의 기능을 하도록 만들어져 있다.

저항 용접과 기타 용접

1) 저항 용접(electric resistance welding)

(1) 저항 용접의 개요

금속의 용접부를 맞대거나 겹쳐 놓고 이것에 접촉면과 직각인 방향으로 다량의 전류를 흐르게 하면, 용접부의 접촉 저항에 의해 그 부근에서 온도가 상승되어 반용융 상태가 된다. 이 때 외력을 가하여 접합하는 것이 전기 저항 용접이다.

저항 용접은 자동차, 비행기, 가전제품 등의 제품 제조에 널리 쓰며, 모재에 전류가 흐를 때 발생하는 저항열(Q)은 주울(Joule)의 법칙에 의해 계산한다.

$$Q = 0.24 I^2 R t \, (\text{cal})$$

 I : 전류(A)
 R : 저항(Ω)
 t : 통전 시간(sec)

따라서, 이 용접법에서는 전류 및 전압, 저항, 통전시간이 중요한 조건이 된다.

(2) 저항 용접의 종류

① 점 용접(spot welding)

스폿 용접은 2개의 모재 또는 그 이상의 금속판을 겹쳐 전극 사이에 끼워 놓고, 전류를 통하면 접촉면이 전기 저항에 의해서 발열이 되어 접합부가 용융될 때, 전극으로 압력을 가해 접합하는 것이다.

대체로 6mm 이하의 판재를 접합할 때 적당하며, 0.4~3.2mm의 판재가 가장 능률적인 관계로 자동차, 항공기 공업에 널리 사용되고 있다.

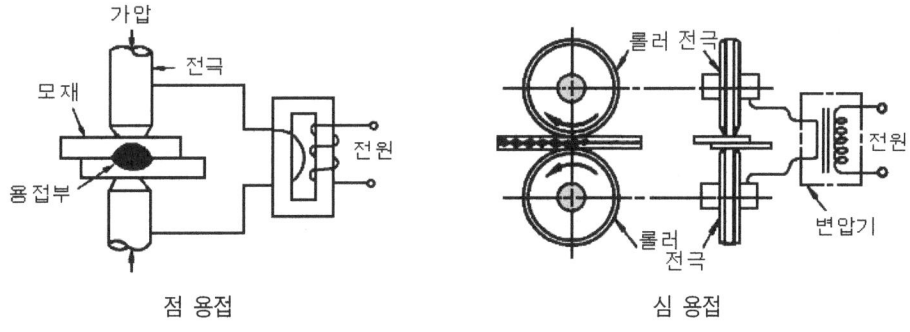

점 용접   심 용접

② 심 용접(Seam welding)

심 용접은 점 용접의 전극봉 대신에 롤러 모양의 전극을 만들어 이를 회전시켜 연속적으로 접합하는 것을 말한다. 얇은 강판으로 기밀을 요하는 이음에 유리하며 드럼통, 페인트통 등의 봉합 용접에 널리 사용한다. 이 용접의 특징을 열거하면 다음과 같다.

㉮ 산화 작용이 적다.

㉯ 박판과 후판의 용접이 된다.

㉰ 가열 범위가 좁으므로 변형이 적다.

③ 프로젝션 용접(projection welding)

점 용접기의 일종으로 접합할 모재의 한쪽 판에 돌기(projection)를 만들어 고정 전극 위에 겹쳐 놓고 가동 전극으로 통전과 동시에 가압하여 저항열로 가열된 돌기를 접합시키는 용접법이다. 이 용접의 특징을 열거하면 다음과 같다.

㉮ 후판과 박판 또는 열전도가 다른 금속의 용접이 양호하다.

㉯ 전극의 수명이 길고 작업 능률이 높다.

㉰ 용접 속도가 크다.

㉱ 외관이 아름답다.

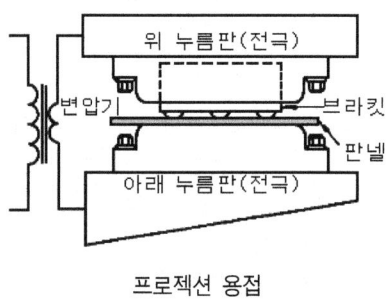

프로젝션 용접

④ 맞대기 용접

2개의 금속을 용접기에 설치하여 맞대고 전류를 통해서 접촉부를 녹여 접합하는 방법으로 다음 두 가지가 있다.

㉮ 업셋 용접(upset welding, butt welding)

접합할 두 모재인 봉의 단면을 맞대어 놓고 통전한 다음 접합부가 고온이 되어 용융될 때 길이방향으로 가압력을 가해 접합하는 방법이다. 모재가 축방향으로 가압되기 때문에 접합부분이 약간 볼록해지고 길이가 짧아지는 경향이 있으므로, 용접하기 전에 그 여유치를 감안하여야 한다.

㉯ 플래시 용접(flash welding)

업셋 용접과 비슷하나 두 모재 사이에 틈새가 있게 띠어 놓은 다음 전류를 공급하여 서로 가까이 하면 접합할 단면과 단면 사이에 아크가 발생하여 고온 상태가 된다. 이때 모재를 길이방향으로 가압하여 접합하는 방법이다. 이 용접은 단면이 큰 막대나 축류, 레일, 강판 등의 접합에 적합하다.

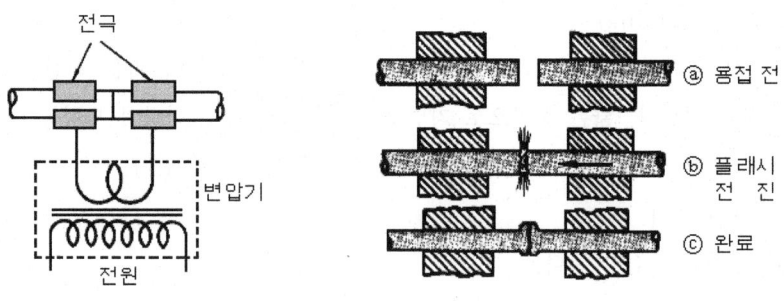

㉮ 업셋 용접 ㉯ 플래시 용접

맞대기 용접

2) 납땜

접합하려는 두 금속 사이에 용제로 덮인 모재보다 융점이 낮은 비철 금속 또는 그 합금을 녹여 넣어 모재를 녹이지 않고 접합시키는 방법을 납땜(soldering)이라 한다.

(1) 연납땜(soft soldering)

450℃ 이하의 저온에서 용융하는 연납으로 접합하는 것으로, 이는 기계적 강도가 크지 않아 강도가 요구되는 부분에는 부적당하다. 그러나 용융점이 낮고, 거의 모든 금속을 접합시킬 수 있고, 조작이 용이한 관계로 납땜 인두를 써서 전기 부품의 접합이나 수밀, 기밀을 필요로 하는 곳에 널리 사용되고 있다.

땜납은 주석(Sn)과 납(Pb)의 합금으로, 가장 많이 쓰여지고 있는 대표적인 것이 연납이다. 이 땜납은 특수강, 주철, 알루미늄 등의 일부 금속을 제외하고는 철, 니켈, 구리, 아연, 주석 등이나 그 합금의 접합에 쓰여진다.

(2) 경납땜(hard soldering)

450℃ 이상의 온도에서 용융하는 경납으로 접합하는 것으로, 연납땜보다 큰 접합 강도가 요구되는 경우에 쓰인다. 경납땜은 경납분말과 용제분말을 물로 적당히 혼합하여 접합부에 바른 다음 이 부분을 가스버너나 토치램프, 저항열 등으로 가열하여 경납을 용융시켜 접합하는 것이다. 경납의 종류로는 동납, 황동납, 인동납, 은납 등이 있다.

(3) 압접

압접(pressure welding)은 고상의 상태에 있는 2개의 금속을 접촉시켜 경계면에 수직되게 압력을 주어 접착시키는 방법이다.

① 가스 압접(gas pressure welding)

가열 불꽃 즉, 토치로 접합부를 재결정온도 이상으로 가열하여 축방향에서 압력을 가해 압접하는 방법이다. 가스 압접은 접착면을 밀착시켜놓고 가열하여 압력을 가하는 밀착법과 접촉면을 일정한 간격을 두고 가열하여 압력을 가하는 개방형이 있다.

② 고주파 용접(high frequency welding)

고주파 표피효과와 근접효과를 이용하여 금속을 가열하여 압접하는 방법으로, 고주파 전류를 직접 소재에 통전해서 강관을 맞대기 심 용접하는 고주파저항법이다. 이 방법은 직접 고주파를 통전하므로 전류가 집중되어 소재를 국부적으로 발열시켜 롤러를 이용하여 압접하는 것이다.

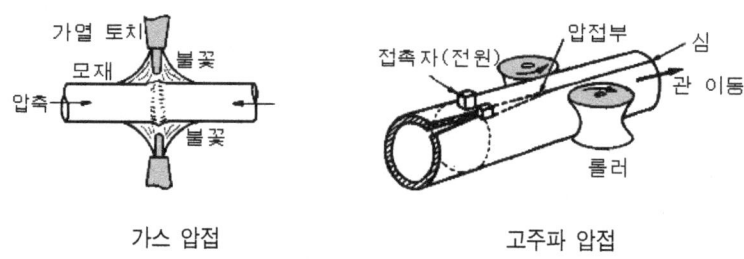

가스 압접   고주파 압접

③ 단접(forged welding)

    2개의 금속 접합면 또는 소재 전체를 화덕이나 노내에 넣어 적당한 열원에 의해 단접온도까지 가열하여 접합부를 겹쳐놓고 타격이나 강한 압력을 가해 접합하는 방법으로, 오래 전부터 농기구나 무기 등의 제작에 많이 이용해 왔다.

④ 초음파 용접(ultrasonic welding)

    접합하고자 하는 소재에 초음파(18kHz 이상) 횡진동을 주어 그 진동 에너지에 의해 접촉부의 원자가 서로 확산되어 접합이 되는 것을 말한다.

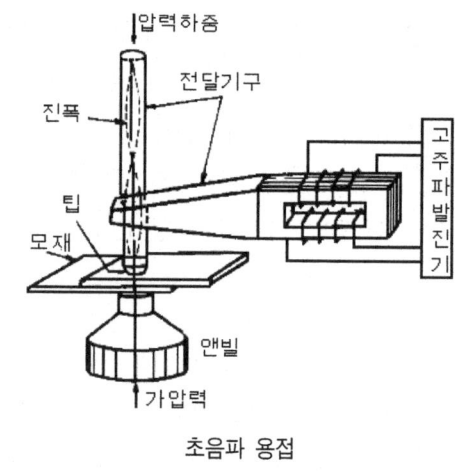

초음파 용접

    그림과 같이 팁과 앤빌 사이에 접합하고자 하는 소재를 끼워 가압하며, 서로 접촉시켜서 팁을 짧은 시간(1~7sec) 진동시키면 피막이 파괴되어 순수한 금속끼리 접촉되며, 원자간의 인장력이 작용되어 금속 접합이 이루어진다. 이 용접법의 알맞은 모재 두께는 금속에서는 0.01~2mm, 플라스틱 종류에서는 1~5mm 정도로 주로 얇은 판의 접합에 이용된다.

⑤ 마찰 용접(friction welding)

    접촉면의 고속회전에 의한 마찰열을 이용하여 압접하는 방법으로, 재료의 한쪽은 고정하고 다른 한쪽은 이것에 가압 접촉시키면 접촉면은 마찰에 의해 급격히 온도가 상승하여 적당한 압접온도에 도달했을 때 강한 압력을 가하여 업셋(upset)시켜 접합하는 방법이다.

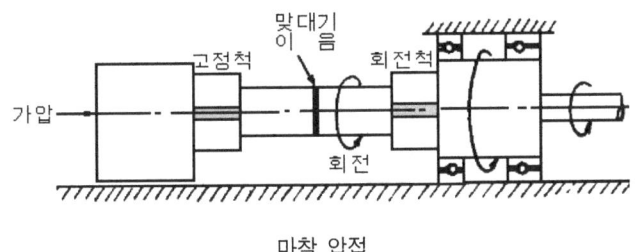

마찰 압접

⑥ 폭발 압접(explosive welding)

두 장의 금속판을 화약 폭발에 의한 높은 에너지로 순간적인 큰 압력 가해 금속을 압접하는 방법이며, 스테인리스강, 니켈 합금, 티탄 등의 접합에 쓰이는 전면폭발 압접과 화공기계 등의 반응기, 열교환기, 용기류의 라이닝에 쓰이는 점 또는 선에 의한 부분 폭발 압접이 있다.

⑦ 냉간 압접(cold pressure welding)

가열하지 않고 상온에서 단순히 큰 압력을 가하여 금속 상호간의 소성변형으로 접합하는 방법이다. 이는 두 개의 금속면을 10^{-8}cm 거리로 가까이 하면 자유전자가 공통화되고 결정 격자점의 양이온과 끌어당기는 서로의 힘에 의하여 금속면이 결합하는 것이다.

익힘문제

문제1 용접에 대하여 어떤 것이지 간단히 설명하여라.

해설 금속적 이음으로 2개 혹은 그 이상의 물체나 재료를 용융 또는 반용융 상태로 하여 접합하고, 두 물체 사이에 용가재를 첨가하여 간접적으로 접합시키는 작업을 말한다.

문제2 피복제의 역할을 기술하여라.

해설
① 중성 또는 환원성의 분위기를 만들어 대기 중의 산소나 질소의 침입을 방지하고 용융 금속을 보호한다.
② 아크의 발생과 아크의 안정을 좋게 한다.
③ 용융점이 낮은 가벼운 슬랙(slag)을 만들어 용착 금속의 급랭을 방지한다.
④ 용접 금속을 탈산정련하고, 필요한 합금원소를 첨가하여 기계적 성질을 좋게 한다.
⑤ 용적(globule)을 미세화하고, 용착 효율을 높힌다.
⑥ 모든 자세의 용접을 가능케 한다.
⑦ 모재 표면의 산화물을 제거하고 파형이 고운 비드(bead)를 만든다.
⑧ 전기 절연 작용을 한다.

문제3 용접봉의 호칭 즉, E43△□인 경우 무엇을 의미하는가?

해설
E : 전기 용접봉(G : 가스 용접봉) electrode의 첫 글자
43 : 용착 금속의 최저 인장강도(kgf/mm^2)
△ : 용접 자세(0, 1-전자세, 2-아래 보기 및 수평 필릿 용접, 3-아래 보기, 4-전자세 또는 특정 자세 용접)
□ : 피복제의 종류(극성에 영향)

문제4 서브머지드 아크 용접의 특징을 기술하여라.

해설 대기 중의 유해물질과 혼입이 없고 열손실이 적어 기계적 성질이 우수하고 능률적으로 용접이 가능하다. 하지만, 시설비가 비싸고 용접 길이가 짧고 복잡한 것에는 비경제적이다.

문제5 레이저 빔 용접의 특징을 기술하여라.

해설
① 진공이 불필요하다.
② 가까이 접근하기 곤란한 용접이 가능하다.
③ 부도체인 물체도 용접 가능하다.
④ 미세 정밀용접이 가능하다.
⑤ 용접부에 열에 의한 영향이 적다.

문제6 산소-아세틸렌 가스 용접의 장점을 기술하여라.

해설
① 발생 온도의 조절이 쉽다.
② 얇은 판재나 특수 금속의 용접이 쉽다.
③ 토치를 교환하면 가스 절단도 할 수 있다.
④ 전기용접보다 설비 비용이 적게 든다.

문제7 심 용접의 특징은 무엇인가?

해설
① 산화 작용이 적다.
② 박판과 후판의 용접이 된다.
③ 가열 범위가 좁으므로 변형이 적다.

문제8 용접법의 종류를 쓰고 간단히 설명하시오.

해설
① 융접(fusion welding)
접합하고자 하는 물체의 접합부를 가열 용융시키고 여기에 용가재를 첨가하여 접합하는 방법이며, 가스 용접이나 아크 용접이 그 대표적이다.
② 압접(pressure welding)
접합부를 냉간상태 그대로 또는 적당한 온도로 가열한 후 여기에 기계적 압력을 가하여 접합하는 방법이며, 가장 오래된 압접은 단접이다. 또, 모재의 가열에 전기저항을 이용하는 전기저항이 널리 이용된다.
③ 납땜(brazing and soldering)
모재를 용융시키지 않고 별도로 용가재가 접합부의 틈에 녹아 들어가서 간접적으로 접착되는 비교적 간단한 용접법이다.

예상문제

1. 불활성가스 분위기 내에서 모재와 동일 또는 유사한 금속을 전극으로 하여 모재와의 사이에 아크를 발생시켜 용접하는 것은?
   ㉮ 서브머지드 용접 ㉯ CO_2 가스 용접
   ㉰ 피복아크 용접   ㉱ MIG 용접

   해설 불활성가스 아크 용접에는 두 가지가 있다.
   ① 불활성가스 텅스텐 아크 용접(TIG) : 전극으로 텅스텐봉을 사용
   ② 불활성가스 금속 아크 용접(MIG) : 전극으로 금속 비피복봉을 사용
   ③ 불활성가스 : Ar, Ne, He

2. 아크나 발생가스가 다 같이 용제 속에 잠겨 있어서 잠호 용접이라고 하며, 상품명으로는 링컨용접법이라고도 하는 것은?
   ㉮ TIG 용접
   ㉯ 엘렉트로슬랙 용접
   ㉰ MIG 용접
   ㉱ 서브머지드 용접

   해설 서브머지드 아크 용접의 상품명은 잠호 용접, 유니언 멜트용접, 링컨용접 등이 있다.

3. 동일한 용접기로 용접과 절단을 동시에 행할 수 있고, 절단부를 불활성가스로 포위하고 절단하는 것은?
   ㉮ 탄소 아크절단 ㉯ 금속 아크절단
   ㉰ MIG 절단   ㉱ 산소 아크절단

   해설 ① 금속 아크절단 : 피복용접봉 사용
   ② 산소 아크절단 : 전극봉의 중앙에 구멍을 뚫고 금속 전극봉을 사용
   ③ 탄소 아크절단 : 탄소전극봉 이용
   ④ MIG 절단 : 불활성가스 아크 용접 직류역극성(모재⊖, 전극⊕)

4. 특수 아크 용접에 해당하지 않는 것은?
   ㉮ 잠호(潛弧) 용접
   ㉯ TIG 용접
   ㉰ MIG 용접
   ㉱ 심(seam) 용접

   해설 특수 아크 용접
   ① 불활성가스 아크 용접(TIG, MIG)
   ② 서브머지드 아크 용접(잠호, 유니언 멜트, 링컨용접)
   ③ CO_2 아크 용접
   여기서 심 용접은 전기저항 용접이다.

5. 일렉트로 슬래그(electro-slag) 용접에서 사용하는 전극 와이어의 지름은 보통 몇 mm를 사용하는가?
   ㉮ 1mm   ㉯ 8.3mm
   ㉰ 5.5mm   ㉱ 3.2mm

   해설 전극와이어의 지름은 2.5~3.2mm 정도이고, 피용접물의 두께에 따라 1~3개를 사용하며 자동 공급된다.

해답 1.㉱ 2.㉱ 3.㉰ 4.㉮ 5.㉱

6. 산소-아세틸렌 가스 용접에서 프랑스식 팁 100번의 1시간당 아세틸렌 소비량은 몇 리터인가?
   ㉮ 50 　　　　　㉯ 200
   ㉰ 150 　　　　 ㉱ 100

7. 접합할 두 금속을 점성상태 또는 용융에 가까운 상태에서 기계적 타격을 하여 압착하는 용접은?
   ㉮ 일렉트로슬랙 용접
   ㉯ 전자빔 용접
   ㉰ 전기저항 심(seam) 용접
   ㉱ 원자수소 용접

   해설　스터드 용접
   　　　　Bolt, Nut, 장식못 등을 용접하는 것으로 용접건의 토치에 의한 간단하고 빠른 속도로 접합할 수 있다.

8. 가스 용접과 아크 용접에서 가스 용접의 장점에 해당하는 것은?
   ㉮ 박판 용접에 적당하다.
   ㉯ 용접의 신뢰도가 크다.
   ㉰ 용접 속도가 빠르다.
   ㉱ 변형이 작다.

   해설　가스 용접의 장점
   　　　　① 전기가 필요 없다.
   　　　　② 응용범위가 넓다.
   　　　　③ 가열할 때 열량조절이 비교적 자유롭다.
   　　　　④ 박판용접에 적당하다.
   　　　　⑤ 유해광선의 발생률이 적다.

9. 다음 중 맞대기 저항용접법을 분류할 때 해당되지 않는 것은?
   ㉮ 스터드 용접법　　㉯ 심 용접법
   ㉰ 플래시 용접법　　㉱ 업셋 용접법

10. 다음 중 저항용접에 대하여 틀린 것은?
    ㉮ 금속의 전기저항을 이용한다.
    ㉯ 통전시간은 모재의 재질, 두께 및 용접기의 성능에 따라 다르다.
    ㉰ 전극과 모재 사이의 접촉저항을 작게 한다.
    ㉱ 접합부는 열에 의하여 변형이 많이 생긴다.

11. 플래시 용접에서 산화물이나 불순물은 어떻게 제거되는가?
    ㉮ 용제의 사용으로 제거된다.
    ㉯ 접합부에 생기는 용융금속에 묻어 흘러나간다.
    ㉰ 접합부에 그대로 잔류한다.
    ㉱ 압접할 때 밀려나간다.

12. 다음 용접에 관한 설명 중에서 틀린 것은?
    ㉮ 용접부의 피니싱 작업은 용접 금속부의 인장응력을 완화하는 데 큰 효과가 있다.
    ㉯ 전기용접부에 생기는 잔류응력을 없애기 위해서는 풀림 처리한다.
    ㉰ 전기용접에서 비드 끝에 오목하게 파인 곳을 크레이터라 한다.
    ㉱ 전기용접은 가스용접에 비하여 용접부 주위의 변형이 많이 생긴다.

해답　6.㉱　7.㉰　8.㉮　9.㉮　10.㉱　11.㉯　12.㉱

13. MIG 용접에서 주로 사용되는 전원은 다음 중 어느 것인가?
    ㉮ 교류
    ㉯ 관계없다.
    ㉰ 직류와 교류 병용
    ㉱ 직류
    해설 MIG의 용접은 주로 직류역극성이 사용된다.

14. 주철을 산소-아세틸렌 용접할 때 가장 적합한 불꽃의 종류는?
    ㉮ 중성 불꽃   ㉯ 환원불꽃
    ㉰ 약한 탄화 불꽃   ㉱ 산화 불꽃
    해설 산소-아세틸렌 용접에는 탄화 불꽃, 중성 불꽃, 산화 불꽃이 있으며
    ① 탄화 불꽃 : 스테인리스강, 스텔라이트, 모넬메탈
    ② 중성 불꽃 : 연강, 주철, 구리, 청동, 아연
    ③ 산화 불꽃 : 황동에 사용된다.

15. 산소-아세틸렌 가스로 가장 잘 절단할 수 있는 금속은 다음 중 어느 것인가?
    ㉮ 연강   ㉯ 알루미늄
    ㉰ 스테인리스강   ㉱ 구리

16. 가스 용접에서 용접봉과 모재 두께와는 어떤 관계를 갖는가?
    ㉮ $D = \dfrac{t}{2} + 1$ ㉯ $D = \dfrac{t}{2}$
    ㉰ $D = \dfrac{t}{2} - 1$ ㉱ $D = \dfrac{t}{2} + d$

17. 교류 아크 용접기의 형에 해당되지 않는 것은?
    ㉮ 가포화 리액터형   ㉯ 가동 철심형
    ㉰ 가포화 증가형   ㉱ 가동 코일형

18. 용접을 압접(壓接)과 융접(融接)으로 분류할 때 압접에 속하는 것은?
    ㉮ 미그(MIG) 용접
    ㉯ 아크 용접
    ㉰ 전기저항 용접
    ㉱ 산소-아세틸렌 가스 용접

19. 불활성가스 아크 용접에서는 불활성가스로 무엇을 사용하는가?
    ㉮ 크세논, 아세틸렌
    ㉯ 수온, 네온
    ㉰ 크립온, 산소
    ㉱ 헬륨, 아르곤
    해설 불활성가스 아크 용접
    ① MIG(금속 비피복봉 전극 : 직류역극성)
    ② TIG(텅스텐봉 전극) - 불활성가스 : Ar, He, Ne

20. 용접부를 방사선 투과시험으로 조사할 수 있는 것은?
    ㉮ 조직상태   ㉯ 열영향부 경화
    ㉰ 설파민트   ㉱ 기공 및 균열
    해설 X선 투과 시험으로 기공 및 균열의 결함을 검사할 수 있다.

해답 13.㉱ 14.㉮ 15.㉮ 16.㉮ 17.㉰ 18.㉰ 19.㉱ 20.㉱

21. 저항용접의 3대 요소가 될 수 없는 것은?
    ㉮ 통전시간   ㉯ 용접전류
    ㉰ 가압력   ㉱ 도전율

    해설 저항용접의 3대 요소
    ① 용접전류, ② 통전시간, ③ 가압력

22. 가스 용접에서 산소와 아세틸렌의 혼합량에 따라 여러 종류의 화염이 생긴다. 이 중 틀린 것은 어느 것인가?
    ㉮ 산화성 화염   ㉯ 탄화성 화염
    ㉰ 융화성 화염   ㉱ 중성 화염

    해설
    • 불꽃의 종류(산소-아세틸렌 용접)
      ① 표준 불꽃(중성불꽃) : 연강, 주철, 구리, 알루미늄의 용접
      ② 탄화 불꽃(아세틸렌 과잉 불꽃) : 경강, 스테인리스강관, 스텔라이트, 모넬메탈
      ③ 산화 불꽃(산소과잉 불꽃) : 황동용접
    • 불꽃심에서 2~3mm 떨어져 용접

23. 금속알루미늄 가루와 산화철 가루를 혼합하여 하는 용접으로, 일반적으로 두께가 두꺼운 판이나 레일(rail) 등과 같이 단면이 큰 강재의 용접에 쓰이는 것은?
    ㉮ 테르밋 용접(thermit welding)
    ㉯ 가스 용접(gas welding)
    ㉰ 아크 용접(arc welding)
    ㉱ 저항 용접(resistance welding)

24. 가스절단이 되지 않는 금속은?
    ㉮ 연강   ㉯ 구리
    ㉰ 고속도강 ㉱ 주철

    해설 산소-아세틸렌 가스 절단
    ① 잘되는 재질 : 연강, 주철
    ② 잘 안 되는 재질 : 구리

25. 테르밋(thermit) 용접에 관하여 틀린 것은?
    ㉮ 용접작업이 복잡하면서 고도의 기능이 필요하다.
    ㉯ Al분말과 산화철(FeO_4)을 혼합한 것을 이용한다.
    ㉰ 기어, 축의 수리, 레일의 접합 등에 사용한다.
    ㉱ 점화재료는 과산화바륨, 마그네슘 등의 혼합분말을 이용한다.

26. 탄소 아트절단은 일반적으로 무슨 극성을 사용하는가?
    ㉮ 교류 정극성
    ㉯ 직류 정극성
    ㉰ 직류 역극성
    ㉱ 교류 역극성

27. 다음 중 어느 것에 아세틸렌이 가장 많이 용해되는가?
    ㉮ 물   ㉯ 석유
    ㉰ 벤젠   ㉱ 아세톤

    해설 아세틸렌의 용해
    물 : 1   석유 : 2배
    벤젠 : 4배   알코올 : 6배
    아세톤 : 25배

해답 21.㉱ 22.㉰ 23.㉮ 24.㉯ 25.㉮ 26.㉯ 27.㉱

28. 다음 MIG 용접에 관한 설명 중 틀린 것은?
    ㉮ 전극 자체가 소모된다.
    ㉯ TIG용접에 비해 두꺼운 재료의 용접에 사용된다.
    ㉰ 보통 교류 정극성을 사용한다.
    ㉱ 보통 직류를 사용한다.
    해설 MIG 용접은 주로 직류 역극성을 사용하며 청정작용을 한다.

29. 다음 저항 용접 중에서 판금 공작물을 접합하는데 적합한 것은 어느 것인가?
    ㉮ 심 용접
    ㉯ 업셋 맞대기 용접
    ㉰ 프로젝션 용접
    ㉱ 플래시 맞대기 용접

30. 가스 용접에서 모재의 불꽃과의 거리를 대략 어느 정도로 하는 것이 좋은가?
    ㉮ 0~1mm   ㉯ 2~3mm
    ㉰ 10~15mm ㉱ 5~7mm
    해설 모재와 불꽃과의 거리는 2~3mm이다.

31. 얇은 용접관(熔接管)을 전기 용접에서 연속적으로 제작할 때는 어떤 방식이 사용되는가?
    ㉮ 연속 아크 용접
    ㉯ 스폿 용접
    ㉰ 심 용접
    ㉱ 버트 용접

32. 다음 중 금속산화물이 알루미늄에 의하여 산소를 빼앗기는 화학반응을 이용한 용접방법은?
    ㉮ 원자수소 용접법 ㉯ 플래시 용접법
    ㉰ 테르밋 용접법   ㉱ 프로젝션 용접법
    해설 테르밋 용접
    Fe_3O_4과 Al 분말의 화학반응으로 열을 발생시켜 용접

33. 용입 부족에 대한 그 원인에 해당되지 않는 것은?
    ㉮ 용접 이음의 설계에 결함이 있을 때
    ㉯ 용접속도가 너무 빠를 때
    ㉰ 부적합한 용접봉을 사용할 때
    ㉱ 모재에 황 함량이 많을 때

34. 연납의 주성분은?
    ㉮ 주석과 아연   ㉯ 규소와 아연
    ㉰ 주석과 연   ㉱ 주석과 규소

35. 전기 아크 용접에서 언더컷(undercut)의 원인이 아닌 것은?
    ㉮ 모재가 과열되었을 때
    ㉯ 아크 길이가 길 때
    ㉰ 용접 전류가 높을 때
    ㉱ 용접속도가 느릴 때
    해설 ① 언더컷 : 전류가 너무 높고, 아크 길이가 너무 길 때, 운봉속도가 너무 빠를 때 발생
    ② 오버랩 : 전류가 너무 낮고, 아크 길이가 너무 짧을 때, 운봉속도가 너무 느릴 때 발생

해답 28.㉰ 29.㉰ 30.㉯ 31.㉰ 32.㉰ 33.㉮ 34.㉰ 35.㉰

③ 슬래그 섞임 : 녹은 피복재가 용착 금속 표면에 떠 있거나 용착 금속 속에 남아 있는 것

36. 모재표면 위에 미리 미세한 입상(粒狀)의 용제를 산포하여 두고 이 용제 속으로 용접봉을 꽂아 넣어 용접하는 자동 아크 용접은?
   ㉮ 서브머지드 아크 용접
   ㉯ 탄산가스 아크 용접
   ㉰ 원자수소(原子水素) 아크 용접
   ㉱ MIG 용접

37. 교류아크 용접기의 효율을 옳게 나타내는 식은?(단, 아크 출력의 단위는 KW, 소비 전력의 단위는 KVA, 전원입력의 단위는 KVA이다.)
   ㉮ (아크 출력 ÷ 소비전력) × 100%
   ㉯ (소비전력 ÷ 전원입력) × 100%
   ㉰ (소비전력 ÷ 아크 출력) × 100%
   ㉱ (아크 출력 ÷ 전원업력) × 100%

38. 플래시 용접에서 산화물이나 불순물은 어떻게 제거되는가?
   ㉮ 용제의 사용으로 제거된다.
   ㉯ 접합부에 생기는 용융 금속에 묻어 흘러나간다.
   ㉰ 접합부에 그대로 잔류한다.
   ㉱ 압접할 때 밀려나간다.

   해설 플래시 용접
   두 재료를 축방향으로 맞대고 대전류를 보내 접촉저항과 대전류 밀도에 의하여 국부 과열 용융시켜 접합하는 방법

39. 다음 중 용접에 해(害)가 되는 성질은 어느 것인가?
   ㉮ 균열이 생기기 쉬운 성분을 적게 함유한다.
   ㉯ 급열, 급냉에 의한 강화성이 크다.
   ㉰ 용융될 때 산화가 적다.
   ㉱ 파단에 요하는 흡수 에너지가 크다.

40. 아크 길이가 일정하면 아크 전압과 아크 전류와의 관계로서 옳은 것은 다음 중 어느 것인가?
   ㉮ 전압과 전류는 직접 상관이 없다.
   ㉯ 전압은 전류증가에 따라 지수곡선 모양으로 변화한다.
   ㉰ 전압은 전류증가에 따라 감소하다 다시 천천히 증가한다.
   ㉱ 전압은 전류에 비례한다.

41. 빠른 용접속도, 아크의 안정성, 용접폭이나 열영향 범위가 좁고 용입의 깊이가 깊은 용접이 가능한 아크 용접으로 적합한 것은?
   ㉮ TIG(텅스텐 불활성가스) 용접
   ㉯ 탄산가스 아크 용접
   ㉰ MIG(금속 불활성가스) 용접
   ㉱ 플라즈마 젯 용접

42. 용접 방법 중 열손실이 가장 적은 것은?
   ㉮ 피복 아크 용접   ㉯ 플랫 맞대기 용접
   ㉰ 서브머지드 용접   ㉱ 가스 용접

   해설 서브머지드 용접은 용제를 용접부 표면에 덮고 심선이 용제 속에 들어있어 아크가 발생될 때 열방출이 적다.

해답 36.㉮ 37.㉮ 38.㉯ 39.㉯ 40.㉰ 41.㉱ 42.㉰

제 15 장

열 처 리

1 강의 열처리

1) 열처리의 개요

금속을 적당 온도로 가열한 후 적당한 속도로 냉각시켜 확산 또는 변태에 의해 조직을 조정하거나, 내부응력을 제거하는 이외에 변태의 일부를 막고 적당한 조직으로 만들어 목적하는 성질 및 상태를 얻기 위한 조직을 말하는데, 열처리 온도 구간, 일정 온도에서의 유지 시간, 냉각 속도, 냉각 능의 요인에 따라 열처리 정도가 지배된다.

(1) 열처리의 분류
① 일반열처리
  ㉮ 담금질 - 소입(燒入) - 퀜칭(quenching)
  ㉯ 풀림 - 소둔(燒鈍) - 어닐링(annealing)
  ㉰ 불림 - 소준(燒準) - 노멀라이징(normalizing)
  ㉱ 뜨임 - 소려(燒戾) - 템퍼링(tempering)
② 항온열처리
  ㉮ 오스템퍼링(austempering)
  ㉯ 마템퍼링(Martempering)
  ㉰ 마퀜칭(Marquenching)

③ 표면경화열처리
  ㉮ 화학적 방법 : 강재표면의 화학성분을 여러 가지 원소의 확산에 의해 변화시켜 경화층을 얻는 방법을 말한다.(침탄법, 침탄질화법, 금속침투법, 청화법, 질화법)
  ㉯ 물리적 방법 : 강재의 화학성분은 변화시키지 않고 표면만 변화시킨 방법을 말한다.(화염경화법, 고주파 경화법, 하드 페이싱, 숏 피닝)
  ㉰ 그밖의 방법 : 금속용사법, 방전가공법

(2) 열처리의 목적
① 경도, 강도의 증가와 조직의 연화
② 조직의 미세화 및 조직의 표준화
③ 조직의 안정화 및 응력제거, 변형방지

2) 담금질 (Quenching or Hardening)

① 의의 : 강도나 경도를 높이기 위하여 Austenite(오스테나이트) 구역온도로 가열한 물이나 기름 등의 냉각제 중에서 급냉하는 열처리를 말한다.
② 목적 : 강의 강도 및 경도 증대(단단하게 하기 위함)
③ 온도 : 아공석강은 A_3점보다 30~50℃ 높게 가열. 과공석강은 A_1점보다 30~50℃ 높게 가열
④ 담금질액(냉각제) : 기름, 비눗물, 보통물(담금질 효과↑), 소금물(NaCl : 1.96, 냉각효과 큼) - 냉각 효과가 가장 큰 냉각제는 NaOH(2.06)이다.
⑤ 담금질 조직(냉각 속도에 따라서)
  ㉮ 수중 냉각 : 마텐자이트(M)
  ㉯ 기름 냉각 : 트루스타이트(T)
  ㉰ 공기중 냉각 : 소르바이트(S)
  ㉱ 노중 냉각 : 펄라이트(P)
  ※ 마텐자이트가 큰 경도를 갖는 원인 - 내부응력의 증가, 초격자, 무확산 변태에 의한 체적 변화
⑥ 냉각속도에 따른 담금 조직의 변태과정(경도의 크기)
  Martensite(마텐자이트) → Troostite(트루스타이트) → Sorbite(소르바이트) → Pearlite(펄라이트)

⑦ 담금질의 질량효과와 경화능 시험
　㉮ 질량효과(mass effect) : 질량의 대소에 따라 담금질 효과가 다른 현상
　　• 큰 강편은 냉각속도가 느리므로 담금질효과가 적고,
　　• 작은 강편은 담금질 효과가 크다.
　　• 탄소강은 질량효과가 크고, 특수강은 질량효과가 작다.
　㉯ 경화능 시험 : 재료에 따라 담금질이 어느 정도 잘 되느냐 하는 시험범을 말하며, 조미니 시험이 널리 이용한다.
⑧ 담금질 조직
　냉각속도에 따라 다음 4가지가 있다.
　㉮ 마텐자이트(Martensite) : 오스테나이트 조직(γ 고용체)을 가열한 후 급랭시켜 C를 과포화 상태로 고용한 α철의 조직. 이 조직은 침상이고, 내식성이 강하며, 경도와 인장강도가 크다. 또한 여리고, 전성이 작으며, 강자성체이다.
　㉯ 오스테나이트(Austenite) : 고온조직으로 이 조직은 냉각 중에 변태를 일으키지 못하도록 급랭하여 고온에서의 조직을 상온에서도 유지시킨 것이다. 비자성체로 전기 저항이 크고, 경도는 낮으나 연신율은 크다.
　㉰ 트루스타이트(Troostite) : 냉각이 불충분하면 오스테나이트 조직이 페라이트와 시멘타이트로 변하는 조직이다. 부식이 가장 잘 된다.
　㉱ 소르바이트(Sorbite) : 트루스타이트보다 냉각속도가 느릴 때 생기는 조직으로 강도와 탄성을 요구하는 스프링 및 와이어(Wire)에 많이 사용된다.

3) 풀림(Annealing)

단조작업을 한 강철 재료는 고온으로 가열하여 작업하게 되므로 그 조직이 불균일하고 또한 억세다. 이와 같은 조직을 균일하게 하고, 결정 입자의 조정, 연화 또는 냉간가공에 의한 내부응력을 제거하기 위해 적당하게 가열하고 천천히 냉각하는 조작을 풀림이라 한다.
① 의의 : 결정조직을 연화시키기 위한 열처리조작으로 조직 중의 내부응력을 풀어서 강의 성질을 개선시킨 조작을 말한다.
② 방법 : 강을 A_3 변태점 또는 A_1 보다 30~50℃ 높은 온도로 가열하고 일정시간 유지한 다음 서서히 냉각(爐冷)시킨 조작을 말한다.
③ 목적 : 재료의 연화, 잔류응력의 제거, 절삭성 향상, 냉간가공에 의한 결정조직의 조정

④ 완전풀림 : 용융상태로부터 응고한 주강 또는 장시간 고온에 있었던 강은 결정입자가 거칠고 메지므로 A_3 변태점 이상 30~50℃의 온도 범위에서 일정기간 가열하여 입자를 미세하게 한 후 냉각하는 방법이다.(강을 연하게 하여 기계가공성의 향상)

⑤ 저온풀림 : 냉간가공이나 그밖의 가공에 의해 생기는 내부응력 및 변형을 제거하기 위해 600~650℃로 가열하여 서냉하는 방법으로 연화풀림이라고도 한다.(내부응력의 제거)

⑥ 구상화풀림 : 펄라이트 중의 층상 시멘타이트가 그대로 존재하면 절삭성이 나빠지므로 이것을 구상하기 위하여 A_{C_1} 점 아래(600~700℃)에서 일정시간 가열 후 냉각시키는 방법이다.(기계적 성질의 개선)

⑦ 중간풀림 : 냉간가공의 공정 도중에 실시하며 가공성의 향상이나 가공 후의 균열방지를 위한 풀림 작업이다.

4) 뜨임(Tempering)

담금질한 강은 대단히 단단하고 메져서, 여기에 적당한 점도를 가지도록 하기 위하여 A_1 변태점 이하의 온도로 가열하여 천천히 냉각하는 조작을 뜨임이라 한다.

① 의의 : 강을 고온에서 담금질하여 생긴 마텐자이트 조직은 딱딱하기만 할 뿐 깨지기 쉽고 불안정하다. 담금질한 강은 불안정한 원자들을 안정적인 위치로 이동시켜 내부응력을 제거시킨 조작이다.

② 목적
   ㉮ 담금질에 의한 내부응력의 제거
   ㉯ 강도, 인성의 증가
   ㉰ 경년 변화방지(치수의 변화)
   ㉱ 연마 균열 방지
   ㉲ 내 마멸성 향상

③ 뜨임온도와 뜨임색

뜨임온도가 높을수록 경도를 감소시키고 연성을 증가시키므로, 어느 범위 내에서 기계적 성질을 가감할 수 있다. 공구나 칼날 등은 마텐자이트 또는 트루스타이트, 기계 부품은 일반적으로 소르바이트가 적합하다. 뜨임할 때 표면에 생기는 산화 피막의 색에 의해 그 정도를 알 수 있다. 이 색을 뜨임색(Tempering color)이라 한다.

뜨임온도	뜨임색	뜨임온도	뜨임색
200℃	엷은 황색	290℃	짙은 청색
220℃	황색	300℃	청색
240℃	갈색	320℃	엷은 회청색
260℃	자주색	350℃	청회색
280℃	보라색	400℃	회색

④ 사용목적에 따른 뜨임의 종류

㉮ 저온뜨임(내부응력을 제거하고자 할 때) : A_1 변태점 이하의 온도로 가열하여 담금질한 강을 150℃ 부근의 저온에서 서랭(공랭, 로냉)시킨 것을 말한다.

㉯ 고온뜨임(인성을 증가시키고자 할 때) : A_1 변태점 이하의 온도로 가열하여 담금질한 강을 500~600℃의 고온에서 처리한 것을 말한다.

5) 불림(Normalizing)

단조, 압연 등의 소성가공이나 주조로 거칠어진 조직을 미세화하고 편석이나 잔류응력을 제거하기 위하여 A_3 변태점보다 약 30~50℃ 높게 가열하여 공기 중에서 방냉하는 작업이다. 특징으로는 결정입자와 조작이 미세하게 되어 경도, 강도가 크게 증가하고 연신율과 인성도 다소 증가한다.

① 의의 : 높은 온도에서 오랜 시간 유지되거나 필요이상의 고온으로 가열하면 오스테나이트(γ고용체) 입자가 성장되어 조직이 거칠고 불균일하며 기계적 성질이 나빠진다.

② 방법 : A_3 변태점 또는 Acm선보다 30~50℃ 높은 온도로 가열한 다음 일정시간 유지한 후 안정된 공기중에서 냉각시켜 표준화된 조직을 얻는 조작

③ 목적

㉮ 결정조직을 미세화

㉯ 냉간가공 단조 등에 의한 내부응력의 제거

㉰ 기계적 성질, 물리적 성질 개량하여 표준화조직으로 만듦.

탄소량(%)	불림온도(℃)
0.16이하	925
0.16~0.34	875
0.35~0.54	850
0.55~0.79	830

6) 항온 열처리

항온변태 곡선(TTT곡선, S곡선, C곡선)을 이용하여 열처리하는 것.
⇒ 균열 방지 및 변형 감소의 효과(담금질+뜨임을 동시에)

(1) 강의 항온냉각변태 곡선

냉각 도중 일정한 온도에서 냉각이 중지되며, 이 온도에서 변태를 한다. 이와 같은 변태를 항온변태라 한다. 항온변태를 시켜서 변태가 일어나는 처음 시간과 끝나는 시간(온도-시간 곡선)을 그림으로 표시한 것을 항온변태 곡선 또는 T.T.T곡선(Time-temperature transformation), 그리고 S곡선이라고도 한다. S곡선에서 코(Nose)보다 낮은 온도에서 연속 냉각시켰을 때 베이나이트 조직이 생기며 이 조직은 열처리에 의한 응력 발생이 적고, 경도가 적당하고 점성이 커서 탄소강재로서는 좋다.

- 강의 항온열처리에서만 나타날 수 있는 조직 : 베이나이트
- TTT곡선(time temperature transformation diagram) : 온도, 시간, 변태곡선

(2) 항온 담금질

① 오스템퍼(Austemper) : 하부 베이나이트(B), 뜨임할 필요가 없고 강인성이 크며, 담금질 변형 및 균열방지.
② 마르템퍼(Martemper) : 베이나이트(B)와 마텐자이트(M)의 혼합조직.
③ 마퀜칭(Marquenching) : 마텐자이트(M), 복잡한 물건의 담금질.(고속도강, 베어링, 게이지) 퀜칭 후 뜨임하여 사용한다.

(3) 서브제로(Sub-zero)처리

담금질시 실온에서 마텐자이트 변태가 완전히 일어나지 않아 잔류 오스테나이트로 남게 되는데, 0℃ 이하(-85℃~-70℃)의 냉각처리로 잔류오스테나이트를 마텐자이트로 만드는 열처리로 담금

변형이 생기지 않는다. 이와 같은 처리를 서브제로처리 또는 심랭처리라고도 한다.

정밀도가 필요한 게이지(gauge), 볼 베어링(ball bearing) 등을 만들 때 하는 열처리로 사용되는 냉매로는 드라이아이스(-78℃)나 액체질소(-196℃) 등을 사용한다.

(4) 항온뜨임(Isothermal tempering 또는 Bainite tempering)

뜨임에 의하여 2차경화되는 고속도강이나 다이스강 등의 뜨임에 이용되는 방법으로 뜨임온도로부터 M_s 점(약 250℃) 부근의 열욕에 넣어 항온 유지시켜 2차 베이나이트가 생기도록 하는 처리이다. 이렇게 얻어진 고속도강 조직은 보통 뜨임으로 얻는 것보다 경도가 다소 떨어지나 인성이 크고 절삭성이 좋다.

2 강의 표면경화

기계의 축(Shaft) 및 기어(Gear) 등은 강도, 인성 및 접촉부의 내마멸성이 요구된다. 일반적으로 담금질을 하면 경도는 크게 되나 메지게 되어 충격값이 감소하므로, 표면 경도만을 크게 할 필요가 있을 때 사용하는 방법을 표면경화법이라 한다.

1) 물리적 표면경화법

(1) 고주파경화법 - 코일로 되어 있음

강재의 안쪽이나 바깥쪽에 코일을 장치하고, 코일에 고주파 전류를 통하면 강재 내에 맴돌이 전류(Eddy current)가 유도되어 강재 표면이 가열된다. 가열된 강재를 물로 급랭하면 표면만 담금질된다. 이 방법은 담금질 시간이 짧고, 복잡한 형상에도 이용할 수 있어 널리 쓰인다.

① 강에 고주파 전류를 통과시켜 표피만 가열 경화시키는 방법
② 가열 시간이 짧기 때문에 산화, 탈탄, 결정 입자의 조대화를 방지할 수 있다.
③ 급열, 급랭에 의한 담금질 균열이 발생될 우려가 있다.

(2) 화염경화법(Flame hardening)

0.4%C 전후의 탄소강은 담금질과 뜨임을 하면 경도와 인성이 크게 된다. 0.4%C 정도의 탄소강 표면에 산소 : 아세틸렌의 혼합비 1 : 1로 표면만을 가열하여 오스테나이트 조직으로 한 다음, 물로 급랭하여 표면층만을 담금질하는 방법이다. 쇠의 색깔로 열처리를 판별한다. 경화층의 깊이는 불꽃온도, 가열시간, 화염의 이동 속도에 의하여 결정된다.

(예) 기어의 잇면, 크랭크 축, 캠, 스핀들, 펌프, 축, 동력전달용 체인
① 장점
　㉮ 부품 크기나 형상에 제한이 없다.
　㉯ 국부 담금질이 가능하다.
　㉰ 일반 담금질에 비해 담금질 변형이 적다.
　㉱ 설비비가 적게 든다.
② 단점 : 가열 온도의 조절이 어렵다.

(3) 하드 페이싱(Hard facing) - 녹여서 융착시키는 방법

금속의 표면에 스텔라이트(Stellite, CO-Cr-W 합금)나 경합금 등의 특수금속을 용착시켜, 표면경화층을 만드는 것이다.

(4) 숏 피닝(Shot peening)

금속재료의 표면에 강이나 주철의 작은 입자(0.5~1mm)들을 고속으로 분사시켜 가공 경화에 의하여 표면층의 경도를 높이는 방법이다.

이와 같은 처리를 한 재료는 인장, 압축강도에는 많은 영향을 주지 않으나, 휨, 비틀림의 반복하중에 대해서는 피로한도를 현저하게 증가시킨다.

2) 화학적 표면경화법

(1) 침탄법(Carburizing)

탄소의 함유량이 적은 저탄소강(0.2% 이하)을 탄소 또는 탄소를 많이 포함하는 재료로 표면을 싼 뒤에 노 속에 넣어 밀폐시켜 900~950℃로 오랫동안 가열하면 탄소가 재료의 표면에서 1mm 정도까지 침투하여, 이것을 급랭시켜 표면을 경화시키는 것으로 고체침탄법과 가스침탄법이 있다.

① 고체침탄법 : 침탄제로 목탄, 코크스, 골탄 등의 고체를 이용하고 침탄촉진제로 탄산바륨($BaCO_3$), 탄산나트륨(Na_2CO_3) 등을 사용하여 침탄 후 급냉시켜 경화한다.
　• 침탄깊이 : 침탄제의 종류, 강재의 종류, 침탄온도, 침탄시간 등에 의해 결정된다.
　　주로 SM9ck, SM15ck 기계구조용 탄소강(=저탄소강)에 사용
② 가스침탄법 : 침탄제로 메탄, 에탄, 프로판 등을 사용
　• 침탄온도 : 900~950℃, 침탄 후에 뜨임을 한다.

(2) 시안화법(Cyaniding)(액체침탄법, 청화법, 침탄질화법)

시안화칼륨(KCN)에 염화물(NaCN, KCN)이나 탄산염(Na_2CO_3, K_2CO_3) 등을 40~50% 첨가하여 염욕중에서 600~900℃로 용해시키고, 30분~1시간 침탄시키는 방법으로 침탄과 질화가 동시에 진행된다.

① 침탄시간이 짧기 때문에 담금질 후 뜨임한다.
② 침탄층의 깊이는 0.2~0.5mm
③ 주로 자동차 부품, 사무기기 부품의 내마모성 표면 처리에 사용

(3) 질화법(Nitriding)

암모니아(NH_3)로 표면을 경화시키는 방법으로, 질소가 철과 화합하여 굳은 질화물이 형성된다. 520~550℃에서 50~100시간이 걸리며 경도가 크고, 내마멸성과 내식성이 크다.

① 질화 강으로 많이 사용되는 강 : Al - Cr - Mo
  • Al, Ti, V, Cr, Mo을 포함한 합금강은 질화가 잘 된다.
  • Ni, Co를 포함한 합금강은 질화효과가 적다.
② 특징
  ㉮ 경하층은 얕으나, 경도는 침탄한 것보다 크다.
  ㉯ 마모 및 부식에 대한 저항이 크다.
  ㉰ 열처리(담금질, 뜨임)가 필요 없다.
  ㉱ 600℃ 이하의 온도에서 경도가 감소되지 않고, 산화도 잘 안 된다.
  ㉲ 각종 내마모 부품에 사용 : 자동차의 크랭크축, 동력전달용 체인, 각종 기어류

(4) 금속침투법

철과 친화력이 강한 금속을 표면에 침투시켜 내열층, 내식층을 만드는 방법이다. 즉, 고온 중에 있어서 강의 산화방지에 대한 처리방법이다. 침투시키는 금속의 종류에 따라 다음과 같다.

① 세라다이징(Sheradizing) : Zn을 재료표면에 침투시키는 방법, 내식성 향상과 표면경화층을 얻음
② 크로마이징(Chromizing) : Cr을 침투, 내식, 내열성 및 내마모성이 향상
③ 칼로라이징(Calorizing) : Al을 침투, 내식성 향상
④ 실리코나이징(Siliconizing) : Si를 침투, 내산성을 향상
⑤ 보로나이징(boronizing) : B를 침투, 표면경도를 향상

침탄법과 질화법의 비교

침탄법	질화법
경도가 질화법보다 낮다.	경도가 침탄법보다 높다.
침탄 후의 열처리가 필요하다.	질화 후의 열처리가 필요없다.
경화에 의한 변형이 생긴다.	경화에 의한 변형이 적다.
침탄층은 질화층보다 여리지 않다.	질화층은 여리다.
침탄 후 수정 가능	질화 후 수정 불가능
고온 가열시 뜨임되고 경도는 낮아진다.	고온 가열해도 경도는 낮아지지 않는다.

3) 그밖의 표면경화법

① 금속용사법 : 강의 표면에 용융 또는 반용융 상태의 미립자를 고속으로 분사시켜 강의 표면에 보호피막을 얻는다.

② 방전가공법(spark hard facing) : 불꽃방전현상을 이용하여 강의 표면을 침탄 질화시키는 방법

익힘문제

문제1 열처리란 무엇이며, 기본 열처리 방법과 목적을 쓰시오.

해설 금속을 적당 온도로 가열한 후 적당한 속도로 냉각시켜 확산 또는 변태에 의해 조직을 조정하거나, 내부응력을 제거하는 이외에 변태의 일부를 막고 적당한 조직으로 만들어 목적하는 성질 및 상태를 얻기 위한 조직을 말한다. 열처리 온도 구간, 일정 온도에서의 유지 시간, 냉각 속도, 냉각능의 요인에 따라 열처리 정도가 지배된다.
① 담금질 - 소입(燒入) - 퀜칭(quenching),
② 풀림 - 소둔(燒鈍) - 어닐링(annealing),
③ 불림 - 소준(燒準) - 노멀라이징(normali zing),
④ 뜨임 - 소려(燒戾) - 템퍼링(tempering)

〈열처리의 목적〉
① 경도, 강도의 증가와 조직의 연화
② 조직의 미세화 및 조직의 표준화
③ 조직의 안정화 및 응력 제거, 변형방지

문제2 뜨임(tempering)이란?

해설 담금질한 강은 급냉 때문에 큰 내부 응력이 발생한다. 이 응력을 제거하고 인성을 부여할 목적으로 A_1변태점 이하의 적당한 온도로 가열한 다음 물, 기름, 공기 등에서 냉각하는 열처리를 뜨임(tempering)이라 한다.

〈목적〉
ⓐ 담금질에 의한 내부응력의 제거   ⓑ 강도, 인성의 증가
ⓒ 경년 변화방지(치수의 변화)   ⓓ 연마 균열 방지
ⓔ 내 마멸성 향상

문제3 풀림(annealing)이란?

해설 내부응력을 제거하고 조직을 미세화시켜 재료의 성질을 원래의 좋은 상태로 돌아오도록 $A_3 \sim A_1$ 변태점보다 30~50℃ 높은 온도에서 가열하고 서냉하는 것을 풀림(annealing)이라 한다.

〈목적〉
ⓐ 재료의 연화   ⓑ 잔류응력의 제거
ⓒ 절삭성 향상   ⓓ 냉간가공에 의한 결정조직의 조정

문제4 금속을 가열한 다음 급속히 냉각시켜 재질을 경화시키는 열처리 방법을 무엇이라 하는가?

해설 담금질(quenching)

문제5 금속의 표면 경화법은 어떠한 방법이 있는가?

해설 표면을 경화하는 방법에는 화학적 처리 방법인 침탄법, 시안화법, 질화법이 있고, 물리적 처리 방법인 고주파 경화법, 불꽃 경화법이 있다.

문제6 질화법에 대해서 설명하고 특징을 쓰시오.

해설 암모니아(NH_3)로 표면을 경화시키는 방법으로 질소가 철과 화합하여 굳은 질화물이 형성된다. 520~550℃에서 50~100 시간이 걸리며 경도가 크고, 내마성과 내식성이 크다.
〈특징〉
① 경하층은 얕으나, 경도는 침탄한 것보다 크다.
② 마모 및 부식에 대한 저항이 크다.
③ 열처리(담금질, 뜨임)가 필요 없다.
④ 600℃ 이하의 온도에서 경도가 감소되지 않고, 산화도 잘 안 된다.
⑤ 각종 내마모 부품에 사용-자동차의 크랭크축, 동력전달용 체인, 각종 기어류

문제7 침탄용 강의 구비조건을 설명하여라.

해설 ① 저탄소강이어야 한다.
② 장시간 가열해도 결정입자가 성장하지 않아야 한다.
③ 표면에 결함이 없어야 한다.

문제8 침탄법에 대해서 설명하고 특징을 쓰시오.

해설 탄소의 함유량이 적은 저탄소강(0.2% 이하)을 탄소 또는 탄소를 많이 포함하는 재료로 표면을 싼 뒤에 노 속에 넣어 밀폐시켜 900~950℃로 오랫동안 가열하면 탄소가 재료의 표면에서 1mm 정도까지 침투하여, 이것을 급랭시켜 표면을 경화시키는 것으로 고체침탄법과 가스침탄법이 있다.
① 고체침탄법
  침탄제로 목탄, 코크스, 골탄 등인 고체를 이용하고 침탄촉진제로 탄산바륨($BaCO_3$), 탄산나트륨(Na_2CO_3) 등을 사용하여 침탄 후 급냉시켜 경화한다.
② 가스침탄법
  침탄제로 메탄, 에탄, 프로판 등을 사용

예상문제

1. 칼로라이징 표면 경화는 강의 표면에 어떤 원소를 침투시키는 것인가?
   ㉮ Al(알루미늄)   ㉯ Si(규소)
   ㉰ Cr(크롬)   ㉱ B(붕소)

2. 질화법에 관한 다음 사항 중 잘못된 것은?
   ㉮ 담금질할 필요가 없어 치수의 오차가 적다.
   ㉯ 질화 깊이가 0.3~0.7mm 정도이다.
   ㉰ 처리시간이 짧아 생산비가 적게 든다.
   ㉱ 내마멸성 및 내식성이 있다.

3. 강의 담금질을 하는 목적은?
   ㉮ 경도를 높인다.
   ㉯ 취성을 높인다.
   ㉰ 재질을 균일하게 한다.
   ㉱ 경도를 낮춘다.

4. 강의 열처리시 조직의 변화 순서는?
   ㉮ 마텐자이트→오스테나이트→소르바이트→트루스타이트
   ㉯ 오스테나이트→마텐자이트→트루스타이트→소르바이트
   ㉰ 트루스타이트→소르바이트→오스테나이트→마텐자이트
   ㉱ 소르바이트→트루스타이트→오스테나이트→마텐자이트

   해설 오스테나이트→마텐자이트→트루스타이트→ 소르바이트 → 펄라이트
   (100~200℃) (250~400℃)
   (400~600℃) (650℃)

5. T.T.T 곡선과 관계가 있는 곡선은?
   ㉮ Fe_3-C곡선   ㉯ 항온변태곡선
   ㉰ 탄성곡선   ㉱ 인장곡선

   해설 T.T.T 곡선(Time-temperature-transformation curve)을 공석강의 항온변태 곡선이라고도 한다.

6. S곡선에서 M_f점은 무엇을 표시하나?
   ㉮ 마텐자이트 변태가 시작하는 점
   ㉯ 마텐자이트 변태가 끝나는 점
   ㉰ 항온의 변태가 시작되는 점
   ㉱ 항온변태가 끝나는 점

   해설 S곡선(혹은 C곡선)에서 $M_s \sim M_f$점 범위에서는 마텐자이트로 변한다.

7. 금속재료의 표면에 강이나 주철의 작은 입자들을 고속으로 분산시켜, 표면층을 가공 경화에 의하여 경도를 높이는 방법은?
   ㉮ 하드 페이싱(hard facing)
   ㉯ 금속 침투법
   ㉰ 숏 피닝(shot peerling)
   ㉱ 고체침탄법

해답 1.㉮ 2.㉰ 3.㉮ 4.㉯ 5.㉯ 6.㉯ 7.㉰

8. 담금질(Quenching)의 냉각제에 대하여 설명한 것이다. 틀린 것은?
   ㉮ 열전도도 - 높은 편이 좋다.
   ㉯ 비등점 - 낮은 편이 좋다.
   ㉰ 비열 - 큰 편이 좋다.
   ㉱ 액온 - 비교적 낮은 쪽이 좋다.

9. 담금질 온도로 가열한 후, 공냉에 의해 경화되는 현상은?
   ㉮ 석출경화   ㉯ 자화성
   ㉰ 질량효과   ㉱ 자경성

10. Ar″변태란 무엇인가?
    ㉮ 오스테나이트 → 마텐자이트
    ㉯ 오스테나이트 → 트루스타이트
    ㉰ 오스테나이트 → 소르바이트
    ㉱ 트루스타이트 → 마텐자이트

11. 강의 담금질 작업 중에서 냉각효과가 가장 큰 냉각제는 어느 것인가?
    ㉮ 소금물   ㉯ 기름
    ㉰ 보통물   ㉱ 비눗물

    해설 담금질 액
    ① 소금물 : 냉각속도가 가장 빠르다.
    ② 물 : 처음은 경화능이 크나 온도가 올라갈수록 저하한다.(C강, Mn강, W강의 간단한 구조)
    ③ 기름 : 처음은 경화능이 작으나 온도가 올라갈수록 커진다.(20℃까지 경화능 유지)

12. 내부응력을 제거하고 인성을 개선하기 위한 열처리방법은?
    ㉮ 풀림   ㉯ 뜨임
    ㉰ 불림   ㉱ 담금질

13. 탄소강의 내부응력을 제거하고 재질을 연화시킬 목적으로 500~650℃ 부근에서 풀림현상을 무엇이라고 하는가?
    ㉮ 저온풀림
    ㉯ 완전풀림
    ㉰ 냉간풀림
    ㉱ 자연풀림

14. 다음 중 표면처리에 속하지 않는 열처리는?
    ㉮ 연질화   ㉯ 가스침탄
    ㉰ 고주파 담금   ㉱ 심랭처리

15. 열처리에 의한 철강재료의 강화와 밀접한 관계가 있는 것은?
    ㉮ 펄라이트 결정립도
    ㉯ 페라이트 결정립도
    ㉰ 오스테나이트 결정립도
    ㉱ 시멘타이트 결정립도

16. 냉간가공한 재료를 풀림처리시 나타나는 현상으로 틀린 것은?
    ㉮ 재결정 성장   ㉯ 결정립
    ㉰ 회복   ㉱ 응고

해답 8.㉯ 9.㉱ 10.㉮ 11.㉮ 12.㉯ 13.㉮ 14.㉱ 15.㉰ 16.㉱

17. 서브제로 처리를 올바르게 설명한 것은 다음 중 어느 것인가?
   ㉮ 담금질 후 계속 0℃ 이하의 온도까지 냉각시켜 잔류 오스테나이트를 감소시키는 것
   ㉯ 강철을 담금질하기 전에 표면에 붙은 불순물을 화학적으로 제거하는 열처리
   ㉰ 뜨임 처리하기 전에 온도를 영하 10℃까지 냉각한 후 펄라이트조직을 환원시켜 처리
   ㉱ 담금질 직후 바로 Tempering 하기 전에 얼마동안 0℃에 두었다가 템퍼링하는 것

18. Ar′ 변태를 바르게 설명한 것은?
   ㉮ 오스테나이트로부터 소르바이트로 변화하는 과정
   ㉯ 오스테나이트로부터 마텐자이트로 변화하는 과정
   ㉰ 마텐자이트로부터 펄라이트로 발생하는 변화과정
   ㉱ 오스테나이트로부터 트루스타이트로 변화하는 과정

19. 다음 중 강의 담금질 조직이 아닌 것은?
   ㉮ 트루스타이트   ㉯ 마텐자이트
   ㉰ 레데뷰라이트   ㉱ 소르바이트

   해설 강의 담금질 조직은 냉각속도에 따라 오스테나이트, 마텐자이트, 트루스타이트, 소르바이트의 4종으로 나타난다.

20. 금속을 가열한 다음 급속히 냉각시켜 재질을 경화시키는 열처리 방법은?
   ㉮ 뜨임   ㉯ 풀림
   ㉰ 담금질   ㉱ 불림

21. 풀림의 목적이 아닌 것은?
   ㉮ 강의 경도를 저하시켜 연하게 한다.
   ㉯ 경도를 증가시킨다.
   ㉰ 조직을 균질하게 한다.
   ㉱ 내부응력을 제거시킨다.

22. 염소를 함유한 물을 쓰는 수관에서 주로 발생하는 현상으로서 불순물 또는 부식성 물질이 녹아 있는 수용액의 작용에 의해 황동의 표면 또는 깊은 곳까지 나타나는 현상은?
   ㉮ 탈아연 부식   ㉯ 자연균열
   ㉰ 경년변화   ㉱ 풀림경화

23. 크랭크 축과 같이 복잡하고 큰 재료의 표면을 경화시키는데 가장 많이 사용하는 열처리 방법은?
   ㉮ 침탄법   ㉯ 불꽃경화법
   ㉰ 질화법   ㉱ 청화법

24. Sub-zero 처리는 다음 중 어느 것을 위해서 행하는가?
   ㉮ 펄라이트 → 마텐자이트화
   ㉯ 오스테나이트 → 펄라이트화
   ㉰ 잔류 오스테나이트 → 마텐자이트화
   ㉱ 트루스타이트 → 마텐자이트화

해답 17.㉮ 18.㉰ 19.㉰ 20.㉰ 21.㉯ 22.㉮ 23.㉯ 24.㉰

25. 마텐자이트와 베이나이트의 혼합조직을 얻는 열처리는?
    ㉮ 오스템퍼링   ㉯ 마퀜칭
    ㉰ 항온 풀림   ㉱ 마르템퍼링

26. 베이나이트(Bainite) 조직을 얻기 위한 항온열처리 조작은 어느 것인가?
    ㉮ 마퀜칭   ㉯ 오스포밍
    ㉰ 오스템퍼링   ㉱ 마르템퍼링

27. 다음 중 강을 가열(A_3) 연욕에 넣어 소르바이트 조직을 얻는 과정은?
    ㉮ 파텐팅   ㉯ 마퀜칭
    ㉰ 마르템버   ㉱ 오스템퍼

28. 항온 열처리 조직과 관계가 가장 큰 것은?
    ㉮ 마텐자이트 조직
    ㉯ 소르바이트 조직
    ㉰ 베이나이트 조직
    ㉱ 펄라이트 조직

29. 다음 중 풀림(Annealing)의 목적으로 관계가 먼 것은?
    ㉮ 강을 연화시킨다.
    ㉯ 결정조직을 균일화시킨다.
    ㉰ 내부응력을 제거한다.
    ㉱ 표준조직으로 만들어 준다.

    해설 〈풀림(Annealing)의 목적〉
    ① 기계적 성질의 개선
    ② 피절삭성의 개선
    ③ 상온가공 후의 인성의 향상
    ④ 재료의 불균일의 제거
    ⑤ 조직을 개선하고 담금질 효과를 향상
    ⑥ 내부응력의 제거

    〈풀림 후의 성질의 변화〉
    ① 내부응력은 재결정온도까지 감소한다.
    ② 강도와 경도는 재결정온도까지 급격히 감소한다.
    ③ 연신율과 단면수축률은 재결정온도까지 증가한다.
    ④ 결정입도는 풀림온도 상승과 더불어 결정의 회복, 재결정, 결정의 입자성장이 생긴다.

30. 파텐팅(Patenting)을 실시하는 재료로 적합한 것은?
    ㉮ 경강   ㉯ 황동
    ㉰ 청동   ㉱ 연강

31. 다음 재료 중 뜨임취성을 일으키는 것은?
    ㉮ 불변강   ㉯ 고 Mn강
    ㉰ 크롬강   ㉱ Ni-Cr 강

32. 다음 중 침탄법 설명이 잘못된 것은?
    ㉮ 고체 침탄시 침탄제로는 목탄가루에 탄산바륨을 혼합한 것을 사용한다.
    ㉯ 가스침탄법은 저탄소강을 침탄로에 넣고 침탄제로 메탄가스를 사용한다.
    ㉰ 액체 침탄법은 고체 침탄에 비하여 시간이 짧게 걸리나 균일한 침탄층은 얻을 수 있다.
    ㉱ 저탄소강의 표면에 탄소를 침입시키는 방법을 침탄법이라고 한다.

해답 25.㉱ 26.㉰ 27.㉮ 28.㉰ 29.㉱ 30.㉮ 31.㉱ 32.㉯

33. 다음 강의 표면경화법 중 물리적인 방법에 해당하는 것은?
   ㉮ 시안화법   ㉯ 침탄법
   ㉰ 화염경화법 ㉱ 질화법

34. 다음 열처리 방법 중 표면 경화법에 속하지 않는 것은?
   ㉮ 담금질   ㉯ 침탄법
   ㉰ 항온처리   ㉱ 풀림

35. 강철의 표면경화에서 질화법 중 질화강제로서 질화강에 함유하는 원소가 아닌 것은?
   ㉮ 크롬   ㉯ 알루미늄
   ㉰ 티탄   ㉱ 몰리브덴

36. 다음 중 강의 표면에 규소(Si)를 침투 처리하는 시멘테이션(Cementation)에 의한 경화방법을 무엇이라 하는가?
   ㉮ 칼로라이징(Calorizing)
   ㉯ 크로마이징(Chromizing)
   ㉰ 보로나이징(Boronizing)
   ㉱ 실리코나이징(Siliconizing)

37. 금속재료의 표면에 고속력으로 작은 알맹이를 분출시켜 충격에 의해 표면을 경화시켜주며 스프링, 기어 등의 표면경화에 적합한 표면경화법은?
   ㉮ 방전 경화법 ㉯ 금속침투 확산법
   ㉰ 숏 피닝법   ㉱ 고주파 경화법

해설 숏 피닝(Shot peening)
압축공기로 강구를 가공물 표면에 고속 분산시켜 가공물 표면을 경화시키는 방법

38. 담금질 중 마텐자이트 조직에 관한 사항으로서 틀린 것은?
   ㉮ 비용적의 오스테나이트 또는 펄라이트 조직보다 크다.
   ㉯ 강을 수중에 담금질하였을 때 나타나는 급랭된 침상조직이다.
   ㉰ α 마텐자이트는 뜨임상태에서 β 마텐자이트의 담금질 조직은 볼 수 있다.
   ㉱ 수중 담금질하여 얻은 마텐자이트 조직은 130℃ 부근에서 급격한 수축이 생긴다.

39. 파텐팅을 실시하는 재료로 적합한 것은?
   ㉮ 경강   ㉯ 황동
   ㉰ 청동   ㉱ 연강

40. 대단히 단단하고 내마모성이 우수하여 다이스, 게이지, 절삭공구 등에 좋은 효과가 있으므로 담금질한 부품을 줄질할 목적으로 줄에 표면처리하는 방법은?
   ㉮ 칼로라이징   ㉯ 크로마이징
   ㉰ 보로나이징   ㉱ 시멘테이션

해설 크로마이징(Chromizing)
Cr을 강의 표면에 침투시켜 내식, 내산, 내마멸성을 좋게 하는 방법으로 다이스, 게이지, 절삭공구 등에 이용된다.

해답 33.㉰ 34.㉯ 35.㉰ 36.㉱ 37.㉰ 38.㉱ 39.㉮ 40.㉯

41. 기어의 잇면, 크랭크 축, 캠, 스핀들, 펌프, 축, 동력 전달용 체인 등의 표면경화법으로 가장 적합한 것은?
    ㉮ 가스침탄법 ㉯ 질화법
    ㉰ 화염경화법 ㉱ 청화법

42. 강의 항온 열처리에서만 나타날 수 있는 조직은?
    ㉮ 트루스타이트(Troostite)
    ㉯ 베이나이트(Bainite)
    ㉰ 펄라이트(Pearlite)
    ㉱ 오스테나이트(Austenite)

43. 다음 열처리 방법 중에서 표면경화법은?
    ㉮ 침탄법   ㉯ 뜨임법
    ㉰ 항온처리법 ㉱ 불림법

44. 금속을 가열한 다음 급속히 냉각시켜 재질을 경화시키는 열처리방법은?
    ㉮ Tempering   ㉯ Quenching
    ㉰ Annealing   ㉱ Normalizing

    해설
    • 담금질 : 경화
    • 뜨임 : 인성부여,
    • 불림 : 균질화 내부응력 제거
    • 풀림 : 연화

45. 강철을 오스템퍼링(Austempering) 처리하면 얻어지는 조직으로서 열처리 변형이 적고 탄성이 증가한다. 이 조직은?
    ㉮ Martensite ㉯ Pearlite
    ㉰ Bainite   ㉱ Ledeburite

46. 담금질효과와 가장 관계없는 사항은?
    ㉮ 냉각속도 ㉯ 가열온도
    ㉰ 자성   ㉱ 냉각제

47. 다음 중 풀림처리의 목적으로 맞는 것은?
    ㉮ 연화 및 내부응력 제거
    ㉯ 조직의 균질화
    ㉰ 인성의 증가
    ㉱ 표면의 경화

48. 강을 담금질하여 뜨임할 때의 현미경조직 변화는?
    ㉮ 마텐자이트(martensite) → 소르바이트(sorbite) → 트루스타이트(troostite) → 오스테나이트(austenite)
    ㉯ 오스테나이트(austenite) → 마텐자이트(martensite) → 트루스타이트(troostite) → 소르바이트(sorbiite)
    ㉰ 마텐자이트(martensite) → 트루스타이트(troostite) → 소르바이트(sorbiite) → 오스테나이트(austenite)
    ㉱ 마텐자이트(martensite) → 오스테나이트(austenite) → 트루스타이트(troostite) → 소르바이트(sorbiite)

49. 담금질 균열의 원인이 아닌 것은 다음 중 어느 것인가?
    ㉮ 냉각속도가 너무 빠르다.
    ㉯ 담금질온도가 너무 높다.
    ㉰ 가열이 불균일할 때
    ㉱ 담금질 전 불림이 충분할 때

해답 41.㉰ 42.㉯ 43.㉮ 44.㉯ 45.㉰ 46.㉰ 47.㉮ 48.㉯ 49.㉱

50. 담금질 후에 심냉처리를 해야 하는 금형용 재료는 어느 것인가?
    ㉮ 절삭공구강   ㉯ 게이지강
    ㉰ 초경합금   ㉱ 구조용강

51. 표면 경화강인 질화강에서 질화층의 경도를 높여주는 역할을 하는 원소는?
    ㉮ 구리크롬   ㉯ 구리
    ㉰ 몰리브덴   ㉱ 알루미늄

52. 자동차의 크랭크축, 캠, 스핀들, 동력 전달용 체인, 펌프축, 밸브, 톱니바퀴 등과 같은 제품의 표면경화법으로 적합한 것은?
    ㉮ 질화법   ㉯ 화염경화법
    ㉰ 청화법   ㉱ 침탄법

53. 다음 중 화학적 표면 경화법이 아닌 것은?
    ㉮ 시안화법   ㉯ 침탄법
    ㉰ 고주파경화법 ㉱ 질화법

54. 담금질에 의한 변형 방지법 중 관계가 없는 것은?
    ㉮ 소재를 대칭되는 축방향으로 냉각액 속에 넣는다.
    ㉯ 소재를 냉각액 속에 가라앉지 않게 한다.
    ㉰ 중공의 소재를 냉각액 속에 장시간 담가둔다.
    ㉱ 가열된 소재는 냉각액 속에서 흔들어 준다.

55. 질화강의 질화층 경도를 높여주는 원소는?
    ㉮ Al   ㉯ Mo
    ㉰ Ni   ㉱ Zn

56. 강중의 특수원소 중 뜨임취성(temper brittleness)을 현저히 감소시키며 열처리 효과를 더욱 크게 하여 질량 효과를 감소시킴과 동시에 단조시 스케일(scale)의 분리가 잘되어 표면을 매끈하게 하는 특성을 갖는 원소는?
    ㉮ Cr   ㉯ Ni
    ㉰ Mo   ㉱ W

57. 열처리에서 상부 임계 냉각속도(upper criticaling velocity)란 다음 어느 것을 말하는가?
    ㉮ Ar′와 Ar″ 변태가 동시에 나타나는 냉각속도
    ㉯ Ar′ 변태만이 일어나는 냉각속도
    ㉰ Ar″ 변태만이 나타나는 냉각속도
    ㉱ Ar′나 Ar″ 변태가 일어나지 않게 되는 냉각

58. 강도, 경도가 가장 높은 조직은 다음 중 어느 것인가?
    ㉮ 트루스타이트
    ㉯ 마텐자이트
    ㉰ 소르바이트
    ㉱ 오스테나이트

해답 50.㉯ 51.㉱ 52.㉮ 53.㉰ 54.㉰ 55.㉮ 56.㉰ 57.㉰ 58.㉯

제 16 장

안전관리

1 일반적인 안전사항

1) 작업복장

(1) 작업복

① 작업복은 신체에 맞고 가벼운 것으로써 때에 따라서는 상의의 끝이나 바지자락이 말려 들어가지 않도록 하기 위해 잡아매는 것도 좋다.
② 실밥이 풀리거나 터진 것은 즉시 꿰매도록 한다.
③ 늘 깨끗이 하고 특히 기름이 묻은 작업복은 불이 붙기 쉬우므로 위험하다.
④ 더운 계절이나 고온 작업시에도 작업복을 벗지 않는다. 직장 규율 및 기강에도 좋지 않을 뿐만 아니라, 재해의 위험성이 크다.
⑤ 착용자의 연령, 직종 등을 고려해서 적절한 스타일을 선정한다.

(2) 작업모

① 기계의 주위에서 작업을 하는 경우에는 반드시 모자를 쓰도록 한다.
② 여자 및 장발자의 경우에는 모자나 수건으로 머리카락을 완전히 감싸도록 한다.
③ 여자의 경우에 일부러 앞 머리카락을 내놓고 모자를 착용하는 경우가 많으므로 착용방법에 대하여 잘 지도한다.

(3) 신발

① 신발은 작업 내용에 잘 맞는 것을 선정하고, 샌들 등은 걸음걸이가 불안정해 넘어질 우려가 있으므로 착용하지 않는다.
② 맨발은 부상당하기 쉽고 고열 물체에 닿을 때도 위험하므로 절대로 금한다.
③ 신발은 안전화의 착용이 바람직하다.

(4) 보호구

① 작업에 필요한 적절한 보호구를 선정하고 올바른 사용 방법을 익혀 둔다.
② 필요한 수량의 비치, 정비, 점검 등 보호구의 관리를 철저히 한다.
③ 필요한 보호구는 반드시 착용한다.
　㉮ 보안경 : 철분, 모래 등이 날리는 작업(연삭, 선반, 셰이퍼, 목공기계 등)에 사용한다.
　㉯ 차광 보호 안경 : 용접 작업과 같이 불티나 유해광선이 나오는 작업에 사용한다.
　㉰ 방진 마스크 : 먼지가 많은 장소와 해로운 가스(납, 비소)가 발생되는 작업에 사용, 산소가 16% 이하로 결핍되었을 시는 산소마스크를 사용한다.
　㉱ 장갑 : 선반작업, 드릴, 목공기계, 연삭, 해머, 정밀기계 작업 등에는 장갑 착용을 금한다.
　㉲ 귀마개 : 소음이 발생하는 작업, 제관, 조선, 단조, 직포 작업 등에는 귀마개를 사용한다.
　㉳ 안전모
　　　㉠ 물건이 떨어지거나 추락, 충돌에서 머리를 보호할 수 있는 안전모를 착용한다.
　　　㉡ 안전모의 상부와 머리 상부 사이의 간격은 25mm 이상 유지해야 한다.
　　　㉢ 턱 조리개는 반드시 졸라맨다.

2) 통행과 운반

(1) 통행시 안전수칙

① 통행로 위의 높이 2m 이하에는 장해물이 없을 것.
② 기계와 다른 시설물과의 사이의 통행로 폭은 80cm 이상으로 할 것.
③ 뛰지 말 것.
④ 한눈을 팔거나 주머니에 손을 넣고 걷지 말 것.
⑤ 통로가 아닌 곳을 걷지 말 것.
⑥ 좌측 통행규칙을 지킬 것.
⑦ 높은 작업장 밑을 통과할 때 조심할 것.
⑧ 작업자나 운반자에게 통행을 양보할 것.

⑨ 통행로에 설치된 계단은 다음 사항을 고려하여 설치할 것.
　㉮ 견고한 구조로 할 것.
　㉯ 경사는 심하지 않게 할 것.
　㉰ 각 계단의 간격과 너비는 동일하게 할 것.
　㉱ 높이 5m를 초과할 때에는 높이 5m 이내마다 계단실을 설치할 것.
　㉲ 적어도 한쪽에는 손잡이를 설치할 것.

(2) 운반시 안전수칙
① 운반차는 규정 속도를 지킬 것.
② 운반시 시야를 가리지 않게 쌓을 것
③ 승용석이 없는 운반차에는 승차하지 말 것.
④ 빙판의 운반시 미끄럼에 주의할 것.
⑤ 긴 물건에는 끝에 표지를 단 후 운반할 것.
⑥ 통행로와 운반차, 기타의 시설물에는 안전표지 색을 이용한 안전표지를 할 것.

(3) 작업장에서 작업을 시작하기 전 점검사항
① 기계 공구가 그 기능이 정상적인가?
② 가스 사용시 누설이 없는가, 폭발 위험이 없는가?
③ 전기 장치에 이상이 없는가?
④ 작업장 조명이 정상인가?
⑤ 정리 정돈이 잘 되어 있는가?
⑥ 주변에 위험물이 없는가?

2 수공구류의 안전수칙

1) 일반적인 안전수칙
(1) 일반수칙
① 손이나 공구에 묻은 기름, 물 등을 닦아낼 것. 기름 묻은 공구 사용은 미끄럽다.
② 주위를 정리 정돈할 것.
③ 수공구는 그 목적 이외는 사용치 말 것.

④ 좋은 공구를 사용할 것.
⑤ 사용법에 알맞게 쓸 것.

(2) 수공구류 안전수칙
① 해머작업
　㉮ 보호안경을 착용할 것.
　㉯ 처음에는 서서히 칠 것.
　㉰ 장갑을 끼지 말 것.
　㉱ 해머를 자루에 꼭 끼울 것.
　㉲ 대형의 사용시 능력에 맞게 사용할 것.
　㉳ 좁은 곳에서 사용하지 말 것.
② 정, 끌작업
　㉮ 머리가 벗겨진 정은 사용하지 말 것.
　㉯ 정은 기름을 깨끗이 닦은 후에 사용할 것.
　㉰ 따내기 작업시는 보호안경을 착용할 것.
　㉱ 절단시 조각의 비산에 주의할 것.
　㉲ 반대편에 차폐막 설치
　㉳ 정을 잡은 손의 힘을 뺄 것.
　㉴ 날끝이 결손된 것이나 둥글어진 것은 사용하지 말 것.
　㉵ 정 작업은 처음에는 가볍게 두들기고 목표가 정해진 후에 차츰 세게 두들기며, 작업이 끝날 때는 타격을 약하게 할 것.
　㉶ 절삭면을 손가락으로 만지거나 절삭칩을 손으로 제거하지 말 것.

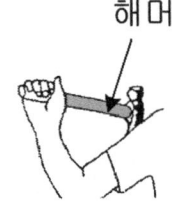

해머의 바른 파지법

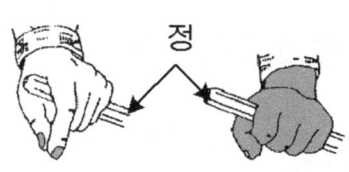

(a) 좋은 예(가볍게 잡는다)　　(b) 나쁜 예(지나치게 강하게 잡는다)

정을 잡는 법

③ 스패너, 렌치 작업
  ㉮ 해머 대용으로 사용하지 말 것.
  ㉯ 너트에 꼭 맞게 사용할 것.
  ㉰ 조금씩 돌릴 것.
  ㉱ 벗겨져도 손을 다치거나 넘어지지 않는 자세를 취할 것.
  ㉲ 작은 볼트에 너무 큰 몽키렌치를 쓰지 말 것.
  ㉳ 스패너에 파이프를 끼우거나 해머로 두들겨서 돌리지 말 것.
  ㉴ 몸 앞으로 잡아당길 것.
  ㉵ 스패너와 너트 사이에 물림쇠를 끼우지 말 것.
④ 드라이버 작업
  ㉮ 드라이버는 홈에 맞는 것을 쓸 것.
  ㉯ 드라이버의 이가 상한 것을 쓰지 말 것. 날끝이 수평이어야 한다.
  ㉰ 작업 중 드라이버가 빠지지 않도록 할 것.
  ㉱ 전기 작업에서는 절연된 드라이버 또는 전기의 통전 점검시는 검전 드라이버를 사용할 것.

2) 다듬질의 안전작업

(1) 바이스 작업
① 바이스는 이가 꼭 맞게 할 것.
② 바이스대에 재료, 공구 등을 올려놓지 말 것.
③ 작업 중 바이스를 자주 조일 것.
④ 조(jaw)의 기름을 잘 닦아낼 것.
⑤ 조(jaw)의 중심에 공작물이 오도록 고정할 것.
⑥ 가공물에 체결한 다음에는 반드시 핸들을 밑으로 내릴 것.
⑦ 둥근 가공물은 프리즘(prism)형 보조구를 이용하여 고정한다.
⑧ 불안정한 공작물, 무거운 공작물을 고정할 때는 공작물 밑에 나무 조각 등의 대를 받쳐서 작업중에 공작물이 낙하하지 않도록 한다.

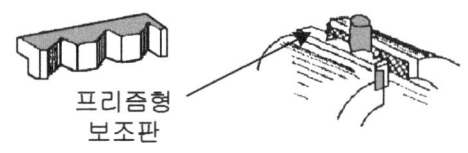

바이스의 프리즘형 보조판 사용 예

(2) 줄 작업

① 줄에 담금질 균열이 있는 것은 사용 중에 부러질 우려가 있으므로 잘 점검한다.
② 줄자루는 소정의 크기의 것으로 튼튼한 쇠고리가 끼워진 것을 선택하고, 자루를 확실하게 고정하여 사용한다.
③ 칩은 입으로 불거나 맨손으로 털지 말고 반드시 브러시로 턴다.
④ 줄을 레버나 잭 핸들 또는 해머 대신 사용해서는 안 된다.
⑤ 줄질 후 쇠가루를 입으로 불어내지 않도록 한다.
⑥ 바른손에 힘을 주고 왼손은 균형을 잡도록 한다.
⑦ 자루를 단단히 끼우고 사용한다.

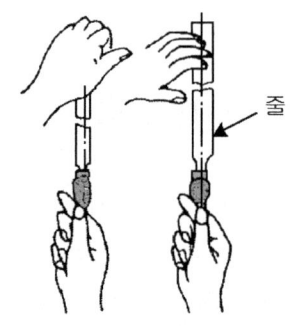

줄 잡는 방법

(3) 손톱 작업

① 작업 중 톱날이 부러져서 상처를 입지 않도록 한다.
② 쇠톱자루와 테의 선단을 잘 붙들고 좌우로 흔들리지 않도록 작업한다.
③ 절삭이 끝날 무렵에는 힘을 빼고 가볍게 사용한다.

(4) 스크레이핑 작업

① 스크레이퍼의 절삭날은 날카로우므로 특히 유의하여 취급한다.
② 작업을 할 때는 공작물이 미끄러지지 않도록 고정시킨다.
③ 허리로 스크레이퍼 작업을 할 때는 우측 배에 스크레이퍼를 댄다.

3) 주요 기계 작업시 안전

(1) 공작기계의 안전수칙

① 기계 위에 공구나 재료를 올려놓지 않는다.
② 이송을 걸어 놓은 채 기계를 정지시키지 않는다.
③ 기계의 회전을 손이나 공구로 멈추지 않는다.
④ 가공물, 절삭공구의 설치를 확실히 한다.
⑤ 절삭 공구는 짧게 설치하고 절삭성이 나쁘면 일찍 바꾼다.
⑥ 칩이 비산할 때는 보안경을 사용한다.

⑦ 칩을 제거할 때는 브러시나 칩 클리너를 사용하고 맨손으로 하지 않는다.
⑧ 절삭중 절삭면에 손이 닿아서는 안 된다.
⑨ 절삭중이나 회전중에는 공작물을 측정하지 않는다.

(2) 선반 작업
① 가공물의 설치는 전원을 전원 스위치를 끄고 바이트를 충분히 뗀 다음 설치한다.
② 돌리개는 적당한 크기의 것을 선택하고 심압대 스핀들이 지나치게 나오지 않도록 한다.
③ 공작물의 설치가 끝나면 척, 렌치류는 곧 떼어 놓는다.
④ 편심된 가공물의 설치는 균형추를 부착시킨다.
⑤ 바이트는 기계를 정지시킨 다음에 설치한다.
⑥ 줄 작업이나 사포로 연마할 때는 몸자세·손동작에 유의한다.

(3) 밀링 작업
① 절삭 공구 설치시 시동 레버와 접촉하지 않도록 한다.
② 공작물 설치시 절삭 공구의 회전을 정지시킨다.
③ 상하 이송용 핸들은 사용 후 반드시 벗겨 놓는다.
④ 가공 중에는 얼굴을 기계에 가까이 대지 않도록 한다.
⑤ 절삭 공구에 절삭유를 줄 때는 커터 위에서부터 주유한다.
⑥ 칩이 비산하는 재료는 커터 부분에 커버를 하든가 보안경을 착용한다.

(4) 연삭 작업
① 숫돌은 반드시 시운전에 지정된 사람이 설치해야 한다.
② 숫돌을 설치하기 전에 나무망치로 숫돌을 때려 조사한다. 균열이 있으면 탁한 소리가 난다.
③ 숫돌차는 기계에 규정된 것을 사용한다.
④ 숫돌차의 안지름은 축의 지름보다 0.05~0.15mm 정도 커야 한다.
⑤ 플랜지는 좌우 같은 것을 사용하고, 숫돌 바깥지름의 1/3 이상의 것을 사용한다.
⑥ 플랜지와 숫돌 사이에는 플랜지와 같은 크기의 패킹을 양쪽에 끼우고 너트를 너무 강하게 조이지 않도록 한다.
⑦ 숫돌은 3분 이상, 작업 개시 전에는 1분 이상 시운전한다. 그 때, 숫돌의 회전방향으로부터 몸을 피하여 안전에 유의한다.
⑧ 숫돌과 받침대의 간격은 항상 3mm(1.5mm 정도) 이하로 유지한다.

⑨ 공작물과 숫돌은 조용하게 접촉하고, 무리한 압력으로 연삭해서는 안 된다.
⑩ 공작물은 받침대로 확실하게 지지한다.
⑪ 소형 숫돌은 측압에 약하므로 컵형 숫돌 외는 측면 사용을 피한다.
⑫ 숫돌의 커버를 벗겨 놓은 채 사용해서는 안 된다.
⑬ 안전 차폐막을 갖추지 않은 연삭기를 사용할 때는 방진 안경을 사용한다.

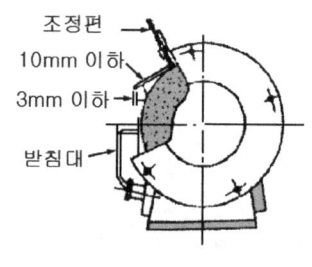

연삭 숫돌의 커버

(5) 플레이너 작업
① 테이블의 행정에 따라서 미리 안전책을 배치한다.
② 테이블의 행정 내에 장애물이 없는가를 확인한 후 시동한다.
③ 작업중 테이블에 발을 올려놓지 않도록 한다.

(6) 셰이퍼 작업
① 운전중 램의 운전 방향에 있어서는 안 된다.
② 램의 행정 내에 장애물이 있어서는 안 된다.

(7) 슬로팅 머신 작업
① 바이트의 행정은 미리 수동으로 조사한다.
② 운전 중에 구멍으로 들여다보거나 필요 이상으로 얼굴을 가까이 하지 않는다.

(8) 기어 커팅머신 작업
① 기어를 교환할 때는 스위치를 끊는다.
② 운전 중에는 기어 복스의 뚜껑을 닫는다.
③ 커터 복스는 무거우므로 낙하했을 경우에 손이 끼지 않도록 유의한다.

(9) 용접시 안전수칙
① 산소 용접시 안전수칙
  ㉮ 용접 작업시 적당한 차광안경을 사용한다.
  ㉯ 점화시 아세틸렌 밸브를 먼저 열고 점화된 뒤 산소 밸브를 연다.
  ㉰ 충전된 산소병은 직사광선이 직접 투사하는 곳에 놓지 않도록 한다.

㉣ 작업 후 산소 밸브를 먼저 닫고 아세틸렌 밸브를 닫는다.
㉤ 점화는 성냥불이나 담뱃불로 하지 않도록 한다.
㉥ 역화가 일어났을 때는 즉시 산소 밸브를 잠근다.
㉦ 산소 발생기에서 5m 이내, 발생기실에서 3m 이내의 장소에서 흡연과 화기를 사용하거나 불꽃이 일어나는 행위를 금한다.
㉧ 아세틸렌 사용압력은 $1[kg/cm^2]$을 사용하고, 산소 용접기의 압력은 $150[kg/cm^2]$ 이하로 사용한다.
㉨ 사용 중 용기의 개폐 밸브용 핸들은 만일에 대비하여 용기 가까이에 둔다.
㉩ 아세틸렌 누출 검사시는 비눗물을 사용하여 검사한다.
㉪ 용접 작업 중 유해가스, 연기, 분진 등의 발생이 심한 때에는 방진 마스크를 사용한다.
㉫ 실린더 저장소는 50피트 이내 "금연"이란 표지를 달아둔다.
㉬ 압축가스 실린더 저장소는 건물 또는 타 가연성물질 저장소로부터 40피트 이상 떨어져 있어야 한다.

② 전기 용접의 안전수칙
㉮ 용접시에는 소화기 및 소화수를 준비한다.
㉯ 우천시 옥외 작업을 금한다.
㉰ 홀더는 항상 파손되지 않은 것을 사용한다.
㉱ 용접봉을 갈아 끼울 때는 홀더의 충전부에 몸이 닿지 않도록 주의한다.
㉲ 작업시에는 반드시 보호 장비를 착용한다.
㉳ 벗겨진 홀더는 사용하지 않도록 한다.
㉴ 작업 중단시는 전원 스위치를 끄고 커넥터를 풀어준다.
㉵ 피용접물은 코드를 완전히 접지시킨다.
㉶ 환기장치가 완전한 일정한 장소에서 용접한다.
㉷ 보호 장갑 및 에이프런(앞치마), 정강이 받이 등을 착용한다.

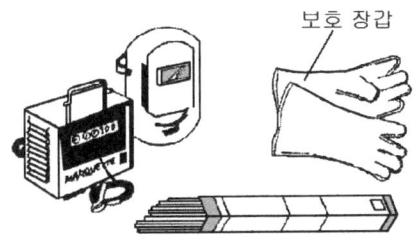

전기용접기와 헬밋과 보호 장갑

(10) 드릴 작업
① 회전하고 있는 주축이나 드릴에 손이나 걸레를 대거나 머리를 가까이 해서는 안 된다.
② 드릴은 양호한 것을 사용하고, 섕크에 상처나 균열이 있는 것을 사용해서는 안 된다.
③ 가공중에 드릴의 절삭성이 나빠지면 곧 드릴을 재연삭하여 사용한다.
④ 드릴을 고정하거나 풀 때는 주축이 완전히 멈춘 후에 한다.
⑤ 작은 물건은 바이스나 고정구로 고정하고 직접 손으로 잡지 말아야 한다.
⑥ 얇은 물건을 드릴 작업할 때는 밑에 나무 등을 놓고 구멍을 뚫어야 한다.
⑦ 드릴 끝이 가공물의 맨 밑에 나올 때, 가공물이 회전하기 쉬우므로 이때는 이송을 늦춘다.
⑧ 가공 중 드릴이 가공물에 박히면 기계를 정지시키고 손으로 돌려서 드릴을 뽑아야 한다.
⑨ 드릴이나 소켓 등을 뽑을 때는 드릴뽑게를 사용하며, 해머 등으로 두들겨 뽑지 않도록 한다.
⑩ 드릴 및 척을 뽑을 때는 주축과 테이블의 간격을 좁히고 테이블 위에 나무 조각을 놓고 받는다.

(11) 프레스(전단기) 작업
① 기계의 사용방법을 완전히 익힐 때까지는 함부로 기계를 손대지 않는다.
② 작업 전에 급유하고 몇 번 운전하여 활동부의 움직임 및 작업상태를 점검한다.
③ 형틀(die) 고정(교환) 후 시험 작업을 해 본다.
④ 안전장치의 작동상태를 점검하고 잘못된 것은 조정한다.
⑤ 운전중 램 밑에 손이 들어가지 않게 주의한다.
⑥ 2명 이상이 작업할 때는 신호를 정확하게 하고 조작하여 안전을 기한다.
⑦ 작업이 끝난 후엔 반드시 스위치를 내린다.
⑧ 페달을 불필요하게 밟지 않는다.
⑨ 손질, 수리, 조정 및 급유시에는 기계를 멈추고 한다.
⑩ 이송장치나 배출 장치를 사용하며, 손의 사용은 가급적 줄인다.
⑪ 다이의 구조를 고려하여 위험작업을 줄인다.

4) 동력 전달 장치의 안전화
기계에 동력을 전달하는 원동기, 축, 기어, 폴리, 벨트에는 항상 위험이 따르므로 적당한 안전장치를 해야 한다.

(1) 벨트의 안전장치
① 벨트의 이음쇠는 돌기가 없는 구조로 한다.
② 벨트가 돌아가는 부분에는 커버, 울타리 등을 한다.
③ 바닥에서 2m 이내에 있는 벨트로서 통행 중 접근할 염려가 있는 것은 둘러싸거나 안전 울타리를 한다.
④ 통로나 작업장소 위에 있는 벨트로서 축 거리 3m 이내, 너비 15cm 이상, 속도 10m/sec의 경우는 불시 단절로 인한 재해 방지장치를 해야 한다.

(2) 축(shaft)의 안전장치
① 세트 볼트, 키 등의 머리가 튀어 나온 것은 컬러로 덮어준다.
② 돌출부가 없어도 지상 2m 이내에서는 의복, 머리카락 등이 감기지 않도록 장치를 한다.

(3) 기어 맞물림 부의 안전장치
① 기어는 가급적 전부 덮어야 한다.
② 맞물린 부분과 측면 부분은 특히 안전 커버를 한다.

익힘문제

문제1 작업장에서 작업을 시작하기 전 점검사항을 설명하시오.

해설
① 기계 공구가 그 기능이 정상적인가?
② 가스 사용시 누설이 없는가, 폭발 위험이 없는가?
③ 전기 장치에 이상이 없는가?
④ 작업장 조명이 정상인가?
⑤ 정리 정돈이 잘 되어 있는가?
⑥ 주변에 위험물이 없는가?

문제2 줄 작업에서의 안전작업에 대해서 설명하시오.

해설
① 줄에 담금질 균열이 있는 것은 사용 중에 부러질 우려가 있으므로 잘 점검한다.
② 줄자루는 소정의 크기의 것으로 튼튼한 쇠고리가 끼워진 것을 선택하고, 자루를 확실하게 고정하여 사용한다.
③ 칩은 입으로 불거나 맨손으로 털지 말고 반드시 브러시로 턴다.
④ 줄을 레버나 잭 핸들 또는 해머 대신 사용해서는 안 된다.
⑤ 줄질 후 쇠가루를 입으로 불어내지 않도록 한다.
⑥ 오른손에 힘을 주고 왼손은 균형을 잡도록 한다.
⑦ 자루를 단단히 끼우고 사용한다.

문제3 공작기계의 안전수칙에 대해서 설명하시오.

해설
① 기계 위에 공구나 재료를 올려놓지 않는다.
② 이송을 걸어 놓은 채 기계를 정지시키지 않는다.
③ 기계의 회전을 손이나 공구로 멈추지 않는다.
④ 가공물, 절삭공구의 설치를 확실히 한다.
⑤ 절삭 공구는 짧게 설치하고 절삭성이 나쁘면 일찍 바꾼다.
⑥ 칩이 비산할 때는 보안경을 사용한다.
⑦ 칩을 제거할 때는 브러시나 칩 클리너를 사용하고 맨손으로 하지 않는다.
⑧ 절삭중 절삭면에 손이 닿아서는 안 된다.
⑨ 절삭중이나 회전중에는 공작물을 측정하지 않는다.

문제4 선반 작업의 안전수칙에 대해서 설명하시오.

해설
① 가공물의 설치는 전원 스위치를 끄고 바이트를 충분히 뗀 다음 설치한다.
② 돌리개는 적당한 크기의 것을 선택하고, 심압대 스핀들이 지나치게 나오지 않도록 한다.
③ 공작물의 설치가 끝나면 척, 렌치류는 곧 떼어 놓는다.
④ 편심된 가공물의 설치는 균형추를 부착시킨다.
⑤ 바이트는 기계를 정지시킨 다음에 설치한다.
⑥ 줄 작업이나 사포로 연마할 때는 몸자세·손동작에 유의한다.

문제5 밀링 작업의 안전수칙에 대해서 설명하시오.

해설
① 절삭 공구 설치시 시동 레버와 접촉하지 않도록 한다.
② 공작물 설치시 절삭 공구의 회전을 정지시킨다.
③ 상하 이송용 핸들은 사용 후 반드시 벗겨 놓는다.
④ 가공중에는 얼굴을 기계에 가까이 대지 않도록 한다.
⑤ 절삭 공구에 절삭유를 줄 때는 커터 위에서부터 주유한다.
⑥ 칩이 비산하는 재료는 커터 부분에 커버를 하든가 보안경을 착용한다.

문제6 해머작업의 안전수칙에 대해서 설명하시오.

해설
① 보호안경을 착용할 것.
② 처음에는 서서히 칠 것.
③ 장갑을 끼지 말 것.
④ 해머를 자루에 꼭 끼울 것.
⑤ 대형의 사용시 능력에 맞게 사용할 것.
⑥ 좁은 곳에서 사용하지 말 것.

예상문제

1. 기계 작업의 작업복으로서 적당치 않은 것은?
   ㉮ 소매를 오무려 붙이도록 되어 있는 것.
   ㉯ 소매를 손목까지 가릴 수 있을 것.
   ㉰ 잠바형으로서 상의 옷자락을 여밀 수 있을 것.
   ㉱ 계측기 등을 넣기 위해 호주머니가 많을 것.

2. 해머 작업시 장갑을 끼면 안 되는 이유는?
   ㉮ 손에 상처를 적게 하기 위하여
   ㉯ 주의력이 산만해지므로
   ㉰ 미끄러지기 쉬우므로
   ㉱ 비산하는 파편에 상처를 입지 않기 위해서

3. 드라이버 사용시 주의 사항이다. 잘못 설명한 것은?
   ㉮ 홈의 폭과 같은 것을 사용할 것
   ㉯ 날끝이 둥근 것을 사용할 것
   ㉰ 자루에 대하여 축이 수직일 것
   ㉱ 공작물을 고정할 것

4. 다음 작업 중 보안경이 필요한 것은?
   ㉮ 리벳팅 작업   ㉯ 황산 제조 작업
   ㉰ 줄 작업   ㉱ 선반 작업

   [해설] 칩이 비산하는 작업(《예》 선반, 밀링, 드릴 등)에는 보안경을 사용한다.

5. 스패너 작업 중 가장 옳은 것은?
   ㉮ 스패너 자루에 파이프 등을 끼워서 사용한다.
   ㉯ 가동 조에 가장 큰 힘이 걸리도록 한다.
   ㉰ 볼트 머리보다 약간 큰 스패너를 사용하도록 한다.
   ㉱ 고정 조에 힘이 많이 걸리도록 한다.

6. 다음 중 작업장에서 착용해서는 안 되는 것은?
   ㉮ 넥타이나 반지
   ㉯ 안전모
   ㉰ 작업모
   ㉱ 작업화

   [해설] 안전모는 중량물을 입체적으로 취급할 때 사용하며, 작업모, 작업화도 안전을 위하여 작업시 사용해야 한다. 넥타이는 회전체에 감기기 쉽고, 반지는 전기의 양도체이므로 위험하다.

7. 다음 중 가장 재해가 많은 동력전달 장치는?
   ㉮ 벨트   ㉯ 커플링
   ㉰ 기어   ㉱ 차축

8. 사다리 작업시 사다리의 경사 각도는?
   ㉮ 0°   ㉯ 45°
   ㉰ 30°   ㉱ 15°

[해답] 1.㉱ 2.㉰ 3.㉯ 4.㉱ 5.㉰ 6.㉮ 7.㉮ 8.㉱

9. 회전중 연삭숫돌의 파괴 위험에 대비한 장치는?
   ㉮ 받침대   ㉯ 커버
   ㉰ 플랜지   ㉱ 와셔

10. 연삭숫돌이 작업중에 파손되는 원인은?
    ㉮ 숫돌과 공작물의 재질이 맞지 않을 때
    ㉯ 입도가 작을 때
    ㉰ 숫돌 회전수가 규정 이상일 때
    ㉱ 숫돌 커버가 없을 때

11. 기계와 기계의 간격은 최소한 얼마 이상으로 해야 하는가?
    ㉮ 0.5m   ㉯ 1.4m
    ㉰ 1.2m   ㉱ 0.8m

12. 안전작업이 필요한 이유 중 틀린 것은?
    ㉮ 생산성 감소
    ㉯ 인명피해 예상
    ㉰ 설비 손실의 감소
    ㉱ 생산재 손실 감소

13. 밀링 작업에서 주의할 점 중 잘못 설명한 것은?
    ㉮ 절삭 중 측정기로 측정한다.
    ㉯ 커터에 옷이 감기지 않도록 한다.
    ㉰ 보호안경을 사용한다.
    ㉱ 일감은 기계가 정지한 상태에서 고정한다.

14. 밀링 작업시 안전에 대한 설명이다. 잘못 설명한 것은?
    ㉮ 절삭중 표면 거칠기를 손으로 검사한다.
    ㉯ 측정은 기계를 정지시킨 후 한다.
    ㉰ 칩은 솔로 제거한다.
    ㉱ 작업 중에는 장갑을 끼지 않도록 한다.

15. 밀링 작업에 대한 설명 중 틀린 것은?
    ㉮ 일감의 고정과 제거는 기계 정지 후 실시한다.
    ㉯ 측정은 기계 정지 후 실시한다.
    ㉰ 절삭 중 칩 제거는 칩 브레이커로 한다.
    ㉱ 기계사용 후 이송 장치 핸들은 풀어 놓는다.

    해설 선반 작업에서는 칩이 길게 연속적으로 나오기 때문에 칩 브레이커가 필요하나, 밀링 작업에서는 칩이 짧게 끊어져 나오기 때문에 칩 브레이커가 필요 없다.

16. 밀링 커터를 바꿀 때의 주의 사항이다. 옳은 것은?
    ㉮ 밑에 걸레를 깔고 바꾼다.
    ㉯ 밑에 목재 받침을 깔고 바꾼다.
    ㉰ 그냥 바꾼다.
    ㉱ 밑에 종이를 깔고 바꾼다.

17. 숫돌은 연삭기에 장치한 후 몇 분 동안 시운전을 해야 하는가?
    ㉮ 1분   ㉯ 8분
    ㉰ 5분   ㉱ 3분

해답 9.㉯ 10.㉰ 11.㉱ 12.㉮ 13.㉮ 14.㉮ 15.㉰ 16.㉯ 17.㉱

18. 양두 그라인딩 작업시 작업자로서 가장 위험한 곳은?
   ㉮ 숫돌의 회전방향
   ㉯ 숫돌바퀴의 오른쪽
   ㉰ 숫돌바퀴의 왼쪽
   ㉱ 숫돌의 후면

19. 다음은 연삭 작업시 주의할 점이다. 틀린 것은?
   ㉮ 양 숫돌바퀴의 입도는 같게 하여야 한다.
   ㉯ 숫돌을 해머로 가볍게 두드려서 소리를 들어 균열을 확인한다.
   ㉰ 숫돌 커버를 반드시 장치한다.
   ㉱ 작업 전에 몇 분 동안 공회전시켜 이상 유무를 확인한다.

20. 셰이퍼 작업시 주의할 점 중 틀린 것은?
   ㉮ 일감을 바이스에 확실히 고정하도록 한다.
   ㉯ 절삭중 일감에 손을 대지 않도록 한다.
   ㉰ 램 조정 핸들은 조정 후 빼놓도록 한다.
   ㉱ 바이트를 항상 손으로 누르면서 작업을 한다.

21. 취급 운반 재해의 안전 사항 중 틀린 것은?
   ㉮ 슈트를 설치하여 중력의 이용을 시도한다.
   ㉯ 취급 운반 작업을 단순화한다.
   ㉰ 작업장의 조명, 환기를 적절히 한다.
   ㉱ 작은 물건을 손으로 운반한다.

해설 작은 물건은 상자나 용기 속에 넣어 운반한다.

22. 선반 작업시 주의할 점을 옳게 설명한 것은?
   ㉮ 보링 중 구멍 속에 손가락을 넣지 않는다.
   ㉯ 회전 중 버니어캘리퍼스로 측정한다.
   ㉰ 보링 바이트는 가능한 한 길게 한다.
   ㉱ 회전 중에 칩은 장갑을 끼고 깨끗이 청소한다.

23. 정 작업시 정을 잡는 방법 중 옳은 것은?
   ㉮ 꼭 잡는다.
   ㉯ 두 손으로 잡는다.
   ㉰ 재질에 따라 다르다.
   ㉱ 가볍게 잡는다.

24. 정으로 홈을 파내려고 할 때 안전 작업이 아닌 것은?
   ㉮ 정의 거스러미를 제거하여 사용한다.
   ㉯ 파편이 튀지 않게 칸막이를 한다.
   ㉰ 해머의 쐐기를 박는다.
   ㉱ 장갑을 끼고 작업한다.

25. 선반에서 주축 변속은 언제 하는 것이 좋은가?
   ㉮ 절삭중
   ㉯ 저속 회전중
   ㉰ 어느 때든 상관없다.
   ㉱ 정지 상태

해답 18.㉮ 19.㉮ 20.㉱ 21.㉱ 22.㉮ 23.㉱ 24.㉱ 25.㉱

26. 셰이퍼 공구대가 셰이퍼의 칼럼에 부딪칠 위험성이 있는 작업은?
   ㉮ 평면 가공   ㉯ 직각 홈 가공
   ㉰ 더브테일 홈 가공   ㉱ T홈 가공

   해설 더브테일 홈을 셰이퍼로 가공할 때 셰이퍼 공구대를 홈의 각도만큼 경사시켜야 하므로 셰이퍼 직주에 부딪칠 위험성이 커짐에 따라 램이 귀환 행정 종료시 칼럼의 앞쪽까지만 오도록 한다.

27. 다음 중 프레스 작업 전 안전에 유의할 점은?
   ㉮ 기계의 고장 유무를 점검한다.
   ㉯ 상하 형틀의 치수를 점검한다.
   ㉰ 기계를 공회전시켜 클러치를 점검한다.
   ㉱ 전원의 단절 유무를 점검한다.

28. 양 두 그라인더에서 숫돌과 받침대의 간격은 얼마로 하는 것이 좋은가?
   ㉮ 8mm 이내   ㉯ 5mm 이내
   ㉰ 3mm 이내   ㉱ 10mm 이내

29. 숫돌바퀴의 교환 적임자는?
   ㉮ 관리자
   ㉯ 지정된 자
   ㉰ 기계 구조를 잘 아는 자
   ㉱ 숙련자

30. 탁상용 연삭기에서 공작물을 잡고 가공할 수 있는 크기는 얼마 이상이어야 하는가?
   ㉮ 30mm   ㉯ 40mm
   ㉰ 50mm   ㉱ 20mm

31. 연삭기의 숫돌을 축에 고정할 때 숫돌의 안지름은 축의 지름보다 어느 정도 커야 하는가?
   ㉮ 0.1~0.15mm
   ㉯ 0.005~0.15mm
   ㉰ 0.20~0.25mm
   ㉱ 0.15~0.2mm

32. 고압가스의 충전용기 보관시 유의할 점 중 틀린 것은 어느 것인가?
   ㉮ 통풍이 안 되는 곳에 보관한다.
   ㉯ 전락하지 않도록 한다.
   ㉰ 충격을 방지하도록 한다.
   ㉱ 전도하지 않도록 한다.

33. 고압가스 용기 운반시 주의할 점 중 틀린 것은 어느 것인가?
   ㉮ 운반 전에 밸브를 닫는다.
   ㉯ 종류가 다른 가스 용기도 함께 운반한다.
   ㉰ 용기의 온도는 35℃ 이하로 한다.
   ㉱ 적당한 운반차나 운반도구를 사용한다.

34. 중량물을 운반하는 기중기 운반에 대한 주의점이다. 옳지 못한 것은 어느 것인가?
   ㉮ 규정된 제한 하중 이상을 매달지 말 것.
   ㉯ 기중기 혹은 하물의 중심 직선상에 내릴 것.
   ㉰ 감아올린 물건은 지상에서 30cm 정도로 들어올려 이동시킬 것.
   ㉱ 와이어 로프로 혹의 중심에 걸고 매다는 각도를 작게 할 것.

해답 26.㉰ 27.㉰ 28.㉰ 29.㉱ 30.㉮ 31.㉯ 32.㉮ 33.㉯ 34.㉰

35. 다음 중 안전 커버를 사용하지 않는 것은?
    ㉮ 기어 ㉯ 선반의 주축
    ㉰ 체인 ㉱ 풀리

36. 다음 사항 중 탭(tap)이 부러지는 원인이 아닌 것은?
    ㉮ 탭의 구멍이 일정하지 않을 때
    ㉯ 구멍 밑바닥에 탭이 부딪혔을 때
    ㉰ 핸들에 과도한 힘을 주었을 때
    ㉱ 소재보다 경도가 높을 때

37. 공작 기계에서 주축의 회전을 정지시키는 방법 중 옳은 것은?
    ㉮ 역회전시켜 멈추게 한다.
    ㉯ 스스로 멈추게 한다.
    ㉰ 손으로 잡아 정지시킨다.
    ㉱ 수공구를 사용하여 정지시킨다.

38. 기계 실습이 끝난 후에 해야 할 일이 아닌 것은?
    ㉮ 기계를 시운전 한다.
    ㉯ 기계 핸들 등을 정위치에 놓는다.
    ㉰ 공구를 정비한다.
    ㉱ 기계를 청소한다.

39. 드릴 머신에서 얇은 판에 구멍을 뚫을 때 가장 좋은 방법은?
    ㉮ 판 밑에 나무를 놓는다.
    ㉯ 바이스에 고정한다.
    ㉰ 손으로 잡는다.
    ㉱ 테이블 위에 직접 고정한다.

해설 얇은 판에 구멍을 뚫을 때는 밑에 나무를 놓고 뚫으면 판이 갈라지거나 회전하는 일이 적다.

40. 드릴 작업 중 사고가 날 우려가 있는 것은?
    ㉮ 드릴 작업 중 바이스가 회전하지 않도록 힘을 주어 잡거나 볼트로 테이블에 고정한다.
    ㉯ 드릴 작업 중 장갑을 끼지 않는다.
    ㉰ 얇은 판은 테이블에 힘을 주어 누르고 드릴 작업을 한다.
    ㉱ 드릴 작업 중 반드시 보호안경을 사용한다.

41. 드릴 작업에서 구멍이 완전히 관통되었는지의 여부를 판정하는 방법 중 좋지 않은 것은?
    ㉮ 막대기를 넣어 본다.
    ㉯ 철사를 넣어 본다.
    ㉰ 빛에 비추어 본다.
    ㉱ 손가락을 넣어 본다.

42. 선반 바이트에 있는 안전장치는 다음 중 어느 것인가?
    ㉮ 경사각 ㉯ 칩 브레이커
    ㉰ 여유각 ㉱ 절삭각

해설 초경합금으로 연강을 고속 절삭할 때는 칩의 처리가 곤란하다. 즉, 연속적으로 생성되는 칩을 적당한 길이로 절단하기 위하여 바이트의 경사면에 칩 브레이커를 설치한다.

해답 35.㉯ 36.㉱ 37.㉯ 38.㉮ 39.㉮ 40.㉰ 41.㉱ 42.㉯

부록 : 과년도 기출문제

1. 특수 가공법에 의한 금형제작법이 아닌 것은?
   ㉮ 방전가공(EDM)
   ㉯ 콜드 호빙(Cold Hobbing)
   ㉰ 초음파 가공
   ㉱ 카피 밀링 가공

2. 회전수가 n, 밀링커터 지름이 d, 절삭속도가 v이면, 회전수 n을 구하는 공식은?
   ㉮ $n = \dfrac{\pi dv}{1000}$ ㉯ $n = \dfrac{1000v}{\pi d}$
   ㉰ $n = \dfrac{1000\pi d}{v}$ ㉱ $n = \dfrac{\pi d}{1000v}$

3. 선반에서 가공물을 절삭할 때 공구 경사각이 크고 절삭 깊이가 적고 절삭 속도가 빠르면?
   ㉮ 절삭 동력이 증가하고 공구의 마멸이 심하나 면이 깨끗하다.
   ㉯ 절삭력은 감소하고 칩이 코일 모양으로 나타나며 빌트 업 에지의 발생이 적고 다듬질 정도가 양호하다.
   ㉰ 빌트 업 에지의 발생이 심하고 다듬질이 불량하다.
   ㉱ 공구 날끝의 온도 상승이 감소되며 수명이 길다.

4. 밀링머신의 크기를 표시하는 번호가 뜻하지 않는 것은 어떤 것인가?
   ㉮ 테이블의 크기
   ㉯ 물릴 수 있는 커터의 최대 크기
   ㉰ 새들의 이송거리
   ㉱ 테이블 이송거리

5. 다음 중 톱 작업에 있어서 피치를 선택하는 기준이 아닌 것은?
   ㉮ 재료의 두께를 늘림에 따라 피치가 큰 것을 사용한다.
   ㉯ 재료의 정성이 셀수록 피치가 작은 것을 사용한다.
   ㉰ 재료의 두께가 얇아지면 피치가 작은 것을 사용한다.
   ㉱ 마무리면을 깨끗이 할 때는 피치가 작은 것을 사용한다.

6. 중량이 600g인 열처리한 SKD-11 재료를 비중이 8.96, 고유저항이 1.67μcm인 Cu 전극을 이용하여 100분 동안 가공한 후 중량을 재어 보니 540g이었다면 이때의 방전가공 속도는 얼마나 될까?
   ㉮ 5.4g/min   ㉯ 0.95g/min
   ㉰ 6.0g/min   ㉱ 0.6g/min

해답 1.㉱ 2.㉯ 3.㉯ 4.㉱ 5.㉯ 6.㉰

7. 다음은 shaw process에 의한 주조 공정에 대하여 설명한 것이다. 틀린 것은 어느 것인가?
   ㉮ 제품과 같은 모형을 목재, 석고, 합성수지, 금속 등으로 만든다.
   ㉯ 모형에 이형제를 바르고 에틸실리게이트와 콜로이드액을 혼합하여 주조한다.
   ㉰ 규산소다(sodium silicate)를 사용하여 성형한 후 CO_2 gas를 이용하여 경화시킨다.
   ㉱ 주형재가 경화되어 경질고무같이 되었을 때 모형을 주형에서 뽑은 다음 가열 경화시킨다.

8. 절삭 공구에 구성인선(built-up)이 생기는 원인은?
   ㉮ 공구의 날끝이 마찰열에 의해 녹아 버린다.
   ㉯ 절삭 공구 날 끝에 공작물의 칩이 부착되어 생긴다.
   ㉰ 날끝이 마모되면서 생긴다.
   ㉱ 공구의 날끝이 절삭 저항력에 의해 문드러지면서 생긴다.

9. 공작물을 양극으로 하고 불용해성의 Cu, Pb을 음극으로 하여 전해액 속에 넣어 공작물 표면이 전기분해되어 매끈한 면을 얻었다. 이 방법은 다음 중 어느 것인가?
   ㉮ 방전 가공   ㉯ 전해 연마
   ㉰ 전해 가공   ㉱ 전해 연삭

10. 배럴 속에 공작물을 넣고 회전시켜 끝 다듬질을 하는 것은 다음 중 어느 것과 유사한가?
    ㉮ 쇼트피닝   ㉯ 텀블링
    ㉰ 액체 호닝   ㉱ 버니싱

11. 다음 중에서 자동차 스프링, 기어, 축 등 반복하중을 받는 기계 부품 끝가공에 적합한 특수가공법은 다음 중 어느 것인가?
    ㉮ 쇼트피이닝
    ㉯ 버니싱
    ㉰ 텀블링
    ㉱ 입자벨트가공

12. 다음은 특수주형법에서의 CO_2 프로세서의 특징을 적은 것이다. 이치에 맞지 않은 사항은?
    ㉮ 외형중지 등을 중래에는 건조 또는 기타처리가 필요하며, 시간의 소비가 많았으나 본법은 매우 짧은 시간 내에 가능함으로 조작이 빠르다.
    ㉯ 경화 후의 강도가 크며 중자의 보강재료로서 심금(core bar)이 필요하다.
    ㉰ 기름이나 래진(수지의 일종)을 쓰는 사형은 건조 후 변형하는 수가 있는데 본법은 변형이 없다.
    ㉱ 중자는 목형 중에서 경화되므로 치수의 정밀도가 대단히 높게 된다.

13. 길이 350mm, 지름 50mm인 둥근봉을 절삭속도 100m/min로 1회 선삭하려 할 때 절삭시간은 몇 분인가?(단, f=0.1)
   ㉮ 3.5   ㉯ 4.5
   ㉰ 5.0   ㉱ 5.5

14. 척으로 고정할 수 없는 큰 공작물이나 불규칙한 공작물을 고정할 때 사용하는 기구는?
   ㉮ 면판   ㉯ 심봉
   ㉰ 방진구   ㉱ 돌리개

15. 바이트에 크레이터 마멸이 생기면 어떤 영향을 미치는가?
   ㉮ 다듬질면이 나빠진다.
   ㉯ 날 끝이 손상된다.
   ㉰ 피삭재에 균열이 생긴다.
   ㉱ 치수결정이 힘들게 된다.

16. 다이아몬드 숫돌의 연삭제로 적당한 것은?
   ㉮ 수용성 절삭유   ㉯ 동물성유
   ㉰ 사방정계   ㉱ 육방정계

17. 다음 중 모델 재료로서 갖추어야 할 필요 조건이 아닌 것은?
   ㉮ 가공이 용이하며 작업이 간단할 것
   ㉯ 팽창, 수축 등의 변화가 많을 것
   ㉰ 표면경도가 높고 내구성이 있을 것
   ㉱ 재료 가격이 쌀 것

18. 원주를 36등분하려고 할 때 사용해야 할 분할판의 구멍열은?
   ㉮ 1회전하고 15구멍씩 회전한다.
   ㉯ 1회전하고 6구멍씩 회전한다.
   ㉰ 54구멍열을 1회전하고 6구멍씩 회전한다.
   ㉱ 54구멍열을 1회전하고 15구멍씩 회전한다.

19. 연삭재료, 저속절삭 유동방향이 공구의 사방 방향으로 일어나는 칩의 종류는?
   ㉮ 유동형   ㉯ 전단형
   ㉰ 균열형   ㉱ 열단형

20. 선반에서 직경이 6mm인 연강봉을 100 m/min로 절삭시 절삭 회전수는?
   ㉮ 530.32
   ㉯ 540.52
   ㉰ 550.52
   ㉱ 560.52

21. 센터리스 연삭기에 대한 설명 중 틀린 것은?
   ㉮ 단면연삭, 나사연삭, 내면연삭을 할 수 있다.
   ㉯ 소재 고정에 특별한 장치가 필요없다.
   ㉰ 비교적 큰 직경의 공작물 가공에 적합하다.
   ㉱ 연속적인 작업을 할 수 있다.

해답 13.㉱ 14.㉮ 15.㉯ 16.㉰ 17.㉯ 18.㉰ 19.㉯ 20.㉮ 21.㉰

22. 다음 전주(electrotyping)에 의한 특징을 설명한 것이다. 틀린 것은 어느 것인가?
   ㉮ 식물 또는 동물에 있는 모양이나 레코드판 등의 복사에 사용할 수가 있으며, 또한 금속 공예품의 복제에도 사용할 수 있다.
   ㉯ 아크릴의 TV용 확대기에는 사용할 수 있으며, 정밀형이나 복잡한 틀의 재생에도 사용된다.
   ㉰ 형(型)에는 Ni이나 Ni-Co 전주 등이, 방전가공용 전극에는 Cu 전주를 사용한다.
   ㉱ 전주는 도금과 거의 같으나 전해액을 시용하지 않는 이점이 있다.

23. 다음 여러 가지 설명 중 틀린 것은 어느 것인가?
   ㉮ 리머 작업에서 리머를 뺄 때 절삭시의 회전 방향과 반대로 해서 빼는 것이 좋다.
   ㉯ 연한 재료의 연삭에는 결합도가 낮은 숫돌을 사용하는 것이 좋다.
   ㉰ 피절삭제가 경(硬)할 경우에는 초경합금의 사용 분류 기호의 숫자는 큰 쪽을 선택해서 사용한다.
   ㉱ 밀링 작업시 하향절삭을 하려면 table의 이송나사의 backlash를 제거해야 한다.

24. 다음은 Taylor의 공구 수명의 실험식이다. 절삭공구 수명 T와 속도 V와의 관계식은?
   ㉮ $VT/N = C$ ㉯ $VT^N = C$
   ㉰ $CT^{1/N} = V$ ㉱ $VT^N = C$

25. 길이 400mm, 지름 100mm인 둥근봉을 절삭 속도 100m/min로 1회 절삭할 때 걸리는 시간을 계산하여라.(단, 이송 속도는 0.2mm/rev로 한다.)
   ㉮ 3.0min ㉯ 6.3min
   ㉰ 5.8min ㉱ 10min

   [해설] $T = \dfrac{L}{ns} \times i$

   $= \dfrac{400}{318.3 \times 0.2} \times 1회 = 6.3$

   $n = \dfrac{1000 \times V}{\pi d} = \dfrac{1000 \times 100}{\pi \times 100} = 318.3 \text{rpm}$

26. 드릴의 홈이나 주사침의 구멍을 깨끗하게 다듬질하는데 가장 좋은 방법은 어느 것인가?
   ㉮ 액체 호닝 ㉯ 전해 기공
   ㉰ 전해 연마 ㉱ 초음파 가공

27. 방전가공에 있어서 전극소모비를 나타낸 것은?
   ㉮ $\dfrac{전극의 \ 소모량}{피가공물의 \ 가공량} \times 100(\%)$
   ㉯ $\dfrac{피가공물의 \ 가공량}{전극의 \ 소모량} \times 100(\%)$
   ㉰ $\dfrac{전극소모율}{전극소모량} \times 100(\%)$
   ㉱ $\dfrac{피가공물의 \ 가공량}{전극의 \ 소모량} \times 100(\%)$

[해답] 22.㉱ 23.㉮ 24.㉯ 25.㉯ 26.㉰ 27.㉮

28. 칩 브레이크(Chip breaker)란?
   ㉮ 바이트의 상면 각을 일각으로 하여 칩이 유동형으로 흐르지 않도록 경사시킨 방법
   ㉯ 칩을 굽혀 적당한 길이에서 절단되게 하는 방법
   ㉰ 칩의 형태를 유동형으로 길게 나오게끔 바이트의 상면을 급속히 경사시킨 방법
   ㉱ 초경합금 팁(tip)을 샹크에 붙힌 형태를 칩 브레이커라고 한다.

29. 용접 후 피닝을 하는 목적은?
   ㉮ 도료 및 불순물을 없애기 위하여
   ㉯ 용접 후 변형을 방지하기 위하여
   ㉰ 모재의 재질을 검사하기 위해서
   ㉱ 응력을 강하게 하고 변형을 적게 하기 위하여

30. 브라운 샤프형 밀링에서 원판을 10°씩 등분하려면 분할판의 구멍수는?
   ㉮ 20°   ㉯ 27°
   ㉰ 30°   ㉱ 37°

31. 작업에서 연삭액을 사용하는 이유 중 틀린 것은?
   ㉮ 정밀도가 낮아진다.
   ㉯ 로딩을 방지한다.
   ㉰ 연삭열의 상승을 방지한다.
   ㉱ 칩을 씻어낸다.

32. 대형의 평면을 가공하는 공작기계는?
   ㉮ 셰이퍼   ㉯ 플레이너
   ㉰ 슬로터   ㉱ 밀링머신

33. 연삭과정에서 입자가 마멸→파쇄→탈락→생성의 과정을 되풀이하는 것을 무엇이라 하는가?
   ㉮ 자생작용   ㉯ 피로작용
   ㉰ 트루잉   ㉱ 드레싱

34. 폭 40mm×두께 25mm의 단면을 갖는 강판을 1회 압연하여 두께가 23mm로 되었을 때 압하량과 압하율을 구하여라.
   ㉮ 압하량 5mm, 압하율 9%
   ㉯ 압하량 2mm, 압하율 8%
   ㉰ 압하량 2mm, 압하율 7%
   ㉱ 압하량 2mm, 압하율 12%

35. 재결정온도보다 낮은 온도에서 가공하는 가공은 무슨 가공이라 하는가?
   ㉮ 고온가공   ㉯ 열간가공
   ㉰ 냉간가공   ㉱ 성형가공

36. 고주파 유도 가열로 표면경화할 때 장점들이다. 잘못된 것은?
   ㉮ 가열 시간이 길다.
   ㉯ 산화가 적다.
   ㉰ 응력이 적게 발생한다.
   ㉱ 탈산이 적다.

해답 28.㉯ 29.㉱ 30.㉯ 31.㉮ 32.㉯ 33.㉮ 34.㉯ 35.㉰ 36.㉮

37. 지름 20mm의 연강봉을 업셋팅하여 지름 10mm가 되었을때 가공도는?
   ㉮ 50%   ㉯ 60%
   ㉰ 70%   ㉱ 75%

38. 주강용 용해로는 어느 것인가?
   ㉮ Cupola   ㉯ 도가니로
   ㉰ 용광로   ㉱ 전로

39. 프레스 금형의 섕크 부위에 피치가 3.5mm 인 나사가공으로 리드 스크류 피치가 6mm 인 미터식 선반에서 가공하고자 할 때 선반의 변환치차를 구하여라.(단, A : 구동치차(주측), C : 피동치차(리드스크류))
   ㉮ A=35, C=60
   ㉯ A=25, C=50
   ㉰ A=20, C=60
   ㉱ A=20, C=70

40. ∅20mm인 drill을 이용하여 재료가 SKD11인 cavity plate에 guide pin 고정용 구멍을 뚫었더니 drill의 지름보다 크게 뚫었다. 그 원인이 아닌 것은?
   ㉮ 드릴의 각도가 118°가 되지 않았다.
   ㉯ 드릴의 양절삭날의 각도가 중심축에 대하여 같지 않았다.
   ㉰ 처음에 ∅3mm 드릴로 뚫고 다음 ∅20mm 드릴로 재차 뚫었기 때문이다.
   ㉱ Jig을 사용하여 뚫었기 때문이다.

41. 중량이 무거운 대형 금형에 드릴링 작업을 하려고 한다. 적당한 드릴링머신은?
   ㉮ 탁상 드릴링머신
   ㉯ 레이디얼 드릴링머신
   ㉰ 직립 드릴링머신
   ㉱ 다축 드릴링머신

42. Table handle을 1/2 회전시켰을 때 이동거리가 4mm 되었다. handle scale이 100등분되어 있을 때 절삭 깊이를 1.6 mm로 하려면 handle을 몇 눈금을 돌려야 하겠는가?
   ㉮ 16 눈금   ㉯ 25 눈금
   ㉰ 40 눈금   ㉱ 20 눈금

43. 공구와 공작물사이에 연작입자와 물 또는 경우의 혼합액을 주입하고 급격한 hammering에 의하여 경하고 취약한 재료를 가공하는데 적합한 것은 어느 것인가?
   ㉮ ultrasonic machining
   ㉯ shot peeuing
   ㉰ buffing
   ㉱ bumishing

44. 구성인선(빌트 업 에지)의 크기를 좌우하는 인자가 아닌 것은?
   ㉮ 절삭 속도
   ㉯ 공구의 전면 여유각
   ㉰ 칩의 두께
   ㉱ 상면 경사각

45. 전해 연삭의 장점이 아닌 것은?
    ㉮ 가공 속도가 크다.
    ㉯ 복잡한 면의 정밀 가공이 가능하다.
    ㉰ 가공에 의한 표면 균열이 생기지 않는다.
    ㉱ 치수 정밀도가 좋지 않다.

46. 알루미륨에 0.06인치 정도의 구멍을 뚫으려 한다. 다음 중 적당한 방법은?
    ㉮ 방전가공   ㉯ 레이저가공
    ㉰ 배럴가공   ㉱ 초음파가공

47. 다음 중 밀링머신의 크기를 나타내는 것으로 옳은 것은?
    ㉮ 테이블의 크기가 200mm인 것은 No.00이라 하고, 이것보다 50mm씩 길어짐에 따라 No.00, No.1, No.2라 한다.
    ㉯ 테이블의 가로 피드가 약 200mm인 것을 No.1이라 하고, 이것보다 50mm씩 길어짐에 따라 No.2, No.3라 하고, 그와 반대인 것을 No.0, No.00이라 한다.
    ㉰ 테이블의 길이 약 300mm의 것을 No.0이라 하고, 여기서 50mm씩 증가함에 따라 No.1, No.2로 표시한다.
    ㉱ 테이블의 가로 피드가 약 300mm인 것을 No.1이라 하고, 이것보다 100mm씩 길어짐에 따라 No.2, No.3라 한다.

48. 다음 중 입체형상을 NC 밀링머신으로 가공하는 방법이 아닌 것은?
    ㉮ $2\frac{1}{2}$ 차원 가공
    ㉯ 3 차원 가공
    ㉰ 2 차원 가공
    ㉱ $3\frac{1}{2}$ 차원 가공

49. 밀링머신에서 지름 100mm의 커터로 150rpm으로 절삭할 때 절삭 속도는 몇 m/min인가?
    ㉮ 47   ㉯ 54
    ㉰ 40   ㉱ 100

    해설 절삭속도
    $$v = \frac{\pi \times D \times n}{1000}$$
    $$= \frac{\pi \times 100 \times 150}{1000} = 47(\text{m/min})$$

50. 다음은 방전가공법에 대한 장점을 열거한 것이다. 이치에 맞지 않는 사항은?
    ㉮ 절삭응력이 적다.
    ㉯ 가공이 용이하다.
    ㉰ 전기의 양도체 및 불량도체 어느 공작물이나 적용됨.
    ㉱ 이형인 공구의 가공에 적당하다.

51. 줄의 눈금 크기 표시가 맞는 것은?
    ㉮ 줄의 길이에 관계없다.
    ㉯ 1mm에 대한 눈금 수
    ㉰ 1cm에 대한 대한 눈금 수
    ㉱ 1인치에 대한 눈금 수

해답 45.㉱ 46.㉯ 47.㉯ 48.㉱ 49.㉮ 50.㉰ 51.㉱

52. 판두께가 3mm인 연강에 지름 20mm인 구멍을 펀칭하려 한다. 프레스의 슬라이드 평균속도를 5m/분, 기계효율은 80%라 할 때 소요 동력은 얼마인가? (단, 전단저항은 25kg/mm²이다.)
    ㉮ 5.54 ㉯ 6.54
    ㉰ 7.54 ㉱ 8.54

53. 드릴링 머신에서 구멍을 똑바로 뚫는데 사용되는 것은 어느 것인가?
    ㉮ 박스 지그(box jig)
    ㉯ 드릴 플레이트(drill plate)
    ㉰ 안내 부시(bush)
    ㉱ 드릴검사 게이지

54. M형 버니어캘리퍼스는 본척 눈금이 1mm이며, 부척의 눈금은 19mm를 20등분한 것인데 측정 가능한 최소치는?
    ㉮ 1/5mm   ㉯ 1/10mm
    ㉰ 1/15mm ㉱ 1/20mm

55. 유리, 수정, 다이아몬드, 텅스텐, 열처리된 강 등을 가공할 수 있으며, 공작물 표면에 가공변형이 남지 않는 가공법은?
    ㉮ 방전가공
    ㉯ 전해가공
    ㉰ 초음파가공
    ㉱ 레이저가공

56. 다음은 소성가공의 냉간가공에 대한 특징을 설명한 것이다. 잘못 설명된 것은?
    ㉮ 가공면이 매끄럽고 곱다.
    ㉯ 기계적 성질이 좋다.
    ㉰ 가공도가 크다.
    ㉱ 연신율이 작아진다.

57. 방전 가공시 전극재질의 구비조건이 아닌 것은?
    ㉮ 방전시 안정성이 있을 것
    ㉯ 가공하기가 쉬울 것
    ㉰ 전극 소모가 많을 것
    ㉱ 가공 정밀도가 높을 것

    [해설] 전극 재질의 조건
    - 방전이 안전하고 가공속도가 클 것
    - 가공 정밀도가 높을 것
    - 기계가공이 쉬울 것
    - 가공전극의 소모가 적을 것
    - 구하기 쉽고 값이 저렴할 것

58. 엔드밀의 절삭날은 다음 중 어느 연삭기에서 재연삭을 하는가?
    ㉮ 센터리스 연삭기
    ㉯ 로타리 연삭기
    ㉰ 만능원통 연삭기
    ㉱ 만능공구 연삭기

59. 드릴지그 부시의 종류 중 지그판에 직접 압입 고정하여 지그 수명이 될 때까지 소량 생산용으로 사용되는 것은?
    ㉮ 고정 부시   ㉯ 라이너 부시
    ㉰ 기름홈 부시 ㉱ 템플레이트 부시

해답 52.㉯ 53.㉰ 54.㉱ 55.㉰ 56.㉰ 57.㉰ 58.㉱ 59.㉮

60. 호칭 지름 10mm, 피치 1.5mm인 미터 보통 나사를 가공하기 위한 드릴의 지름은?
   ㉮ 7.5mm   ㉯ 8.0mm
   ㉰ 8.5mm   ㉱ 9mm
   해설 10-1.5=8.5

61. 다음 중 CNC 공작기계의 절삭제어 방식이 아닌 것은?
   ㉮ 위치결정 제어   ㉯ 직선절삭 제어
   ㉰ 윤곽절삭 제어   ㉱ 급속절삭 제어

62. 풀림 열처리의 목적이 아닌 것은?
   ㉮ 단조, 주조, 기계가공에서 생기는 내부 응력 제거
   ㉯ 금속 결정입자의 조절
   ㉰ 열처리로 인하여 경화된 재료의 연화
   ㉱ 담금질한 강철을 적당한 온도로 A1 변태점 이하에서 가열하여 인성을 증가

63. 금형제작에서 필요한 모델 재료의 구비조건으로 맞는 것은?
   ㉮ 가공이 어려울 것
   ㉯ 팽창 및 수축이 클 것
   ㉰ 재료비가 싸고 구입이 쉬울 것
   ㉱ 표면경도가 낮을 것

64. NC 가공에서 주축의 회전수를 지정하는 것은?
   ㉮ G 기능   ㉯ F 기능
   ㉰ S 기능   ㉱ M 기능

65. 연삭 숫돌의 외형을 수정하여 규격에 맞는 형상으로 만드는 과정은 무엇인가?
   ㉮ 드레싱   ㉯ 트루잉
   ㉰ 로딩   ㉱ 글레이징

66. 블랭킹용 프레스 금형 가공기계 중 다이와 펀치 가공에 주로 이용되는 공작기계는?
   ㉮ 머시닝 센터
   ㉯ 프로파일 연삭기
   ㉰ NC 선반
   ㉱ 와이어컷 방전가공기

67. 담금질한 강의 기계적 성질 변화로 가장 알맞은 것은?
   ㉮ 연신율 증가   ㉯ 전연성 증가
   ㉰ 경도 증가   ㉱ 충격치 증가

68. 바닥 붙임 금형의 형상부 가공에 사용할 수 없는 기계는 다음 중 어느 것인가?
   ㉮ 콘터 머신   ㉯ 모방 가공기
   ㉰ 조각 가공기   ㉱ 방전 가공기

69. 래핑작업에 대한 설명 중 틀린 것은?
   ㉮ 습삭법은 가공면이 아름답고 광택을 내며 거울 같은 면이 된다.
   ㉯ 정밀도가 높은 제품을 얻을 수 있고, 블록 게이지, 플러그 게이지 등의 가공에 쓰인다.
   ㉰ 기계래핑에는 랩 재료로서 주철이 가장 많이 사용된다.
   ㉱ 주철 랩재로 경화강을 래핑할 때는 래핑류로 유류를 사용한다.

해답 60.㉰ 61.㉱ 62.㉱ 63.㉰ 64.㉰ 65.㉯ 66.㉱ 67.㉰ 68.㉮ 69.㉮

70. CNC 공작기계의 프로그램주소(address) 중 반경 지령 명령어로 사용할 수 없는 것은?
   ㉮ I   ㉯ J
   ㉰ K   ㉱ X

71. NC 기계에서 기계적 운동 상태를 전기적 신호로 바꾸는 회전 피드백 장치는?
   ㉮ 리졸버   ㉯ 서보기구
   ㉰ 컨트롤러   ㉱ 볼 스크루

72. 지그를 사용함으로써 얻는 좋은 점으로 맞는 것은?
   ㉮ 제품의 검사작업을 줄일 수 있다.
   ㉯ 제품의 보수작업이 증가한다.
   ㉰ 숙련공이 필요하다.
   ㉱ 제품의 생산능률이 감소된다.

73. 사인바에 의한 각도 측정시 사용되지 않는 것은?
   ㉮ 블록 게이지(Block gauge)
   ㉯ 앵글 플레이트(Angle plate)
   ㉰ 하이트 게이지(Height gauge)
   ㉱ 다이얼 게이지(Dial gauge)

74. CNC 선반에서 일반적으로 가공할 수 없는 작업은?
   ㉮ 내경가공   ㉯ 나사가공
   ㉰ 편심가공   ㉱ 테이퍼가공

75. 방전가공의 장점이 아닌 것은?
   ㉮ 전극을 사용한다.
   ㉯ 경도, 재질에 관계없이 가공한다.
   ㉰ 가공 정밀도가 높다.
   ㉱ 복잡한 형상의 금형에 적합하다.

76. 다음에 래핑가공의 장점들 중에서 틀린 것은?
   ㉮ 작업이 깨끗하여 작업자의 손과 옷을 더럽히지 않는다.
   ㉯ 정밀도가 높은 제품을 만들 수 있다.
   ㉰ 가공면이 매끈하고 적절한 방법에 의하여 거울면과 같이 고운 면을 얻을 수 있다.
   ㉱ 작업방법이 간단하고 미숙련자도 정밀도가 높은 제품을 만들 수 있다.

77. 가스 질화(gas nitriding) 처리를 한 재료의 표면을 설명한 다음 사항 중 옳은 것은?
   ㉮ 경화층이 깊다.
   ㉯ 경화층이 얇다.
   ㉰ 담금질할 필요가 있고 변형이 크다.
   ㉱ 마멸 및 부식에 대한 저항이 적다.

78. 전 표면을 둘러쌓도록 제작하며, 공작물을 한번 위치 결정한 상태에서 모든 면을 완성 가공할 수 있는 지그는?
   ㉮ 템플릿 지그   ㉯ 박스지그
   ㉰ 채널지그   ㉱ 리프지그

해답 70.㉱ 71.㉮ 72.㉮ 73.㉱ 74.㉰ 75.㉮ 76.㉱ 77.㉯ 78.㉯

79. 자동 공구교환 장치가 없는 NC 공작기계는?
   ㉮ CNC 방전 가공기
   ㉯ NC 밀링
   ㉰ NC 선반
   ㉱ 머시닝 센터

80. 금형, 공구 등의 성능향상에 효과적이며 확산표면처리법의 한 가지로, 용융열 침지법과 포화물 피복법으로 사용하는 표면처리 피복법은?
   ㉮ TD 프로세스(tungsten deposition process)
   ㉯ 침탄법(carbonizing)
   ㉰ 증착법(vapor deposition)
   ㉱ 전기도금(electro plating)

81. 초음파 가공의 혼 끝에 붙인 공구의 재질로서 알맞지 않은 것은?
   ㉮ 주철   ㉯ 황동
   ㉰ 모넬 메탈   ㉱ 피아노 선

82. 다음 프로그램에서 소재의 지름이 ⌀60mm일 때, 주축의 회전수는 얼마인가?

   | 프로그램 예 : G50 S1300; |
   | G96 S130; |

   ㉮ 690rpm   ㉯ 1035rpm
   ㉰ 1300rpm   ㉱ 6900rpm

   해설 $V = \dfrac{\pi \times D \times N}{1000}$ 에서

   $N = \dfrac{1000 \times V}{\pi \times D}$

   $= \dfrac{1000 \times 130}{3.14 \times 60} = 690 \, \text{rpm}$

83. 고정밀도의 금형을 만드는데 적합하지 않은 것은?
   ㉮ 가공방법을 충분히 고려한 금형설계
   ㉯ 높은 정밀도의 공작기계를 가급적 사용한다.
   ㉰ 데이터 수집과 기술축적이 불필요하다.
   ㉱ 작업자의 교육과 훈련

84. 원통형 제품을 원주방향으로 여러 개의 구멍을 가장 효율적으로 가공할 수 있는 지그의 형태는?
   ㉮ 인덱스(index) 지그
   ㉯ 상자형 지그
   ㉰ 링(ring) 지그
   ㉱ 유니버설(universal) 지그

85. 잇수가 60개이고, 모듈 2인 스퍼기어(spur gear)를 절삭하려면 소재의 외경은 몇 mm로 가공하여야 하는가?
   ㉮ 124   ㉯ 120
   ㉰ 62   ㉱ 60

   해설 외경 = $(Z+2)m$
   $= (60+2) \times 2$
   $= 124 \, \text{mm}$

해답 79.㉮ 80.㉮ 81.㉮ 82.㉮ 83.㉰ 84.㉮ 85.㉮

86. 성형 연삭시 그림과 같은 형상으로 숫돌을 수정하는 방법을 무엇이라 하는가?

오목 볼록

㉮ 밸런싱(balancing)
㉯ 무딤(glazing)
㉰ 눈메움(loading)
㉱ 트루잉(truing)

87. 정밀측정 및 정밀 가공시에 표준온도 및 표준습도는?
㉮ 표준온도 15℃, 표준습도 58%
㉯ 표준온도 18℃, 표준습도 68%
㉰ 표준온도 20℃, 표준습도 58%
㉱ 표준온도 20℃, 표준습도 68%

88. 재료에 외력이 어느 한도보다 작을 때에는 외력을 제거하면 완전히 원형으로 복귀하는 변형은?
㉮ 소성변형   ㉯ 탄성변형
㉰ 굽힘변형   ㉱ 전단변형

89. 공작물의 위치결정뿐 아니라 절삭공구를 안내하기 위하여 공작물 위에 설치하는 장치를 무엇이라 하는가?
㉮ 바이스   ㉯ 지그
㉰ 고정구   ㉱ 클램프

90. 센터리스 연삭에서 조정숫돌의 직경을 Da (mm), 조정숫돌의 회전속도 N(rpm), 공작물 회전속도 n(rpm)을 구하는 식은?
㉮ $n = \dfrac{Da \cdot N}{d^2}$

㉯ $n = \dfrac{\pi Da \cdot N}{d}$

㉰ $n = \dfrac{Da \cdot N}{\pi d^2}$

㉱ $n = \dfrac{Da \cdot N}{d}$

91. 블록 게이지 제작등과 같은 정도가 높은 매끈한 표면을 얻기 위한 정밀가공 방법으로 가장 적당한 것은?
㉮ 래핑   ㉯ 방전가공
㉰ 스크레이핑 ㉱ 호닝

92. 방전 가공시 전극 재질로 사용되지 않는 것은?
㉮ 아연   ㉯ 은
㉰ 구리   ㉱ 황동

93. 공작기계 스핀들의 흔들림을 측정하고자 할 때 적합한 측정기는?
㉮ 버니어캘리퍼스
㉯ 다이얼게이지
㉰ 마이크로미터
㉱ 블록게이지

해답 86.㉱ 87.㉰ 88.㉯ 89.㉯ 90.㉱ 91.㉮ 92.㉮ 93.㉯

94. 탄화물을 구성하는 금속 및 탄소에 원자 또는 이온을 가공물 표면에 침투, 적층시켜 순도와 밀착성이 좋은 탄화물 피복을 생성하는 표면처리 방법은?
   ㉮ 증착법   ㉯ 질화법
   ㉰ 전기도금   ㉱ 방청 피막법

95. 금형에 핀구멍을 NC드릴링 머신에서 수치제어(NC)를 이용하여 가공하려고 한다. 다음 어느 제어방식을 사용하게 되는가?
   ㉮ 위치결정 방식
   ㉯ 직선절삭 방식
   ㉰ 윤곽절삭 방식
   ㉱ 직선보간 직선절삭 방식

96. 치공구를 사용할 때의 장점이다. 적합하지 않은 것은?
   ㉮ 정밀도가 향상되고 호환성을 갖는다.
   ㉯ 미숙련자도 정밀작업이 가능하다.
   ㉰ 제품량이 적으나, 생산 능력이 감소된다.
   ㉱ 제품을 검사하는 시간이나 방법을 간단히 할 수 있다.

97. 방전 가공용 전극의 구비조건으로 맞지 않는 것은?
   ㉮ 가공전극의 소모가 적을 것
   ㉯ 방전이 안전하고 가공속도가 클 것
   ㉰ 구하기 쉽고 고가품일 것
   ㉱ 기계가공이 쉬울 것

98. 재료에 외력을 가하면 변형이 생기는데 이 변형이 외력을 제거해도 복귀되지 않는 변형은 무엇인가?
   ㉮ 소성 변형   ㉯ 탄성 변형
   ㉰ 자유 변형   ㉱ 형 변형

99. 지그의 설명 중 옳지 못한 것은 어느 것인가?
   ㉮ 고도화된 숙련공이 필요하다.
   ㉯ 드릴링 작업에 사용된다.
   ㉰ 다량생산에 적합하다.
   ㉱ 불량품이 적어진다.

100. 머시닝센터에서 좌표계를 설정하는 준비기능 코드는 어느 것인가?
   ㉮ G28   ㉯ G90
   ㉰ G92   ㉱ G99

101. 다음 중 점성이 큰 가공물을 경사각이 적은 절삭공구로 가공할 때, 절삭깊이가 클 때 발생하기 쉬운 칩의 형태는 어느 것인가?
   ㉮ 경작형 칩   ㉯ 전단형 칩
   ㉰ 유동형 칩   ㉱ 균열형 칩

102. 다음 중 절삭 가공시 절삭온도를 측정하는 방법이 아닌 것은?
   ㉮ 시온 도료를 이용하는 방법
   ㉯ 칩의 형태에 의한 방법
   ㉰ 열전대에 의한 방법
   ㉱ 칩의 색깔에 의하여 측정하는 방법

해답 94.㉮ 95.㉮ 96.㉰ 97.㉰ 98.㉮ 99.㉮ 100.㉰ 101.㉮ 102.㉯

해설 절삭온도를 측정하는 방법
① 칩의 색깔에 의한 방법
② 열전대에 의한 방법
③ 칼로리메터에 의한 방법
④ 복사고온계에 의한 방법
⑤ 시온 도료를 이용하는 방법

103. 다음 중 절삭공구의 구비 조건으로 맞는 것은?
㉮ 내마멸성이 클 것
㉯ 인성강도가 작을 것
㉰ 가공재료보다 경도가 작을 것
㉱ 고온에서 경도가 감소되는 것

해설 절삭공구의 구비조건
- 가공재료보다 경도가 클 것
- 고온에서 경도가 감소되지 않을 것
- 인성강도와 내마멸성이 클 것

104. 다음 중 끝단에 테이퍼 구멍에 공구를 끼워 가공물의 지지, 드릴가공, 리머 가공, 센터 드릴가공을 주로 하는 선반의 구성부분은?
㉮ 베드 ㉯ 주축대
㉰ 왕복대 ㉱ 심압대

105. 다음 중 선반에서 가늘고 긴 가공물을 절삭할 때 절삭력과 자중에 의하여 진동이 발생하여 정밀도가 높은 제품을 가공할 수 없기 때문에 사용하는 부속품은?
㉮ 방진구 ㉯ 돌림판
㉰ 돌리개 ㉱ 면판

106. 다음 선반 가공 중 가공물 원주면에 사각형, 다이아몬드형, 평형 등의 요철을 내는 가공이며, 미끄러짐을 방지하기 위한 손잡이에 주로 사용하는 가공방법은?
㉮ 원통가공 ㉯ 내경절삭
㉰ 테이퍼절삭 ㉱ 널링가공

107. 다음 중 주성분은 점토와 장석이며 연삭 숫돌 결합제에서 가장 많이 사용하는 결합제이며 균일한 기공을 나타내며 필요한 결합도로 쉽고 다양하게 제작할 수 있는 결합제는?
㉮ 마그네시아 결합제
㉯ 실리케이트 결합제
㉰ 비트리파이드 결합제
㉱ 레지노이드 결합제

108. 다음 중 연삭하려는 부품의 형상으로 연삭 숫돌을 성형하거나, 연삭으로 인하여 숫돌 형상이 변화된 것을 바르게 고치는 가공을 무엇이라고 하는가?
㉮ 무딤 ㉯ 눈메움
㉰ 드레싱 ㉱ 트루잉

109. 다음 중 직사각형의 숫돌을 스프링으로 축에 방사형으로 부착한 원통형의 공구를 회전 및 직선 왕복 운동시켜 가공하는 가공방법은?
㉮ 호닝 ㉯ 슈퍼피니싱
㉰ 지그 그라인딩 ㉱ 래핑

해답 103.㉮ 104.㉱ 105.㉮ 106.㉱ 107.㉰ 108.㉱ 109.㉮

110. 다음 중 회전하는 통속에 가공물, 숫돌입자, 가공액, 콤파운드 등을 함께 넣고 회전시켜 서로 부딪치며 가공되어 매끈한 가공면을 얻는 가공방법은?
   ㉮ 래핑 ㉯ 호닝
   ㉰ 슈퍼피니싱 ㉱ 배럴가공

111. 다음 중 연삭숫돌의 눈메움의 발생 원인은?
   ㉮ 숫돌의 평형 상태가 불량할 때
   ㉯ 조직이 너무 치밀한 경우
   ㉰ 숫돌의 결합도가 너무 클 때
   ㉱ 연삭기 자체의 진동이 있을 때

112. 다음 중 드릴가공, 단조가공, 주조가공 등에 의하여 이미 뚫어져 있는 구멍을 좀 더 크게 확대하거나, 표면거칠기와 정밀도가 높은 제품을 완성하는 가공은?
   ㉮ 보링 가공
   ㉯ 호빙 가공
   ㉰ 건드릴 가공
   ㉱ 지그 그라인딩

113. 다음 중 절단, 구멍 뚫기, 용접, 열처리, 표면 처리등 매우 미소한 영역에 가공이 가능한 가공은?
   ㉮ 초음파 가공
   ㉯ 마이크로 가공
   ㉰ 지그 그라인딩 가공
   ㉱ 레이저 가공

114. 다음 중 방전가공의 특징이 아닌 것은?
   ㉮ 도전체라면 가공물의 경도, 취성, 점도에 관계없이 가공할 수 있다.
   ㉯ 가공 속도가 빠르고 액중에서 가공하지 않으면 안 된다.
   ㉰ 무인 자동화 가공이 가능하다.
   ㉱ 가공 부분에 변질층이 남는다.
   해설 방전 가공은 가공 속도가 느리고 액중에서 가공하지 않으면 안 된다.

115. 다음 중 1차로 가공된 가공물의 안지름보다 다소 큰 강철 볼(ball)을 압입하여 통과시켜서 가공물의 표면을 소성변형시켜 가공하는 가공법은?
   ㉮ 초음파 가공
   ㉯ 와이어 컷 방전가공
   ㉰ 롤러 가공
   ㉱ 버니싱 가공

116. 다음 중 화학반응을 일으켜서 명판, 프린트배선, 자의 눈금, 플라스틱형의 무늬 마크 등을 가공하는 가공법은?
   ㉮ 부식 가공 ㉯ 전해 가공
   ㉰ 전주 가공 ㉱ 전해 연삭

117. 다음 중 공작기계의 정밀하고, 능률적인 생산이 되도록 하는 구비 조건이 아닌 것은?
   ㉮ 높은 정밀도를 가질 것
   ㉯ 가공능력이 클 것
   ㉰ 내구력이 작을 것
   ㉱ 가격이 싸고 운전비용이 저렴할 것

해설 　공작기계의 구비 조건
- 높은 정밀도를 가질 것
- 가공능력이 클 것
- 내구력이 클 것
- 가격이 싸고 운전비용이 저렴할 것

118. 다음 중 경사면 위를 연속적으로 흘러 나오는 유동형칩의 발생조건이 아닌 것은?
㉮ 경사각이 클 때
㉯ 연성의 재료를 가공할 때
㉰ 절삭속도가 빠를 때
㉱ 절삭깊이가 클 때

해설 　유동형칩의 발생조건
- 경사각이 클 때
- 연성의 재료를 가공할 때
- 절삭속도가 빠를 때
- 절삭깊이가 작을 때
절삭깊이가 클 때는 경작형 칩이 발생한다.

119. 다음 중 가공물의 표면거칠기를 나쁘게 하는 구성인선의 방지대책은?
㉮ 경사각을 크게 할 것
㉯ 절삭깊이를 크게 할 것
㉰ 절삭속도를 작게 할 것
㉱ 절삭공구의 인선에 라운딩을 줄 것

해설 　구성인선의 방지대책
- 경사각을 크게 할 것
- 절삭깊이를 적게 할 것
- 절삭속도를 크게 할 것
- 절삭공구의 인선을 예리하게 할 것

120. 한 번에 많은 구멍을 뚫을 수 있는 드릴링 머신은 무엇인가?
㉮ 레디얼 드릴링 머신
㉯ 다두 드릴링 머신
㉰ 탁상 드릴링 머신
㉱ 다축 드릴링 머신

121. 일반적으로 금형이라고 하면 금속용 금형과 비금속용 금형으로 분류할 수 있다. 다음 중 비금속용 금형에 속하는 것은 무엇인가?
㉮ 프레스 금형　　㉯ 다이캐스트 금형
㉰ 단조 금형　　　㉱ 플라스틱 금형

122. 밀링머신에서 회전수 780rpm으로 절삭을 할 때 이송량은?(단, 커터날의 수 Z=12개, 커너날 한 개당 이송 f_z=0.15mm이다.)
㉮ 780mm/min
㉯ 1404mm/min
㉰ 1550mm/min
㉱ 1600mm/min

해설 　이송량=780×12×0.15
　　　　　=1404mm/min

123. 바이트 재질 중 세라믹(ceramics)의 주성분은?
㉮ 탄화규소(SiC)
㉯ 초경합금(W, Ti, Ta 등)
㉰ 산화알루미늄(Al_2O_3)
㉱ 텅스텐(W)

해답　118.㉱　119.㉮　120.㉱　121.㉱　122.㉯　123.㉰

124. 다음 중 전기의 양도체, 부도체를 불문하고 담금질 경화한 강, 다이강, 보석, 유리 등 초경질 취성재료를 정밀 가공하는데 이용되는 가장 적합한 가공방법은?
   ㉮ 방전 가공   ㉯ 콜드호빙 가공
   ㉰ 초음파 가공   ㉱ 전해 가공

125. 기계도면에서 ∅50H7 ∅50F7의 공차는 어떻게 다른가?
   ㉮ 알 수 없다.
   ㉯ 동일하다.
   ㉰ ∅50F7이 더 크다.
   ㉱ ∅50H7이 더 크다.

126. 타일, 도자기, 전기 절연용 애자 등을 성형하는 금형은?
   ㉮ 다이캐스팅   ㉯ 분말야금 금형
   ㉰ 요업 금형   ㉱ 플라스틱 금형

127. 다음 중 금긋기 작업에 관계없는 것은?
   ㉮ 서피스 게이지   ㉯ V 블록
   ㉰ 정반   ㉱ 스크레이퍼

128. 다음 중 브로치(Broach)에 대한 설명으로 올바른 것은?
   ㉮ 다수의 날을 가진 봉상의 공구이다.
   ㉯ 나선형 날을 가진 봉상의 공구이다.
   ㉰ 다수의 날을 가진 회전공구이다.
   ㉱ 단인의 날을 가진 봉상공구이다.

129. 연삭과정에서 입자가 마멸 → 파쇄 → 탈락 → 생성의 과정을 되풀이하는 것을 무엇이라 하는가?
   ㉮ 자생작용   ㉯ 피로작용
   ㉰ 트루잉   ㉱ 드레싱

130. CNC 프로그래밍시 준비기능(G04) 중 G04의 기능은 다음 중 어느 것인가?
   ㉮ 위치결정기능
   ㉯ 직선보간기능
   ㉰ 드웰기능
   ㉱ 원호보간기능

131. 배럴작업에서 어떤 효과를 얻을 수 있는가?
   ㉮ 부식처리   ㉯ 표면연마
   ㉰ 절삭효율   ㉱ 치수의 정도

132. 래핑작업에서 랩재로 사용되지 않는 것은?
   ㉮ 탄소강   ㉯ 산화철
   ㉰ 탄화규소   ㉱ 알루미나

133. 금형의 열처리에서 담금질 변형을 적게 하는 방법이 아닌 것은?
   ㉮ 담금질 전에 가공응력을 제거한다.
   ㉯ 자중에 의한 변형을 막도록 냉각속도를 빠르게 한다.
   ㉰ 가열을 서서히 그리고 균일하게 한다.
   ㉱ 가공물의 살두께를 균일하게 한다.

해답 124.㉰ 125.㉱ 126.㉰ 127.㉱ 128.㉮ 129.㉮ 130.㉰ 131.㉯ 132.㉮ 133.㉯

134. 강의 표면에 탄소철 침투시켜 강의 표면을 단단하게 하는 방법은?
  ㉮ 청화법   ㉯ 질화법
  ㉰ 항은 열처리법   ㉱ 침탄법

135. 드릴에서 큰 구멍을 뚫을 때 먼저 작은 구멍을 뚫는 가장 큰 이유는 다음 중 어느 것인가?
  ㉮ 우선 작은 구멍을 뚫는 것이 처음부터 큰 구멍을 뚫는 것이 쉽기 때문에
  ㉯ 재료의 피삭성을 우선 작은 구멍을 뚫음으로써 알 수 있기 때문에
  ㉰ 작은 구멍을 뚫은 다음 큰 드릴로 뚫는 것이 드릴의 진동이 적기 때문에
  ㉱ 큰 드릴로 뚫으면 치즐에지 부분의 절삭성능이 좋지 않아 동력 소비가 크기 때문에

136. 다음 그림은 방전 가공액의 분사각도를 나타낸 것이다. 가장 효과가 좋은 것은?

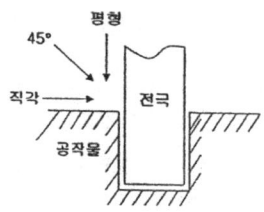

  ㉮ 평행방향
  ㉯ 45° 방향
  ㉰ 직각방향
  ㉱ 각도에 관계없다.

137. 금형을 장시간 보관하는데 주의할 사항 중 틀린 것은?
  ㉮ 방청유를 칠해 보관한다.
  ㉯ 작업대 위에 직접 놓아도 상관없다.
  ㉰ 습기있는 장소는 피한다.
  ㉱ 진동에 주의한다.

138. 지그를 사용함으로써 얻는 이점은 다음 사항에서 어느 것인가?
  ㉮ 제품의 검사작업을 줄일 수 있다.
  ㉯ 제품의 보수작업이 증가한다.
  ㉰ 숙련공이 필요하다.
  ㉱ 제품의 생산능률이 감소된다.

139. NC 선반 프로그램 작성시 공작물의 회전수에 대한 지령은 다음 중 어느 코드를 사용하는가?
  ㉮ G코드   ㉯ S코드
  ㉰ T코드   ㉱ M코드

140. 두께 50mm의 하홀더에 지름 10mm, 원추부 높이 3mm의 드릴로 구멍을 뚫으려 한다. 드릴이 1회전하는 동안의 이송이 0.03mm이고 드릴이 600rpm으로 회전한다면, 이 구멍을 뚫는데 소요되는 시간은?
  ㉮ 약 1.53분
  ㉯ 약 2.95분
  ㉰ 약 3.21분
  ㉱ 약 4.11분

해답 134.㉱ 135.㉱ 136.㉮ 137.㉯ 138.㉮ 139.㉯ 140.㉯

141. 밀링에서 커터의 지름이 100mm이고, 한 날당 이송이 0.4mm, 커터의 날수를 4개, 회전수를 400rpm으로 할 때 절삭속도(m/min)는?
   ㉮ 146   ㉯ 156
   ㉰ 176   ㉱ 210

   해설 절삭속도
   $$v = \frac{\pi \times D \times n}{1000}$$
   $$= \frac{\pi \times 100 \times 400}{1000} = 156(\text{m/min})$$

142. 다음 중 선반의 주요 부분 중 가공물을 지지하고 회전을 주는 주축과 주축을 지지하는 베어링, 바이트에 이송을 주는 원동력을 전달시키는 주요한 부분은?
   ㉮ 베드   ㉯ 왕복대
   ㉰ 주축대   ㉱ 심압대

143. 다음 연삭숫돌의 구성요소 중 입자를 결합해서 숫돌의 모양을 가지도록 하여 연삭 작업에 적합하게 강도를 주는 역할을 하는 요소는?
   ㉮ 결합제   ㉯ 입도
   ㉰ 결합도   ㉱ 입자

144. 다음 중 연삭숫돌의 결합도가 필요 이상으로 높으면, 숫돌입자가 마모되어 예리하지 못할 때 탈락하지 않고 둔화되는 것을 무엇이라고 하는가?
   ㉮ 입자탈락   ㉯ 무딤
   ㉰ 눈메움   ㉱ 떨림

145. 다음중 CNC 선반에서 Dwell(휴지)를 의미하는 준비기능은?
   ㉮ G02   ㉯ G03
   ㉰ G04   ㉱ G70

   해설 G02 - 시계방향 원호보간
   G03 - 반시계방향 원호보간
   G04 - Dwell(휴지)
   G70 - 다듬 절삭 사이클

146. 다음 중 절삭공구 인선의 일부가 미세하게 탈락되는 현상을 무엇이라고 하는가?
   ㉮ 구성인선
   ㉯ 크레이터 마모
   ㉰ 치핑
   ㉱ 플랭크 마모

147. 다음 중 점성이 낮고 비열이 커서 냉각 효과가 크며 고속절삭 및 연삭가공액으로 많이 사용하는 절삭제는?
   ㉮ 석유   ㉯ 지방질유
   ㉰ 광유   ㉱ 수용성 절삭유

148. 다음 중 고온, 고속절삭에서도 경도를 유지하며, 절삭공구로서 우수한 성능을 나타내는 특징이 있으나 취성이 커서 진동이나 충격에 약하므로 주의하여 사용하는 공구 재료는?
   ㉮ 세라믹
   ㉯ 합금 공구강
   ㉰ 소결 초경합금
   ㉱ 고속도강

해답 141.㉯ 142.㉰ 143.㉮ 144.㉯ 145.㉰ 146.㉰ 147.㉱ 148.㉰

149. 다음 중 바이트의 옆면 및 앞면과 가공물이 마찰을 줄이기 위한 각으로 너무 크면 날끝이 약하게 되는 바이트의 각도는?
  ㉮ 전면각 ㉯ 여유각
  ㉰ 절삭각 ㉱ 경사각

150. 다음 중 지름이 작은 가공물이나, 각봉재를 가공할 때 편리하여, 터릿선반이나, 자동선반에서 주로 사용하는 척은?
  ㉮ 복동척
  ㉯ 유압척
  ㉰ 콜릿척
  ㉱ 연동척

151. 블록 게이지의 밀착력과 가장 관계있는 것은?
  ㉮ 치수오차
  ㉯ 측정면의 대칭도
  ㉰ 측정면의 평행도
  ㉱ 측정면의 평면도

152. 다음 레이저 가공을 설명한 것 중 옳지 않은 것은?
  ㉮ 가공면이 섬세하고 정밀도가 높다.
  ㉯ 가공물의 손상이나 공구마모 등이 없다.
  ㉰ 대기, 진공, 절연가스 속에서도 가공이 된다.
  ㉱ 국부순간 가열로 열변형이 많이 발생한다.

153. 너트(Nut)가 닿는 부분을 절삭하여 자리를 만드는 작업은 다음 중 어느 것인가?
  ㉮ 보링(boring)
  ㉯ 카운터 보링(counter boring)
  ㉰ 카운터 싱킹(counter sinking)
  ㉱ 스폿 페이싱(spot facing)

154. 형상이 복잡한 3차원 캐비티 제작에 가장 적합한 장비는?
  ㉮ 콘터머신
  ㉯ 방전가공기
  ㉰ CNC와이어컷팅기
  ㉱ 모방절삭기

155. CNC가공에 있어서 절삭 기능 방식이 아닌 것은?
  ㉮ 위치 결정 제어
  ㉯ 윤곽 절삭 제어
  ㉰ 직선 절삭 제어
  ㉱ 구멍 절삭 제어

156. 래핑(lapping)의 설명에서 틀린 것은?
  ㉮ 건식만이 있기 때문에 먼지가 많은 단점이 있다.
  ㉯ 정도 높은 다듬질면을 얻을 수 있다.
  ㉰ 다듬질면의 내마모성과 내식성이 향상된다.
  ㉱ 랩제가 비산하여 주위가 더럽게 되는 단점이 있다.

해답 149.㉯ 150.㉰ 151.㉱ 152.㉱ 153.㉱ 154.㉯ 155.㉱ 156.㉮

157. Taper 절삭법의 종류가 아닌 것은?
   ㉮ 바이트의 여유각에 의한 방법
   ㉯ 총형 바이트에 의한 방법
   ㉰ 복식 공구대에 의한 방법
   ㉱ 심압대를 편위시키는 방법

158. 공구설계의 목적으로 가장 관계가 적은 것은?
   ㉮ 정밀하고 호환성 있는 제품을 생산하기 위하여
   ㉯ 쉽게 공구를 만들 수 있는 설계의 요점을 계획하고 부적절한 사용을 방지하기 위하여
   ㉰ 작업자의 안전을 위하여
   ㉱ 작업이 바뀔 경우 추가 시설을 하기 위하여

159. 숏 피닝의 장점인 것은?
   ㉮ 경도와 피로 강도 증가
   ㉯ 내마모성 감소
   ㉰ 내구성 저하
   ㉱ 기계 가공성 향상

160. 지그 그라인더 작업으로 바른 것은?
   ㉮ 다이 내면작업
   ㉯ 볼트구멍 작업
   ㉰ 카운터보어 작업
   ㉱ 다이 표면 연삭 작업

161. 볼트 직경 크기에 따라 조임력을 일정값으로 체결할 수 있는 공구는?
   ㉮ 훅 렌치   ㉯ 육각 렌치
   ㉰ 토크 렌치   ㉱ 몽키 렌치

162. WA54L6V의 연삭숫돌표시 기호에서 6은 무엇을 뜻하는가?
   ㉮ 결합도   ㉯ 결합제
   ㉰ 숫돌 입자   ㉱ 조직

163. 와이어 컷 방전가공기에 작업이 곤란한 것은?
   ㉮ 테이퍼가 있는 다이가공
   ㉯ 피어싱 구멍
   ㉰ 2차원 저부형가공
   ㉱ 스퍼기어 펀치가공

164. 금형제품에 금긋기를 할 때 필요없는 것은?
   ㉮ 브이 블록(V-Block)
   ㉯ 앵글 블레이트(Angle plate)
   ㉰ 하이트 게이지(Height gage)
   ㉱ 스크레이퍼(Scraper)

165. 연삭작업에서 떨림현상으로 가공면이 곱지 않을 때 원인으로 볼 수 없는 것은?
   ㉮ 숫돌의 눈메움
   ㉯ 숫돌과 숫돌축의 불균형
   ㉰ 숫돌차의 낮은 결합도
   ㉱ 센터 지지의 불량

해답 157.㉮ 158.㉱ 159.㉮ 160.㉮ 161.㉰ 162.㉱ 163.㉰ 164.㉱ 165.㉰

166. NC 밀링머신의 특수 기능 중 NC 가공 기계축을 NC 테이프에서 지령한 방향과 반대 방향으로 회전시키는 기능은?
  ㉮ 커터 오프셋
  ㉯ 역전 기능
  ㉰ 자동 교환 기능
  ㉱ 수치제어 기능

167. 금형제작에 필요한 모델 재료의 구비조건으로 맞는 것은?
  ㉮ 가공이 어려울 것
  ㉯ 팽창 및 수축이 클 것
  ㉰ 재료비가 싸고 구입이 쉬울 것
  ㉱ 표면경도가 낮을 것

168. 절삭가공 중에 발생되는 칩(chip)의 형태에 영향을 주는 인자 중 가장 관계없는 것은?
  ㉮ 가공물의 재질
  ㉯ 절삭방향
  ㉰ 공구날의 형상
  ㉱ 절삭속도

169. 각종 금형 플레이트 가공 작업 중 밀링 커터의 절삭 자국이 생겼다. 다음 원인 중에서 잘못 설명한 것은?
  ㉮ 밀링 커터의 연마불량
  ㉯ 진동 또는 기계의 흔들림
  ㉰ 커터 날 수가 많을 때
  ㉱ 커터 또는 아버의 편심

170. 경화된 작은 강구를 공작물 표면에 분사하여 공작물을 다듬질하고 피로강도 및 기계적 성질을 향상시키는 방법은?
  ㉮ 베럴피니싱
  ㉯ 폴리싱
  ㉰ 전해연마
  ㉱ 숏피닝

171. 룰러의 중심거리 100mm의 사인바(sine-bar)로 24°의 각도를 만들려고 한다. 낮은 쪽의 블록게이지의 높이를 15mm로 하면 높은 쪽은 얼마로 하면 되는가?
  ㉮ 25.7mm
  ㉯ 45.6mm
  ㉰ 51.6mm
  ㉱ 55.7mm
  해설 15+(100×sin24°)=55.7mm

172. 다음은 NC 공작기계 서보기구의 흐름도이다. ( ) 안에 가장 적당한 것은?

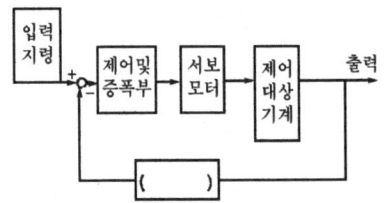

  ㉮ 속도 검출부
  ㉯ 위치 검출부
  ㉰ 신호탐색
  ㉱ D/A 변화기

173. 지그의 조립도에서 기준면 설정에 가장 합당한 면은 어느 것인가?
  ㉮ 지그다리 밑면
  ㉯ 몸체 바닥판의 아랫면
  ㉰ 몸체 바닥판의 윗면
  ㉱ 위치 결정구의 끝면

174. 섬세한 꽃무늬가 있는 유리그릇 금형을 제작하려고 한다. 1차로 공작기계 가공 후 어떤 가공이 좋겠는가?
㉮ CNC 선반가공
㉯ CNC 밀링가공
㉰ 전주가공 또는 부식가공
㉱ 조작기계가공

175. 리밍(reaming)할 때 떨림을 없애기 위한 방법은?
㉮ 드릴의 절삭속도와 같게 한다.
㉯ 절삭속도를 고속으로 한다.
㉰ 날의 간격을 같게 한다.
㉱ 날의 간격을 같지 않게 한다.

176. 나사절삭작업에 있어서 각도를 정확히 맞추기 위해서는 다음 중 어느 것으로 사용하는가?
㉮ 센터 게이지(Center gage)
㉯ 간극 게이지(Thickness gage)
㉰ 피치 게이지(Pitch gage)
㉱ 한계 게이지(Limit gage)

177. 다음 중 금속을 완전히 용해시키지 않고 가열 소결시켜 각종 금속 제품을 제작하는 데 사용되는 금형은 어느 것인가?
㉮ 업세팅 금형
㉯ 분말성형 금형
㉰ 다이캐스팅 금형
㉱ 단조 금형

178. 6각 또는 8각형의 상자 속에 공작물과 메디아(Media), 그리고 공작액을 넣어 장시간 저속 회전시켜서 공작물 표면의 미세한 요철( )부분과 산화피막 제거하여 매끈한 가공면을 얻는 가공법을 무엇이라 하는가?
㉮ 롤러 다듬질(Roller Finishing)
㉯ 배럴 다듬질(Barrel Finishing)
㉰ 수퍼피니싱(Superfinishing)
㉱ 버니싱(Burnishing)

179. 다음 그림과 같이 숫돌에 진동을 주면서 공작물에 회전 이송 운동을 주어 표면을 다듬질하는 가공방법은?

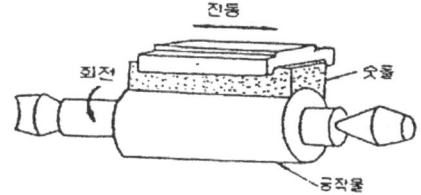

㉮ 원통연삭   ㉯ 수퍼피니싱
㉰ 페이퍼 연삭   ㉱ 호닝

180. 연삭숫돌 입자를 선택하는 다음 설명에서 옳지 않는 것은?
㉮ 연삭량이 많은 거치른 연산에서는 숫돌입자가 큰 것으로 한다.
㉯ 다듬질 면의 거칠기를 높이기 위하여 작은 숫돌입자를 택한다.
㉰ 경도가 높고 취성이 높은 재료에는 작은 숫돌입자를 사용한다.
㉱ 고속도강 재료를 연삭할 때에는 주로 SIC입자를 사용한다.

해답 174.㉰ 175.㉱ 176.㉮ 177.㉯ 178.㉯ 179.㉯ 180.㉱

181. 호빙 머신에서 사용하는 기어절삭 방법은?
    ㉮ 총형법
    ㉯ 래크 컷터에 의한 법
    ㉰ 기어 컷터에 의한 법
    ㉱ 창성법

182. 다이캐스팅 제품생산에 사용되는 재료로 가장 적합한 것은?
    ㉮ Al   ㉯ Cu
    ㉰ Fe   ㉱ Cr

183. 다음 중 전기의 양도체, 부도체를 불문하고 담금질 경화한 강, 다이스 강, 보석, 유리 등 초경질 취성 재료를 정밀가공 하는 데 이용되는 가장 적합한 방법은?
    ㉮ 방전가공   ㉯ 콜드호빙 가공
    ㉰ 초음파 가공   ㉱ 전해 가공

184. 선반의 가로 이송대에 4mm의 리드로서 100등분 눈금이 새겨진 핸들이 달려있을 때 지름 28mm의 환봉을 24mm로 절삭하려면 핸들의 눈금을 몇 눈금 돌리면 되는가?
    ㉮ 20   ㉯ 25
    ㉰ 50   ㉱ 100

185. 선삭시 구멍이 뚫린 원통형 공작물을 가공하기 위해 꼭 필요한 공구는 다음 중 어느 것인가?
    ㉮ 돌리개   ㉯ 맨드릴
    ㉰ 방진구   ㉱ 면판

186. 금형을 조립할 때 볼트고정에 사용되는 공구 종류가 아닌 것은?
    ㉮ 다이즈(Dies)
    ㉯ 몽키 렌치(Monkey Wrench)
    ㉰ 복스 스패너(Box Spanner)
    ㉱ L 렌치(L-Wrench)

187. 다수의 NC를 컴퓨터로 집중관리하는 시스템은?
    ㉮ ATC   ㉯ DNC
    ㉰ QNC   ㉱ CNC

188. 100mm의 사인바(sine bar)에 의해서 30°를 만드는데 필요한 블록 게이지가 준비되었다면 필요없는 것은 다음 중 어느 것인가?
    ㉮ 4.5   ㉯ 5.5
    ㉰ 20   ㉱ 40

189. 방전가공의 전극재료 구비조건 중 틀린 것은?
    ㉮ 가공에 따른 전극의 소모가 적을 것
    ㉯ 기계가공성이 좋을 것
    ㉰ 피가공 재료에 대하여 안정된 가공을 할 수 있는 것일 것
    ㉱ 높은 경도를 가질 것

    해설 전극 재질의 조건
    - 방전이 안전하고 가공속도가 클 것
    - 가공 정밀도가 높을 것
    - 기계가공이 쉬울 것
    - 가공전극의 소모가 적을 것
    - 구하기 쉽고 값이 저렴할 것

해답 181.㉱ 182.㉮ 183.㉰ 184.㉰ 185.㉯ 186.㉮ 187.㉯ 188.㉰ 189.㉱

190. 제품의 정밀도보다는 생산속도를 증가시키기 위하여 사용하는 지그는 다음 중 어느 것인가?
   ㉮ 샌드위치 지그
   ㉯ 플레이트 지그
   ㉰ 템플레이트 지그
   ㉱ 박스 지그

191. 다음 금형 가공에서 NC 가공기계의 장점에 포함되지 않는 것은?
   ㉮ 다품종 소량생산에 적합
   ㉯ 기계설치비의 저렴
   ㉰ 숙련이 불필요하고 미숙련자도 작업 가능
   ㉱ 복잡한 형상가공 용이

192. 알루미늄 등과 같은 경금속 절삭용으로 가장 알맞은 줄은?
   ㉮ 홀줄날   ㉯ 2줄날
   ㉰ 3줄날   ㉱ 곡선날

193. 다음 금형 제작시 먼저 고려해야 할 사항과 가장 관계가 없는 것은?
   ㉮ 가격   ㉯ 납기
   ㉰ 설비능력   ㉱ 공구수명

194. 글리이슨 베벨 기어 절삭기에 의한 기어절삭은 다음 어느 절삭법에 속하는가?
   ㉮ 형판법   ㉯ 성형법
   ㉰ 창성법   ㉱ 총형법

195. 와이어 컷 방전 가공시 주로 사용하는 가공액은?
   ㉮ 콩기름
   ㉯ 염화나트륨 수용액
   ㉰ 휘발유
   ㉱ 순수한 물

196. 나사, 기어 호브 등의 리드각 측정에 사용되는 공구현미경의 부속품은?
   ㉮ V형 지지대
   ㉯ 심출테이블
   ㉰ 경사센터 지지대
   ㉱ 반사 조명장치

197. 금형은 높은 정밀도와 숙련이 요구되는 노동 집약적 제품이다. 금형 제작비를 낮추는 방법이 아닌 것은?
   ㉮ NC 기계, 자동가공시스템을 적용하여 정밀도 향상, 시간을 단축시킨다.
   ㉯ 제품의 용도에 따라 금형의 정밀도를 정하여 제작한다.
   ㉰ 열처리시 변형을 고려한 적절한 재료를 선택한다.
   ㉱ 금형의 정밀도는 높을수록 좋다.

198. 방전가공에서 전극소모비의 표시법 중 측정이 간단하고 정확하므로 가장 많이 쓰이며 특히 공작물과 전극의 비중이 비슷할 경우에 쓰이는 표시법은?
   ㉮ 체적 소모비   ㉯ 중량 소모비
   ㉰ 형상 소모비   ㉱ 단면 소모비

해답 190.㉰ 191.㉯ 192.㉮ 193.㉱ 194.㉰ 195.㉱ 196.㉰ 197.㉱ 198.㉯

199. 다음 중 NC 가공의 특징이 아닌 것은?
    ㉮ 복잡한 형상이라도 짧은 시간에 높은 정밀도로 가공할 수가 있다.
    ㉯ 기능의 융통성과 가변성이 높아 다품종 소량생산에 적합하다.
    ㉰ 생산공장에서 가공의 능률화와 자동화에 중요한 역할을 한다.
    ㉱ 숙련자라야 가공이 가능하고 한 사람이 여러 대의 기계를 다룰 수 있다.

200. 다음 그림은 소성변형의 한 형태이다. 외력의 작용에 의해 결정의 일부가 특정한 면을 경계로 평행 이동하여 이 면에서 서로 대칭인 결정의 결합체가 되는 형태는?

    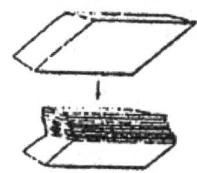

    ㉮ 슬립   ㉯ 인장
    ㉰ 쌍점   ㉱ 전단

201. 다음 중 밀링 절삭 방법 중 상향절삭에 대한 설명이 아닌 것은?
    ㉮ 가공시 충격이 있어 높은 강성이 필요하다.
    ㉯ 백래시는 절삭에 별 지장이 없다.
    ㉰ 절입시 마찰열로 마모가 빠르고 공구 수명이 짧다.
    ㉱ 광택은 있으나 전체적으로 가공면 표면 거칠기가 나쁘다.

해설 상향 절삭은 기계의 강성이 낮아도 무방하다.
하향절삭은 가공시 충격이 있어 높은 강성이 필요하다.

202. 다음 중 결합도가 높은 숫돌에서 알미늄이나 구리같이 연한 금속을 연삭하면 연삭숫돌 표면에 기공이 메워져 칩을 처리하지 못하여, 연삭 성능이 떨어지는 현상을 무엇이라 하는가?
    ㉮ 눈메움   ㉯ 무딤
    ㉰ 입자 탈락   ㉱ 드레싱

203. 다음은 매끈한 표면을 얻는 가공법으로, 금속, 보석 등을 가공하였고, 마모현상을 응용한 방법으로 현대에도 많이 사용하는 가공방법은?
    ㉮ 지그 그라인딩 ㉯ 호닝
    ㉰ 래핑   ㉱ 연삭

204. 다음 중 입도가 작고, 연한 숫돌에 적은 압력으로 가압하면서, 가공물에 이송을 주고, 동시에 숫돌에 진동을 주어 표면 거칠기를 높이는 가공방법은?
    ㉮ 래핑   ㉯ 슈퍼 피니싱
    ㉰ 지그 그라인딩 ㉱ 호닝

205. 다음 중 숫돌표면에 무디어진 입자나 기공을 메우고 있는 칩을 제거하여 본래의 형태로 숫돌을 수정하는 방법은?
    ㉮ 드레싱   ㉯ 무딤
    ㉰ 눈메움   ㉱ 트루잉

해답 199.㉱ 200.㉰ 201.㉮ 202.㉮ 203.㉰ 204.㉯ 205.㉮

206. 다음 중 담금질 변형이 생긴 구멍 가공에 사용되며 숫돌축이 회전하면서 유성 운동을 하여 구멍의 정도를 낼 수 있는 가공은?
   ㉮ 배럴가공　　㉯ 슈퍼피니싱
   ㉰ 지그 그라인딩　㉱ NC 성형연삭기

207. 다음 중 텅스텐, 초경합금, 다이아몬드 등의 보석류, 그 외 공작계어로 가공이 곤란한 유리, 자기제품 등을 가공하는데 유용한 가공은?
   ㉮ 건드릴 가공
   ㉯ 초음파 가공
   ㉰ 지그 그라인딩 가공
   ㉱ 지그 보링 가공

208. 다음 중 방전 가공의 전극 재질이 갖추어야 할 요소가 아닌 것은?
   ㉮ 내열성이 낮다.
   ㉯ 방전가공성이 우수하다.
   ㉰ 전기 전도도가 크다.
   ㉱ 성형가공이 용이하다.
   해설　전극 재료는 내열성이 높아야 한다.

209. 다음 중 지름이 0.02~0.3mm의 가는 금속선 전극을 사용하여 NC로 필요한 형상을 가공하는 가공법은?
   ㉮ 초음파 가공
   ㉯ 레이저 가공
   ㉰ 와이어 컷 방전가공
   ㉱ 마이크로 가공

210. 다음 중 금속의 전착을 이용하여 일정한 모형 위에 도금을 해서 적당한 두께가 되면 모형에서 떼어내어 금형이나 방전가공의 전극으로 사용하는 가공은?
   ㉮ 부식 가공　　㉯ 전주 가공
   ㉰ 전해 가공　　㉱ 전해 연삭

211. 다음 중 전기분해에 의한 용출 작업을 이용하여 구멍 뚫기, 형조각 연삭, 전단 등의 가공을 행하는 전기 화학적 금속가공법은?
   ㉮ 부식 가공　　㉯ 전해 연삭
   ㉰ 전해 가공　　㉱ 전주 가공

212. 다음 중 뚫은 구멍을 진원도 및 내면의 다듬질 정도가 양호하도록 내면을 매끈하고 정밀하게 가공하는 작업은?
   ㉮ 금긋기 작업
   ㉯ 탭작업
   ㉰ 드릴작업
   ㉱ 리머작업

213. 다음 중 금속의 전연성을 이용하는 가공법이 아닌 것은?
   ㉮ 주조　　㉯ 단조
   ㉰ 압출　　㉱ 압연
   해설
   • 전연성을 이용하는 가공법 - 단조, 압출, 압연, 인발, 전조, 프레스가공
   • 용해성을 이용하는 가공법 - 주조, 다이캐스팅

해답 206.㉰ 207.㉯ 208.㉮ 209.㉰ 210.㉯ 211.㉰ 212.㉱ 213.㉮

214. 다음 중 절삭공구에 발생하는 구성인선의 발생과정이 바른 것은?
   ㉮ 발생 - 성장 - 취대 - 탈락 - 분열
   ㉯ 발생 - 성장 - 취대 - 분열 - 탈락
   ㉰ 발생 - 취대 - 성장 - 분열 - 탈락
   ㉱ 발생 - 성장 - 분열 - 취대 - 탈락

215. 다음 중 절삭공구 인선의 일부가 미세하게 탈락되는 현상을 무엇이라고 하는가?
   ㉮ 입자 탈락   ㉯ 크레이터 마모
   ㉰ 플랭크 마모   ㉱ 치핑

216. CNC 머시닝센터에서 가공할 수 없는 것은?
   ㉮ 드릴 작업   ㉯ 선삭 작업
   ㉰ 보링 작업   ㉱ 태핑 작업

217. 잇수가 42개, 모듈 4인 스퍼 기어를 가공하기 위한 소재의 지름은 얼마가 적당한가?
   ㉮ 176mm   ㉯ 186mm
   ㉰ 196mm   ㉱ 206mm
   해설 외경 = (Z+2)m
   = (42+2)×4 = 176mm

218. 금형의 경면작업시 콤파운드(compound)를 사용하는 작업은?
   ㉮ 버핑
   ㉯ 폴리싱
   ㉰ 샌드블라스팅
   ㉱ 슈퍼피니싱

219. C급 블록 게이지는 주로 어디에 사용하는가?
   ㉮ 공작용   ㉯ 검사용
   ㉰ 표준용   ㉱ 참고용

220. 지름이 50mm인 연강봉을 선반에서 절삭시 주축의 회전수를 100rpm이라 할 때 절삭속도는 얼마인가?
   ㉮ 13.7m/min   ㉯ 14.6m/min
   ㉰ 15.7m/min   ㉱ 16.7m/min
   해설 절삭속도
   $$v = \frac{\pi \times D \times n}{1000}$$
   $$= \frac{\pi \times 50 \times 100}{1000} = 15.7 (m/min)$$

221. 금속입자를 공작물 표면에 분사시켜 입자의 충격작용을 금속 표면층의 경도와 강도 증가로 피로한계를 높여주는 가공법은?
   ㉮ 숏 피닝
   ㉯ 방전 가공
   ㉰ 호닝 가공
   ㉱ 레이저 가공

222. 다음에서 와이어 컷 방전가공기의 가공 속도를 표시하는 것은?
   ㉮ 단위시간당의 가공체적으로 표시
   ㉯ 단위시간당의 가공단면적으로 표시
   ㉰ 단위시간당의 가공중량으로 표시
   ㉱ 단위시간당의 와이어 이송길이로 표시

해답 214.㉯ 215.㉱ 216.㉯ 217.㉮ 218.㉮ 219.㉮ 220.㉰ 221.㉮ 222.㉯

223. 드릴가공을 하기 위한 펀치 작업을 하고자 할 때 사용하는 펀치는?
  ㉮ 핀 펀치 ㉯ 도팅 펀치
  ㉰ 프릭 펀치 ㉱ 센터 펀치

224. 다음 중 수(hand) 작업이 아닌 것은?
  ㉮ 금긋기 ㉯ 줄작업
  ㉰ 스크레이핑 ㉱ 콘터가공

225. 다음 중 금형 조립시 편위되는 것을 막기 위해 위치를 결정하는 방법이 아닌 것은?
  ㉮ 홈에 의한 위치결정
  ㉯ 블록의 외형에 의한 위치결정
  ㉰ 클램프 고정에 의한 위치결정
  ㉱ 다월 핀(dowel pin)에 의한 위치결정

226. 초음파 가공시 공구의 진동주파수는?
  ㉮ 16~30 kHz ㉯ 25~40 kHz
  ㉰ 36~5 kHz ㉱ 46~60 kHz

227. 금형 부품 중 NC 선반작업으로 가공이 곤란한 부품은?
  ㉮ 스프루 부시 ㉯ 사이드코어 블록
  ㉰ 로케트 링 ㉱ 밀핀

228. 연삭가공에서 숫돌의 원주 속도를 높일 때 일어나는 현상이 아닌 것은?
  ㉮ 연삭 저항이 적어진다.
  ㉯ 숫돌의 소모량이 적어진다.
  ㉰ 연삭량이 없어진다.
  ㉱ 발열온도가 높아진다.

229. 공작물을 유지하고 지지하며 기계가공하기 위하여 공작물 위에 설치하는 특수장치를 무엇이라 하는가?
  ㉮ 바이트 ㉯ 앤드릴
  ㉰ 단동척 ㉱ 지그

230. 드릴의 지름이 18mm, 회전수 400rpm, 날끝 각도가 118°인 고속도강드릴로 연강에 구멍을 가공할 때 절삭속도는?
  ㉮ 17.69m/min
  ㉯ 22.60m/min
  ㉰ 26.08m/min
  ㉱ 31.4m/min

  해설 절삭속도
  $$v = \frac{\pi \times D \times n}{1000}$$
  $$= \frac{\pi \times 18 \times 400}{1000} = 22.60 (m/min)$$

231. 방전가공의 특징을 설명한 것이다. 틀린 것은?
  ㉮ 열처리 후 가공이 쉽고 담금질 균열발생이 없다.
  ㉯ 가공면에 변질 경화층이 생긴다.
  ㉰ 반드시 전극이 필요하며 전극제작에 숙련이 필요하다.
  ㉱ 가공속도는 재료의 경도에 따라 다르게 작용한다.

해답 223.㉱ 224.㉱ 225.㉰ 226.㉮ 227.㉯ 228.㉰ 229.㉱ 230.㉯ 231.㉱

232. 치공구 사용의 중요한 목적에 속하지 않는 것은?
   ㉮ 생산제품의 정밀도가 향상되고 호환성을 지닌다.
   ㉯ 가공작업의 공정을 단축시킨다.
   ㉰ 숙련자에 의한 정밀 작업이 가능하다.
   ㉱ 제품을 검사하는 시간이나 방법이 간단하다.

233. 전주 가공 작업 공정으로 올바른 것은?
   ㉮ 모형제작 → 전주 → 이형 → 전주 보강과 다듬질
   ㉯ 전주 → 전주 보강과 다듬질 → 이형 → 모형제작
   ㉰ 전주 → 이형 → 전주 보강과 다듬질 → 모형제작
   ㉱ 모형제작 → 이형 → 전주 → 전주 보강과 다듬질

234. 금형 조립 방법 중 부품의 위치를 결정하여 조립하는 경우의 단점은?
   ㉮ 정밀가공용 기계 없이 고정도 금형 제작이 가능하다.
   ㉯ 조립공정수가 늘어난다.
   ㉰ 부품의 가공 불량이 적다.
   ㉱ 조립 후의 전체 오차가 작아진다.

235. 초경합금을 연삭하려 할 때 가장 적합한 연삭숫돌 입자는?
   ㉮ WA   ㉯ A
   ㉰ G   ㉱ GG

236. 다음은 단조 용어이다. 연결이 잘못된 것은?
   ㉮ 드로(draw) : 늘이는 공정
   ㉯ 리퍼(rougher) : 으깨는 공정
   ㉰ 피니셔(finisher) : 다듬질 공정
   ㉱ 커터(cutter) : 절단 공정

237. 호닝머신에서 내면 가공 시 공작물에 대해 혼(hone)은 어떤 운동을 하는가?
   ㉮ 회전운동과 축방향의 왕복운동
   ㉯ 회전운동
   ㉰ 직선왕복운동
   ㉱ 수평운동

238. 숏 피닝은 어떤 부품의 가공에 효과적인가?
   ㉮ 압축하중을 받는 부품
   ㉯ 인장하중을 받는 부품
   ㉰ 반복하중을 받는 부품
   ㉱ 굽힘하중을 받는 부품

239. 베릴륨 등은 플라스틱 금형재료로 사용되고 있는데, 그 특징을 잘못 설명한 것은?
   ㉮ 열전도가 좋아 성형시간이 단축된다.
   ㉯ 좋은 주조성에 의해 복잡한 형상을 쉽게 얻을 수 있다.
   ㉰ 열처리에 의한 균일한 강도를 얻을 수 있다.
   ㉱ 마스트 모델의 제작이 불필요하고 재료가격이 저렴하다.

해답 232.㉰ 233.㉮ 234.㉯ 235.㉱ 236.㉯ 237.㉮ 238.㉰ 239.㉱

240. 금형 원가 구성의 3대 요소가 아닌 것은?
    ㉮ 재료비   ㉯ 경비
    ㉰ 임금   ㉱ 노무비

241. NC 프로그래밍에서 어드레스(address)와 어드레스의 기능이 잘못 연결된 것은?
    ㉮ M - 보조기능
    ㉯ G - 준비 기능
    ㉰ O - 전개 번호
    ㉱ F - 이송 기능

242. 줄 작업에 대한 설명 중 틀린 것은?
    ㉮ 줄 작업 시 팔만 사용하지 말고 몸 전체를 이용한다.
    ㉯ 일감 절삭 후 돌아올 때 줄이 일감면에 닿지 않도록 100mm 정도 띄운다.
    ㉰ 시선은 일감을 주시한다.
    ㉱ 절삭이 끝나면 팔의 힘을 빼고 처음 위치로 오게 한다.

243. 콘터 머신의 특징을 설명한 것과 관계가 없는 것은?
    ㉮ 띠줄(file band)을 설치하여 줄 다듬질을 할 수 있다.
    ㉯ 드릴로 따내는 것보다 가공 시간이 짧다.
    ㉰ 각종 형상을 가공할 수 있다.
    ㉱ 담금질된 강재를 절단할 수 있다.

244. 여러 대의 CNC 공작기계에 가공 DATA를 컴퓨터 1대로 전송하여 제어하는 시스템은?
    ㉮ NC   ㉯ FMC
    ㉰ DNC   ㉱ FMS

245. 다음 절삭가공 방법 중에서 절삭속도를 제일 빨리 선택하여야 할 가공의 종류는? (단, 동일한 피삭재와 동일한 공구재료일 경우이다.)
    ㉮ 나사가공   ㉯ 드릴가공
    ㉰ 외경 황삭가공 ㉱ 리이머가공

246. 너트의 풀림을 방지하는 방법으로 틀린 것은?
    ㉮ 로크너트에 의한 방법
    ㉯ 분할핀에 의한 방법
    ㉰ 스프링 와셔에 의한 방법
    ㉱ 접선키에 의한 방법

247. 다음 중 버핑(buffing)의 사용목적이 아닌 것은?
    ㉮ 공작물의 녹을 제거하기 위하여
    ㉯ 공작물 표면에 광택을 내기 위하여
    ㉰ 치수 정밀도를 높이기 위하여
    ㉱ 공작물의 표면을 매끈하게하기 위하여

248. 모래입자를 분사시켜 가공하는 방법은?
    ㉮ 샌드 블라스팅   ㉯ 숏피닝
    ㉰ 버니싱   ㉱ 액체호닝

249. 지름이 5mm 드릴에 대한 절삭속도를 V=25m/min, 매회전당 이송량을 f=0.1mm/rev으로 하면 주축 회전수(N)와 이송거리(F)는 각각 얼마인가?
   ㉮ 63rpm, 159.2mm/min
   ㉯ 159.2rpm, 1592mm/min
   ㉰ 1592rpm, 63mm/min
   ㉱ 1592rpm, 159.2mm/min

   해설 $V = \dfrac{\pi \times D \times N}{1000}$ 에서

   회전수 $N = \dfrac{1000 \times V}{\pi \times D}$

   $= \dfrac{1000 \times 25}{3.14 \times 5} = 1592 \text{rpm}$

   이송거리 = $1592 \times 0.1 = 159.2 \text{mm/min}$

250. 원통내면 가공시 안지름보다 큰 공구를 압입하여 정밀도가 높은 가공을 하는 방법은?
   ㉮ 태핑   ㉯ 버니싱
   ㉰ 수퍼피니싱 ㉱ 버핑

251. 관통의 유무에 따라 분류한 금형 중에서 블랭킹 금형과 같이 구멍이 뚫린 금형이 아닌 것은?
   ㉮ 인발 금형(drawing die)
   ㉯ 압출 금형(extruding die)
   ㉰ 프레스 블랭킹 금형(blanking die)
   ㉱ 프레스 성형 금형(forming die)

252. 머시닝 센터에서 1.5초 동안 프로그램의 진행을 정지하는 프로그램은?
   ㉮ G04 X1.5 ;   ㉯ G04 P1.5 ;
   ㉰ G05 X1.5 ;   ㉱ G05 P1.5 ;

253. 다음 중 연삭숫돌의 외형을 수정하여 가공제품의 형상에 맞게 연삭숫돌 외형을 수정하는 작업은?
   ㉮ 로딩(loading)
   ㉯ 드레싱(dressing)
   ㉰ 트루밍(truing)
   ㉱ 그레이징(glazing)

254. 다음 기계 중 연삭기 종류가 아닌 것은?
   ㉮ 치차 연삭기   ㉯ 크랭크축 연삭기
   ㉰ 테이퍼 연삭기 ㉱ 스프라인 연삭기

255. 숏 피닝(shot peening)은 판스프링, 코일스프링, 기어 등에 많이 사용하는 특수 가공이다. 가장 큰 목적은?
   ㉮ 피로한도 증가   ㉯ 표면경도 증가
   ㉰ 표면다듬질   ㉱ 인장강도 증가

256. 주조에 의한 금형 제작 방법 중에 쇼(shaw) 프로세서가 있다. 다음 중 쇼 프로세서의 설명으로 잘못된 것은?
   ㉮ 주조품의 크기에 제한을 받지 않으므로 대형 금형 제작이 가능하다.
   ㉯ 동일 형상의 금형을 제작할 때는 여러 개의 모델을 준비하여야 한다.
   ㉰ 내구성이 커서 주철, 주강, 스테인리스, 아연합금, 알루미늄합금 등에 응용할 수 있다.
   ㉱ 고온에서도 모델치수와의 오차가 생기지 않으므로 정밀 주조가 가능하다.

해답 249.㉱ 250.㉯ 251.㉱ 252.㉮ 253.㉯ 254.㉰ 255.㉮ 256.㉯

257. 전해가공에서 전해액의 유동방법의 종류가 아닌 것은?
    ㉮ 정류법   ㉯ 역류법
    ㉰ 횡류법   ㉱ 분사법

258. 버핑(buffing)에서 광택내기용 연삭재료로 주로 쓰이는 것은?
    ㉮ 경도가 큰 Al_2O_3
    ㉯ 경도가 낮은 Cr_2O_3
    ㉰ 경도가 큰 SiC
    ㉱ 경도가 큰 다이아몬드

259. 밀링에서 가공물을 분할하는 방법으로 틀린 것은?
    ㉮ 직접 분할 방법
    ㉯ 단식 분할 방법
    ㉰ 각도 분할 방법
    ㉱ 헬리컬 분할 방법

260. 치공구는 제품을 생산할 때 정밀하고 호환성이 있는 제품을 생산할 수 있다. 치공구의 이점이 아닌 것은?
    ㉮ 생산제품의 정도가 향상되고 호환성을 가지게 된다.
    ㉯ 제품의 검사 시간이나 방법이 간단해진다.
    ㉰ 불량물을 크게 줄일 수 있다.
    ㉱ 제품수량이 많든 적든 관계없이 유리하다.

261. NC 밀링머신의 특수기능 중 NC 가공 기계축을 NC 테이프에서 지령한 방향과 반대 방향으로 회전시키는 기능은?
    ㉮ 커터 오프셋
    ㉯ 역전 기능
    ㉰ 자동교환 기능
    ㉱ 수치제어 기능

262. 금형의 제작 공정 중 다듬질 작업 및 조정, 수정 등을 하는 공정은 어느 것인가?
    ㉮ 조립 작업   ㉯ 시험 작업
    ㉰ 성형 작업   ㉱ 검사 작업

263. 선삭에서 외경을 절삭할 때 가공길이 ℓ = 150mm, 회전수 N=1000rpm, 이송속도 f=0.3mm/rev인 경우 절삭시간은?
    ㉮ 15초   ㉯ 30초
    ㉰ 45초   ㉱ 60초

264. 다음 CNC 선반 프로그램에서 ∅60일 때 주축의 회전수는 얼마인가?

    ```
    G50 S1300;
    G96 S120;
    ```

    ㉮ 637rpm   ㉯ 897rpm
    ㉰ 1,652rpm   ㉱ 2,000rpm

    해설 $V = \frac{\pi \times D \times N}{1000}$ 에서

    $N = \frac{1000 \times V}{\pi \times D}$

    $= \frac{1000 \times 120}{3.14 \times 60} = 637rpm$

해답 257.㉱ 258.㉯ 259.㉱ 260.㉱ 261.㉯ 262.㉮ 263.㉯ 264.㉮

265. 머시닝센터에 사용되는 준비기능 중 공구 지름 보정 취소를 표현하는 G코드는?
   ㉮ G41   ㉯ G49
   ㉰ G42   ㉱ G40

266. 가공물의 표면정밀도를 가장 정밀하게 가공할 수 있는 방법은?
   ㉮ 선반   ㉯ 래핑
   ㉰ 연삭   ㉱ 밀링

267. 제품의 정밀도보다는 생산속도의 증가를 목적으로 최소의 경비를 가장 단순하게 사용할 수 있는 지그는?
   ㉮ 샌드위치 지그
   ㉯ 박스 지그
   ㉰ 채널 지그
   ㉱ 템플릿 지그

268. 아주 얇은 판이나 복잡한 형상의 가공에 활용되는 화학적 용출에 의한 가공방법으로서 인쇄회로기판, 장식패널, IC 프레임의 제조에 사용되는 기술은?
   ㉮ 화학블랭킹   ㉯ 포토에칭
   ㉰ 초음파가공   ㉱ 레이저가공

269. 제품제작 수량이 적을 경우 금형이 차지하는 비용을 적게 하기 위한 형은?
   ㉮ 플라스틱형   ㉯ 간이형
   ㉰ 다이 캐스팅형   ㉱ 트리밍형

270. 밀링가공에서 직접 분할법의 설명 중 틀린 것은?
   ㉮ 비교적 단순한 분할을 할 때에 사용한다.
   ㉯ 신시내티형과 브라운 샤프형이 있다.
   ㉰ 분할판의 구멍 수는 24구멍이기 때문에 응용범위가 좁다.
   ㉱ 일반적으로 면판 분할법이라고 한다.

271. 다음 중 산화알루미늄 분말을 주성분으로 마그네슘, 규소 등의 산화물과 미량의 다른 원소를 첨가하여 소결한 절삭공구는?
   ㉮ 세라믹   ㉯ 소결 초경합금
   ㉰ 고속도강   ㉱ 합금 공구강

272. 다음 중 선반 바이트의 용어 중 절삭되는 칩이 접촉하는 면으로 주절인과 부절인이 연결된 바이트의 윗면을 의미하는 것은?
   ㉮ 날끝   ㉯ 경사면
   ㉰ 인선   ㉱ 자루

273. 다음 중 성형연삭기의 특징이 아닌 것은?
   ㉮ 고정도 형상 및 치수 가공이 가능하다.
   ㉯ 표면 거칠기가 양호하다.
   ㉰ 표면 변질층이 많고 내마모성이 좋다.
   ㉱ 담금질강의 가공이 가능하다.

   해설 성형연삭기의 특징
   - 고정도 형상 및 치수 가공이 가능하다.
   - 표면 거칠기가 양호하다.
   - 표면 변질층이 적고 내마모성이 좋다.
   - 담금질강의 가공이 가능하다.

해답 265.㉱ 266.㉯ 267.㉱ 268.㉮ 269.㉯ 270.㉯ 271.㉮ 272.㉯ 273.㉰

274. 다음 중 래핑 가공의 특징이 아닌 것은?

㉮ 가공이 간단하나 대량생산이 어렵다.
㉯ 정밀도가 높은 제품을 얻을 수 있다.
㉰ 가공면은 윤활성 및 내마모성이 좋다.
㉱ 고도의 정밀가공은 숙련이 필요하다.

해설 래핑 가공의 특징
- 가공이 간단하고 대량생산이 가능하다.
- 정밀도가 높은 제품을 얻을 수 있다.
- 가공면은 윤활성 및 내마모성이 좋다.
- 고도의 정밀가공은 숙련이 필요하다.

275. 다음중 머시닝센터에서 우측 공구지름 보정을 의미하는 준비기능은?

㉮ G43   ㉯ G40
㉰ G41   ㉱ G42

해설
G43 - + 공구길이 보정
G40 - 공구지름 보정 취소
G41 - 좌측 공구지름 보정
G42 - 우측 공구지름 보정

276. 다음 CNC 선반 프로그램에서 ⌀40일 때 주축의 회전수는 얼마인가?

```
G50 S1300;
G96 S140;
```

㉮ 1114rpm   ㉯ 1214rpm
㉰ 1014rpm   ㉱ 914rpm

해설 $V = \dfrac{\pi \times D \times N}{1000}$ 에서

$N = \dfrac{1000 \times V}{\pi \times D}$

$= \dfrac{1000 \times 140}{3.14 \times 40} = 1114 \text{rpm}$

277. 다음 중 CNC 선반에서 주축 최고회전수를 지정해 주는 것은?

㉮ G96 S1500;
㉯ G50 S1500;
㉰ G98 S1500;
㉱ G99 S1500;

278. 다음 중 머시닝센터에서 100rpm으로 회전하는 스핀들에서 2회전 드웰(G04)을 프로그램한 것 중 맞는 것은?

㉮ G04 P800;
㉯ G04 P2000;
㉰ G04 P1500;
㉱ G04 P1200;

해설 회전수 100rpm이고, 스핀들 회전수가 2회전이므로

정지시간(초) $= \dfrac{60}{\text{RPM}} \times$ 회전수

$= \dfrac{60}{100} \times 2 = 1.2$초

따라서 프로그램은 G04 P1200; 으로 한다.

279. 머시닝센터에서 G83 X10. Y20. Z-30. R3. Q3. F100 L4;에서 Q3.은 무엇을 의미하는가?

㉮ 구멍위치 결정 데이터
㉯ 구멍바닥에서의 휴지시간
㉰ 고정 사이클 가공 모드
㉱ 1회 절입량

해설 G83 X10. Y20. Z-30. R3. Q3. F100 L4;에서 Q3
Q3. - 1회 절입량

해답 274.㉮ 275.㉱ 276.㉮ 277.㉯ 278.㉱ 279.㉱

280. 다음은 머시닝센터의 탭 작업의 프로그램이다. N60 블록에서 M10×1.5인 탭을 가공할 때의 이송속도는?

N10 G91 G30 Z0 ;
N20 T01 M06 ;
N30 G97 S300 M03 ;
N40 G90 G00 X40.0 Y40.0 ;
N50 G43 Z10.0 M08 ;
N60 G98 G84 Z-15.0 R5.0 ( ) ;

㉮ F350 ㉯ F450
㉰ F120 ㉱ F300

해설 F=n×p(회전수×탭 피치)
=300×1.5=450

281. 머시닝센터의 드릴가공 사이클을 사용할 때 구멍가공이 끝난 후 R 점으로 복귀하기 위하여 사용되는 G코드는?

㉮ G99 ㉯ G96
㉰ G98 ㉱ G97

282. 와이어 컷 방전 가공기에서 첨가제를 방전가공액에 첨가하여 사용할 때의 특징이 아닌 것은?

㉮ 다듬질 영역에 있어서 방전 주파수가 높고 가공이 빠르다.
㉯ 방전의 분산이 양호하고 균일한 가공면이 된다.
㉰ 가공면의 경화층이 두껍고 연마작업이 용이하다.
㉱ 가공 개시 시에 가공이 안정되기 쉽다.

해설 와이어 컷 방전 가공기에서 첨가제를 방전가공액에 첨가하여 사용할 때의 특징
- 다듬질 영역에 있어서 방전 주파수가 높고 가공이 빠르다.
- 방전의 분산이 양호하고 균일한 가공면이 된다.
- 가공면의 경화층이 얇고 연마작업이 용이하다.
- 가공 개시 시에 가공이 안정되기 쉽다.

283. 다음 중 와이어 컷 방전 가공기의 전극용 와이어 재질이 아닌 것은?

㉮ Cu ㉯ Pb
㉰ Bs ㉱ W

284. 와이어 컷 방전 가공기에서 잔류응력을 제거하기 위해서는 열처리에 의한 잔류응력이 적은 재료 STS11를 선택하여 담금질한 후 몇 ℃의 고온에서 뜨임 또는 서브제로(subzero) 처리해야 하는가?

㉮ 200~240℃ ㉯ 300~340℃
㉰ 400~440℃ ㉱ 500~540℃

285. 다음 요소 중 공작물을 고정하는 요소는?

㉮ 슬리브 ㉯ 바이스
㉰ 어댑터 ㉱ 아버

해설
• 공작물을 고정하는 요소
 척, 바이스, V블록, 센터
• 공구를 고정하는 요소
 척, 콜릿 척, 슬리브, 바이트 홀더, 어댑터, 아버

해답 280.㉯ 281.㉮ 282.㉰ 283.㉯ 284.㉱ 285.㉯

286. 와이어 컷 방전가공기에서 작업이 곤란한 것은?
   ㉮ 테이퍼가 있는 다이가공
   ㉯ 피어싱 구멍
   ㉰ 2차원 저부형 가공
   ㉱ 스퍼기어 펀치가공

287. 서브(serve)기구 중 위치검출 방법이 아닌 것은?
   ㉮ 개방 회로 방식
   ㉯ 반개방 회로 방식
   ㉰ 반폐쇄 회로 방식
   ㉱ 하이브리드 서브 방식

288. 절삭가공에서 구성인선의 방지법에 대한 사항 중 알맞지 않은 것은?
   ㉮ 절삭 깊이를 크게 한다.
   ㉯ 절삭 속도를 크게 한다.
   ㉰ 공구 경사각을 크게 한다.
   ㉱ 공구 인선을 예리하게 한다.

289. 초경합금과 같은 경질재료, 숫돌마모가 큰 특수강, 열에 민감한 재료를 가공하는데 적합한 가공방법은?
   ㉮ 전해연마
   ㉯ 전해연삭
   ㉰ 호닝
   ㉱ 슈퍼피니싱

290. 원통형이나 6~8각형의 상자 속에 공작물과 연마제 등을 넣고 회전시켜 요철부분을 제거하여 매끈한 가공면을 얻는 가공법은?
   ㉮ 롤러 다듬질
   ㉯ 버니싱(burnishing)
   ㉰ 호닝(honing)
   ㉱ 배럴가공(barrel finishing)

291. 금형가공 중 탭작업을 하기 전 가공할 구멍의 직경(mm)을 구하는 식이 맞는 것은?(단, d : 탭구멍직경(mm), D : 나사외경(mm), P : 나사피치(mm), N : 1인치당 나사산수이다.)
   ㉮ $d = D - P$ ㉯ $d = \dfrac{D-P}{N}$
   ㉰ $d = D \times P \times N$ ㉱ $d = D - PN$

292. 다수의 NC를 Computer로 집중관리하는 시스템은?
   ㉮ ATC   ㉯ DNC
   ㉰ QNC   ㉱ FNC

293. 수직 밀링머신에 주로 사용되는 절삭공구는 다음 중 어느 것인가?
   ㉮ 엔드밀(endmill)
   ㉯ 사이드 컷터(side cutter)
   ㉰ 평 컷터(plain cutter)
   ㉱ 메탈 쏘(metal saw)

해답 286.㉰ 287.㉯ 288.㉮ 289.㉯ 290.㉱ 291.㉮ 292.㉯ 293.㉮

294. 가장 간단한 수동식 클램프로서 구조용 압연 강재 등으로 제작된 클램프는 어느 것인가?
㉮ 스트랩 클램프
㉯ 나사 클램프
㉰ 훅 클램프
㉱ 캠 클램프

295. 냉간단조의 특징으로 올바른 것은?
㉮ 제품의 정밀도가 우수하다.
㉯ 제품의 크기에 제한을 받지 않는다.
㉰ 재료의 이용률이 적다.
㉱ 재료의 탄성변형을 이용한다.

296. 치공구의 본체에 가장 많이 사용되는 재료는?
㉮ GC20 ㉯ SM45C
㉰ STC7 ㉱ STS304

297. 연삭숫돌입자 SiC의 C계로써 연삭이 가장 적합하지 않는 재료는 다음 중 어느 것인가?
㉮ 고속도강 ㉯ 주철
㉰ 초경합금 ㉱ 칠드주철

298. 직류콘덴서법과 가장 관계가 깊은 것은?
㉮ 방전가공 ㉯ 초음파가공
㉰ 전해연마 ㉱ 전해가공

299. 다음 형상의 지그는 제품의 정밀도보다도 생산속도를 증가시키기 위하여 사용되는 지그는 무슨 지그인가?

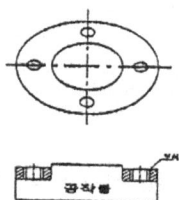

㉮ 플레이트지그
㉯ 템플레이트지그
㉰ 채널지그
㉱ 리프지그

알기 쉬운
기계공작법
2011년 7월 5일 제1판제1인쇄
2025년 2월 28일 제1판제5발행

공저자 이상민 · 정태성
이영주 · 이춘규
발행인 나 영 찬

발행처 **기전연구사**

경기도 하남시 하남대로 947 하남테크노밸리U1센터
B동 1406-1호
전 화 : 02)2235-0791/2238-7744/2234-9703
FAX : 02)2252-4559
등 록 : 1974. 5. 13. 제5-12호

정가 20,000원

◆ 이 책은 기전연구사와 저작권자의 계약에 따라 발행한 것이므로, 본 사의 서면 허락 없이 무단으로 복제, 복사, 전재를 하는 것은 저작권법에 위배됩니다.
ISBN 978-89-336-0839-5
www.kijeonpb.co.kr

불법복사는 지적재산을 훔치는 범죄행위입니다.
저작권법 제97조의 5(권리의 침해죄)에 따라 위반자는 5년 이하의 징역 또는 5천만원 이하의 벌금에 처하거나 이를 병과할 수 있습니다.